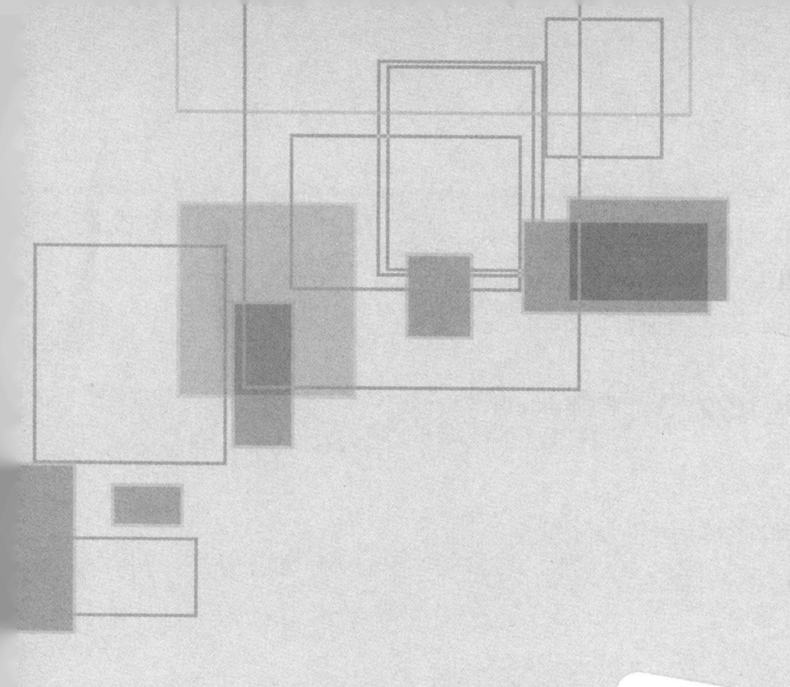

建筑门窗制作与安装

# 钢质户门篇

中国建筑金属结构协会钢木门窗委员会 编著

中国建筑工业出版社

**图书在版编目（CIP）数据**

建筑门窗制作与安装 钢质户门篇/中国建筑金属结构协会钢木门窗委员会编著. —北京：中国建筑工业出版社，2018. 5
ISBN 978-7-112-22186-8

Ⅰ. ①建… Ⅱ. ①中… Ⅲ. ①钢-门-建筑安装工程-基本知识
Ⅳ. ①TU759. 4

中国版本图书馆 CIP 数据核字（2018）第 081517 号

责任编辑：郑淮兵 王晓迪
责任校对：李欣慰

**建筑门窗制作与安装**
**钢质户门篇**
中国建筑金属结构协会钢木门窗委员会 编著
*
中国建筑工业出版社出版、发行（北京海淀三里河路 9 号）
各地新华书店、建筑书店经销
北京科地亚盟排版公司制版
北京建筑工业印刷厂印刷
*
开本：787×1092 毫米 1/16 印张：20½ 字数：445 千字
2018 年 5 月第一版 2018 年 5 月第一次印刷
定价：**110. 00** 元
ISBN 978-7-112-22186-8
（31989）

# 编委会

## 编委会成员

顾问：郝际平　刘　哲　潘冠军

主编：谭宪顺

编委：胡金奎　董学锋　林　毅　严建新　应志昌　费国平　李军红　徐建阳
唐其山　吕智明　何锦青　黄　成　叶新福　褚连红　艾正青

## 编写单位

中国建筑金属结构协会钢木门窗委员会

步阳集团有限公司、群升集团有限公司、浙江星月门业有限公司、富新集团有限公司、浙江金凯德工贸有限公司、浙江金大门业有限公司、索福集团有限公司、王力集团有限公司、浙江金意达实业有限公司、浙江大力工贸有限公司、万佳安防科技有限公司、浙江中堂实业有限公司、浙江司贝宁工贸有限公司、霍曼（北京）门业有限公司、北方工业大学

## 特别鸣谢

柴文胜　白静国　黄志良　戴建国　林夕范　王　颖

# 前　言

门是重要的建筑构件，除了少数纪念碑之类的建筑，凡是具有实用空间的建筑都有与之相配套的门，钢质户门便是其中之一。

户门是主要用于住宅建筑的门，是住宅的外门，通俗地说就是家门。早在2500年前，孔子说过“谁能出不由户”？古汉语中的户，与现代汉语中户门的户并不一样。中国的传统建筑是木架构平面组合建筑。孔子所说的户，在中国传统建筑中是堂内室的门。封建社会实行家长制，妻妾用房有正室、偏房之分，已婚子嗣用房有大房、二房、三房等，但一切财产完全归家长所有。室只是家的一部分，室门户只能代表家中的一支，代表家的门通常是院门。现代社会实行一夫一妻制，子女结婚后经济独立，且通常单独居住，室失去了代表家的一支的条件。在现代社会，户字已变为计算家庭数量的单位，家与户在许多条件下都是一个意思。如今楼宇式已成为我国住宅建筑的主要形式，户代表楼宇住宅建筑中的一个独立生活空间，户门则专指各独立生活空间通往公共空间通道处的门。

钢质户门的出现是社会发展的结果。建筑最原始的功能有两个：①为人类提供安全的休息地，防止受到野兽的侵袭；②储藏食物和财富。甲骨文的（安）字和（家）字都是会意字。这两个字的上面都是宝盖字头（宀、），代表房子。安字的房子里有个女人。家字的房子里有个“豕”字，代表有食物和财富。由此可见，户门作为房子的进出通道，其安全性能十分重要。建筑是凝固的历史，真实地记录着不同时期的社会发展状况。在中国传统建筑中并没有真正意义的户门，包括人们常说的蓬荜生辉所指的蓬草门、竹筚户。大约在一百年前，以钢铁、水泥、玻璃等为代表的新型建筑材料传入中国，在上海外滩等外国租借区，开始出现成规模的楼宇建筑，户门开始出现。1949年后，中国开始大规模经济建设，但住宅建筑建设并不多。一直到20世纪80年代，我国的户门是木质镶板门、夹板门。在20世纪的50年代，中国盛行过这样一句话，社会主义就是楼上楼下电灯电话。然而，对于绝大多数中国人而言，这个理想是在三十年之后才开始实现。1978年中国的城镇人均住房面积只有3.6$m^2$，至2016年则达到了36.6$m^2$，楼宇建筑已占据了市场的主导地位。1981年我国居民储蓄总额为523亿元，人均52元。至2016年底，北京、上海、广州三个城市的人均存款超过了10万元。伴随着人们生活水平的提高，住宅或者说是户门的防盗需求逐步突显出来，钢质户门逐渐代替了木质户门。过去我国并不存在户门工业，包括户门在内的所有门窗一般都在施工现场制作，在行业分类上，属于装修工程的小木作。目前钢质户门制作已成为一个独立的行业，钢质户门也成为我国住宅建筑的标准配置，行业总产值在200亿元以上。

以安全性能为主，全面提高钢质户门的质量，是今后的工作重点。钢质户门诞生于我国基本解决人民温饱问题的过程中，在建设总体小康、全面小康社会的过程中发展壮大。到新中国成立100年时，中国要建成富强、民主、文明、和谐的社会主义现代化国家，钢质户门也面临着转型发展的艰巨任务。这些年来，钢质户门的发展得益于创新，但行业进步主要体现在数量增长。专业化、标准化的设备、原材料、五金配件供应体系，在为门业快速发展提供保障的同时，也带来了一些问题，主要表现之一是行业内产品同质化倾向明显。相对于整套住宅，户门的面积很小，但对建筑的品质、对人们生活的影响却很大，是未来提高建筑质量的重点。中国钢质户门今后的发展将主要依靠质量增长，主要表现在以下三个方面：首先，户门是建筑外围护结构的一部分，户门跟其他普通门窗一样，必须具有一定水平的、可量化评定的气密、水密、抗风压、保温、隔声、采光、通风等功能。这是整个门窗行业的变化趋势。其次，户门的基本功能是分隔公共空间与私人空间，为用户提供进出自家的通道。户门作为家庭最外侧的门，必须具有很好的安全性能，如防盗、防火，甚至防弹、防暴（暴力冲击）、防爆（爆炸冲击）等性能，为用户提供人身安全、财产安全保障。这是钢质户门发挥优势的重点。第三，互联网、大数据等将改变世界的创新模式，改变所有人的生活。在不久的将来，户门将会成为智能化家居的重要组成部分。这是创新发展的主要方向。

从业人员缺少必要的培训，缺少培训机制和培训教材，是制约钢质户门行业发展的瓶颈。钢质户门在工厂制作，在建筑上使用，横跨产品制造与建筑安装两个行业。在钢质户门行业，毕业于建筑门窗专业的技术人员近乎为零，毕业于建筑设计、土木工程等专业的技术人员也很少。由仅仅精通产品制造的技术人员，承接建筑二次设计关于户门方面的工作，困难很大，普遍需要补习建筑学方面的知识。钢质户门涉及的学科领域越来越多，技术进步越来越快，专业化分工越来越细，从业人员不仅要精通本专业，还需要对相关专业有一定的了解，也需要不断地进行培训。在生产一线，钢质户门行业的绝大多数工作人员文化水平普遍偏低，从业前一般都没经过严格的专业培训。目前钢质户门行业品牌林立，虽然大多数企业都根据实际工作需要对员工进行培训，但从整体上看，这些培训还不够系统、不够规范。最严重的是从业人员的继续教育问题。世界变化快，中国的进步更快，依靠学历教育不仅不能满足现实工作需要，更不能满足未来的工作需要。建立从业人员继续教育的体制、机制，用有组织、有计划的培训代替自发的学习，钢质户门行业才能获得更快的发展。

为了提高从业人员素质，确保建筑工程质量，我国政府和有关机构已采取了很多措施，促进职工教育工作。由劳动和社会保障部、国家质量监督检验检疫总局、国家统计局联合组织编制的2015版《中华人民共和国职业分类大典》新增加了建筑门窗安装工。

据悉，住房和城乡建设部正在组织编制一系列与建筑工程施工有关的职业技能标准，《建筑门窗安装工职业技能标准》已在报批中，《建筑门窗制作工职业技能标准》也在编制中。中国建筑金属结构协会联合全国30余家行业协会共同开展的建筑门窗行业资格评定登记，在制定各种门窗产品的制造等级标准、安装等级标准时，对企业从业人员培训数量及资格等级，都提出了明确的要求。为了促进行业发展，为了配合有关机构开展企业职业技能鉴定、企业资格评定，为了协助有关企业、机构开展职工培训，中国建筑金属结构协会钢门窗委员会组织行业专家、学者精心编撰此书。

本书是中国建筑金属结构协会组织编写的行业培训教材——《建筑门窗制作与安装》系列丛书中的一部分，宜与《基础篇》配套使用。本书系统阐述了钢质户门制作与安装的过程，可作为钢质户门制作、安装、维修岗位从业人员技能培训教材，也可作为设计人员和项目经理的参考书，同时可作为大专院校建筑、门窗及相关专业的专业教材。

本书在编撰过程中得到了中国建筑金属结构协会领导、永康市建筑门窗协会领导，以及行业许多会员企业和专家的大力支持，在此致以衷心的感谢！

伴随着社会的进步和市场的变化，钢质户门新技术、新产品将不断涌现。伴随着职工培训工作在钢质户门行业的全员开展，本书存在的不足会逐步显现。本书将根据行业变化和实际使用情况不断完善。鉴于编者水平等原因所限，书中错漏之处在所难免，在此恳请行业内外专家和广大读者批评指正，多提宝贵意见。

**本书编委会**

2017 年 9 月

CONTENTS 目录

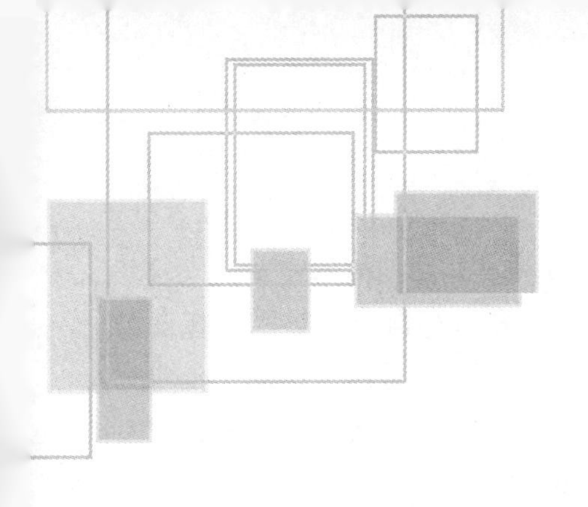

第1章

# 概述

## 1.1 户门

户门是什么？住房和城乡建设部颁布的建筑工业行业产品标准《平开户门》中规定，户门是“居住建筑的独立生活空间通往公共空间或室外的门”。

现代社会关于户的概念，最重要的意思是人家，或是人家的单位。一家就是一户，如户口、户主、门户之见等，包括户门的户，都是这种意思。

户的本意是一扇门（单扇门）。现代汉字是由甲骨文演变而来的，在已经识别的约2800多个甲骨文字中，有门（門）字，也有户（户）字，而且户是半个门字。

在古代，户是室的门。老子的《道德经》中有一段话：“凿户牖以为室，当其无，有室之用”。这句话是说，开凿门窗建造房屋，有了门窗四壁内的空虚部分，才有房屋的作用。建造洞穴式建筑也许需要“凿”户牖，现代人或许已很难理解那个时代的户与牖。参照有关文字资料以及现有的较古老的院落，图1－1给出了一个院落结构示意图。院子

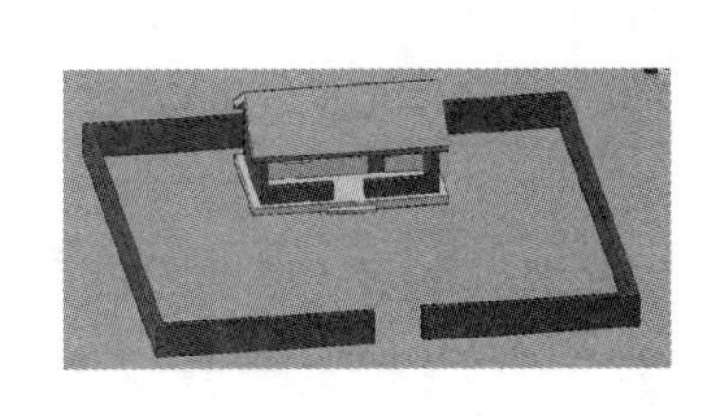

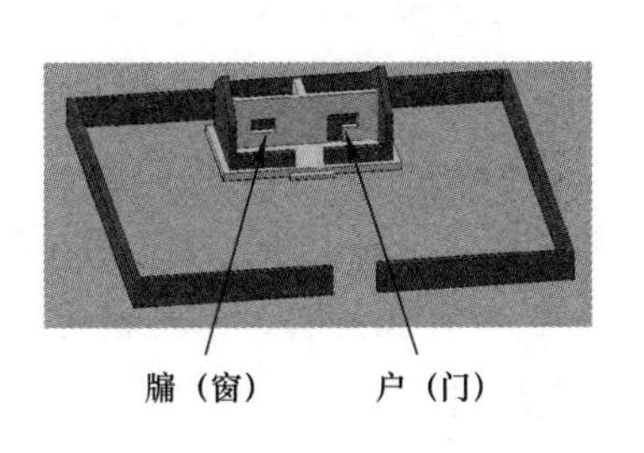


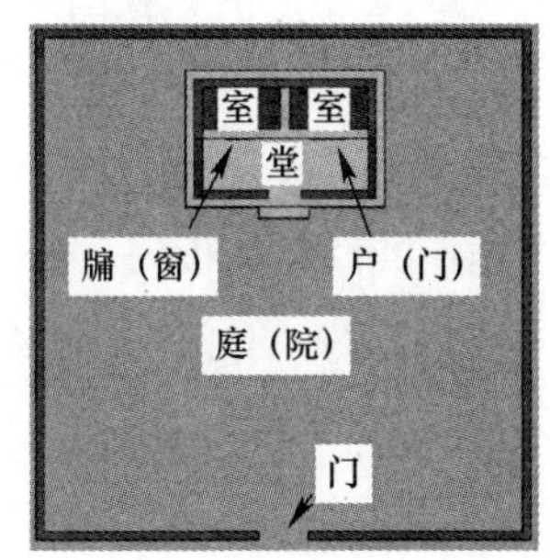


图1－1　户、堂、室等关系示意

由外而内的次序是：门、庭、堂、室。房子的内部空间分为堂和室，前面是堂，为公共空间，后面是室，为私人空间。堂与室间有隔断，隔断上有门和窗户。一般窗在左侧（西侧），门在右侧（东侧）。人们称这种窗为牖，称这种门为户。《论语》中的“伯牛有疾，子问之，自牖执其手”，其意是，孔子去看望病中的弟子伯牛，从窗户把手伸入室内，握住了伯牛的手。孔子没有进入室，但也不是在屋外，是在堂上。

中国人自古就特别重视门，门的概念已深入人心，在不经意的言谈话语间中国人常引用门的概念。比如：人们管建筑的大门部位叫门脸。这是一种拟人说法，门如同人的脸。光宗耀祖与荣耀门楣有时可以表达同样的意境。人们管单位的不同组织机构叫部门，管家风叫门风，用门代表组织机构，代表家。人们管一种学问叫一门学问。蓬荜生辉是说贵客来临使主人家的蓬（草）门、（竹、荆条）荜户都熠熠生辉。人们叫女儿为闺女也与户有关系。女儿住的室，其门扇上圆下方，并有一个专门的名字叫闺。闺是一种特别的“户”。过去人们评价一桩婚姻是否合适常用“门当户对”这个词。其中的“门”说的是街门，“户”说的是室门，“当”和“对”此时应理解为“当对”。中国的传统文化是一种等级文化，门钉、门墩、门簪、辅首、门色、样式、门的尺寸等等，与家庭的社会地位、与人在家庭中的地位都有关系，不能随意使用。“门当”是说两家的地位相当。“户对”是说两人在家中的地位相对应。在同一个门内，在同一个大家庭内，男与女、嫡出与庶出、长与幼，不同的孩子地位不一样。正室和偏房都有户，但这两种户（门）代表的意义不一样。判断一个婚姻是否相配，不仅要看其“门”是否相“当”，还要看其“户”是否相“对”，要综合判断。“门”与“户”“当对”合适，则是好的婚姻。

伴随着社会的发展，人们关于门、户的概念在变化。在近代，中式建筑的独立居住单元还是院，但已很少有人盖前堂后室的房子，即便有堂的房子，与其相通室门也不再称为户。近代后，西式建筑在中国越来越多，特别是楼宇建筑，一栋建筑内有许多独立的居住建筑生活空间，人们将其称之为户，将该居住单元通向外界的门称之为户门。

## 1.2 钢质户门形成

1990 年以前，我国的户门大多是木质夹板门。关于夹板门有两种解释：

第一种：夹板门是一种使用胶合板制作的空心门。门扇内部有一个木骨架，门扇室内外各粘了胶合板，即该门是使用胶合板制作的门。因胶合板的俗称为夹板，所以用该板制作的门叫夹板门。

第二种：对门的结构的解释与第一种基本一样，不同之处是说门扇的面板可以是胶合板（如三合板，用三层单板胶合而成的板）、纤维板等人造板。因门扇框架外有内外两层面板相夹，所以这样的门叫夹板门。

两种关于夹板门的解释都说明夹板门是一种空心门，门扇的面板厚度有限，强度不是很好，在遭受撞击等时很容易损坏。

1978年之前，那时人们也有提高户门防盗功能的愿望，但并不十分强烈。因为在我国实行改革开放之前，所有人都有固定工作，房子是单位分配的，住宅周边的大多数人都认识，在同一住宅区内各家的情况都差不多，一般的家庭都没有多少财产。门的防盗性能对人们的生活影响并不大。改革开放之后，我国的流动人口增加了，人们的收入增加了，收入差距也加大了，改善户门防盗性能逐渐成为一个非常重要的问题。

1980年前后，在我国改革开放的前沿广东，首先出现了在木质户门外加装铁栅栏式防盗门的现象，并自南向北迅速席卷了全国。当时许多生产钢窗企业都生产铁栅栏式防盗门，如图1－2（a）所示。在既有建筑的平开户门外再加装一个平开防盗门，原建筑设计根本就没考虑这样的问题，用户在使用时会出现许多不便。1985年前后在我国出现了拉闸式防盗门，如图1－2（b）所示。这种门占用的空间虽然小，但它还是户门外的附加设施，或多或少还会改变原建筑面貌。在住宅外加装这样一个铁栅栏或多或少都会给人们留下行动被限制的感觉，心里还是不太舒服。

(a) 铁栅栏式

(b) 拉闸式

图1－2　铁栅栏式、拉闸式防盗门

1990年前后，在我国建筑门窗市场上出现了全钢板的防盗门，当时叫三防门、四防门等，即有防火、保温、隔声、防蚊、通风等功能的防盗门。用全钢板的防盗门替换原来的木质户门，防盗门在外观和开启方式上与原来的户门类似，一上市就受到了用户极大的欢迎，市场需求量居高不下，增长很快。当时做这种门的企业很多，但规模都不大。生产企业的设备大多是通用设备，剪板机、折弯机、冲床、钻床等等，规模稍大的配一条喷漆生产线，规模较小的企业仍使用手工喷涂。当时的防盗门门扇面板一般没有压花，门框也没有贴脸花边，防盗门一般要安装在洞口内墙的中间位置，与当时的防火门非常相似，如图1－3（a）所示。

大约在1995年前后，我国陆续出现了一些大规模的专业生产防盗门的企业。这些大规模的专业化工厂，防盗门的门框生产一般采用轧制工艺，仍使用折弯工艺生产的门框也添加了许多专用设备，生产效率提高很多；门框上一般都加了贴脸花边，为门窗安装提供了方便，不仅可以装在墙的中间，也可以把门装在与洞口墙面齐平的位置，且免去了封堵门框与墙体之间缝隙的工作，如图1－3（b）所示。企业添置了压力机，在门扇面板上加工线条图案可降低门扇面板对材料平度的要求，有利于降低生产成本，面板上的线条可增加面板刚度，有利于提高产品性能，可根据用户需求设计图案增强了产品的竞争能力；企业添加了专用涂漆及其他饰面处理设备，防腐处理、涂漆、烘干、转印、覆膜等多种工艺手段，大多数门的饰面都有木纹，不仅提高了产品的性能，也增强了企业竞争力；大规模生产还有利于稳定防盗门五金配件及其他原材料的供应渠道，降低生产成本。

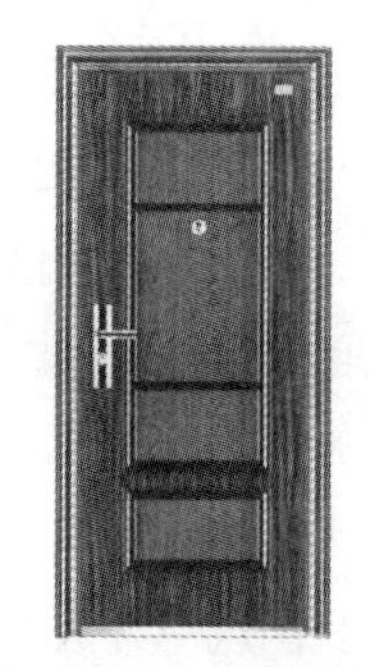

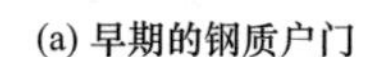

(a) 早期的钢质户门　　(b) 目前常见的钢质户门

图 1－3　防盗安全户门

2000 年前后，大规模防盗门生产企业逐步成为我国防盗门行业的主力，防盗门企业数量开始变少，产品质量、产品产量却在不断提高。1999 年我国颁布了建筑工业行业标准 JG/T 3054《单扇平开多功能户门》，正式确立了户门的概念。2000 年以后，钢质防盗门逐步成为我国住宅建筑户门的标准配置，目前绝大多数新建住宅建筑在建造之初就已安装了具有防盗性能的钢质户门。

## 1.3 户门的发展过程

户门是社会经济和生产力水平的写照。中国使用传统的有窗棂格的木窗或者板式结构木门的历史最少也有 2000 多年，使用安装玻璃的木门窗、钢门窗的历史大约只有 100 年，使用夹板门（户门）的历史不到 100 年，使用铝门窗、塑料门窗的历史只有 30 多年，使用钢质户门的时间只有 20 多年。近代后中国的建筑门窗发生了极大的变化，近 30 年的变化尤为明显。过去我国就没有钢质户门，现在钢质户门已成为建筑的标准配置。我国建筑门窗的变化、户门的变化与我国的经济和社会生产力水平的变化密切相关。户门发展历史回顾如下。

**1. 古代的缓慢发展**

在古代，中国建筑门窗的技术进步是一个极缓慢的过程。

中国很早就掌握了木材加工的榫卯技术。位于浙江省余姚市河姆渡镇的河姆渡遗址是中国已发现的最早的新石器时期文化遗址之一。在此出土的木建筑构件，有些已带有榫头和卯口。从理论上讲，使用榫卯技术不仅可以造房子，也能制作门窗。7000 年前中国的建筑是否有木门窗，或者说其木门窗是什么样子，这已无法考证。

图 1－4 是我国出土的文物——西周刖人守门方鼎和汉代陶仓楼的照片。其中可见清晰的门窗。应当说，我国 2000 多年前的门窗与清代末期的木门窗已十分相似。临街的大门是板式结构木门，屋子的门窗是有窗棂格的木门窗。孔子所说“谁能出不由户”，其户是什么样子？当今社会的人只能想象了。

图1－4　西周刖人守门方鼎、汉代陶仓楼

目前可见到的最早建筑实物是1000多年前的唐代建筑，山西五台山佛光寺。图1－5是该寺东大殿的门窗，门已确定是唐代的，窗是不是唐代的很难说。

图1－5　山西五台山佛光寺东大殿的门窗（唐代）

中国过去是一个自给自足的农业大国。中国的农民除了是庄稼把式外，大多还是木匠、泥瓦匠。中国的农民在农忙的时候种田，农闲的时候要建造、修补房屋；在养孩子的时候还要种些树，要准备石料、砖瓦，为孩子准备新房。传统的中式建筑是木架构建筑，中国的传统门窗是木门窗，许多生产工具、生活用具都是木制品，中国农民或多或少都要有一些木材加工的技能。据说木工师傅们用的手工工具，如锯、钻、刨子、铲子、曲尺，以及画线用的墨斗等，都是鲁班发明的。鲁班，姓公输，名般，2400多年前的鲁国人。“般”和“班”同音，古时通用，故人们常称他为鲁班。人们把古代劳动人民的集体创造和发明也都集中到了一个人的身上，鲁班的名字实际上也是我国古代劳动人民智慧的象征。中国的自然资源和社会形态适合发展木门窗，木材加工技术为木门窗在中国的发展提供了技术支撑。

中国传统的木门产品很多，按其采光性能可分为两类：一类是没有什么采光作用的门；另一类是有采光作用的门。

没有采光作用的门品种比较多，如实榻门、攒边门、撒带门等。这类门有一定的防盗作用，多用于有一定防护要求的位置，如城门、宫殿的大门、民居的院门等。无院墙或院墙不太牢固时，房屋的门也多采用没有采光作用的门。一些重要的室内门也使用不透光的木板门。插板门也是不透光的门，一般用于沿路的街面房屋，如居住的家门和商业街面房门外的防风门。插板门没有合页，门的上下有槽，安装拆卸门板时门板可在槽中推动。

有采光作用门的品种相对较少，主要是槅扇，但总数量比较多。这类门防盗作用相对较差，多用于防护要求相对较低的位置，如民居院内的屋门、室内的隔断门等。槅扇的上部一般是窗棂格，在窗棂格上糊上纸可以起到一定的采光作用。

有窗棂格的木门在中国能普遍使用，与中国古代的四大发明之一造纸术有一定的关系。低成本的造纸技术对于木门的发展有极重要的影响。《水调歌头·明月几时有》中的“但愿人长久，千里共婵娟”尽人皆知，在这著名诗句之前还有一句叫“转朱阁，低绮户，照无眠”，其中“绮”的本义是细绫，在诗中指有花纹的丝织品。显然，在门的窗棂格上也可以糊帛、绫、绢等纺织品，只是成本比纸要高，一般人用不起。在中国，历朝历代没有条件使用木门的人从来就不是少数，因此蓬门、荜户、绳枢、柴门之类的词才能广为流传。在门的窗棂格上糊纸，解决门的采光与保温问题，既简单又便宜，具有重要的意义。造纸技术是中国发展木门的另一个重要技术支撑。

**2. 新中国成立前后的重要突破——夹板门**

近代后，西式建筑或者说是现代建筑开始进入中国，中国的建筑以及建筑门窗都发生了很大变化。户门的概念伴随西式住宅建筑在中国的普及开始广泛使用。

中国早期的户门有全实木的镶板门和夹板门两种。与夹板门相比，镶板门较多地使用了中国的传统木材加工技术，产品风格与传统木门窗较相似，比夹板门更厚实，强度比夹板门更好一些。前期，我国的户门常选用镶板门；后期，我国大规模开展住宅建设后，一般情况下户门都选用了夹板门。出现这种现象的原因是我国的木材供应出现了问题。

木材是天然材料，有树枝就有节子，树木的生长有早有晚，在生长过程中总会受到气候的影响，总会受到一定的伤害，所以木材总会存在一定程度的缺陷。宋代的《营造法式》指出：“凡木可分正木与脚木……脚木有八病，即空、疤、破、烂、尖、短、弯、曲。”按照现在的国家标准，木材缺陷分为节子、变色、腐朽、虫害、裂纹、树干形状缺陷、木材构造缺陷、伤疤、木材加工缺陷、变形等十大类。制作全实木的镶板门，需要避让缺陷，木材的使用率很低，节省木材的夹板便成为人们的必然选择。

夹板门的好处是：门扇内部的木骨架可以使用速生林材，降低木材的等级，扩大选材途径；门扇是空心结构，省材料；门的主要表面是已具有一定加工精度的胶合板，省工；相对于纯粹的锯材，胶合板的方向性趋于平均，质量稳定。至今，胶合板仍是提高木材使用率的重要方法，仍是一种重要的现代木材加工技术。

用现代人的眼光来看，夹板门或许没有多高的技术含量，然而在几十年前，夹板门的出现却是一项重要的技术突破。公元前1世纪初，罗马人已熟知单板制造技术与胶合板制造原理。1812年法国人发明了单板锯切机。1834年，法国发布了刨切机专利。1844年以后，经过改进的旋切机在工业生产中正式使用。19世纪中叶，德国首先建立了胶合板厂。中国过去是一个农业国家，没有抓住工业革命的机会，工业基础极其薄弱，市场上的钉子都是“洋钉”，火柴都是“洋火”，生产胶合板并不是一件容易的事。1920年中国才开始建厂生产胶合板，还不是中国人开办的工厂。1937年才有中国人建厂生产包装箱用胶合板。至新中国成立之初全国的胶合板年产量大约为3.5万$m^3$。至1980年，全国的胶合板年产量大约为32.9万$m^3$。2014年的年产量超过17400万$m^3$。

户门选用夹板门，尽管许多人对其防盗性能不满意，但这却是发展中国门窗行业的正确选择。1949年中国的钢产量只16万t，不可能用仅有的一点点钢材生产钢质户门。中国的传统门窗是木门窗，然而我国的木材资源却不能满足我国大规模经济建设的需要，放弃传统的木门窗工艺，改用更具有西方风格的夹板户门，是一种节约木材的措施之一。夹板门在实际使用中起到了较好的效果，既满足了人们喜爱木门窗的习惯，也提高了木材的利用率。1970年后，中国的钢产量达到了2000万t，建筑行业就出台了用钢窗代替木窗、用钢脚手架代替木脚手架、用钢模板代替木模板的“三钢代木”政策。“三钢代木”政策出台后木门窗被限制使用，住宅用夹板门是少数允许使用的木门窗产品。

木材是可再生的资源，但树木的生长需要时间。为了满足市场对木材的需求，无限度地加大采伐力度绝不可行。使用现代技术，全世界的树木用不了多长时间都会被采伐干净。节约使用木材、限制使用木材是人们首先想到的出路，夹板门就是节约木材的结果。对户门产品有影响的木质品，除了胶合板之外还有很多，如纤维板、刨花板、集成材等等。这些基本上都是20世纪诞生的材料。集成材是科学使用木材，劣材优用，小材大用的典范。纤维板、刨花板的诞生则对木门产业的发展具有更大的意义。树木在生长过程中会产生的枝丫材、在加工过程中会产生边角料，过去这些都属于薪材，没有大的利用价值。纤维板、刨花板的诞生，让过去的薪材变成有用的原材料，这点很重要。树木生长需要时间，植树需要不断投入，几十年后树木成材才能见到收益。纤维板、刨花板诞生后，植树过程产生的枝丫材也可变成钱，让植树造林有利可图成为可能，使植树到木材使用的过程，变成了可持续发展的良性循环。从单纯地限制使用木材，到引导人们使用木质品从而促进植树造林，是一个重要的观念革命，对户门今后的发展仍会有重大影响。

**3. 建筑节能引发的蜕变**

1949年中国的人口是5.4亿，城市化率是10.64%，城市人均住房面积是4.5$m^2$。1949年后中国开展了大规模的经济建设，集中全国的力量办大事，在一穷二白的基础上逐步建立了独立的工业体系，中华民族取得了前所未有进步。但是，在先生产后生活政策的影响下，中国居民的住房建设和居民的住房条件改善受到了很大限制。有资料说1978年中国的城市人均住房面积是6.7$m^2$，另有资料说是3.6$m^2$，比1949年还少0.9$m^2$。1949—1978年这30年中国没有建房吗？不是，住房建设速度落后于社会发展速度是最主要的原因。1978 年中国的人口已达到 9.6 亿，城市化率是 17.62%，城市人口数量比过去增加了近两倍。1978 年改革开放之后，中国加快了包括住房建设在内的经济建设速度，到 1985 年，中国的人口达到了 10.6 亿，城市化率是 23.7%，城市人口是 1949 年的 4 倍多，城市人均住房面积是 10.2$m^2$，是 1949 年的 2 倍多，建筑能耗增加十分迅猛。

1949 年中国的煤炭产量是 3243 万 t，1978 年中国的煤炭产量是 6.2 亿 t，1985 年中国的煤炭产量是 8.7 亿 t，中国的煤炭开采速度并不慢，但是这并不能满足中国的能源供应问题。1985 年前后，中国的建筑能耗大约占中国总能耗的 50%，大规模的经济建设给中国的能源供应带来了许多问题。在中国北方，过去农民采暖主要是烧柴，城市化后改烧煤。过去大多数城镇居民都住平房，冬季采暖烧煤炉。烧煤炉取暖居民要自己承担取暖费用，还要投入相当大的精力，一般居民家庭的室温都很低，要靠多穿衣服解决保温的问题。新建建筑都是装有暖气的楼房，采暖标准大幅提高。在中国南方，过去城市居民防暑降温主要靠自然通风，要求门窗所有安装玻璃的部位都可开启。1985 年前后电扇在居民家庭已经普及，窗式空调开始在部分家庭使用，也增加了我国的建筑能耗。

建筑能耗过大，国家难以保证能源供应，也难以保证建筑达到理想的室内温度环境。为了解决中国的能源供应问题，1985 年后我国分 3 个阶段提高了建筑节能标准。

第一阶段（1986～1995 年）：要求新设计的采暖居住建筑物能耗水平在 1980～1981 年当地通用设计标准能耗（北京为标准煤 25.2$kg/m^2$）基础上节能 30%，即一个采暖季耗标准煤为 17.64$kg/m^2$。

第二阶段（1996～2000 年）：新设计的采暖居住要在 1995 年的基础上再节能 30%，即在 1980～1981 年当地通用设计标准能耗基础上再节能 50%①，即一个采暖季耗标准煤为 12.6$kg/m^2$。

第三阶段 2005 年起新建采暖居住建筑开始实行节能 65%②，即一个采暖季耗标准煤为 8.82$kg/m^2$。

目前北京、天津、河北等地已出台了更高的节能标准，即第四阶段的节能，节能 75%。③

我国大力开展建筑节能工作后，曾对建筑能耗进行过专题调研。测算结果表明，当时我国的建筑门窗，通过框、扇、玻璃等门窗表面热传导损失的能耗，与通过门窗框扇间缝隙空气渗透损失的能耗基本相等，各占 50%。1985 年，25 空腹钢门窗是中国建筑门窗市场的主导产品。门窗都是单层玻璃，框扇之间一般都没有密封胶条，传热系数约为 6.4$W/(m^2 \cdot K)$。其含义是，当室内外温差为 1K 时，1$m^2$ 的门窗以热传导方式消耗的热量为 6.4W。在北京，冬季室外温度可以达到零下 10℃，此时如果想让室内温度保持在

① $1-(1-30\%)^2 \approx 51\%$

② 以 1980—1981 年当地通用设计标准能耗为基准，$1-(1-30\%)^3 \approx 65\%$。

③ 以 1980—1981 年当地通用设计标准能耗为基准，$1-(1-30\%)^4 \approx 76\%$。

20℃左右，1$m^2$ 的门窗就要消耗192W 的热量。1 套100$m^2$ 的住宅，大约有25$m^2$ 的门窗，仅通过传导这一项损失的建筑能耗就有4000～5000W。如果再加上通过门窗缝隙损失的建筑能耗，这套住宅通过门窗损失的建筑能耗将达到10000W。

在一般情况下，建筑门窗的面积约为建筑总面积的20%～25%。建筑门窗面积虽小，但能耗大（一般占建筑总能耗的40%左右），加大建筑门窗的节能工作力度容易起到事半功倍的效果。建筑门窗节能工作是建筑节能工作的重点。在开展建筑节能工作第一阶段的1985 年，当时的要求是建筑总造价提高不超过5%，建筑节能要超过30%。由于门窗的节能作用大，北京市许多节能项目都放宽了建筑门窗的价格标准，允许价格增长不超过10%。

由建筑节能引发的门窗革命，已在中国持续发生了30 年，中国的建筑门窗发生了极大的变化。在建筑节能的第一阶段，门窗框扇间没有密闭胶条、使用油灰固定玻璃的25空腹钢门窗和32 实腹钢门窗开始退出市场，安装单层玻璃的金属门窗被限制使用，安装单层玻璃的塑门窗得到了推广。在建筑节能的第二阶段，钢、铝、塑等各种材质的门窗开始普遍使用（5－6A－5）中空玻璃，铝门窗型材出现了隔热断桥。在建筑节能的第三阶段，钢、铝、塑等各种材质的门窗开始普遍使用（5－12A－5）加厚中空玻璃，铝门窗普遍使用有隔热断桥的型材，塑料门窗普遍使用三腔的型材。在建筑节能的第四阶段，塑料门窗开始使用四腔以上的型材、集成材木门窗用量明显增长、三玻两中空的中空玻璃、Low－E 中空玻璃、充氩气中空玻璃等被普遍使用。

户门是建筑门窗的一部分，建筑对外窗的要求不断升级，户门需要与之配套，也要不断地升级。1985 年以前我国没有形成完整的户门产业，大多数木质夹板门都是建筑施工企业根据木结构施工规范在施工现场配制的产品，少部分木质夹板门虽然实现了工厂化生产，但成品没有涂漆，在安装过程中框扇间仍需进行配制加工，严格地说并不是完整的产品，只是半成品建筑构件。1985 年以前，我国对建筑门窗的整体要求很低。当时几乎所有的窗户都使用单层玻璃，所有的户门都是木质夹板门。当时我国已开始对建筑门窗进行物理性能检测，但门窗物理性能检测结果对产品的销售和使用影响并不大。由于国家对户门没有明确的物理性能要求，户门（木质夹板门）质量好坏全凭直观感觉判断。开展建筑节能工作的30 年，正是我国推广钢质户门的30 年，开始时大家只强调提高户门的防盗性能，目前我国对户门保温性能等也提出了明确的要求。比如北京，目前对户门的要求是传热系数 $K$ 值要小于2.0W/($m^2$·K)，对单元门的要求是传热系数 $K$ 值要小于3.0W/($m^2$·K)。

30 年来中国的建筑节能工作取得了很大成绩，中国的建筑门窗也有了极大的进步，但仍与我国的能源供应形势有差距。目前中国的人口已近14 亿，城市化率是56.1%，城市人口是1985 年的3 倍。目前我国城镇人均住房面积大约是35$m^2$，是1985 年的3 倍多。中国的建筑能耗仍在大幅度增长。2014 年世界的煤炭产量是79 亿t，其中中国的产量是38.7 亿t，接近世界总产量的一半。2015 年，全国煤炭产量36.8 亿t。能源问题严重威胁着中国的可持续发展，酸雨、温室效应、PM2.5超标等一系列环境问题严重威胁着中国人民的健康，节能仍是中国一项极其重要的工作。建筑节能、建筑门窗节能仍有很大的潜力，中国建筑门窗的节能水平与世界先进水平还有很大的差距，建筑节能引发的建筑门窗蜕变还将继续进行下去。

## 1.4 户门的发展方向

### 1.4.1 防盗仍是户门的重要性能

伴随着中国的不断进步，个人财产在不断增多，人口的流动性在不断增大，财产保全是长期的需求。伴随着中国的不断进步，中国的人均住房面积在不断增大，人们安全意识在不断增强，人身安全也是长期的需求。防盗是住宅建筑最重要的性能指标之一。户门作为居住建筑的独立生活空间通往公共空间或室外的门，无疑要承担很重要的任务。

首先，高端户门会越来越多。

1985年砖混多层住宅的建筑造价每平方米只有600多元，现在仅地价就可能是原造价的100倍；自1978年以来，城乡居民收入随着经济的高速增长，人均年可支配收入由1978年的343.4元，提高到2015年的31195元，提高了90多倍；过去人们的收入都差不多（1985年前中国的基尼系数都在0.2以下），家庭财产差距不大，近十几年中国的基尼系数一直处在比较高的水平，2008年、2009年曾超过了0.49，其他年份也差不多都在0.47以上，只有2015年降到了0.462。在衣、食、住、行各方面的消费中，住房既是大宗消费又是财产保值增值的手段，高端住宅是新的消费热点，市场需要高防盗性能的户门。

其次，普通户门仍会继续逐步升级。

2015年中国农村居民人均可支配收入11422元，城乡居民人均可支配收入相差2.73倍。根据《国家新型城镇化规划（2014—2020年）》，到2020年中国的常住人口城镇化率要达到60%左右。有专家预计，到2030年中国的城市化人口将增加至70%。这意味着我国在今后十多年内，每年还会有超过1600万的人口要从农村进入到城市。值得注意的是，中国的城镇化在一定程度上是“半拉子的城镇化”，其城镇化率不仅包括户籍城镇人口，还包括在城市居住、打工超过半年以上的人口，真正具有城镇户籍、享受城镇基本公共服务的人口只有35%左右。基尼系数高，城乡差距大（包括在教育、医疗、社会保障等社会均等化方面存在的差距）。新中国成立至今，中国用几十年的时间完成了世界先进国家用300多年才完成的工业化、城市化进程，这是前无古人的伟大功绩。中国目前出现的问题是发展中的问题，是共同进步中存在的快与慢的问题。目前中国存在的各种不安定因素不会在短时间内完全解决，提高户门的防盗性能是已经证明了的保证财产安全、人身安全的实际有效措施，普通户门也不会例外。

伴随着社会的快速进步，中国的户门防盗技术在不断进步，然而小偷的盗窃技术伴随着社会的进步也在不断更新。根据公安部门的统计，目前盗窃案件的入室通道有三个——户门、窗和阳台，其中户门是最主要的通道。有1/3以上的案件是技术开锁入室盗窃案件。技术开锁之所以成为室内盗窃案窃贼的首选，是因为锁是户门防盗的关键，技术开锁速度快、发声小、开锁工具易于携带隐藏。更重要的一点是，目前有许多不良商家在网络上低价出售技术开锁技术资料和工具，有不良企图的人可以轻易获得开锁工具，掌握开锁技术。按照《锁具安全通用技术条件》（GB 21556—2008）的规定：户门的防盗锁只有A级和B级，市场上却出现了超B级、C级，甚至超C级门锁。户门锁具防盗性能越来越好这种形势仍持续下去。伴随着中国户门行业的发展，除锁具之外的其他防盗技术会越来越成熟，但是这并不意味着所有钢质户门除锁具之外的其他防盗性能会越来越好。近年来伴随技术的进步，中国整个社会的安保措施普遍在加强，视频监控越来越多，住宅小区安保制度越来越完善，通过“撬”的办法实施盗窃的条件越来越差。为了获得相对较低的价格，许多普通的户门在短期内不会采取对防盗性能影响不明显，对价格影响明显的防盗措施，如增加框、扇材料的厚度的积极性会较小，而在锁具、插销、门镜、执手等方面的改进会较多。

### 1.4.2　具有防火性能要求的户门会越来越多

中国的传统建筑大多是木架构建筑，建筑防火自古就是一项极其重要的工作。中国的传统建筑是平面建筑，比如故宫，现存建筑980余座，有房屋8700余间，建筑面积15万$m^2$，是世界规模最大、保存最完好的古代皇宫建筑群，如图1-6（a）所示。由于是建筑群，其每一个单体建筑并不是很大，最大的建筑太和殿高28m，面积只有2380$m^2$，这为建筑防火带来了方便。单体建筑间留有足够的间隙，管理好火种，备好灭火器材，如存水的大缸，如图1-6（b）所示，可有效防止火烧连营。在我国的南方，许多建筑都有“马头墙”，如图1-6（c）所示，也可以有效阻止火灾的蔓延。

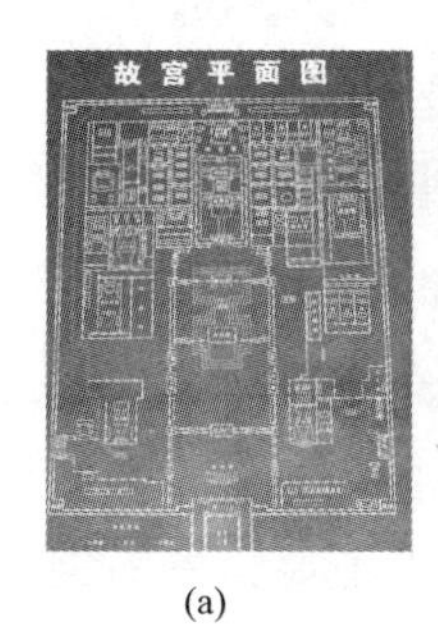


(a)

(b)

(c)

图1-6　中式建筑平面图和防火措施

现代建筑大多是立体建筑，每一层的面积虽然不是很大，但总高度可能会达到几百米，单体建筑面积可达到几十万平方米，表1－1列举了部分中国知名的超高层建筑。尽管现代建筑材料的防火性能比传统中式砖木结构建筑材料好，但由于火焰的竖向扩展速度比平面扩展速度快得多，火灾产生的大量烟气竖向扩展速度也比平面扩展速度快得多，如图1－7所示，加之高空灭火困难、立体建筑逃生通道少，相对而言现代建筑对防火的要求更高。曾有城市安全部门做过一个试验，让一名身强体壮的消防员从第33层跑到第1层，他用了35min。如果是身体素质一般的人员或老人、小孩，所需时间肯定会更长。而火借风势，30s内就可以从第1层到达第33层。这样算来，在超高层建筑中人们跑到楼外逃生的可能性几乎为零。

**中国部分超高层建筑** 表1－1

| 建筑名称 | 上海中心大厦 | 武汉绿地中心 | 天津高银117大厦 | 深圳平安国际大厦 | 广州周大福中心 | 天津周大福滨海中心 | 大连绿地中心 | 北京中国尊 | 上海环球金融中心 | 南京紫峰大厦 | 苏州国际金融中心 |
|---|---|---|---|---|---|---|---|---|---|---|---|
| 建筑高度（m） | 632 | 606 | 597 | 588 | 539.2 | 530 | 518 | 510 | 492 | 450 | 450 |

图1－7 超高层建筑火灾现场

现代建筑关于防火的要求很多，其中之一就是必须有防火分区。其目的是：在建筑物一旦发生火灾时，有效地把火势控制在一定的范围内，减少火灾损失，同时可以为人员安全疏散、消防扑救提供有利条件。防火分区的主要建筑构件是防火墙。为了让建筑保持应有建筑功能，防火分区达到其分区作用，防火墙上需要安装适当数量的门，防火门也是极为重要的建筑防火构件。我国的防火门起步比较晚，但进步很快。

防火门多用于建筑公共空间，我国早期的防火门对外观质量的要求比较低，工业产品特色十分明显，与普通钢质户门相比差异很大。早期的防火门大多由专业防火装备企业生产，1990年以后我国出现了大量的钢质户门企业，全钢板的钢质户门在结构上与防火门相似，许多钢质户门企业也开始生产防火门，生产企业的数量增加了很多。就防火技术水平而言，显然专业的防火装备企业要比普通钢质户门生产企业好，然而钢质户门是在住宅家庭中使用的产品，更注重产品的外观质量。钢质户门企业生产防火门后，原有市场的竞争变得十分激烈。竞争促进了我国防火门行业的发展，产品的价格有所降低，表面质量有所提高，目前许多防火产品外观与非防火产品已十分相似。

1978年改革开放至今，中国已发生了极大的变化，其中一点就是现代社会越来越重视生命价值。这种变化在防火门的应用上也有所反映。

过去中国的建筑防火规范只规定应在建筑防火分区的有关位置使用防火门，对非防火分区的门没有任何防火要求。目前中国的建筑防火规范不仅规定应在防火分区有关位置使用防火门，对非防火分区用门也提出了一些防火要求。

过去我国的防火门只有甲级、乙级、丙级，三个级别（在新标准中相当于A0.5、A1.0、A1.5，即耐火隔热性能和耐火完整性能同时达到0.5h、1.0h、1.5h的防火门）。目前我国的防火门窗标准把防火等级分为A、B、C三类，每类又按不同的耐火时限进行了分级，共有13个级别，比原来多了10个级别。

最高等级是A3.0，即耐火隔热性能和耐火完整性能都要达到3h，比有些建筑的建筑结构防火等级还高，为高等级防火门提出了依据。北京的国贸三期工程、中国尊工程等都有避难层，其防火等级是2h或3h。

最低的等级是C1.0，即仅要求门的耐火完整性能要达到1h。C类防火门，用通俗的说法是防烟防火门，是不能用于防火分区的防火门。不能用于防火分区为什么还要有这类防火门？在火灾中死亡的人，大多数并不是被火烧死的，而是被烟熏死的。在防火分区之内，增加C类防火门的用量对于降低火灾人员死亡率具有非常重要的作用。在防火门标准中增加B类、C类防火门，为在防火分区内增加防火措施提供了依据，是社会的一大进步。户门生产企业应特别重视这种标准的变化。

不仅如此，建筑防火规范还规定在某些情况下，门窗的耐火完整性能要达到0.5h。值得注意的是，这种水平的指标属于防火门窗标准性能分级之外的等级，比最低等级还低。

对建筑进行防火分区，防火分区应使用的防火门，包括建筑外墙在某些情况下普通门窗应达到的防火性能，是国家的强制规定。在建筑防火分区之内增设防烟防火门不是国家的强制规定，是用户根据需求采取的附加防火措施。这反映了人们观念的变化——从注重财产保护向更注重生命保护的转变。伴随着中国的发展，这种变化还将持续下去，建筑防火会越来越受到人们的重视，防火门的应用会越来越精准，具有防火性能的户门会越来越多。

### 1.4.3 非金属加工技术对钢质门的影响会越来越大

钢质门制作企业的看家本领显然应当是金属加工技术或者说是钢材加工技术，然而在未来的发展中非金属加工技术对钢质门的影响会越来越大。制作钢质门常用的剪、折、冲、锯、压花、打孔、焊接、铆等传统金属加工工艺，伴随着中国基础工业的发展，技术水平在不断提高，但获得重大突破的速度正变得越来越慢。伴随中国的发展，人们对门的要求在不断增强，包括户门在内的各种钢质门，都需要不断地对产品进行改进，满足人们的需求，满足市场竞争需求。钢材的特点十分明显，对于制作钢质门而言，钢材的高强度、有许多便利的加工方法、价格相对较低、材料来源稳定等突出的优点，然而其传热快、手感比较凉、有特殊的金属光泽、易锈蚀、遭受撞击时易产生噪声等缺点也很突出。目前各企业依靠设备更新都可在较短时间内使其钢质门制作水平提高，其结果是行业水平普遍提高，产品同质化倾向越来越明显。为了满足人们的需求，为了增强企业的竞争力，许多钢质户门企业都把精力聚焦在改善钢质材料性能上。在钢质门上添加其他材料，发挥不同材料的特点往往是现实工作中唯一可选的办法。金属加工是钢质门的技术基础，其技术进步对钢质门的技术进步有重大影响，但就目前的形势而言增加非金属材料应用，加强对非金属加工技术的研究，对于钢质门的技术进步具有更大的现实意义。

钢质门制作需要多方面的非金属加工技术。

防腐历来都是钢材制品需要认真解决的问题。不认真进行防腐处理的产品，在很短时间内就会损坏，钢质门也不例外。但不是普通的物理加工技术就能解决的。钢材的腐蚀过程是电化学反应过程，工件的镀锌、镀锌钢板的选用、镀锌钢板涂装性能的判定、涂漆前对钢质门表面进行的除油、除锈、磷化、钝化处理等都需要大量的化学知识。

钢质门表面涂装也是一个重要课题。钢质门的油漆涂漆、粉末喷涂（喷塑）、转印、覆膜所使用的材料都是非金属，从材料选用到加工工艺都关系到门的外观质量，也关系到门的寿命，应特别引起我们的重视。目前装饰面的耐水性能、表面硬度、耐冲击性能、耐磨性能、耐污染腐蚀性能、色泽稳定性能、耐酸碱性能、耐冷热循环性能等都已成为钢质门的性能指标。目前我国对钢质门涂装质量的研究还处于起步阶段，对许多性能都规定了指标，但其科学性还应进一步研究。比如表面涂装质量，缺少明确的量化寿命指标。或许钢质门的涂装层在短时间内难以做到与门窗、建筑同等寿命，但相关企业应提供产品涂装层在沿海地区、气候干旱地区，在室内使用、室外迎风向阳位置使用等各种条件下可安全使用的年限。

填料是钢质门制作常用的非金属材料。为了解决防火问题，最早是在门扇内填充岩棉，后来是填充蛭石板、珍珠岩板；为了解决保温问题，在门扇内填充聚氨酯发泡剂、聚苯乙烯板；为了增强门扇面板的支撑力，使门扇坚挺平整，减少门扇在开关过程中产生的噪声，在门扇内填充蜂窝纸、铝蜂窝也是常见的做法。在门的框、扇内填充保温、隔热等填料绝不是小事，必须高度重视。保温、隔声、防火等是建筑门窗的关键性能指标，在许多情况下都具有一票否决的作用。填料不合格、填充方法有误都可能引起很严重的后果。比如岩棉、矿棉，两者的保温性能、耐水性能、耐热性能、耐腐蚀性能都不一样，不能混为一谈。再比如蜂窝纸，在报纸、电视、网络上常有“纸糊的防盗门”之类的报道，细看之后可以发现都是因为在钢质门的门扇内使用了蜂窝纸。类似的报道往往是一边倒，连涉事企业对该事件的说明都没有，似乎钢质户门门扇使用蜂窝纸就真的是在欺骗用户。估计目前有 80% 以上的企业在制作钢质门时都使用蜂窝纸，没一个企业站出来对不当报道进行驳斥。其原因有事不关己，多一事不如少一事，怕引火烧身；但也有相关企业对蜂窝纸研究不深，没有令人信服的实验数据，不敢面对媒体说明真相。

门扇面板加工也会用到越来越多的非钢加工技术。目前钢木复合户门、铸铝户门、铜户门等在市场上越来越多。这是因为中国的住房发生了由“将就”到“讲究”的转变。比较中国与欧洲的户门和居室门，人们很容易发现欧洲的门明显比中国的门要简洁，中国的门普遍比欧洲的门图案多。这是由中欧的文化差异造成的结果，文化对门的影响过去存在，今后还将持续下去，特别是在“讲究”的时代，文化对门的影响会更为明显。近十几年来，我国的大多数钢质户门，其表面涂装都是木纹图案，冲压图案往往会有“盘长”之类的中国传统图案。近两三年在我国钢质户门市场上有一种被称为“拼板门”的产品非常流行。与普通的整板钢质户门相比，“拼板门”的外观与木质“镶板门”更为相像。钢木复合户门的手感与木门一样。铸铝户门、铜户门钢木复合户门、铸铝户门、铜户门等在表现文化内容时比普通的整板钢质户门要方便得多。这是这些产品在市场上越来越多的主要原因。

### 1.4.4 智能化及其相关技术对钢质门的影响会越来越大

18世纪中叶以来，人类历史已先后发生了以蒸汽技术革命、电力技术革命、信息技术革命为代表的三次工业革命。以互联网产业化、工业智能化、工业一体化为代表的第四次工业革命正在进行当中。前三次工业革命，中国都没有赶上或完全赶上，至少比世界先进国家慢了半拍。其中，前两次工业革命让中国陷入了落后挨打的尴尬局面；第三次工业革命中国很早就有所觉醒，但受国内国际环境的限制，到改革开放的初期中国在计算机的硬件和软件方面仍处于落后局面，我们只是搭上了第三次工业革命列车的后半截，并不是最快搭上这部快速列车的乘客；而今迎来了第四次工业革命，我们不仅要做第一批乘客，还要争做领跑者。在这样的大背景下，钢质门和钢质门行业将向智能化方向快速转变。目前我国的钢质门同质化倾向越来越明显，行业竞争越来激烈，面对这样的局面，许多人并未把智能化当作重要的努力方向，技术改进的重点仍聚焦在降成本、扩产能、促销量等方面。新中国成立60多年，改革开放30多年，中国以按快进键的方式，用几十年的时间走完了西方发达国家几百年走过的路程。中国逐步跟上了世界发展的步伐，成绩毋庸置疑，但形势依然严峻。在推翻“三座大山”的过程中，自辛亥革命起无数的仁人志士贡献了自己的生命，代价极大；在追赶发达国家的经济建设中，为了打破各种“桎梏”赢得变强的条件，中国人民再次付出了极大的代价。借第四次工业革命的浪潮，弯道超车，中国才能真正变强，否则不仅会大大延长中国变强的时间，还可能产生严重的倒退。可以肯定地说，中国的两化融合（信息化和工业化的高层次的深度结合）、中国制造2025、欧洲的工业4.0，美国的工业互联网等将极大地改变世界面貌，将对中国钢质门行业产生极大的影响。

**1. 钢质门的智能生产**

长期以来，专业化、大批量、标准化一直是我们重点追求的目标。然而时代变了，建筑门窗产能全面过剩，用户满足少数标准产品，可连续生产二三十年（如25空腹钢门窗）的时代已经结束。目前的钢质门市场，不同的建筑风格、不同的用户，需要不同颜色、不同样式的门。同一个建筑、同一个用户，同一样式、同一颜色门，其功能也可能有很大的差异。比如办公建筑，一般工作人员的房间仅需要保温、隔声性能较好的门，财务、机要室等可能需要保温、隔声、防盗、防火性能都比较好的门，而主要关键领导的门则需要在一般门的基础上增加防弹性能要求。再比如居住建筑，同一个家庭的门，其结构、功能可能一样，但老人房、夫妻房、子女房、书房、客房等不同房间的门，其样式可能完全不一样。为了全面满足用户的需求，尽管多品种、小批量、定制生产不是大多数企业喜欢的生产模式，但其终将成为钢质门企业的主要生产模式。

目前我国的钢门窗企业发展水平参差不齐，有些企业的生产线和管理体系主要依靠人工操作，有些企业的生产线则具有较高的自动化水平，计算机管理系统也达到了较高的水平。目前普遍存在两个现象或问题：①主要依靠人工操作的企业改用计算机管理系统后生产效率在得到大幅提升的同时，其产品种类相对减少，市场灵活性和适应能力变差。②市场销售、产品设计、原材料供应、生产管理、质量管理、财务管理、人员管理等系统，大多都是独立系统相互没有连接起来，大多数设备、材料没有与管理系统连接起来，信息不可相通，在实际工作中还需要大量人工调节。现有的单纯的人工生产线、半自动化或自动化生产线及其管理系统都难以适应市场的快速变化。

中国制造2025也好，欧洲工业4.0也好，其智能生产与过去我们所经历的钢质门自动化、智能化生产有着明显的区别，借助互联网，其广度、深度都将明显加大。这种变化不仅限于钢质门的网络销售，还将深入到产品设计、原材料供应，以至产品使用、售后服务各个领域。比如：多年来我们搞全面质量管理，一直又追求产品的全面、全员、全过程质量管理，在实际操作中遇到过很多难题，二维码技术给了我们很大的帮助。现在射频识别技术比二维码还方便，它可以无线通信。再比如：钢门窗型材轧制，最早的时候依靠手工绘图，轧辊设计相当困难；后来采用计算机辅助设计，其工作效率可提高几十倍；在互联网普及的今日，CAM（计算机辅助制造）、Auto CAD经过多次升级后，已具备联网协同设计异地办公功能，为轧辊设计提供了更便利的条件。

**2. 钢质门的产品智能化**

目前我国的绝大多数钢质门和传统的建筑门窗一样，基本上都是依靠机械结构实现门的功能，智能化水平很低。钢质门的生产过程智能化了，钢质门本身也同样可以智能化。钢质门的智能化不难理解，目前我国的钢质门已有许多具有智能化倾向的产品，比如各种使用了电子门锁的钢质门。磁条卡、集成电路卡、指纹识别、人脸识别、虹膜识别系统门锁与普通的机械锁相比，不仅仅是门锁启闭方式有了改变、锁的安全性能有了改变，也为钢质门的智能化创造了条件。这些门锁可根据需要任意调整用户权限，随时了解用户动态，包括用户身份、操作地点、功能及时间次序等，实现实时智能管理。长期以来钢质户门的防盗性能和防火性能一直是一对矛盾，防盗要求限制人员的出入，防火要求尽可能地方便人员疏散和救援。传统的钢质户门很难同时具备完善的防盗、防火两种功能，依靠互联网对钢质户门进行智能化管理则可能完美解决过去难以解决的难题。钢质门，特别是钢质户门，今后必然会成为智能家居的一部分。

**3. 钢质门的新服务**

钢质门，特别是钢质户门智能化后，用户的个性化需求会越来越多，产品品种也会越来越多。智能化钢质户门需要不断地采集相关数据并根据需要发出指令。厂商可依靠互联网收集相关数据，对相关数据进行分析，对产品和有关工作进行改进。这种变化将为户门企业带来新的机遇。以往户门企业的主要盈利来自产品销售，产品智能化后将诞生新的商业模式，向服务收费。这种变化将促使户门企业进一步向服务商转变。互联网时代的钢质门生产，最终可催生出什么样的新商业模式，或者说什么服务模式，现在还很难说。

率先获得突破的领域，最有可能是智能安防系统。防火、防盗除了依靠门本身的性能外，门的报警、监控能力对门的性能也有极大的影响。比如房屋主人长期不在家，或家中只有老人、孩子，当有人来访时，主人可以通过监控了解有关情况，决定是否开门、是否报警等。

第二个较易获得突破的领域，有可能是售后服务。受社会发展水平的限制，过去我国的绝大多数户门企业，产品销售价格实际包含的售后服务成本极少，售后服务做得都不太好，所谓售后服务往往只是一个保修承诺，实际上并没在售后服务上下功夫。伴随着钢质门的智能化，这种状况可能会得到改善。

例如，前些年我国生产的钢质户门，90%以上门锁都是A级防盗性能的锁芯。在门业企业工作的人都知道，使用专用工具能在几秒钟之内打开A级防盗性能的门锁，使用A级锁芯的钢质门应及时更换B级锁芯，才能使之发挥应有的防盗作用。现在小偷可以在网上买开锁工具、学开锁技术，而我们的户门企业不能利用网络技术对用户开展售后服务，主动为用户更换B级锁芯，致使大量用户还在使用A级防盗锁芯，甚至根本不知自家户门存在危险，这实在是可悲的事情。

再例如，在实际工作中，钢质门生产企业为其产品提供保修服务存在许多困难，应在何时上门为用户提供服务是一个问题。两个同样的门，由于使用环境不一样（比如，一个门在公共建筑中使用，一个门在住宅中使用），其实际使用寿命可以相差很多。同一品种的门，由于尺寸不一样（比如，一个门的门扇面积$2m^2$左右，另一个门的门扇面积$5m^2$，甚至更大），其实际使用寿命也可以相差很多。坐等用户报修，用户经常在门无法使用时才报修，厂家的维修速度很难让用户感到满意；厂家主动上门提供服务，去得过早、过多用户会感到麻烦，去得过晚跟没主动上门服务一样。钢质门智能化后，生产企业可实时收集门的使用数据，为改善售后服务工作创造了极好的条件。

**4. 钢质门的专业化设计与云工厂**

钢质门行业同其他建筑门窗行业一样，将逐步走上专业化设计的道路，并有可能率先出现云工厂。

钢质门行业介于建筑行业与机械加工之间，从事钢质门制作既应熟练掌握各种加工技术，也应有丰富的建筑知识。然而，在我国符合这种要求的人非常少，在建筑门窗行业精通建筑设计的人员很少，在建筑行业精通机械加工门窗制作的人员也很少。这种状况已严重影响了我国建筑门窗行业的发展，也严重影响了我国的建筑质量。

我国的传统门窗是有窗棂格的木门窗，几百年上千年都没有大的变化，其质量好坏似乎成了一种“常识”性的东西。新中国成立后的前三十几年，我国的建筑门窗，窗户是“标准化”的空腹、实腹钢门窗，门是“标准化”的木质夹板门，几十年都没有大的变化。过去我国的建筑设计，针对建筑门窗的很少，通常在设计图中只有一些门窗标记，有些基本要求。许多建筑设计不仅没有门窗的构造节点、安装节点详图，连门窗的分格样式、门窗的开启方式和开启方向都没有。即便是这样，过去我国的建筑门窗也没出现过大的问题，原因主要有三个：①绝大多数门窗都是标准化设计；②建筑承建单位有工程技术人员进行指导；③国家和用户对建筑门窗的要求都不高。

近三十年我国蓬勃发展，建筑门窗业不断进步，门窗品种越来越多，一般的用户、建筑设计人员、建筑施工工程技术人员，甚至建筑门窗行业的从业人员都很难做到全面了解建筑门窗行业变化情况，熟练掌握最新技术。近年来人们对建筑质量的要求在大幅度提高，对门的要求越来越多，越来越严。开始的时候我国只对专用的防火门提出防火要求，对其他的门都无明确要求；后来对住宅户门提出了防盗要求，以后又增加了保温、隔声等要求；目前防火钢质户门应用已经相当普遍，部分用户已不满足对户门提出常见的防盗要求，而是提出了防暴要求，有些甚至还提出了防弹要求。目前，建筑门窗设计已不是一项依据“常识”可轻松完成的工作。

目前我国的绝大多数建筑工程，建筑门窗的采购一般由建筑的建设单位或承建单位直接控制，并采用招投标的方式决定施工企业和施工方案。建筑门窗采购方本身极少有精通建筑门窗设计的人员，在招标过程中并不能给出明确的建筑门窗施工方案，建筑门窗生产企业在投标过程中要免费提供建筑门窗设计中关于门窗部分的二次设计。招投标双方的经济利益、主要领导的个人意志经常严重影响建筑门窗招投标工作，门窗采购人员不按需求采购、门窗设计人员不按原则设计的现象经常发生，建筑设计师的意图很难全面得到落实。

改变这种状况的方法有很多，组建专业的建筑门窗设计团队是最重要的手段之一。由懂建筑设计、懂现代门窗制作的第三方人员，负责建筑设计中关于门窗的二次设计，用详尽的施工方案和标准，堵塞建筑门窗在设计、招投标、制作、安装、验收等各环节中的漏洞，保证建筑的门窗符合建筑设计意图，保证建筑门窗达到国家的有关要求。

专业的建筑门窗设计团队，可以是由专职人员组成的门窗设计公司，也可以是由政府或行业协会组织的主要由兼职人员组成的咨询机构。目前互联网已高度普及，工程技术人员常用的 Auto CAD 软件已具备网上协同设计的功能，通过网络办公完全可以实现建筑门窗的二次设计，我们需要做的工作是创新体制、模式。

近三十年来中国门业的快速发展在一定程度上得益于我国的人口红利，许多门业企业的自动化水平，甚至机械化水平还非常低。近几年来中国的人口红利越来越小，并趋于消失。伴随着社会的全面进步，中国的劳动力成本也在快速增长。目前许多中国门业企业都正在抓紧时间完成工业3.0应完成的工作，即以PLC（可编程逻辑控制器）和PC的应用为标志的产品生产的自动化，用机器接管人的大部分体力劳动，同时也接管一部分脑力劳动。门业企业全面实现自动化，在解决目前生产成本上升过快问题的同时还会产生新的问题，也就是门业产能过剩的问题。在不增加新工厂的情况下，自动化生产将使我国门业的生产能力大大超越社会的消费能力。

产能过剩加上互联网的作用，中国门业必将走上以满足用户需求为目的，不断提高产品性能、质量的道路。创新将成为我国门业发展的主要途径，通过新建工厂扩大产能获得竞争优势的可能性会越来越小。现有的门业企业当然要组织钢质门新产品的开发，参与建筑门窗二次设计的服务机构，以及各种对建筑门窗有研究的机构也可以参与到建筑门窗的设计和生产中去。中国门业今后必将孕育出新的商业模式，这就是云工厂。工厂的生产设备实现智能后，各种数据将不断上传到互联网上，按照一定的规则和程序，有关机构可以知道哪些工厂的哪些生产线正在满负荷运转，哪些是有空闲的。存在空闲的工厂可以出卖自己的生产能力，为其他需要的人去进行生产；开发新产品的门业企业为弥补自身设备的不足，可借用其他企业的设备生产部分产品部件；开发钢质门新产品研究机构及有关创业人员，甚至可以完全依靠其他企业的设备生产产品，完全没有必要纠结于找OEM代工还是自建工厂。当云工厂实现的时候，我国门业领域将出现一个创新和创业浪潮，整个行业都将被深刻改变。

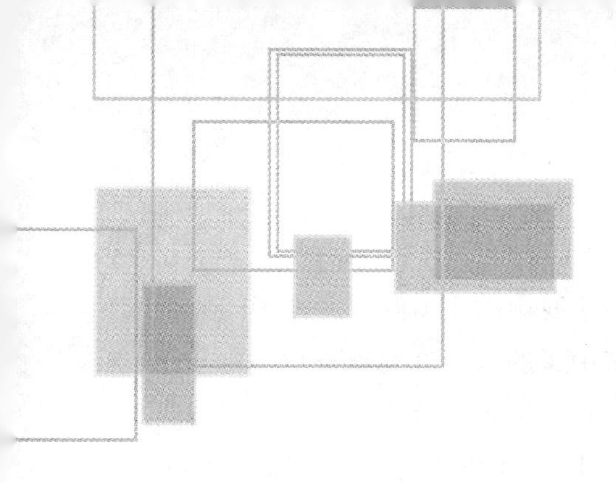

第2章

# 钢质户门性能

钢质户门是钢门窗的一部分，因此钢质户门应符合国家对建筑门窗的各项基本性能要求。钢质户门是在特定位置使用的门，因此钢质户门还应符合用户对户门的特殊性能要求。钢质户门的标准是建筑工业行业标准 JG/T 3054《平开户门》。强度、气密、水密、保温、隔声等性能是钢质户门必不可少的要求，本教材的基础篇中已有论述，本章重点介绍钢质户门的防盗性能、防火性能。

## 2.1 防盗性能

钢质门的防盗性能是门在一定时间内抵抗一定条件下非正常开启的能力。通常将配有防盗锁，在一定时间内可以抵抗一定条件下非正常开启，具有一定安全防护性能并符合相应防盗安全级别的门称为防盗安全门，或防盗安全户门。钢质防盗安全户门除可选用普通碳素钢、不锈钢制作外，还可辅助使用铜、木等材料，其中纯碳钢制作的钢质防盗户门价格相对低廉，市场占有率最高。

### 2.1.1 防盗性能要求

GB 17565—2007《防盗安全门通用技术条件》中对钢质防盗门的防盗性能提出了明确的要求，主要有防盗安全级别、防破坏性能、防闯入性能、软冲击性能等。这是评价包括钢质户门在内的各类建筑门窗防盗性能的依据。

**1. 防盗性能级别**

根据防盗安全级别的不同，防盗安全门分为甲、乙、丙、丁四个等级，拼音字母代

号分别为“J”“Y”“B”“D”，其中甲级为最高级，依次递减。

根据防盗安全级别的不同，标准对钢质防盗安全门的钢板厚度、防破坏时间、防盗锁级别等项目提出了不同的要求。其中对钢质板材厚度的要求见表2－1。

**钢质防盗门钢板厚度下限** **表2－1**

| 安全级别 | 钢板类型 | 门扇钢板厚度下限（外板/内板） | 门框钢板厚度下限 |
|---|---|---|---|
| 甲级 | 冷轧钢板 | $1.0_{-0.09}$mm/$1.0_{-0.09}$mm | $2.0_{-0.15}$mm |
| | 热轧钢板 | $1.0_{-0.12}$mm/$1.0_{-0.12}$mm | $2.0_{-0.17}$mm |
| 乙级 | 冷轧钢板 | $1.0_{-0.09}$mm/$1.0_{-0.09}$mm | $2.0_{-0.15}$mm |
| | 热轧钢板 | $1.0_{-0.12}$mm/$1.0_{-0.12}$mm | $2.0_{-0.17}$mm |
| 丙级 | 冷轧钢板 | $0.8_{-0.07}$mm/$0.8_{-0.07}$mm | $1.8_{-0.14}$mm |
| | 热轧钢板 | $0.8_{-0.10}$mm/$0.8_{-0.10}$mm | $1.8_{-0.17}$mm |
| 丁级 | 冷轧钢板 | $0.8_{-0.07}$mm/$0.6_{-0.06}$mm | $1.5_{-0.12}$mm |
| | 热轧钢板 | $0.8_{-0.10}$mm/$0.6_{-0.09}$mm | $1.5_{-0.15}$mm |

防破坏时间是指防盗门在承受一定条件的破坏而没有被打开的最大时间，甲级防盗门要求防破坏时间大于或等于30min，乙级、丙级和丁级依次递减，分别为15min、10min和6min。此外，甲级防盗门要求使用B级以上的防盗锁，乙级、丙级和丁级要求使用A级以上的防盗锁。

**2. 防破坏性能**

钢质防盗门的防破坏性能主要针对锁具和铰链两个部位。

1）锁具在防盗安全级别规定的防破坏时间内门扇不应被打开，并可承受以下破坏试验：

（1）钻掉锁芯、撬断锁体连接件从而拆卸锁具。

（2）通过上下间隙伸进撬扒工具，试图松开锁舌。

（3）用套筒或类似扳动工具对门把手施动扭矩，试图震开、冲断锁体内的锁定挡块或铆钉。

2）铰链在防盗安全级别规定的防破坏时间内，承受使用普通机械手工工具对其实施冲击、錾切破坏，传给铰链冲击力和撬扒力矩时，应无断裂现象。铰链表面、转轴被锯掉后不应将门扇打开。铰链与门框、门扇采用焊接时，焊缝不应高于铰链表面。

**3. 防闯入性能**

门框与门扇之间或其他部位允许安装防闯入装置，装置本身及连接强度应可承受30kg沙袋、3次冲击试验。试验后，不应产生断裂或脱落。

**4. 软冲击性能**

门扇应能承受30kg沙袋、9次冲击试验。试验后，残余凹变形不应大于：甲级3.0mm，乙级5.0mm，丙级8.0mm，丁级10.0mm。

**5. 锁闭点数**

钢质户门的防盗性能就与其锁点数相适应，甲级门应少于12个，乙级门应少于10

个，丙级门应少于8个，丁级级门应少于6个。

**6. 防盗性能标记**

钢质户门应有防盗性能等级永久性标记。标记的位置宜设置在门扇的内面板上，高度应在距地面约1600mm处。

## 2.1.2 检测方法

### 2.1.2.1 试验条件

**1. 试验设备**

采用可将防盗安全门安装并固定住的一种试验设备，该设备在刚度和强度上应符合防盗安全门破坏性试验和操作功能试验的要求。该设备应可安装多种尺寸规格的防盗安全门，悬摆横梁应可上下、左右移动。

**2. 试验工具**

普通机械手工工具，包括各种式样的凿子、锉子、锲子、钳子、螺丝刀、扳手、钢锯、长度不大于600mm的大铁剪、1.2kg的手锤、便携式手摇钻以及长度不大于600mm、直径不大于$\phi$50mm的各种撬棍和撬扒工具。

**3. 试验人员要求**

1）试验人员应有开启门锁、门体的专门技能，试验人员应研究安全门的技术图纸所用材料特性，针对其薄弱环节确定试验先后顺序及试验具体部位。

2）由两名试验人员组成破坏性试验小组，试验小组根据产品具体情况确定试验条件，进行防盗安全门非正常开启试验时两名试验人员轮流进行，其间歇时间总和不大于0.2倍的净工作时间。

**4. 试验样品的安装**

防盗安全门要按实际安装状态，安装在试验设备上或专用的试验固定支架上，然后进行功能检查和其他试验。

**5. 试验计时**

应采用经计量校准的计时装置，并应由非操作人员的第三人计时。

### 2.1.2.2 防盗安全级别检测

**1. 钢质板材厚度**

用精度0.001mm的超声波测厚仪在距离边部不小于40mm处测量。测量3个部位，3次测量结果的平均值应符合表2-1的规定。

**2. 防破坏时间**

按照“防破坏性能”的检测方法进行试验，防破坏时间应满足相应的级别要求。

**3. 防盗锁级别**

查验锁具及有关证明材料。

### 2.1.2.3　防破坏性能检测

**1. 锁具防破坏性能检测**

在防盗安全级别规定的防破坏时间内，对锁具进行以下破坏试验：

（1）在距门锁锁定点150mm的半圆内，试图打开一个38mm²的开口，通过开口用手工或工具从内部拨开锁具。

（2）錾掉门框锁定点处的金属，在锁定点的上、下间隙伸进撬扒工具，试图松开锁舌。

（3）用套筒或类似扳动工具对门把手施动扭矩，试图震开、冲断锁体内的锁定挡块或铆钉。

**2. 铰链防破坏性能检测**

在防盗安全级别规定的防破坏时间内，普通机械手工工具对铰链实施破坏，试图从铰链边打开门扇。

### 2.1.2.4　防闯入性能检测

将被试件安装在试验设备上，吊架横梁连接1500mm长的绳索，30kg球形沙袋作为悬摆，悬摆位置与落点的高度差值为800mm，沙袋冲击点为试件下$H/2$部位，如图2－1所示，连续冲击3次，每次冲击间隔时间为30s。试验后，防闯入装置不应产生断裂或脱落。

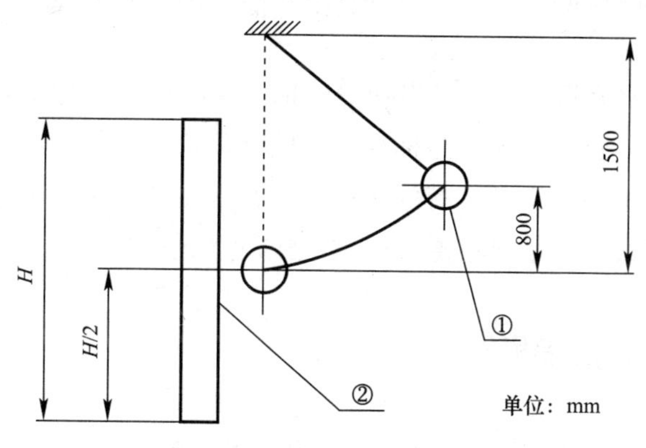


图2－1　防闯入性能检测示意图

①—沙袋；②—试件

### 2.1.2.5　软冲击性能检测

将被试件安装在试验设备上，吊架横梁连接1500mm长的绳索，30kg球形沙袋作为悬摆，悬摆位置与落点的高度差值为800mm，沙袋冲击方向沿门扇开启方向，冲击点在试件下$H/3$部位，如图2－2所示，连续冲击9次，每次冲击间隔时间不超过1min。试验后，测量冲击部位的最大残余凹变形，结果应符合相应防盗级别的要求。

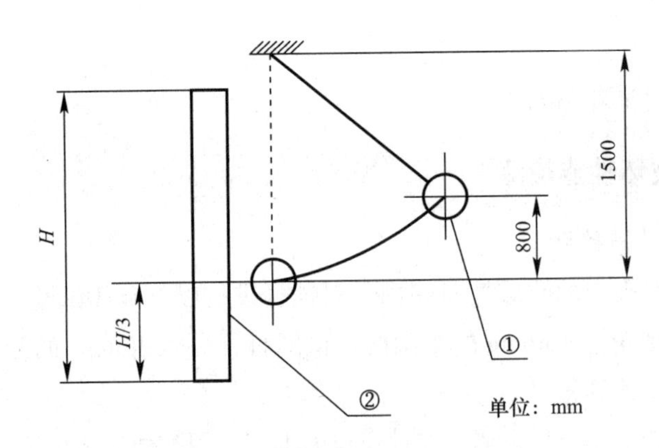


图 2－2　软冲击性能检测示意图

①—沙袋；②—试件

## 2.2 防火性能

为保证建筑内防火分区、楼梯间、垂直竖井等部位的避难、安全疏散、分隔等要求，按照建筑设计防火规范，在防火墙、防火隔墙、疏散走道等位置的开口处应安装具有一定耐火性能的防火门窗。

防火门窗是指在一定时间内能满足耐火完整性，必要时具有耐火隔热性要求的门窗。防火门窗除具有普通门窗的作用外，还具有阻止火势蔓延和烟气扩散的作用，确保人员安全疏散等功能。

值得注意的是，只有符合相关（专业的）防火门、防火窗标准规定的门窗才可称之为防火门窗。目前部分建筑门窗产品标准、一些与建筑设计规范，对普通建筑门窗也提出了防火性能要求。这些门窗所具有的防火性能往往是单一的、部分的，并不能达到防火门窗标准的系统要求（一系列的要求），不能称之为防火门窗。

### 2.2.1 防火性能指标

根据 GB/T 9978.1《建筑构件耐火试验方法　第 1 部分：通用要求》，防火门窗的耐火性能包括隔热性和完整性。

隔热性：是指在标准耐火试验条件下，建筑构件当一面受火时，在一定时间内背火面温度不超过规定极限值的能力。

对于有隔热性能要求的防火门，除门框内部填充隔热材料外，门扇内部填充的防火隔热材料对防火门的隔热性能起到至关重要的作用；带视窗时，其玻璃应选用隔热型防火玻璃（A 类）。

对于有隔热性能要求的防火窗，框架应选用具有隔热性的型材或填充隔热材料，玻璃应选用隔热型防火玻璃（A类）。

完整性：是指在标准耐火试验条件下。建筑构件当一面受火时，在一定时间内阻止火焰或热气穿透或在背火面出现火焰的能力。

对于有完整性要求的防火门，门框、门扇的结构应有足够的加强措施；门框与门扇，门扇与门扇的缝隙处应设置防火密封件。

对于有完整性要求的防火窗，应采用具有一定强度使其足以保障构件完整性的框架，有隔热性要求时，玻璃应选用隔热型防火玻璃（A类），无隔热要求时，可选用非隔热性防火玻璃（C类）

## 2.2.2　防火门窗的分级

### 2.2.2.1　防火门的分级

GB 12955—2008《防火门》是目前我们现行的国家强制性防火门产品标准，该标准中，防火门的耐火性能分级见表2－2所列。

防火门耐火性能分级　　表2－2

| 名称 | 耐火性能 | | 代号 |
|---|---|---|---|
| 隔热防火门（A类） | 耐火隔热性≥0.50h<br>耐火完整性≥0.50h | | A0.50（丙级） |
| | 耐火隔热性≥1.00h<br>耐火完整性≥1.00h | | A1.00（乙级） |
| | 耐火隔热性≥1.50h<br>耐火完整性≥1.50h | | A1.50（甲级） |
| | 耐火隔热性≥2.00h<br>耐火完整性≥2.00h | | A2.00 |
| | 耐火隔热性≥3.00h<br>耐火完整性≥3.00h | | A3.00 |
| 部分隔热防火门（B类） | 耐火隔热性≥0.50h | 耐火完整性≥1.00h | B1.00 |
| | | 耐火完整性≥1.50h | B1.50 |
| | | 耐火完整性≥2.00h | B2.00 |
| | | 耐火完整性≥3.00h | B3.00 |
| 非隔热防火门（C类） | 耐火完整性≥1.00h | | C1.00 |
| | 耐火完整性≥1.50h | | C1.50 |
| | 耐火完整性≥2.00h | | C2.00 |
| | 耐火完整性≥3.00h | | C3.00 |

注：在GB 50016—2014《建筑设计防火规范》中对防火门的设计要求只有A1.50（甲级）、A1.00（乙级）、A0.50（丙级）三种级别；目前也只有上述三种隔热防火门纳入了3C强制性认证产品。

### 2.2.2.2　防火窗的分级

GB 16809—2008《防火窗》是目前我们现行的国家强制性防火窗产品标准。该标准中，防火窗的耐火性能分级如表2－3。

防火窗耐火性能分级　　表2－3

| 名称 | 耐火性能 | 代号 |
| --- | --- | --- |
| 隔热防火窗（A类） | 耐火隔热性≥0.50h，且耐火完整性≥0.50h | A0.50（丙级） |
| | 耐火隔热性≥1.00h，且耐火完整性≥1.00h | A1.00（乙级） |
| | 耐火隔热性≥1.50h，且耐火完整性≥1.50h | A1.50（甲级） |
| | 耐火隔热性≥2.00h，且耐火完整性≥2.00h | A2.00 |
| | 耐火隔热性≥3.00h，且耐火完整性≥3.00h | A3.00 |
| 非隔热防火窗（C类） | 耐火完整性≥0.50h | C0.50 |
| | 耐火完整性≥1.00h | C1.00 |
| | 耐火完整性≥1.50h | C1.50 |
| | 耐火完整性≥2.00h | C2.00 |
| | 耐火完整性≥3.00h | C3.00 |

注：目前仅有隔热防火窗A1.50（甲级）、A1.00（乙级）、A0.50（丙级）三个级别纳入了3C强制性认证产品，但在GB 50016—2014《建筑设计防火规范》中不仅有隔热防火窗的需求，还有些部位仅要求了防火窗的耐火完整性，因此非隔热防火窗在国内也存在一定的市场。

## 2.2.3 防火门的检测

### 2.2.3.1 检测标准

防火门依据GB 7633《门和卷帘的耐火试验方法》进行检测。

### 2.2.3.2 试件安装

将试件安装在预计使用的支承结构中，试件与支承结构之间的连接方法，包括连接用附件和材料应与实际使用的相同，并作为试件的组成部分。

### 2.2.3.3 试验条件

**1. 试验炉内温度**

利用热电偶测得炉内平均温度，按以下关系式（图2－3）对其进行监测和控制：

$$T = 345\lg(8t+1)+20$$

式中 $T$——炉内的平均温度，℃；

$t$——时间，min。

**2. 试验炉内压差**

沿炉内高度方向存在着线性压力梯度，尽管压力梯度随炉内温度的改变会有轻微的变化，仍要保证沿炉内高度处每米的压力梯度值为8Pa。

炉内指定高度处的压力值为平均值，在试验开始5min后压力值为（15±5）Pa，

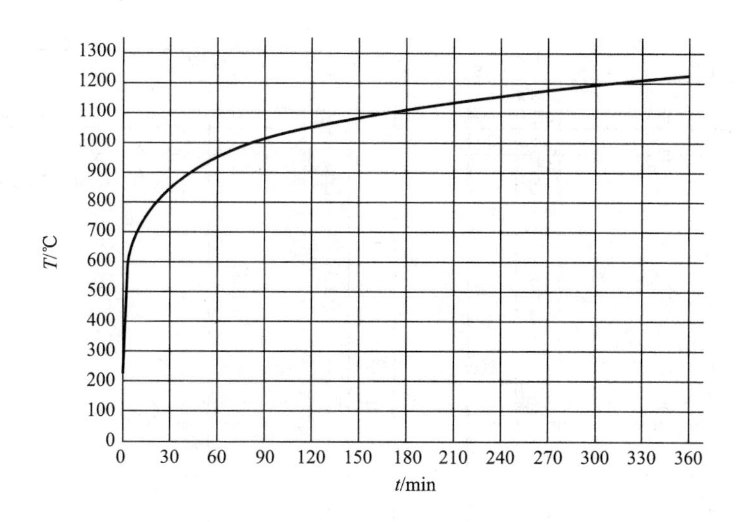


图 2－3　标准时间—温度曲线

10min 后压力值为（17 ±3）Pa。

防火门作为垂直构件检测，运行时可控制距理论平面 500mm 高度处的炉内压力值为零，但通过适当调整中性压力平面的高度使得在炉内试件顶部的压力值不超过 20Pa。

#### 2.2.3.4　防火性能的试验及判定准则

**1. 耐火隔热性**

1）平均温度的测量。

试件背火面布置 5 支热电偶，1 支置于门扇的中心，另 4 支各置于 1/4 试件门扇中心（单扇或多扇）。在距任何接头、加强筋或贯通连接件小于 50mm 的位置不应布置热电偶，也不应在距门扇边缘小于 100mm 的位置布置热电偶。

2）最高温度的测量。

（1）测量门扇温度的热电偶应布置在以下位置：

- 高度的中心，距门扇的可视竖边 100mm 处；
- 宽度的中心，距门扇的可视横边往里 100mm 处；
- 距门扇的可视竖边 100mm，横边以下 100mm 处。

（2）测量门框温度的热电偶应布置在以下位置：

- 每个边框高度的一半处。
- 上框宽度的一半；试件有多个门扇时，应在主门扇一侧并距门扇中缝 100mm 处；如果设有横楣且其宽度不小于 30mm，应在横楣上布置热电偶，布置方法同上框。
- 上框距门扇开口角步 50mm 处；如果设有横楣且其宽度不小于 30mm，应在横楣上布置热电偶，布置方法同上框。

（3）热电偶距门框内边缘的距离都不应大于 100mm。

（4）试件背火面热电偶的典型布置如图 2－4 所示。

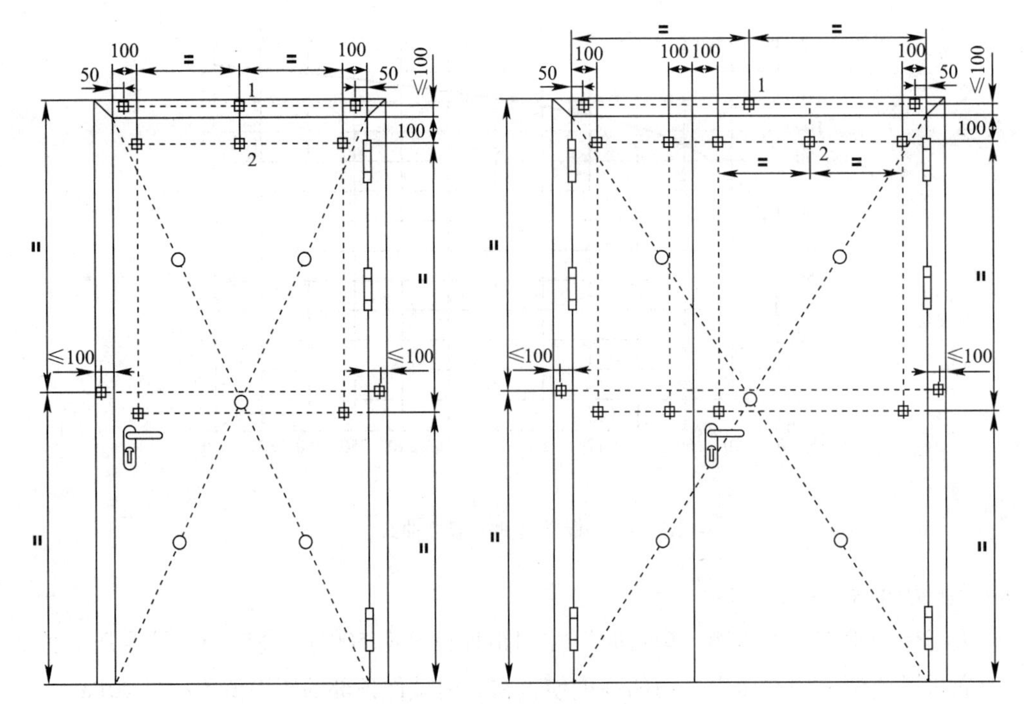


○——测量平均温度的热电偶 □——测量最高温度的热电偶

若门扇宽度小于1200 mm，则不需布置1号和2号热电偶；五金件50 mm范围内不应布置热电偶。

图 2－4 防火门背火面热电偶

除上述固定热电偶外，检测过程中还使用移动热电偶对任何可疑的高温点测定背火面温升。若达到或超过 150℃，则继续测温作为判定依据。

3）隔热性的判定准则。

（1）试件发生以下任一限定情况均认为试件丧失隔热性：

- 试件背火面平均温升超过试件表面初始平均温度 140℃；
- 试件背火面（除门框外）最高温升超过试件表面初始平均温度 180℃。

（2）门框的最高温升超过其表面初始平均温度 360℃。

测试时的温升曲线及背火面温度如图 2－5 所示。

**2. 耐火完整性**

1）测量方法。

试件完整性可采用棉垫或缝隙探棒根据裂缝的位置和状态确定，并应符合以下要求：

（1）棉垫：将棉垫放置在专用框架内，在试验进行的过程中发现有可疑的部位时，将试件放在该位置表面并贴近裂缝或窜出火焰的位置，持续 30s 或直到棉垫点燃，如图 2－6（a）所示。

（2）缝隙探棒：在使用缝隙探棒的位置，试件表面裂缝的尺寸大小应依据试件的明显变形速率间隔一定时间进行测定。两种缝隙探棒轮流使用，且在使用时不应存在不适当的外力，如图 2－6（b）、图 2－6（c）所示。

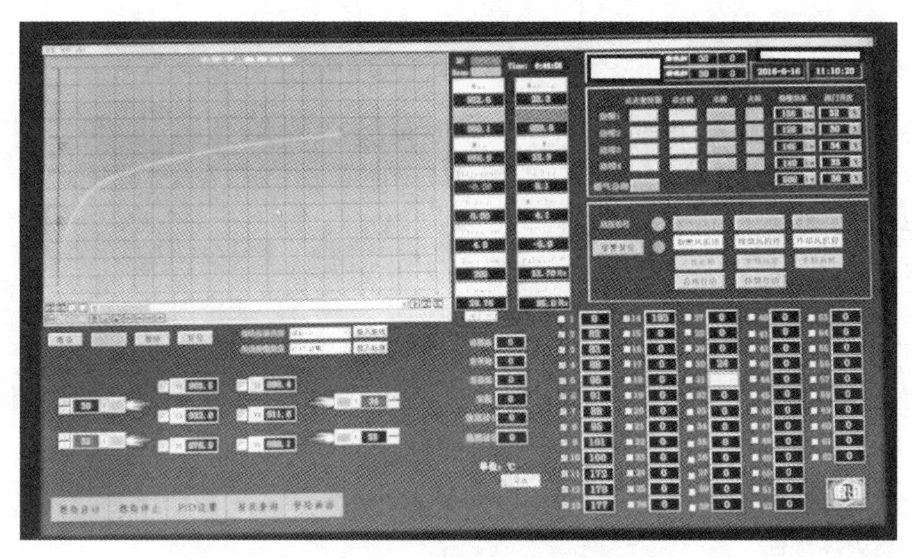


图 2-5 耐火隔热性的测试

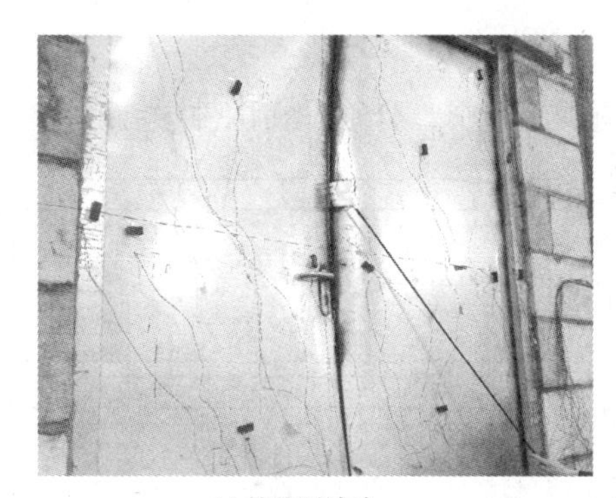

(a) 棉垫测试法

(b) 25 mm探棒测试

(c) 6 mm探棒测试

图 2-6 耐火完整性的测试

试验中应注意 $\phi$6mm 的缝隙探棒是否能够穿过试件进入炉内，并沿缝隙方向移动 150mm 的长度；$\phi$25mm 的缝隙探棒是否能够穿过试件进入炉内。

2）完整性的判定准则。

试件发生以下任何一种限定情况均认为试件丧失完整性：

（1）棉垫被点燃；

（2）缝隙探棒可以穿过；

（3）背火面出现火焰并持续超过 10s。

## 2.2.4 防火窗的检测

### 2.2.4.1 检测标准

防火窗检测依据 GB/T 12513《镶玻璃构件耐火试验方法》进行检测。

#### 2.2.4.2 试件安装

将试件安装在预计使用的试验洞口中，并应符合以下要求：

（1）当试件尺寸与试验框架洞口尺寸一致时，可将试件直接安装在试验框架上；

（2）当试件尺寸小于试验框架洞口尺寸时，试件与试验框架的空隙应采用相应的辅助结构或支撑结构填实。

#### 2.2.4.3 试验条件

试验炉内温度及压力试验条件同防火门。

#### 2.2.4.4 防火性能的试验及判定准则

**1. 耐火隔热性**

试件背火面温度用热电偶进行测量。

1）平均温度的测量。

对于镶嵌一块玻璃的试件，热电偶的数量不应少于5个，分别设在试件中心和试件各1/4部分的中心；对于镶嵌2块及2块以上玻璃的试件，每块玻璃至少有2个测温点，2个测温点沿玻璃的任一条对角线布置在玻璃1/4部分的中心部位，如图2－7所示。

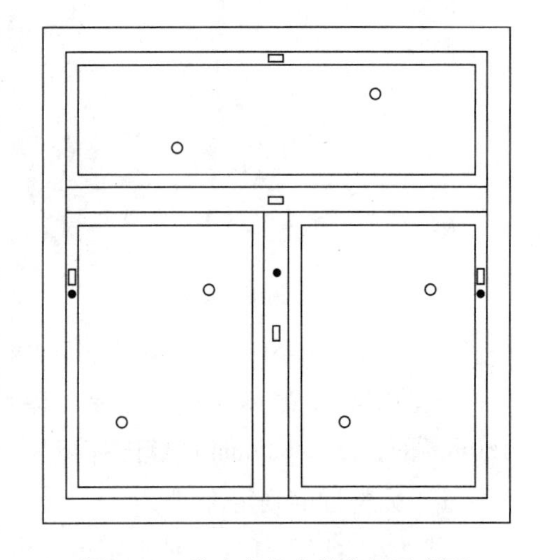

图2－7 防火窗热电偶布置示意图

2）最高单点温度的测量。

试件上框和竖框的中点，横框与竖框的连接处应布置测温点，测温点距框边缘至少15mm。最高单点温度的测量包括平均温度热电偶测得的单点温度。

3）隔热性的判定准则。

当试件背火面平均温度超过试件表面初始平均温度140℃，或任一点最高温度超过该点初始温度180℃时，则认为试件失去耐火隔热性。

**2. 耐火完整性**

防火窗耐火完整性的试验及判定准则同防火门。

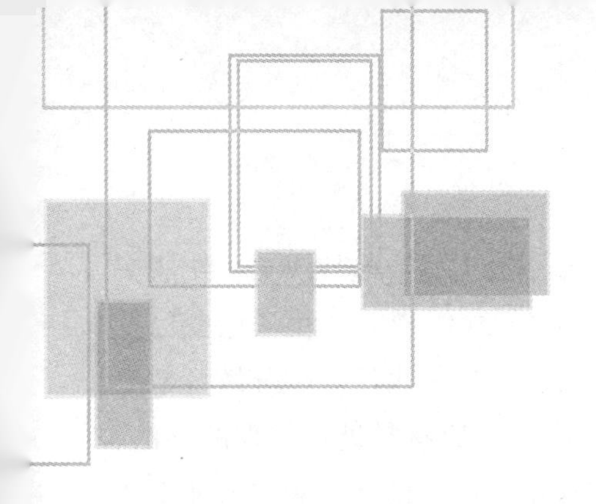

第3章

# 钢质户门的分类、结构、生产流程和编号

## 3.1 分类

我国的钢质户门的生产企业很多，因为不同企业的产品设计不一样，不同产品性能不一样，所产钢质户门的分类方法也很多。通常可按钢质户门的材质、饰面、结构、锁具等对其进行分类。

### 3.1.1 按主要构件材质分类

按字面理解，钢质户门当然是使用钢质材料制作的户门。但是，钢质材料本身有许多种，不同的钢质材料会使钢质户门有不同的特点。另外，用钢质材料制作户门有许多有利条件，也有许多不利因素，为了满足用户的需求，在主要依靠钢质材料的基础上大量搭配使用其他金属材料及非金属材料，也是钢质户门目前重要的发展趋势。

**1. 碳素钢户门**

使用碳素钢制作的户门，是户门市场的主流产品，目前我国绝大多数钢质户门都是使用碳素钢冷轧钢板制造的产品。

普通碳素钢的优点是价格低、来源广泛；其缺点是易锈蚀。所以按钢质材料的防腐性能细分，钢质户门可分为镀锌钢板户门和普通碳素钢质户门。实际上按钢质材料的防腐性能细分，镀锌钢板户门还可进一步细分为热镀锌钢板户门、电镀锌钢板户门。

另一种碳素钢材料是彩色涂层钢板。以镀锌外，涂漆也是钢材重要的防腐措施。从常理说，按材料对户门进行分类，与涂漆并没有什么关系。因为在一般情况下，涂漆工艺都安排在工件加工的最后阶段，涂漆确实对原材料没什么影响。然而，由于涂漆以及涂漆前对工件的处理，很容易产生对人体有害的物质，特别是钢材出厂后被分散各地加工成零件，为环境保护带来很多困难。为此人们想出了集中对原材料进行处理的办法，即集中对刚出厂的钢板进行涂漆处理，分散在各地的钢材用户使用已涂漆的钢材加工产品。这样做的好处是，在大幅度减少污染源的同时，专业化的涂漆设备也为保证涂漆质量提供了保障。目前许多钢质户门生产企业在制作户门时就在使用这种前处理（或预处理）钢板，在业内通常称之为彩色印刷钢板、彩色涂层钢板等。

**2. 不锈钢户门**

通常说的不锈钢户门可分为两种：第一种，门的内部主要受力结构件及外层表面均为不锈钢材料，包括镶玻璃的窗式户门；第二种，门的内部主要受力结构件是碳钢材料，但门的外表层使用了或包覆了不锈钢材料。

除上述两种不锈钢户门外，在日常工作中，许多人将只有部分结构件、装饰件使用了不锈钢材料的门称之为不锈钢门，如有通风功能的钢质户门，在其子母扇的子扇外加装了不锈钢栅栏。这显然不妥，我们不赞成这样的说法。因为现在大多数钢质户门的门槛（门的下框）都使用了不锈钢材料，按照前面的说法均可称之为不锈钢门。

**3. 钢木复合户门**

在中国绝大多数用户最喜爱的户门仍是传统的木质户门。经过二十多年的发展，目前钢质户门已成为我国户门市场的主导产品。然而由于钢材的特点，其质感、手感等仍不能完全满足广大用户的需要。发挥钢材强度优势，发挥木材贴近自然的优势，钢木复合是包括户门在内的各种建筑门窗的一种发展趋势。与单纯的钢质户门、木质户门相比，钢木复合户门往往具有更好的性能，其制作成本也会更高一些，在市场上属于档次较高的产品。

从理论上讲，钢木复合户门可分为两种：第一种，门的开面、关面的表面均为木质材料，但在门框、门扇内部有钢质材料。这种钢木复合门的主要结构是木结构，应属于木质门范畴。第二种，门框、门扇的主要结构件是钢质材料，在门开面、关面的一面包覆了木质材料，另一面为钢质材料。这种钢木复合门的主要结构是钢结构，属于钢质门范畴。

行业内普遍习惯将钢木复合户门称之为装甲门，这样说法实际有一点欠妥。木质户门的防盗性能不好，在门上增加防盗性能好的钢质材料，可称之为装“甲”。钢质户门本身就有很好的防盗性能，不存在再加装“甲”的需要。为了解决外观、手感等方面的问题，在强度较高的钢质户门上增加强度较低的木质材料，这不是装“甲”，而是装“饰”。

由于使用了木材加工工艺，钢木复合户门与木户门一样，可细分为实木、实木复合和木质复合三种。实木是全部使用纯木材（锯材、集成材）制作的产品。实木复合基本上也是全部使用纯木材制作的产品。与实木相比，实木复合的特点是其表面贴有单板

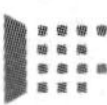

（行业常称之为木皮），可降低对内部木材的要求。木质复合产品的种类很多，产品中只要使用了密度板、刨花板等木质品，均属于木质复合产品。在建筑门窗市场，现在有些人将使用实心刨花板、密度板制作的，表面包覆了单板、薄木的产品常称为实木产品。这其实是一种有意的误导，大多数这样说的人心里都清楚实木与实心、空心并不是一回事。

**4. 铝户门**

从理论上讲，铝户门也就是主要结构件及饰面都是铝合金材料的户门，是存在的。然而由于铝材的强度较低，在实际工作中很少能见到纯粹使用铝材制造的户门。目前市场上能见到的铝户门，其内部都有钢结构件，通常仅户门的门扇面板采用铝合金材料制造。铝户门的门扇面板一般是铸铝板，较厚，常有雕花。

**5. 铜户门**

与铝户门一样，从理论上讲，铜户门也就是主要结构件及饰面都是铜材料的户门，是存在的。但在实际市面上很少能看到完全使用铜材制作的户门。目前市场上能见到的铜户门，其内部都有钢结构件，铜材仅为门框、门扇表层的包覆材料。

与铝户门相比，铜户门铜材对钢材的包覆更全面，门的表面一般很难见到裸露的钢材。相对于铝材，铜材的加工手法更多，可表现的文化内容也更多。

## 3.1.2　按饰面工艺分类

### 3.1.2.1　喷涂

**1. 液态喷涂**

液态喷涂是钢质户门最基础的饰面处理手段，种类很多，效果多样。按喷涂方法可分为普通气喷与静电喷涂；按固化方式可分为自干、烘干、光固；按涂料性质可分为油性涂料与水性涂料；按涂料成膜物质可分为环氧、聚酯、丙烯酸、氟碳、聚氨酯漆等；按添加料可分为金属漆、珠光漆、普通色漆，其中金属漆细分还有多种，如仿铜漆、水纹漆、珐琅漆、裂纹漆等；按使用位置可分为底漆、面漆、罩光漆；按光亮度可分为平光、高光、亚光等。

**2. 静电粉末喷涂**

静电粉末喷涂（市场上常称为喷塑）是目前使用较为普遍的钢质户门饰面处理方法。常见的粉末涂料有环氧、聚酯、丙烯酸、丙烯酸聚氨酯等涂料。

### 3.1.2.2　转印

转印是目前使用较为普遍的户门饰面处理方法。钢质户门饰面转印，通常是对喷涂后的产品进行的再加工、深加工，即利用特定油墨的加热升华和渗透特性，将预先印制在介质上的花纹、图案转印到产品上。常用的介质有纸、PVC 塑料膜、PET 塑料膜。市场上绝大多数转印饰面户门，其转印图案都是通用化标准设计，使用印制油墨制作，多为木纹。市场上少数转印饰面户门，其转印图案使用专用打印设备和材料制作，制造商可根据用户需求提供个性化图案设计。

#### 3.1.2.3 覆膜

覆膜是目前使用较为普遍的钢质户门饰面处理方法。常见的覆膜户门通常是指覆塑的户门，即在户门的冷轧钢板表面，通过热压，加上一层 PVC 膜。PVC 膜多为仿真的实木花纹，如黑胡桃、红樱桃、柚木等，也有其他图案。

#### 3.1.2.4 预处理钢板

此类产品与其他类别产品的区别是，在加工制作户门前已对原材料进行了饰面预处理（前处理)，如彩色涂层钢板、彩色印刷钢板。在制作户门前已完成对材料防腐和饰面处理，带漆加工。除涂漆、印制图案外，覆膜也是预处理（前处理）的重要手段。

### 3.1.3 按门的框扇结构分类

#### 3.1.3.1 按门扇是否有通风扇分类

所谓通风扇是指安装在钢质门门扇上的通风窗扇。

无通风扇的钢质户门，其门扇内无可开启窗扇，叫整扇户门。这类门可以是安装固定玻璃的全玻门、半玻门。

有通风扇的钢质户门，是指门扇上有可开启窗扇的户门，也叫子母扇户门。母扇是指其门扇；子扇是指门扇框架内加装的可开启的用于通风的窗扇。子母扇并非指门扇一大一小的对开门扇，或一大一小可向一侧折叠开启的双门扇。

#### 3.1.3.2 按门扇是否安装玻璃进行分类

按门扇是否安装玻璃进行分类，可分为无玻钢质户门、全玻钢质户门、半玻钢质户门。

无玻门是指门扇全部封闭，未安装玻璃的门。市场上的大多数户门都是无玻门。

全玻门指门扇全部安装固定玻璃的门，除四边框架外其他部位可透光的门。其玻璃可是一整块玻璃，也可是上下两块，或多块玻璃。

半玻门指门扇上部安装固定玻璃的门，门扇上部除左右上边框架外其他部位可透光。其玻璃可是一整块玻璃，也可是多块玻璃。

#### 3.1.3.3 按合页是否可见分类

按合页是否可见分类，钢质户门可分为明合页钢质户门、隐形合页钢质户门。

门扇关闭后，人站在室内侧或室外侧可见看见门扇合页的为明合页，否则为隐形合页。相对而言，隐形合页钢质户门在外观上显得更简洁，目前市场上的大多数户门都是隐形合页钢质户门。使用明合页也有好处，特别在制作性能要求较高的户门时，使用明合页更容易达到要求。

#### 3.1.3.4 按有无门槛分类

所谓门槛就是门框的下框。无槛门，是指门框只有左、右、上三边的门，在门扇下方没有门框，或门扇下方的门框可埋入地面以下。有人称无槛门为落地门。有槛门，是指门框四边齐全的门。无槛门的优点是无通行障碍，有槛门的优点是密闭性能更好。

#### 3.1.3.5 按门在洞口中的安装位置分类

按钢质户门在洞口中的安装位置分类，可分为内装、外装、中装三类。

对于内装、外装、中装的说法或许在行业内有许多人都不知道说的是什么，因为到目前为止还没有形成统一的定义。但是，钢质户门在洞口内墙厚方向的安装位置与门的安装方法、门框结构样式、洞口结构，以及门的开启方向都有关系，确定户门工程方案、签订户门合同都会涉及这些内容。

内装门，就是安装在洞口室内侧的钢质户门。这种门，门框的室内侧外沿有一圈（或左、右、上三边）有突出的翼，安装时需要从室内侧将门送入洞口。市场上一般把这种门称为有花边门或有贴脸花边门（贴脸花边在室内）。

外装门，就是安装在洞口室外侧的钢质户门。这种门，门框的室外侧外沿有一圈（或左、右、上三边）突出的翼，安装时需要从室内侧将门送入洞口。市场上一般把这种门称为有花边门或有贴脸花边门（贴脸花边在室外）。

中装门，是指门框四周没有突出翼，门的尺寸比洞口小，安装时能全部送入洞口内的门。中装门装在洞口内，距墙的内、外两表面都有一定的距离，并不一定在墙厚的中心。

有贴脸花边门，在丁字墙、转角墙处使用会受到限制（部分门框的贴脸花边需要切下去）。

目前市场上的大多数钢质户门都是有贴脸花边的门。另外，我国具备生产外开外装、内开内装钢质户门能力的企业较多，具备生产内开外装、外开内装钢质户门能力的企业较少。钢质户门的门框大多是开口料，因为内开外装或外开内装的门，其门框不对称，有贴脸的一侧较宽，企口一侧相对较窄，加工困难，且我国大多数门类企业不具备生产闭口料的能力。

#### 3.1.3.6 按门框的组装方式分类

门框的组装方式也会影响到门的性能。按门框的组装方式分类，钢质户门可分为整体、焊接、组装三类。

整体门框，其门框左、右、上三边是一根整料，门框两上角没有截断，没有焊接、螺接加工，门的整体性较好。但是，这种门的门框折弯处有一定的圆角。

焊接门框，其门框的四边是四根料，依靠焊接工艺组装在一起。我国的绝大多数钢质户门采用这种结构。

组装门框，其门框的四边是四根料，门框四角（或门框两上角）内有插接件，依靠螺接组装。这种门的好处是门框可拆卸，方便运输和安装。

#### 3.1.3.7 按门框型材制作工艺分类

按门框型材制作工艺分类，可分为折弯门框和轧制门框两类钢质户门。

折弯门框是指用弯板机制作的门框，轧制门框是指用冷弯轧机制作的门框。

折弯与轧制相比，通常折弯门框的冷弯半径较小，产品的棱角分明，产品结构变化响应速度快。轧制门窗的生产效率高，更适合生产定型产品，更适合生产有花边和较小沟槽的门框。目前有少数企业掌握了轧制小圆角门框的技术。

#### 3.1.3.8 按门扇的结构分类

钢质户门按门扇的结构分类，可分为板式结构、框架式结构两类。

板式结构门扇的内外面板使用整张钢板制作，不依靠内部框架，配套的内外面板扣在一起即可合面门扇。门扇的内外面板就是门扇的主要受力构件。这种门扇内有可能有附加的加强结构杆件，但在外观上不可见，也不属于门扇最主要的受力构件。板式门扇大多没有视窗，如需镶玻璃或装开启扇，需另装封口的材料。

框架式门扇有明显的结构框架（一般外观就可见到），其框架是门扇的主要受力构件。框架门扇的框架通常使用专用的门窗型材制作，安装玻璃或安装开启窗扇时，可直接将玻璃或开启窗扇安装在型材的企口（槽口）上。框架式钢质户门多为钢框玻璃门，也可以镶门芯板。

#### 3.1.3.9 按门框、门扇的型材有无隔热断桥分类

按门框、门扇的型材有无隔热断桥分类，钢质户门可分为有隔热断桥和无隔热断桥两类。

在建筑行业，称室内外间的传热通道为热桥或冷桥。所谓隔热断桥型材，是指采取一定措施，具有一定减少甚至阻断型材由室内侧向室外侧，或由室外侧向室内侧传热能力的型材。比如，将用于制作门框或门扇的型材分成室内侧部分和室外侧部分（原本较大的一根型材变成了两根较小的型材），并在其间加入非金属材料（实际上是用非金属材料替换了一部分金属材料）。这样，原来的纯金属型材就变成了三明治式的金属－非金属－金属复合型材；传热系数较高的传热通道则可变为传热系数较低的传热通道。在型材上增加隔热断桥，是各种金属门窗提高其产品保温隔热性能、防火隔热性能的重要手段。

### 3.1.3.10 按门扇填料分类

按门扇填料分类，钢质户门可分为无填料、蜂窝纸、聚氨酯、岩棉、珍珠岩门芯板等多种。

从理论上讲，当没有保温、隔声、防火等项要求时，钢质户门的门扇完全可以不填充任何填料。然而，当今我国对大多数钢质户门都有保温、隔声、防火等要求，另外没有填料的板式结构钢质户门在使用时更容易产生噪声，所以目前绝大多数钢质户门的门扇内都有填料。钢质户门内的填料对门的性能有很大影响，钢质户门企业应认真研究各种填料的性能，并根据用户的要求、产品的性能需求选用。

需要说明的是，在钢质户门的门扇内填充蜂窝纸的问题。近年来在电视、报纸、网络等媒体上，经常有关于在钢质户门的门扇内填充蜂窝纸的报道，明里暗里基本上都在指责这是一种制假、造假、欺骗顾客的行为。蜂窝板技术是一项成熟的节能、节材技术，在家具、包装等行业都有广泛应用，甚至在航空、航天器上都有应用，其本身不存在问题。板式结构的钢质户门有室内、室外双层面板，不能说在双层面板间没有填料时没造假，填充了蜂窝填料反而造假了。在双层面板间填充纸蜂窝或铝蜂窝，原来相对独立的双层面板是否可以变成合格的整体的蜂窝板，是技术质量问题，不存在有意造假问题。当然，技术质量问题也是必须解决的问题。

### 3.1.3.11 按门扇的数量分类

按门扇的数量进行分类，钢质户门可分为单扇门、双扇门、多扇门。

**1. 单扇门**

在工程中，目前实际使用的钢质户门绝大多数都是单扇门。

**2. 双扇门**

对双扇钢质户门进行细分，可分为普通对开双扇门（两个扇大小一样的）、大小扇对开双扇门、大小扇折叠双扇门，如图 3－1 所示。

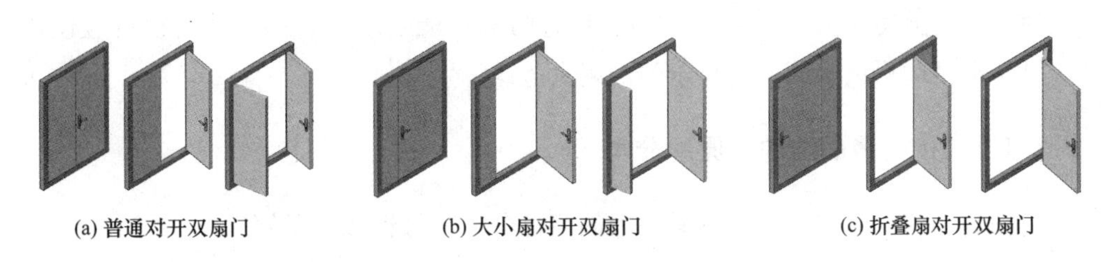

(a) 普通对开双扇门　(b) 大小扇对开双扇门　(c) 折叠扇对开双扇门

图 3－1 双扇门常见开启形式

双扇户门过去在我国主要用于公共建筑、别墅建筑，与单扇门相比其用量一直都比较少。伴随我国经济的发展，我国人民的生活水平不断提高，为了方便住户搬运钢琴之类的大件家用物品，现在许多新建高档住宅都选用了双扇户门，双扇户门在用量上有逐步增加的趋势。

**3. 多扇门**

这里所说的多扇门是指在一樘门上没有中竖框的情况下安装了3个以上开扇的门。多扇户门一般需要根据建筑需求进行专门的个性化设计，在我国的用量极少。

## 3.1.4 按门锁特点分类

### 3.1.4.1 按锁的防盗等级分类

钢质户门可根据需要安装具有防盗性能的门锁，也可安装没有防盗性能的门锁。具有防盗性能的户门还可细分为A类门锁户门和B类门锁户门。

这种分类方法依据的标准是GB 17566—2007《防盗安全门通用技术条件》。目前在我国，防盗性能是对钢质户门的一项基本要求，比如JG/T 453—2014《平开户门》就直接引用了GB 17566—2007标准。

按照GB 17566—2007的规定，具有甲级防盗性能的门应使用符合B级要求的门锁，具有乙级、丙级、丁级防盗性能的门则使用符合A级要求的门锁即可。这种规定在2007年是合适的。但是，在该标准颁布实施10年后的今天，这种规定就存在一定的问题了。盗与防盗是矛与盾的两个方面，往往会同时发展。10年前，性能很好的、符合标准要求的A级门锁，现在许多窃贼均可几秒钟之内打开，已很难满足户门的基本要求，各个等级的钢质户门都不应使用防盗性能低于B级的门锁。现在许多钢质户门业企业都宣称本企业产品使用的门锁是超B级门锁、C级门锁、超C级门锁等。这种分类方法只是一种企业行为（其依据可能是企业标准），最终如何分类还要等待相关的国家标准、行业标准的修订结果。

### 3.1.4.2 按锁的防火功能分类

钢质户门可分为防火门和非防火门。具有防火性能要求的户门，其门锁也应使用防火锁，且防火锁的耐火等级不应低于门的耐火等级。

### 3.1.4.3 按门锁的结构、原理分类

按门锁的结构、原理分类，钢质户门的门可分为机械锁和电子锁。

**1. 机械锁**

机械锁是一种通过钥匙或机械密码，实现开锁、闭锁任务的机械装置。目前大多数钢质户门使用的门锁大多都是（弹子）机械门锁。机械门锁可分为两部分：一部分是锁体；另一部分是锁芯。从实际使用情况看，目前市场上的各种钢质门门锁的锁体牢固程度一般都高于锁芯，通过破坏锁体从而破坏锁的整体结构，进而开门的例子非常少见。

1）根据锁体的特点进行分类，因其特点与生产企业、产品型号等有关，且内容过于专业，本书不具体论述。

2）根据锁芯的特点对门锁进行分类，常见的有：

（1）按锁芯外形分类可分为齿形（欧式）锁芯、圆形螺纹（美式）锁芯和防火锁芯。①

（2）按锁芯的拨头分类可分为：单齿拨头、齿轮拨头。②

（3）齿形锁芯按锁芯长度分类可分为70mm、80mm、90mm、105mm等不同长度的锁芯。

（4）齿形锁芯按锁芯凸轮所在位置分类可分为中心锁芯和偏心锁。如标注为75偏的锁芯，是指锁芯长度为75mm，偏心结构，即锁芯两端距中心凸轮中心点的距离不相等。如一端距离中心点的长度为32.5mm，另一端距离中心点的距离为42.5mm。同理，标注为75中的锁芯，是指锁芯长度为75mm，中心结构，即锁芯两端距离中心凸轮中心点的长度相等，同为37.5mm。

（5）按钥匙的形状可分为一字形、十字形、月牙形多种。

（6）按弹子的排列方法细分还可分为：单排、双排、三排等多种。

（7）按钥匙插槽样式进行分类，可分为直线插槽和蛇形曲线插槽等。

（8）根据锁的执手的操作特点进行分类。

① 无风钩门锁，依靠钥匙开启、关闭门锁。无特别需求很少会使用无风钩门锁。

② 单活门锁，是指操纵门的室内执手（下压执手）可开启门扇的门锁。在室外面安装的执手可以是固定执手，也可以是活动执手，但室外的活动执手不能操纵风钩。楼房一般都选用这种门锁。

③ 双活门锁，是指操纵门的室内执手、室外执手（下压执手），均可开启门扇的门锁。平房建筑，人员进出频繁的建筑常使用这种门锁。

④ 普通门锁，依靠钥匙开启、锁闭门扇的门锁。户门门锁通常有两个锁闭点：一个是风舌，一个是主锁舌。门扇关闭后，在风舌的作用下门扇可一直保持关闭状态。如果该门安装的是单活门锁，此时风舌也有一定的锁闭作用，没有钥匙在门外也打不开。注意：此时该门的主锁并没锁住，并不能发挥锁的防盗功能！普通门锁需要用钥匙在室内锁门！锁门操作要转钥匙2～3圈，比较麻烦。有些门锁的室内侧有专门代替钥匙的旋钮，有些门锁有不受钥匙控制的独立锁舌旋钮，这样的普通门锁在室内操作时可能会方便一些，但在室外操作还是很麻烦。

⑤ 单快门锁是指：在室内或室外一侧操纵门的执手（上抬执手），实现门扇锁闭的

---

① 市面上的使用齿轮拨头的锁芯，其齿轮的数目不一样，比如有的是10齿，有的是11个齿，锁芯与锁体配套才能使用。

② 前面的两个例项都用到了“齿”字，其中“齿形锁芯”所说的是锁芯的整体外形似齿，“单齿拨头”“齿轮拨头”说的是锁芯的拨头（可围绕锁芯中轴线转动，并可拨动锁体内部机构运动的部分）。

门锁（主锁舌完全伸出）。

⑥ 双快门锁是指：在室内和室外两侧，均可操纵门的执手（上抬执手），实现门扇锁闭的门锁（主锁舌完全伸出）。在室内可操纵门的执手（下压执手），实现门扇开启的门锁（主锁舌、风钩收回）；在室外操纵门的执手（下压执手），实现门扇锁具开启的门锁（主锁舌完全收回，风钩不收回）。

**2. 电子锁**

电子锁，是一种通过密码输入来控制电路或是芯片工作，从而控制锁具机械部分运动，完成开锁、闭锁任务的门锁。电子门锁的种类很多，常见的有以下几种：

（1）遥控门锁，是可在一定距离内（一般在50m左右）遥控开启、锁闭的门锁，如同小汽车的防盗遥控门锁。遥控门锁的密码，是由工厂代码与密钥算法而产生滚动代码，采用了先进非线性加密技术，每次发送的代码都是唯一的、不规则的、不重复的。

（2）ID卡门锁，是可依靠ID卡号开启的门锁。ID全称身份识别卡（Identification Card），是一种不可写入的感应卡，含固定的编号。ID卡门锁属于安全性较低的户门门锁，常用于单元门（用几元钱可配置一个扣子似的圆牌开门）。

（3）磁卡门锁，与ID卡类似，仅仅使用了“卡的号码”而已。磁卡比ID卡出现的时间更早，是贴有一条磁带的卡片。

（4）IC卡门锁，是可依靠IC卡号（Integrated Circuit Card，集成电路卡）开启的门锁。实际上任何带芯片的卡，如物业卡、停车卡、手机卡、身份证、会员卡、公交卡等，在经过设置授权后都可感应开锁。IC卡可记录的内容多，并可限定部分人员的开锁时间段及有效期。

（5）指纹门锁，是依靠指纹识别开启的门锁。人的指纹具有唯一性，每个人都不一样。依靠指纹识别开启、锁闭门锁需要杜绝一切克隆指纹。常见的指纹锁有两种指纹采集技术，光感扫描和刮擦扫描。光感扫描容易在采集器留下指纹印迹，有被恶意提取的隐患。刮擦式指纹扫描，在采集指纹后可擦消印迹，安全性能更好。指纹开锁，可事先采集多人的指纹，并可限定部分人员的开锁时间段及有效期。

（6）人脸识别门锁，是依靠通过对人脸的识别开启的门锁。伴随着计算机技术和人脸识别技术的发展，目前许多人脸识别门锁已达到很高的水平，其识别精准度仅次于DNA检测，只识别真实活体，可一眼识破双胞胎的区别，并可限定部分人员的开锁时间段及有效期。

（7）电子密码门锁，是依靠通过输入电子密码开启的门锁。为防止他人偷窥开锁密码，用户使用密码开锁时，可在正确开锁密码前面任意输入数字作为乱码，然后输入正确密码按#键确认实现正常开锁。开启密码可是多个，可指定部分号码的开锁时间段及有效期。

（8）手机APP门锁，是可通过操作手机APP开启、关闭的门锁。需应急开门时，可通过手机APP，远程开启家中的门锁，或者发送一次性开门密码。

目前安全性高的指纹锁、读卡锁、密码锁都有2~3种开启方式，以一种开锁方式为主，但备有其他开锁方式。比如，市面上的指纹锁和读卡锁一般都附有密码开锁方式。再比如，因担心电子锁出现电子故障，很多电子锁还附有机械锁芯，也可以用备用钥匙开锁。

伴随着社会的进步，户门将越来越受到人们的重视。首先，人们会越来越注重人身的安全；其次，人们的个人资产越来越多，防盗需求也随之增长；第三，人们会追求更方便的生活。相对于传统的机械门锁，在未来的发展中，新兴的电子门锁的发展会更快一点，电子技术会给门锁技术、钢质户门技术带来更大的发展空间。在未来，家居智能化将使钢质户门行业出现更多的新产品，主要表现在以下几个方面：

（1）具有对讲功能的钢质户门可能会越来越多，不开门也能与户门外的来客对话，也可看到门外的情况。

（2）具有远程控制功能的产品可能越来越多，依靠手机微信、无线网络，房屋的主人不在家也可与访客视频对讲，也可监视、控制门的开启、关闭。

（3）具有自动报警功能的户门可能会越来越多，当室内外温度有可能引起火灾时、当遇到暴力开启时，户门会自动报警通知业主或有关部门，甚至当检测到门前有人停留、徘徊时，也可自动抓拍照片、记录、报警。

（4）具有数据更新功能的户门可能会越来越多，各种读卡锁都可能出现丢卡的情况，允许进出户门的人员也有可能出现变动，数据更新功能应是未来门锁的基本功能。

（5）具有户门状态自动检测、户门使用数据自动记录功能的产品会越来越多。户门门锁的智能化将推动钢质户门行业的设计智能化、生产智能化、服务智能化。反之也一样，行业的变化，市场需求的变化也会推动钢质户门的智能化，主要是门锁的智能化。

### 3.1.5 按性能分类

按性能分类，钢质户门可分为防盗钢质户门、防火钢质户门、防弹钢质户门、防爆钢质户门、防暴钢质户门、保温钢质户门、隔声钢质户门等。按性能分类，有以下几点值得注意：

1）被称为防爆门的产品有两类：第一类是该门一侧产生爆炸，可对另一侧形成保护；第二类是该门防止引起爆炸，如在高粉尘和可燃气体的场所使用的各种电动户门，不产生电火花，不会引起爆炸。本书此处所说的防爆门是指第一类门。

2）保温户门是近年来常出现的说法。一个门是否可称为保温户门，与其性能指标有关，也与使用地的要求有关。在产品性能指标一定的条件下，在甲地符合要求，在甲地是保温户门；在乙地不符合要求，在乙地就不是保温户门。不提限制条件（符合的规范或法令），单纯地强调或宣传是“保温户门”没有实际意义，很容易造成混乱。类似的词还有节能户门、隔声户门等，不再一一赘述。

3）防暴户门是近年来常出现的说法。防盗户门的防盗性能可依据防盗安全门国家标准对其进行检验，该标准对检测时所使用的工具有一定的限制。宣称产品是防暴户门，其目的，显然是说其防盗或者说其防人为破坏的性能更好。目前我国还没有专门的防暴门行业标准或国家标准，选用、推荐这类产品时应说明其依据。

4）普通户门与防火户门、防盗户门的关系也是一个必须搞清楚的问题，主要有以下几点：

（1）户门的性能要求多，其中包括抗风压强度、气密、水密、保温、隔声等多项性能要求，防火、防盗只是其中的部分要求。

（2）防火门、防盗门仅专注于专项性能要求，不仅有多项严格规定，有时还与使用、安装有关系。比如防火门，其门扇的开启方向必须与火灾中逃生方向一致，所以绝大多数防火门都是外开门。

（3）普通钢质户门可以具有一定的防火性能，比如经过测试，其防火完整性能，甚至是防火隔热性能可以达到1h。但是，仅有一项甚至是多项性能指标可达要求，并不能保证该门可以全面达到防火门标准要求，该门还属于普通钢质户门，不能被称为防火门。

（4）站在防盗的立场，户门应该越结实越好；站在防火的立场，户门开启越方便越好。因为防盗与防火两类要求存在矛盾，致使目前的户门标准也出现了一些问题，符合防盗要求时难以符合防火要求，符合防火要求时难以符合防盗要求。这个问题在短时间内很难解决，其中有技术突破的问题，也有完善标准体系确定最佳矛盾平衡点的问题。

5）目前我国还没有完整的防弹门窗行业标准、国家标准，钢质户门面临以下三方面的问题：

（1）防弹性能级别如何划分问题。手机、冲锋枪、步枪、狙击步枪子弹的穿透能力不一样。

（2）试验方法问题。玻璃、门框、门扇面板、门锁、门框与门扇搭接处、防弹面板或玻璃与门框扇骨架搭接处等，各处的防弹能力不一样。

（3）防弹钢质户门如何安装没有规定，在可防弹的墙上安装可防弹的门，并不能保证还有防弹功能。通常墙比防弹门厚，安装防弹门后，门周边一侧墙面距另一侧门面板的斜线距离（或一侧门面板距另一侧门周边墙面的斜线距离）就会变短，有可能会因此失去防弹作用。完整的防弹钢质户门设计应包括安装方法，必要时需提供防弹钢质门套。

6）目前我国还没有完整的防爆门窗行业标准、国家标准，钢质户门面临以下两方面的问题：

（1）首先是性能分级问题。有了级别用户才能根据需求先用。

（2）其次是安装方法问题。防爆门抵抗的爆炸冲击波，瞬时压强可能很大，门与墙体的连接点会受到极大的力。防爆钢质户门安装方法应有柔性连接方案（阻尼装置）。

# 3.2 钢质户门的常见结构、生产流程

## 3.2.1 钢质户门的常见结构

目前我国钢质户门的产品很多，而且伴随着社会的进步，新产品还在不断涌现。不同的钢质户门功能不一样，其结构也不一样。图 3－2 所示结构是常见钢质户门中的一种。

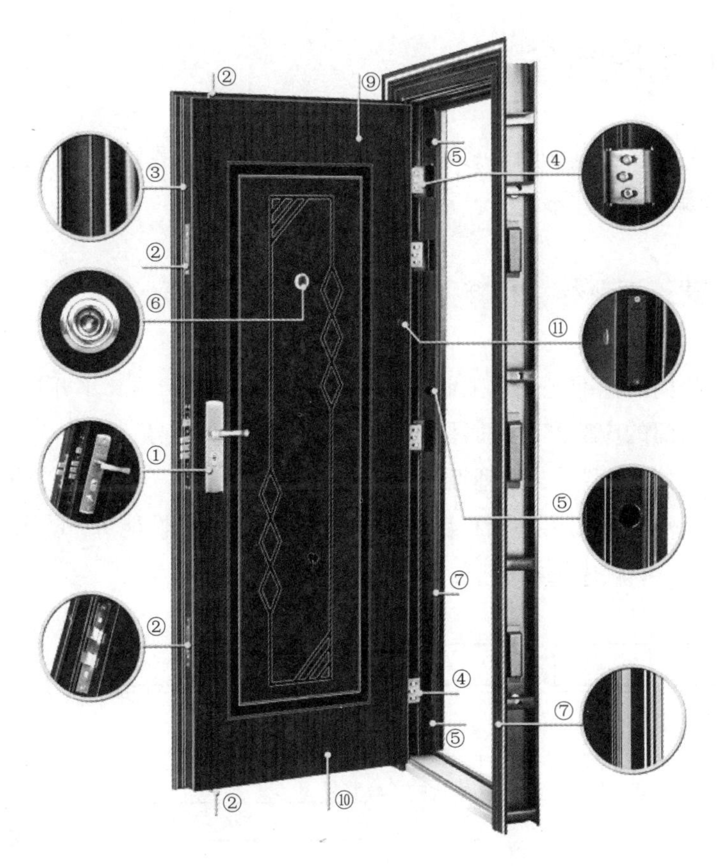


图 3－2　钢质户门结构示意图

①锁；②锁点；③橡胶密封条；④铰链；⑤膨胀孔；⑥猫眼；⑦门框；⑧（扇内部）发泡胶；⑨门扇；⑩门铃

## 3.2.2 钢质户门生产工艺流程

目前，国内大型防盗安全门、防火门企业生产流程一般如图 3－3 所示：

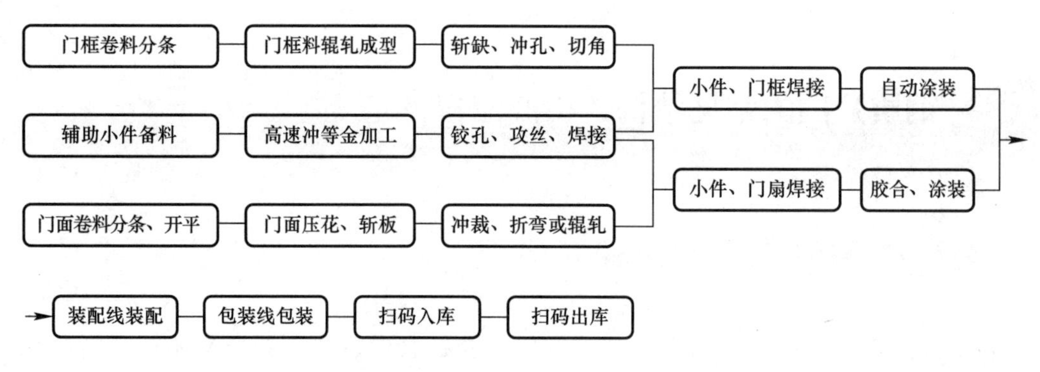


图 3－3　钢质户门生产工艺流程示意图

## 3.3 钢质户门的编号

建筑门窗产品很多，其中有许多都可用于建筑户门。在我国，不同的建筑门窗不同的产品标准，其编号方法并不统一，常见的编号有以下几种：

### 3.3.1 建筑工业行业标准《平开户门》中的编号

最贴近钢质户门的标准是建筑工业行业标准 JG/T 453—2014《平开户门》。按照该标准的规定，平开户门的应按产品的简称代号（PHM）、分类代号（用途、开启方向、有无视窗、材质）、尺寸规格型号、物理性能符号与等级或指标值（抗风压性能 $P_3$—水密性能 $\Delta P$—气密性能 $q_1/q_2$—空气声隔声性能 $R_w+C_{tr}/R_w+C$—保温性能 $K$—防盗性能 $F_d$—防火性能 $F_h$）、标准编号的顺序进行标记，如图 3－4 所示。

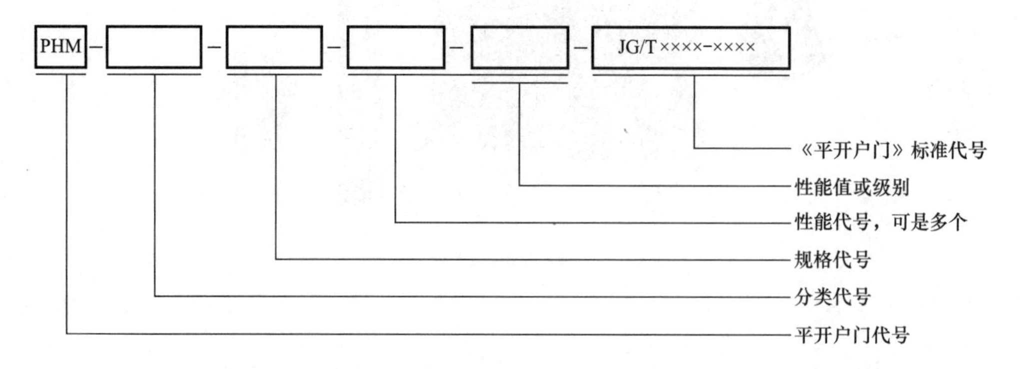


图 3－4　《平开户门》的标记方法

图 3－4 中的规格代号的分类代号、规格代号的具体写法如下：

（1）按用途分类：钢质户门可分为外门和内门。[①] 外门的代号为 W，内门的代号为 N。

（2）按开启方向分类：钢质户门可分为外开门和内开门。外开门的代号为 WK，内开门的代号为 NK。

（3）按门扇有无视窗分类：钢质户门可分为单扇无视窗、双扇无视窗、单扇有视窗、双扇有视窗四种门。单扇无视窗的代号为 DW，双扇无视窗的代号为 SW、单扇有视窗的代号为 DY，双扇有视窗的代号为 SY。

（4）按《平开户门》规定的材质分类：户门可分为钢质门、木质门、钢木复合门，代号为 GM 和其他材质的门。其中钢质门的代号为 GZ，木质门的代号为 MZ，钢木复合门的代号为 GM，其他材质的门的代号为 QT。

（5）规格代号：钢质户门规格用门的构造尺寸宽乘以高表示，且其产品适用的洞口应符合《建筑门窗洞口尺寸系列》GB/T 5824 的规定，基本规格及代号见表 3－1。

**基本规格及代号**　　单位：mm　**表 3－1**

| 洞口高 | 规格代号 | | | | |
|---|---|---|---|---|---|
| | 洞口宽 900 | 洞口宽 1000 | 洞口宽 1200 | 洞口宽 1500 | 洞口宽 1800 |
| 2000 | 880×1990 | 980×1990 | 1180×1990 | 1480×1990 | 1780×1990 |
| 2100 | 880×2090 | 980×2090 | 1180×2090 | 1480×2090 | 1780×2090 |
| 2200 | 880×2190 | 980×2190 | 1180×2190 | 1480×2190 | 1780×2190 |
| 2300 | 880×2290 | 980×2290 | 1180×2290 | 1480×2290 | 1780×2290 |
| 2400 | 880×2390 | 980×2390 | 1180×2390 | 1480×2390 | 1780×2390 |
| 2500 | 880×2490 | 980×2490 | 1180×2490 | 1480×2490 | 1780×2490 |

示例 1：

（内墙用）外开单扇无视窗钢质平开户门，适用 900mm×2100mm 的洞口，产品规格型号为 880mm×2090mm，空气声隔声性能指标值不小于 35dB、防盗丁级、防火 A1.0 级，标记为：

$$\mathrm{PHM-NWKDWGZ-880\times2090-}(R_{\mathrm{W}}+C)\mathrm{35-}F_{\mathrm{d}}\mathrm{D-}F_{\mathrm{h}}\mathrm{A1.0-JG/T\ 3054—2014}$$

示例 2：

（外墙用）内开单扇有视窗钢质平开户门，适用 900mm×2100mm 的洞口，产品规格型号为 880mm×2090mm，气密性能 5 级、水密性能 3 级、空气声隔声性能 3 级、保温性能的传热系数 $K$1.5、防盗丙级，标记为：

$$\mathrm{PHM-WNKDYGZ-880\times2090-q_{1}5-}\Delta P_{3}-(R_{\mathrm{w}}+C_{\mathrm{tr}})3-K1.5-F_{\mathrm{d}}\mathrm{B-JG/T\ 3054—2014}$$

## 3.3.2 国家标准《钢门窗》中的编号

钢质户门是钢门窗的一部分，所以钢质户门可以按国家标准 GB/T 20909《钢门窗》

① 外门窗是指建筑外墙用门窗或者说是建筑外围护结构用门窗。内门窗是指建筑内墙用门窗或者说是建筑内分割室内空间时使用的门窗。

对钢质户门规定进行分类和编号。该标准的规定，钢门窗的编号按钢门或钢窗代号、分类代号（用途、开启形式、材质）、规格型号、标准代号的顺序进行标记，如图3-5所示。

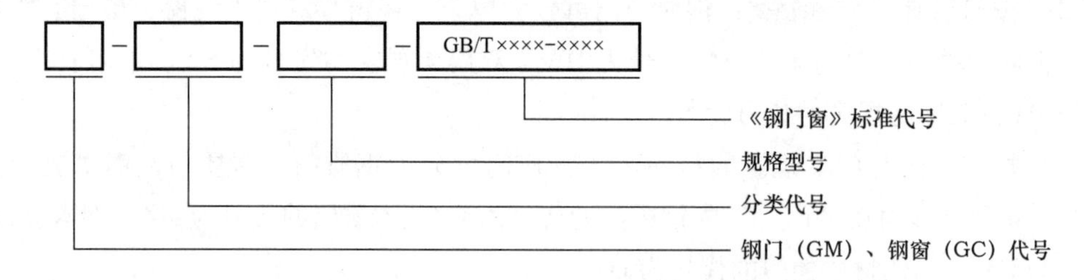


图3-5 《钢门窗》的标记方法

其中的规格代号的分类代号、规格型号的具体写法如下：

（1）按用途分类：钢门窗可分为外门窗和内门窗。外门窗的代号为W，内门窗的代号为N。

（2）按开启形式分类：GB/T 20909《钢门窗》对常见的钢门窗开启形式进行了分类，并规定了其代号，详见表3-2。

**钢门窗的开启形式与代号** **表3-2**

| 开启形式 | | 固定 | 上悬 | 中悬 | 下悬 | 平开下悬 | 立转 | 平开 | 推拉 | 弹簧 | 提拉 |
|---|---|---|---|---|---|---|---|---|---|---|---|
| 代号 | 门 | G | — | — | — | PX | — | P | T | H | — |
| | 窗 | G | S | Z | X | PX | L | P | T | — | TL |

注：固定门、固定窗与其他各种可开启形式门、窗组合时，以开启形式代号表示。

（3）按门窗型材的材质分类：GB/T 20909《钢门窗》按制作过程中所使用的型材材质，对常见的钢门窗进行了分类，并规定了其代号，详见表3-3。

**钢门窗型材材质分类与代号** **表3-3**

| 材料 | 实腹热轧型钢 | 空腹冷轧普通碳素钢 | 彩色涂层钢板 | 不锈钢 |
|---|---|---|---|---|
| 代号 | S | K | C | B |

（4）规格及型号：GB/T 20909《钢门窗》规定，钢门窗的规格用门窗洞口标志尺寸表示，其型号应符合GB/T 5824《建筑门窗洞口尺寸系列》的规定。

示例：

（内墙用）平开空腹钢门，适用1800mm×2400mm的洞口，标记为：

GM-NPK-180240-GB/T XXXX—XXXX

## 3.3.3 常用的编号方法

除建筑工业行业标准《平开户门》JG/T 453、国家标准《钢门窗》GB/T 20909 规定

的分类和编号方法之外，在实际工作中还会经常使用国标《防火门》GB 12955、《防盗安全门通用技术条件》GB 17565 规定的分类和编号方法，大量建筑工程设计图样、各种建筑门窗标准图集等也都有其自己的门窗分类和编号方法，由于方法很多，本教材很难逐一对其进行全面介绍，仅可介绍一些有代表性的内容。其中有些内容从表面看仅适用于窗，但钢质户门作为建筑门窗的一部分，有关从业人员也应对其有一定的了解。

**1. 顺序编号法**

许多建筑工程设计图、建筑门窗标准图集只按“门”“窗”分类，分别用 M、C 表示，并按顺序进行编号，即 M1、M2、M3、M4、M5……，C1、C2、C3、C4、C5……，其中也包括户门。这样的编号在使用时必须有图样、文字、表格等其他辅助材料。目前在一般情况下，我国的绝大多数户门都是钢质户门，但在实际工作中也不能排除有使用其他材质户门的可能。同样是钢质户门，不同的工程对户门的要求不一样，承接门窗工程时也需要认真研究有关的图样、文字资料。

**2. 缩写洞口标志尺寸编号法**

许多建筑设计图、建筑门窗标准图集只按“门”“窗”分类，分别用 M、C 表示，并在 M 或 C 后标注该产品适用的洞口规格。缩写洞口标志尺寸编号法通常以厘米为单位，用洞口标志尺寸的值表示洞口的规格，宽高各取两位有效数字，前两位表示宽，后两位表示高。如 M0921，表示该产品是门，适用于宽 900mm，高 2100mm 的洞口。这种编号法只适用于小于 10m 的洞口，因为洞口等于大于 10m 时，其有效数值将出现 3 位。

**3. 洞口模数编号法**

许多建筑设计图、建筑门窗标准图集只按“门”“窗”分类，分别用 M、C 表示，并在 M 或 C 后标注该产品适用的洞口规格。洞口模数编号法，是将洞口标志尺寸转化成相应的模数值，并用模数表示洞口的规格的方法。由于常见的非组合门窗尺寸都比较小（也就是小于 3m），其模数小于 10，所以用模数表示门窗洞口规格，在一般情况下仅用两个有效数字就可以达到目的。通常前面的数字表示宽，后面的数字表示高。如 M56，M 表示该产品为门；5 表示 5 模，即适用于宽 1500mm（300mm × 5）的洞口；6 表示 6 模，即适用于高 1800mm（300mm × 6）的洞口。[①]

**4. 编号中的“左”与“右”**

建筑门窗存在这种情况，有些门窗除了开启扇的开启方向不同之外，其他的尺寸和结构完全一样，也就是说两个门或窗的左、右是对称的。建筑设计人员在绘制工程图样时、工程技术人员在编制建筑门窗标准图册时，在绘制这种左、右完全对称的门窗时，

---

① 采用“模数”制，是保证使用、减少产品规格、提高配合水平的有效方法，在建筑业我国就实行了“模数”制。GBJ 2—86《建筑模数协调统一标准》中规定了以 100mm 为基本模数（以 M 表示），并规定了分模数和扩大模数。厂房建筑设计跨度小于等于 18m 时采用 3m 的倍数，大于 18m 时采用 6m 的倍数。柱距是 6m、9m、12m 等。民用建筑的层高以 100mm 为模数等。在建筑门窗业，门窗一般都是 300mm 的倍数。门宽有时也可以相差 100mm，所以门的专用图集很少见用模数表示洞口规格。

往往只画两个门窗中的一个，而另一个则省略不画。为了区别两种尺寸结构一样，而开启方向不同的门窗，有关人员经常在编号中加一个“左”字或“右”字，经常称其为左面、左开门窗，或称其为右面、右开门窗。绝大多数户门都是单扇门，这种左右对称的产品非常多，相关从业人员应重点理解“左”“右”的概念。

左面或左开表示：平开门窗的执手在扇的右侧、合页在扇的左侧，开启时是从右向左开。

右面或右开表示：平开门窗的执手在扇的左侧、合页在扇的右侧，开启时是从左向右开。

应特别注意：人站在室外分辨的左右，与人站在室内分辨的左右，所得到的结果正好相反！通用的正确的方法是：站在室外面，分辨左右！因有些门窗的五金配件装在室内，启闭门窗时要站在室内操作，所以有些门窗企业规定以室内为准分辨左右，但这只是内部规定。对于非专业人士提供的“左”“右”数据也应特别注意。

除了门窗的开启方向，锁、合页、支撑、执手，甚至用于组装门窗用的大多数杆件、门面板等等，都与门窗的左、右有关。因此，不仅是在工作中需要与用户、建筑工地接触的门窗设计人员、产品销售人员要掌握确定门窗的左、右的方法，在企业内部工作的有关人员，如生产一线的工人、库房的管理人员，在日常工作中也宜按统一的标准确定门窗的左、右。有些门窗企业，由于大多数门窗五金件需要在室内操作，企业内部使用的产品图样画法与建筑标准规定的画法不一样（建筑标准规定的画法是外立面画法，也就是站在室外的角度观察绘制门窗图样；而这些企业规定的画法是内立面画法，也就是站在室内的角度观察绘制门窗图样），两种画法不一样，其“左”与“右”完全相反。在一个企业内同时使用两种不同的制图方法，对“左”“右”有两种不同的解释，极易产生混乱。

**5. 编号中的开关标志符号**

为了准确表达门窗的开启方向，我国制定了 GB 5825《建筑门窗扇开、关方向和开、关面的标志符号》标准。

《建筑门窗扇开、关方向和开、关面的标志符号》规定的主要内容是：

门窗扇顺时针关闭记作 5，逆时针关闭记作 6；

门窗扇开面在室内（内开）记作 0，关面在室内（外开）记作 1；

共有四种记法，5·0、5·1、6·0、6·1，如图 3－6 所示。

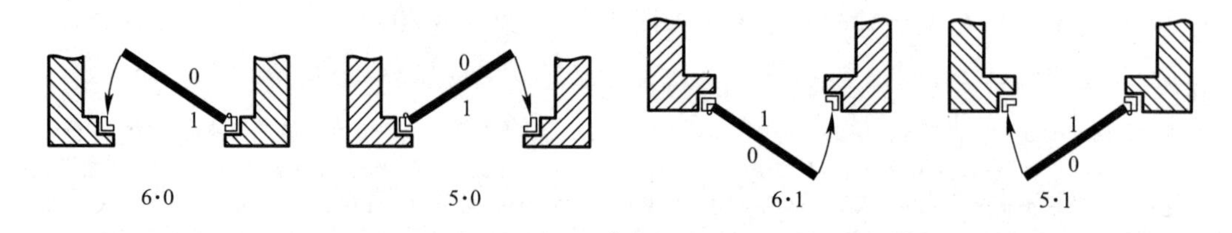


图 3－6 门窗扇开关标志符号示意

目前已有部分建筑门窗编号直接引用了 GB 5825《建筑门窗扇开、关方向和开、关面的标志符号》规定的建筑门窗开关标志符号，如 GB 12955《防火门》标准的产品编号，就部分引用了顺时针关闭和逆时针关闭的概念。GB 12955—2008 示例 1 给出的编号“GFM-0921blsk5-A1.5”，其中 k 后的“5”就代表该门的门扇是顺时针关闭。

该标准为什么没有引用 GB 5825 的全部内容，也就是为什么没有引用开面、关面符号呢？这可能与建筑防火的有关规定有关——防火门的开启方向应与人们的逃生疏散方向一致（都是外开门）。

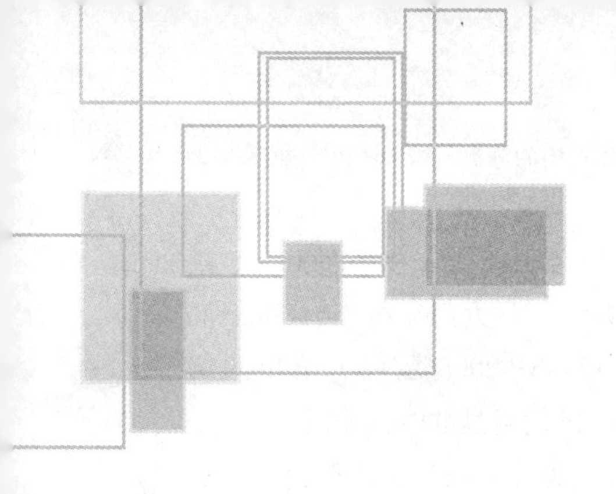

# 第4章 （板材）下料

钢质户门最主要的原材料是冷轧钢板。大多数钢质门企业在市场上采购到冷轧钢板，通常都是卷板，在制作钢质户门前首先要将其加工成所需规格的钢带和平板，我们将这个过程称之为下料。钢质门企业的板材下料主要有三种手段：纵剪、横剪和剪板机的裁剪。纵剪、横剪采用的是自动化连续生产方式，适于大量生产指定规格的钢板和钢带。剪板机适于将较大规格的板材裁剪成较小规格的板材，尺寸调整比较灵活。

## 4.1 纵剪

### 4.1.1 纵剪简介

钢质门的主要原材料是连续生产的通用宽度的冷轧钢板，制作钢质门时要先将其裁成所需宽度条。纵剪作为一种高速度、高精度的高效自动裁剪设备，越来越受到大型防盗安全门、防火门制造企业的青睐。纵剪，业内俗称分条或分剪。纵剪机作为钢质门生产工序的源头设备，其推广使用有益于门产品的表面平整度更高、尺寸更精确、一致性更强，纵剪机的精度和效率直接影响着门产品的质量和产能。使用纵剪机，钢板综合利用效率可以达到97%以上。目前，国内实力较强的防盗安全门、防火门制造企业，大部分已采用了纵剪机。

纵剪，顾名思义就是将采购的固定宽度尺寸的钢卷材料纵向裁成所需的下料尺寸宽度，把一个大尺寸钢带裁成多个小尺寸钢带，再收卷成小的卷料。根据钢卷厂的生产设备工艺和防盗门、防火门标准规格等现状，一般防盗门、防火门制造企业普遍采购宽度为1000mm和1250mm规格的卷料（其他超大的非标尺寸采购大板钢板，用剪板机裁剪，不适用分条）。

在下单完成，确定下料尺寸后，分条机按电脑计算尺寸开始分条，宽的卷料被分成各种宽度大小不等的卷料，大的卷料可用于做门面生产，小的卷料用于连续钣金加工，做成门的辅助小件。

生产防盗门、防火门的钢卷材料，业内常用的有宝钢、涟钢、马钢等大型钢厂产品，按国家标准规定，门面钢卷厚度一般选用0.6mm、0.8mm和1.0mm，门架钢卷厚度一般选用1.2mm、1.5mm、1.8mm和2.0mm。

以某公司生产的SL－3.0×1600数控板料开卷纵剪卷取线为例，该机组采用CNC自动控制，其主要组成有收纸机、备料台、上卷小车、液压悬臂开卷机及液压辅助支承、引料托板装置、夹送校平机组、1号中间桥、纠偏装置、夹送装置、双刀座纵剪机组、交换平台、废边卷取机、2号中间桥、分离装置、张力装置、剪板机、转向辊、收卷托板、卷取机及液压辅助支承、下料小车、液压、气动系统、电器系统等部分。所有运动采用集中控制，确保精确地送料和剪切。对于大量使用不同规格板材的企业，能够显著地降低成本，增加产量，保证质量，提高生产效率。

该机组的纵剪生产现场如图4－1所示，技术参数见表4－1所列。

图4－1 纵剪生产现场

**纵剪机技术参数** **表4－1**

| 序号 | 参数内容 | 数值 | 单位 | 备注 |
|---|---|---|---|---|
| 1 | 可加工材质 | 不锈钢卷 | | $\sigma_s \leqslant 400$MPa；$\sigma_b \leqslant 600$MPa |
| 2 | 可加工板厚 | 0.3～3.0 | mm | — |
| 3 | 可加工板宽 | 300～1600 | mm | — |
| 4 | 允许钢卷内径 | Φ508，Φ610 | mm | Φ610（加胶套） |
| 5 | 允许钢卷外径 | ≤Φ2000 | mm | — |
| 6 | 开卷机最大载重量 | 20000 | kg | — |
| 7 | 分条线速度 | max150 | m/min | — |
| 8 | 成品带卷最大重量 | 20000 | kg | — |
| 9 | 分条宽度精度 | ±0.05 | mm | 0.3～1.0mm |
| | | ±0.10 | | 1.1～2.0mm |
| | | ±0.12 | | 2.1～3.0mm |
| 10 | 纵剪分条数 | 25 | 条 | 0.3～1.0mm |
| | | 15 | | 1.1～2.0mm |
| | | 8 | | 2.1～3.0mm |

续表

| 序号 | 参数内容 | | 数值 | 单位 | 备注 | | |
|---|---|---|---|---|---|---|---|
| 11 | 废边宽度范围 | | 3～15 | mm | 不小于板厚的1.5倍 | | |
| 12 | 电机 | 安装位置 | 减速机电机型号 | 功率 | 转速 | 数量 | 电源规格 |
| | | 上料小车 | BWE2215-11×11-2.2（制动） | 2.2kW | 1450rpm | 1 | AC380V |
| | | 引料及夹送校平 | Z4-180-21 | 45kW | 1500rpm | 1 | DC440V |
| | | | CH22-400-10S | 0.22kW | 1450rpm | 1 | AC380V |
| | | 分条机 | BWY15-35-1.1 | 1.1kW | 1450rpm | 2 | AC380V |
| | | | RV7530-1.1 | 1.1kW | 1450rpm | 2 | AC380V |
| | | | BWY18-59-1.1 | 1.1kW | 1450rpm | 2 | AC380V |
| | | | BWEY2215-17×11-2 | 2.2kW | 1450rpm | 1 | AC380V |
| | | | Z4-250-11 | 110kW | 1000rpm | 1 | DC440V |
| | | 废边卷取机 | YLJ132-40-4-B5 | 40N·m | 1500rpm | 2 | AC380V |
| | | | CH28-200-120SG2 | 0.28kW | 1450rpm | 2 | AC380V |
| | | 卷取机 | Z4-315-11（132kW，500rpm） | 132kW | 500～1500rpm | 1 | DC440V |
| | | 下料小车 | BWY18-43-1.5 | 1.5kW | 1450rpm | 1 | AC380V |
| | | 液压系统 | PVL1-25 | 7.5kW | 1450rpm | 1 | AC380V |
| 13 | 电机总功率 | | 330kW | | | | |
| 14 | 机器运行方向 | | 面对操作台从左向右运行 | | | | |

## 4.1.2 纵剪机操作规程

**1. 工作准备**

（1）按照工作任务单，仓库人员备料。

（2）原材料入机前先用测量器具测量实际宽度、厚度，确认无误。

（3）在卷筒外圈按照客户要求垫一层保护胶纸。

（4）清理材料表面脏物后方可入料，入料时需检视是否对准中心点、卷筒是否扩张到位。

（5）按照工作任务单上所安排的尺寸，取出所需规格的套片及对应数量。

（6）按照客户所需分条材料的厚度及宽度选择刀隙和刀套，见表4－2所列。

**材料厚度与刀隙参照表** **表4－2**

| 物料厚（mm） | 刀隙（mm） |
|---|---|
| 0.2～0.25 | 0.00～0.025 |
| 0.3～0.6 | 0.025～0.075 |
| 0.7～1.0 | 0.05～0.125 |
| 1.1～1.5 | 0.125～0.25 |
| 1.6～2.0 | 0.25～0.35 |
| 2.1～3.0 | 0.35～0.50 |

（7）检查刀具刀刃是否有不当之磨损或碰撞产生的缺角，用洁布将刀片逐一擦拭，以免刀片面有灰尘或异物附着。

**2. 配刀和校刀**

（1）配刀：将刀具及套片依所需分条之规格分配上下刀具及套片，完成组立后，须将上下固定螺栓用专用扳手扳紧及铁锤敲紧，料厚与刀隙见表4-2。

（2）校刀：校刀者利用上下刀具间的刀锋间隙，利用厚薄规格检查是否有无摆刀，若有摆刀，则需要利用分条专用塞纸调整到上下刀缝间隙一致。

（3）根据材料厚度，按上、下刀轴方向调整旋钮，使上、下刀轴依材料厚度裁断，并选择垫木板将其放入大刀与小刀之间的宽度或在排定尺寸时在大、小刀内放置相应的胶套。

（4）按分条尺寸+1mm的尺寸选择压台前隔片及卷取机上摆臂之隔片一一套上，并锁螺栓。

**3. 过刀和检查**

（1）完成配刀和校刀工作后，材料过刀裁剪。

（2）检查材料过刀纵剪0.5~1m后的尺寸公差及毛边大小是否符合下单需求。

（3）过刀合格后放入压台前隔片及卷取机摆臂上之隔片。

（4）卷料筒外圈按照客户要求垫一层保护胶纸。

**4. 注意事项**

（1）开始裁切时速度不可太快（不超过40m/min），在卷取机将材料卷至2~4圈时，压紧台慢压至一定压力，并放下铣轮铣除毛边，方可加速至固定速度。

（2）刀具研磨：原则上以两面各使用约2000t后送去研磨，每次刀刃研磨量约0.50~0.30mm。具体视实际情况而定。

（3）垫木板上的毛毯依损坏情况严重与否加以更换.

（4）必须填写《制程检验报告》。

## 4.1.3 纵剪线调试

### 4.1.3.1 上料端入料夹辊的调试

其参数见表4-3所列。表中所给出的仅为数据参考值，不同材质、不同宽度可在此基础上做出微调。

**材料厚度与夹辊调压表** **表4-3**

| 物料厚（mm） | 上料端夹辊压力（MPa） |
|---|---|
| <0.8 | 2 |
| 0.8~2.0 | 2~4 |
| >2.0 | 4以上 |

#### 4.1.3.2 刀具调试

**1. 刀隙**

参照表 4 – 2 的数据排定刀缝，如有摆刀则利用专用塞纸垫入调整校正，直至所有刀缝大小一致方可，否则重新作业。

**2. 胶圈或垫木板**

胶圈放在大刀、小刀外径，并根据材料厚度加减胶圈外径，大刀外径通常需加 0.2 ~ 1mm，小刀外径通常需减 0.2 ~ 1mm，胶圈如有脏污，须清洁干净。胶圈如有破损、尺寸大小不协调等问题，必须更直至符合要求。

#### 4.1.3.3 材料到达纵剪刀部后，飞边状况及收料端调整

纵剪刀部工作状态如图 4 – 2 所示。

图 4 – 2 纵剪刀部工作状态

（1）压下刀前夹辊，启动纵剪机。

（2）当物料送至离切刀口约 50mm 处时，机长站在刀轴前，顺着刀轴两端刀面直线，观察原料飞边是否对称，即两边飞边宽度是否一致。如不等，则需按（3）进行调整。

（3）当物料外侧飞边较大，而内侧飞边小时，点动外侧导轮出，内侧导轮入，将物料移向飞边较小一边，直至物料在有效刀位的中间。否则反方向调整。

（4）调好飞边后，当物料送入分切刀口剪切约 500mm 时，停机进行首件检查。合格则继续生产，否则根据实际状况调整刀具等，直至合格，否则重新排刀。

（5）介子调整：如介子处有异常的声音，则可能是介子尺寸偏小、定位螺丝松动，调整介子，使其正常运转。

#### 4.1.3.4 收料端调整

（1）张力毛毯：按表 4 – 4 要求使用，并及时检查，每车至少清洁 1 次，不能使用时更换。

材料种类与毛毡对照表 表4－4

| 以下材料选用大化毛毡 | 以下材料选用中化毛毡 |
| --- | --- |
| 1. 不锈钢 | 4. 冷轧板 |
| 2. 镀锌板 | 5. 热轧板 |
| 3. 镀铝板 | 6. 卷钢垫 |

（2）各类介子及张力台压辊等，在加工完单光及带油的料后，都要进行全面性的清洁，直至油污不会沾到原料表面上。

### 4.1.4 检验

**1. 上料端检查**

上料前检查物料的花式、厚度、宽度、重量、外观及物料前端的品质状况，如有异常找机长确认，并根据实际状况处理。

**2. 首件检验**

（1）确认生产任务单和客户品质要求。

（2）将客户要求及允许的公差核对后，由机长填写《制程检验报告》，填写内容包括：客户、供应商、水号、花式、开机时间、厚度、宽度、毛刺等。

（3）裁剪出来的材料，用游标卡尺测出每一条的宽度（宽度大于600mm用卷尺量测），对照客户要求的公差，若在客户公差范围内，则合格，并记录于《制程检验报告》中，否则参照《排刀作业指引》步骤重新排刀。

（4）用千分尺量测材料的厚度，分3个点，两边及中间各测1次，对照客户要求的公差，若在客户公差范围内，则合格。如厚度不在客户公差范围内，则通知领班，按《制程异常作业指引》操作。

（5）如毛刺超出客户要求，则参照《排刀作业指引》步骤进行调整。调整完后，方可进行下一工序，并记录《制程检验报告》。

**3. 收料端检查**

（1）在卷取中，作业人员需在材料卷取处，用手电筒定时检查，每卷至少检查两次，每次至少检查50m。检查材料表面是否有刮花、边波、折痕、收料不齐、毛边等异常，若有异常，则按《制程异常作业指引》作业排除。

（2）如果发现色差、条纹、生锈、水渍、镀锌异常等表面不良状况，知会机长和生管，由生管协调并做出相应的处理，并由机长填写《制程异常检验报告》。

### 4.1.5 纵剪线保养

**1. 入料台车**

（1）检查台车轮是否正常，链条要松紧适度，每周加适量2号黄油。

（2）台车盘面之升降有四支定位轴，应经常保持清洁并润滑，每周各加适量2号黄油。

（3）台车的油管和油缸要保持顺畅无漏油，电缆不得有缠绕，紧固件不得有松动。

（4）台车限位要灵活有效，否则应做调整。

**2. 放料机**

（1）放料筒四个叶片要无松动，表面平滑，涨缩应顺畅到位，活动部位要每周加适量2号黄油。

（2）压料轮要升降灵活，油管和油缸不得漏油。

（3）传动链要松紧适当，每周加适量2号黄油。

（4）张力油压电机要正常有效。

（5）油压回转接头要运转灵活不得漏油。

（6）每天应目视检查1次刹车片，在将要磨损螺丝之前更换最佳。

**3. 送料机**

（1）伸缩接料板要升、降、涨、缩灵活，油缸和油管无漏油，活动部位每周加适量2号黄油。

（2）直流电机冷却风机的入口过滤网，每周清洗1次。其传动皮带，每周检测松紧度1次。

（3）送料夹轮表面不得沾有异物，并定期清洁。活动位每周加适量2号黄油。

（4）传动轴（万向接头2个）的黄油嘴，每周加2号黄油1次，并紧固相关顶丝。

（5）检查齿轮箱油面，如低于红线位则要添加。

（6）剪床升降要到位，刀口要锋利，刀间隙要适度，见表4－2。

**4. 前接料架**

（1）定位轴要无变形，活动部位每周加2号黄油1次。

（2）升降油缸及油管不得漏油。

（3）缓冲坑内的电子监控设备应正常有效，否则会出现送料速度失控及拉刀。

**5. 纵剪机**

（1）侧导轮的滑动面应保持少量润滑油，每日需去除异物。侧导位丝杆每周注入适量2号黄油。

（2）离合器要无松动，啮合面无变形，表面要保持润滑。

（3）定位挂钩要动作灵活，限位有效。

（4）齿轮箱的润滑油要保持在红线以上，否则应及时添加。

（5）台车轨道要保持畅通平整，无异物卡住。

（6）刀轴表面要保持无伤痕，以方便排刀作业。轴套入口要光滑，轴承要润滑良好。

（7）万向联轴器和蜗轮蜗杆每周加适量2号黄油。

（8）控制箱的各按钮要正常有效，电源线和滑线无破损。

（9）直流电机的冷却过滤网，每周清洁1次。传动皮带每周视其松紧度适当调整。

**6. 飞边机及后接料架**

（1）引导飞边左右移动的滚轮，定期检查是否滑动良好。

（2）液压马达、油缸、油管每周检查1次。

（3）升降平台的活动位有轴承黄油嘴，每周加适量2号黄油。

（4）以手触感检测每一滚轮是否轻松旋转，如有异常立即修理。

**7. 皮带机**

（1）两条分隔料轴应滑动良好，滑轨要紧固并有良好润滑，基准位无松动。

（2）升降滑板和旋转齿轮每周加适量2号黄油。限位要正常有效。

（3）皮带要保证回转良好，其润滑由生产操作人员定期添加。

（4）每周检查冷却系统，冷却风扇和循环水要正常。

（5）每周检查油压泵要压力正常，各油压调节阀要正常有效。

（6）每周检查控制箱，要求各电气元件无异常。

**8. 张力机**

（1）过渡板和夹送轮能正常升降，夹送轮滑道和齿轮每周加适量2号黄油。

（2）剪床升降滑道每周加适量2号黄油，刀口要锋利，刀间隙要适当。

（3）张力轮要运转灵活，轴承位每周加适量2号黄油。

（4）出料板滑道每周加适量2号黄油，油缸和油管不得漏油。

**9. 收料机**

（1）电机底座、皮带轮、传动皮带每周检查并调整1次，电机的冷却过滤网，每周清洁1次。

（2）齿轮箱油位要保持在红线以上，否则应及时添加。

（3）收料筒要涨缩自如，表面如有刮痕要打磨平整。推料板要进退到位，限位正常有效。活动位每周加适量2号黄油。

（4）压料隔料轴要升降到位，基准位无松动，轴承无异常。

**10. 成品台车**

保养同本部分的“1. 入料台车”。

**11. 空压机**

（1）每天对储气罐排水2次，油水分离器每天排水1次，透平油要视情况来添加，并要检查压力是否正常，电机是否能随气压变化自动启动和停止。

（2）观察机油如有变黑要及时更换，风格要每周清洁1次。

**12. 油压站**

每周要巡检油压泵、液压油、油压电磁阀、油压管道及油压表是否正常、如有异常要及时处理。

**13. 电气**

（1）每天巡检各操作柜、控制柜、各部分线路和各部位保护无异常，如有异常要及时处理。

（2）每月要对控制柜电气紧固和清灰1次。

### 4.1.6 设备常见故障及其排除方法

（1）机械系统、结构性能故障及其排除方法见表4－5。

**机械系统、结构性能故障及其排除方法** **表4－5**

| 常见故障 | 排除方法 |
|---|---|
| 夹送辊、纵剪机等转动噪声特别大 | 1. 该部位的轴承有异常，检查分析、确诊异常轴承所在的轴，调换产生噪声的轴承。<br>2. 检查是否有杂物带入了机器内，清理杂物 |
| 分配箱内某一档或几档转动噪声特别大 | 1. 分配箱内传递这一档或几档转速的啮合齿轮齿廓有缺损或变形。<br>2. 这一档或几档转速涉及的轴承有异常，检查分析、确诊异常轴承所在的轴，调换产生噪声的轴承 |
| 停机后开卷机卷筒、夹送辊等有自转现象或制动时间太长 | 1. 气动摩擦离合器调整过紧，停机摩擦片仍未完全脱开，重新调整好气动摩擦离合器。<br>2. 制动机构制动力不够，调整制动器中弹簧压力，提高制动力 |

（2）液压、润滑系统故障及其排除方法见表4－6。

**液压、润滑系统故障及其排除方法** **表4－6**

| 常见故障 | 排除方法 |
|---|---|
| 液压系统无压力油注出 | 1. 油箱内缺油或滤油器或油管堵塞，需检查油箱里是否有液压油；清洗滤油器，疏通油管。<br>2. 油泵磨损，压力过小或油量过小，需检查修理或更换油泵。<br>3. 进油管漏压，需检查漏压点，拧紧管接头，更换O型圈和组合圈 |
| 油路建立不起压力 | 1. 电磁换向阀电器插头接触不良，需检修电器插头。<br>2. 电磁换向阀阀芯被杂物卡死或拉毛而不动作，需检查拆洗或更换电磁换向阀 |
| 机器的润滑不良 | 1. 机器零件的所有摩擦面，应当全面按期进行润滑，以保证机器工作的可靠性，并减少零件的磨损及功率的损失。<br>2. 必须严格按润滑要求进行润滑工作 |
| 分配箱出轴阀兰处漏油，阀兰盖处漏油 | 密封圈损坏，更换密封圈 |

## 4.2 横剪

### 4.2.1 横剪简介

横剪也叫飞剪、开平，就是将分条好的钢卷材料按横向裁成所需的下料尺寸长度，由于长度方向没有限制，下料长度可以按生产灵活设置调节。

横剪的技术相对纵剪来说相对简单，主要体现在控制好精度和速度的一对关系上。首先，在高速运转的裁剪下，长度方向的误差不能超过 ±0.2mm，并且两头裁剪必须垂直于长度方向，对角线误差不能超过 ±0.5mm，这就势必影响到产能速度。其次，对于弯曲的卷料必须能够在高速裁剪下能够重新拉平伸直，否则造成长度不准，开平无效。最后，开平机感应计数系统必须能与裁刀稳步配合，实现精准快裁。

以某公司生产的 SL－3.0×1300 数控板料开卷校横剪线为例，该产品特点：工作加工能力强，设备运转可靠稳定。该线主要由 V 形储料台、上料小车、悬臂式开卷机、引料装置、清辊装置、飞剪机、夹送及十九辊校平机、输送皮带、夹送及测量装置、吹风装置、1 号堆垛机、1 号集料升降台、1 号出料小车、2 号堆垛机、2 号集料升降台、2 号出料小车、摆动输送皮带、电器系统等部分。所有运动采用集中控制，确保精确的送料和剪切。对于大量使用板材的企业，能够显著地降低成本，增加产量，保证质量，提高生产效率。平开工艺流程如图 4－3 所示，平开机主要机械规格技术参数见表 4－7 所列。

图 4－3 横剪工艺流程示意图

**横剪机主要机械规格技术参数** 表 4－7

| 型式 | 单曲柄飞剪机 |
| --- | --- |
| 刀片尺寸 | 上刀 =25mm(t)×90mm(h)×1400mm(1)<br>下刀 =25mm(t)×100mm(h)×1400mm(1) |
| 剪切长度 | 1 号堆垛 300mm～3000mm<br>2 号堆垛 300mm～4000mm |
| 剪切精度 | 长度方向 = ±0.2mm/2m（匀速）<br>长度方向 = ±0.4mm/2m（加减速）<br>对角线≤0.5mm（匀速） |
| 曲柄半径 | 105mm |
| 刀片开口 | 209mm |
| 刀片行程 | 212.2mm |
| 刀座水平方向移动距离 | 210mm |
| 刀片更换周期 | 约 7000，000 剪切 |
| 刀片间隙调整 | GF18N080-CTBY90WC（日本） |
| 驱动电机 | 150kW 永磁同步伺服电机 |
| 剪切次数 | 最大 120 次/min |

续表

| 型式 | 单曲柄飞剪机 |
| --- | --- |
| 润滑 | 齿轮：浸油润滑<br>导轨：定时定点自动润滑<br>其他：手动油脂枪 |
| 主机 | 板焊接 |

### 4.2.2 横剪操作规程

**1. 上料机**

（1）将待开钢卷吊至上料台。

（2）将表面清洁干净，拒绝纸屑、碎布等附于上面。

（3）将烂边的卷料敲平。

（4）接着利用上料台车的上、下、进、退，以及支撑架将钢卷上至放料机。所上料必须对准中心线，以便后序工作。

（5）卷料对准中心线（以上料机两边边缘线为基准，使两边与两边缘线相等即可）。

（6）卷料上好后，（放料机膨后）注意将放料机刹车调至轻刹状态，以防剪开包装带卷料松散。

（7）送料时用压制轮正寸，回卷时用压制轮逆寸或同时使用卷筒动力。

（8）当压制轮正寸时，利用托板上、下、伸、缩控制按钮将板材送入整平夹辊。

**2. 整平机的调整**

（1）对新规格的板料应试调平。

（2）放下整平压料辊。

（3）调试整平压辊时：

1）根据不同板材的材质、厚度、宽度同时将入口与出口压下或上升。

2）整平辊入口与出口之间不能超过2mm。

3）调试完毕后继续入料至中间桥并由侧导轮处操作。

**3. 侧导轮的使用**

（1）将侧导轮打开到比板材宽的位置，够板材进入。

（2）侧导轮合并时，应保持板材自然进入。

（3）调节侧导轮时，两边与板材保持1mm间隙即可。

（4）放下侧导轮压料辊，使板头进入剪刀外约10mm。

**4. 剪刀间隙的调整**

（1）调整间隙时机械必须处于停止状态。

（2）调整的间隙按板厚的7%～9%进行调节，厚板用10%。

**5. 主操作台**

（1）上料前打开电源和油压开关。

（2）根据生产任务单输入相应的规格与数量。

（3）启动动力开关，顺序如下：裁刀、整平、送料机、单片裁切将板头剪掉。

（4）板头剪掉后启动自动生产，在裁切第三块板材时停机检验板材规格及表面是否合格（通常情况：前两块尺寸不准）。

（5）将裁切出的成品经过输送带传送至收料机。

（6）当生产完成时，按系统键，即启动/停止按键。

**6. 收料机的使用**

（1）根据裁切板材的大小调节收料架的大小并放相应的铁架或木架。

（2）收料前根据板材的大小及厚度决定排板模式、风力大小，保证板材顺利下滑且不划花板材。

（3）收料过程中应留意板材叠放是否整齐，若发现不整齐，及时调节收料架尺寸。

**7. 注意事项**

（1）搬板时应戴手套。

（2）在机械运转时才能进行擦拭，擦拭时不能戴手套，以免发生意外。

横剪刀部位工作状态如图4－4所示。

图4－4 横剪刀部工作状态

### 4.2.3 横剪线的保养

**1. 入料台车**

（1）检查车轮是否正常，链条要松紧适度，链条每周加适量2号黄油。

（2）台车盘面的升降依靠四支定位轴，应经常保持清洁并润滑，每周各加适量2号黄油。

（3）台车的油管和油缸要保持顺畅无漏油，电缆不得有缠绕，紧固件不得有松动。

（4）台车限位要灵活有效，否则应做调整。

（5）自动备料装置要无异常。

**2. 放料机**

（1）放料筒四个叶片要无松动，表面要平滑，涨缩应顺畅到位，活动部位要每周加适量2号黄油。

（2）压料轮要升降灵活，油管和油缸不得漏油。

（3）传动链条要松紧适当，每周加适量2号黄油。

（4）齿轮箱油位要保持在红线以上，否则应及时添加。

（5）油压回转接头要运转灵活不得漏油。

（6）每天应目视检查1次刹车片，在将要磨损螺丝之前更换最佳。

（7）放料台对中滑动导板每周加适量2号黄油。

**3. 整平机机组**

（1）接料板要升、降、伸、缩灵活自如，油缸、油管不得有漏油。活动部位要每周加适量2号黄油。

（2）送料夹轮的表面不得粘有异物，升降滑道要每周加适量2号黄油。

（3）整平辊两端轴承每天加适量0号黄油（利用设备上手动式加黄油泵加黄油），运转中加黄油。

### 4.2.4 设备常见故障及其排除方法

开平设备常见故障及其排除方法见表4－8。

**设备常见故障及其排除方法** **表4－8**

| 设备常见故障 | 排除方法 |
| --- | --- |
| 对角线不一致 | 检查钢卷对中是否准确，设备对角是否扭曲，螺丝螺母是否松动，调整运行钢卷对中，确认设备校平机与机组中心垂直 |
| 长度方向误差 | 检查测量装置是否出现故障 |
| 刀具损坏（损坏、磨损）频率高 | 根据厚度检查刀具间隙、刀具固定状态、移动架的滑道部间隙调整状态。调整刀具间隙后，使用检查刀具固定部件，用调整楔调整间隙 |
| 飞剪机剪切支架有振动发生现象 | 确认移动架导向辊和导轨之间的间距，间距调整为1/100～2/10 |
| 减速机内部有振动及噪声现象 | 检查减速机内部是否正常，确认齿轮齿面是否完好，确认轴承状态是否正常，确认润滑油状态 |
| 飞剪机不能启动 | 确认电机连接是否完好，确认飞剪机的安全插头位置是否完好 |
| 飞剪机主导轨板发热 | 润滑出现问题，确认自动润滑油泵是否正常工作，油泵内是否缺油 |

### 4.2.5 综述

纵剪系统一般配合横剪系统使用。为了能进一步提高生产效率，提高产能，可依靠现在先进的互联网技术，将产品生产任务指令直接通过辅助软件连接到纵剪与横剪的控制NC计算机，由NC计算机控制送料机电脑系统按计算出的下料尺寸实现快速自动生产，有效避免了人工输入造成的错误。图4－5是横剪生产现场。

图4－5 横剪生产现场

**1. 纵剪横剪系统常见问题及解决防护对策**

纵剪横剪系统常见问题描述分析及解决防护对策见表4－9。

**系统常见问题描述分析及解决防护对策** **表4－9**

| 常见问题 | 分析及解决防护对策 |
| --- | --- |
| 材料尺寸或对角线误差 | 原因分析：纵剪刀、横剪剪切位置压脚板松动。<br>解决对策：检查纵剪刀是否松动滑行，横剪剪切位置压脚板是否松动 |
| 材料有变形，有凹凸不平点 | 原因分析：堆放调机过程中野蛮操作，辊筒上有异物颗粒，叠放过程中板面不干净。<br>解决对策：加强对卷料的保护，采用油纸＋塑料胶垫包裹，底部橡胶护垫保护，并制作操作规程，严格按要求文明操作 |
| 表面瑕疵 | 原因分析：材料本身有缺陷。<br>解决对策：加强对钢卷的进货检验，并要求每批卷料必须有产品质保书 |
| 材料剪切位置有变形痕迹 | 检查剪切位置压脚板是否松动 |
| 材料剪切口毛刺很大 | 检查剪切刀口是否锋利或间隙调节是否恰当 |

**2. 纵剪横剪机台加工能力**

纵剪横剪机台加工能力见表4－10。

**纵剪横剪机台加工能力** **表4－10**

| 机台名称 | | 精密剪床 | 小飞剪横剪机 | 大飞剪横剪机 | 大分条纵剪机组 |
| --- | --- | --- | --- | --- | --- |
| 母材 | 原料宽度（mm） | 1500 | 100～760 | 300～1350 | 400～1350 |
| | 材质 | 热轧酸洗板、冷轧板、彩涂板、镀铝锌板、镀锌板、镀铝板、电镀锌板、不锈钢板 | | | |
| | 重量（kg） | ×× | ≤20000kg且外径小于1.9m | | |
| | 内径（mm） | | 508、610 | | |
| | 厚度（mm） | 0.3～2.5 | 0.3～2.5 | 0.3～2.5 | 0.25～3.0 |

续表

| 机台名称 | | 精密剪床 | 小飞剪横剪机 | 大飞剪横剪机 | 大分条纵剪机组 |
|---|---|---|---|---|---|
| 成品 | 分条宽度（mm） | — | — | — | ≥22 |
| | 剪切长度（mm） | 30～1200 | 200～2000，可指定尺寸 | 400～2500，可指定尺寸 | — |
| | 成品内径（mm） | — | — | — | 508 |
| | 加工宽度精度（mm） | ±0.3 | ±0.25 | ±0.3 | ±0.05 |
| | 加工能力 | 约6PCS/min | A：1800mm，<br>约35cut/min<br>B：1500mm，<br>约45cut/min<br>C：1000mm，<br>约70cut/min<br>D：500mm，<br>约140cut/min | A：2500mm，<br>约25cut/min<br>B：2000mm，<br>约35cut/min<br>C：1000mm，<br>约70cut/min<br>D：585mm，<br>约120cut/min | A：0.25－0.5、<br>厚度≤30条；<br>B：0.5－1.0、<br>厚度≤35条；<br>C：1.1－1.5、<br>厚度≤25条；<br>D：1.6－2.5、<br>厚度≤15条；<br>E：2.6－3.0、<br>厚度≤6条 |
| | 毛刺、边丝（mm） | 毛刺＝材料厚度×0.05 | | | 飞边宽度 $b$≤1～6mm<br>毛刺＝材料厚度×0.05 |
| | 平整度（2m） | ≤0.5 | | | — |
| | 对角线公差（mm） | 500mm×500mm≤0.3　以上尺寸≤0.5 | | | — |
| | 成品重量 | 重量按照客户要求 | | | 由客户自行指定<br>外径≤1900mm |
| | 正常班最高产能 | 约6PCS/min | 20min/卷，1.5t/卷<br>相当于8h36t | 25min/卷，8t/卷<br>相当于8h153t | 30min/卷，8t/卷<br>相当于8h128t |

# 4.3 剪板

## 4.3.1 剪板简介

剪板是利用剪板机将较大规格板材裁剪成较小规格板材的过程。钢质门企业需要的钢板规格尺寸很多，纵剪的任务是将卷板加工成常用宽度的钢带（也是板材的宽度）；横剪的任务是将钢带加工成常用规格的板材（解决了板材的长度问题）；剪板的任务是以大改小，将常用规格的板材加工成特殊规格的板材。纵剪机、横剪机；剪板机配套使用，有利于兼顾提高生产效率、灵活调整尺寸、节约使用材料各方面的需求。

## 4.3.2 剪板机工作原理

剪板机是通过运动的上刀片和固定的下刀片，采用合理的刀片间隙，对各种厚度的金属板材施加剪切力，使板材按所需要的尺寸断裂分离。

剪板机剪切后应能保证被剪板料剪切面的直线度和平行度要求，并尽量减少板材扭曲，以获得高质量的工件。剪板机的上刀片固定在刀架上，下刀片固定在工作台上。工作台上安装有托料球，以便于板料在上面滑动时不被划伤。后挡料用于板料定位，位置由电机进行调节。压料缸用于压紧板料，以防止板料在剪切时移动。护栏是安全装置，以防止发生工伤事故。回程一般靠氮气，速度快，冲击小。

## 4.3.3 剪板机的主要用途

主要用于剪切金属板材，是重要的金属板材加工机床。其不仅用于机械制造业，还是金属板材配送中心必不可少的装备，应用范围特别广泛。

## 4.3.4 剪板机的组成部分

剪板机的种类很多，通常由机架、刀架、后挡料机构、间隙调整装置、前托料装置、机械电气系统、液压系统几部分组成。从外观上看，电动剪板机机械传动机构一般都比较明显，由于液压剪板机设备壳罩、保护装置比较多，仔细辨别其液压系统时相对比较麻烦，参见图4－6。

电动剪板机

液压剪板机

图4－6 剪板机

## 4.3.5 剪板机的安全规范

（1）严格按照工艺要求操作设备，以图纸为基准进行剪板下料，核对完成图纸尺寸与实际尺寸是否相符，合格后进行批量操作。

（2）严格按照设备安全操作规程操作，以免造成设备的损坏。

（3）由于门板较长，剪板需要至少2人操作，上下左右都需要裁剪，以达到工件标准尺寸。

（4）剪切过程中，刀架后方严禁站人，以防小工件飞出伤人或较大工件滑出造成伤害。

（5）上岗时必须佩戴工作必需品，做好防护工作，以避免工作中划伤。

（6）严格按照安全操作规程操作，以免造成设备的损坏。

（7）工作完毕后需要完全关闭设备，各关键部位做好清洁养护，以延长设备寿命。

### 4.3.6 剪板工序流程

（1）穿戴劳保用品（手套、袖套、围裙），准备工具（卷尺、起板器、内六角扳手、铁锤）。

（2）根据任务单确认所需的后门板料。

（3）将后门板搬至剪板机旁边的放料工作台上。

（4）将卷尺头部扣于剪板机刀口。

（5）将卷尺拉至指定尺寸，并将靠山移至卷尺所在位置。

（6）用手压住靠山并放开卷尺。

（7）用内六角扳手将靠山螺丝拧紧固定。

（8）核对靠山位置：再次将卷尺头部扣于剪板机刀口，并将卷尺拉到调好的靠山位置，确认调好的尺寸是否符合公差 ±1mm 的要求。

（9）调节另一端靠山。

（10）一人将后门板拉至工作台上，后门板移动时应避免与工作台和靠山触碰，以免后门板出现划痕和凹坑等缺陷。

（11）两人同时将后门板下头靠在长度靠山上。

（12）门板两端准确靠在长度靠山上后，踩下脚踏开关，完成长度方向剪板。（注意：使用脚踏开关时，脚踩一下即松开。）

（13）长度方向剪板完成后，两人同时将后门板抬起，将其旋转 90°，将后门板锁边侧靠在宽度靠山上。（注意：后门板移动时应避免与工作台和靠山触碰，以免后门板出现划痕和凹坑等缺陷。）

（14）门板锁边侧准确靠在宽度靠山上后，踩下脚踏开关，完成宽度方向剪板。（注意：使用脚踏开关时，脚踩一下即松开。）

（15）门板剪板完成后，出料人将剪好的板材放到物料车上，注意避开设备、夹具、车辆，以免对后门板造成划伤、凹坑。

（16）板材置于物料车上后，检查其表面是否有划伤、凹坑，用卷尺测量尺寸是否符合要求。长度、宽度方向公差 ±1mm，对角线偏差 ±2mm。

（17）巡检人员确认尺寸是否符合要求，确认合格后，开始批量生产。

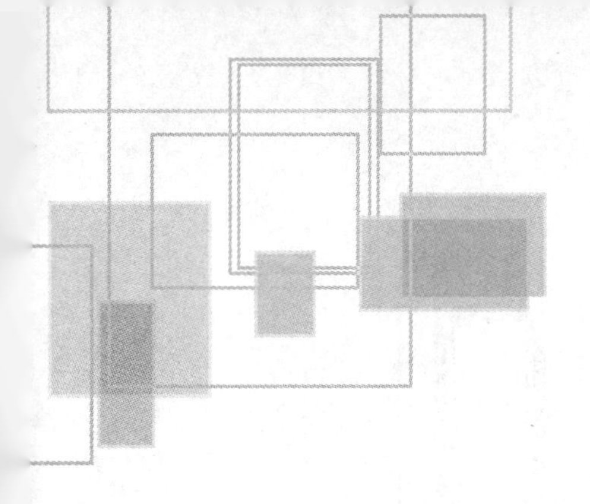

# 第5章 压花与冲压

中国生产的钢质户门，其门扇的面板通常都带有一些图案，有时门框上也会有些图案。这些图案一般是采用压花工艺加工的。钢制户门的锁孔、安装孔一般都是采用冲压工艺加工的。本章重点介绍与压花、冲压有关的内容。

## 5.1 压花

### 5.1.1 压花工艺的概念

压花是根据客户要求将开平完成后的板材放进压花设备中压出相对应花型，通常这类操作称之为压花工艺。

### 5.1.2 压花工艺分类

**1. 浅拉深**

浅拉深的压花造型相对简单，压花深度一般在4~8mm之间，在防火门、工程门上应用较多，如图5-1（a）所示。

**2. 深拉深**

与浅拉深相比，深拉深的压花造型相对复杂，压花深度一般在8~15mm之间，在防盗门、工程门上应用较多，如图5-1（b）所示。

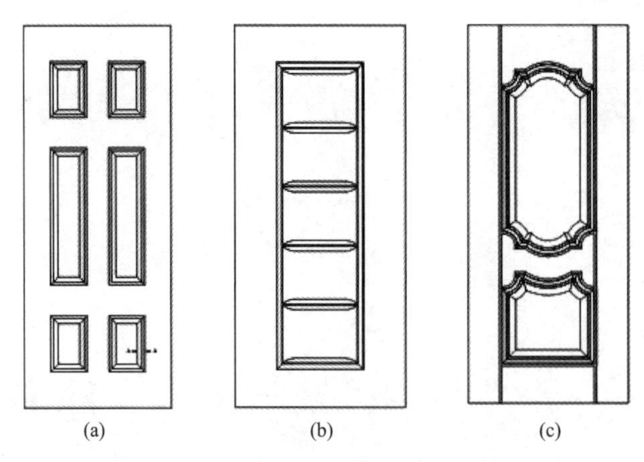

(a) (b) (c)

图 5－1 浅拉深、深拉深、反拉深图案示意

**3. 反拉深**

在模具中，上模一般是凸模（也叫冲针、冲头、阳模），在工件中留下的变形叫拉深，下模是凸模，则为反拉深。

反拉深模具多为复合模，与深拉深相比，反拉伸的压花造型相对更为复杂，压花深度可在20mm以上（可有正负变形），在防盗门、零售门上应用较多，如图5－1（c）所示。

### 5.1.3 压花主要设备

压花应用的主要设备是压力机。单动薄板冲压液压机主要用于金属厚、薄板拉深工艺，同时也具有通用液压机的常规功能，用途较为广泛。在带有液压缓冲器条件下可完成拉深工艺，广泛应用于门业、汽车、摩托车、家电、石油化工、轨道交通、航天航空等各个领域，该系列液压机具有四柱和框架两种机构形式，通过总线控制可以将4～6台液压机组成冲压生产线。图5－2是液压机生产现场照片，表5－1是薄板拉伸液压机主要技术参数，表5－2是架式双动薄板拉伸液压机主要技术参数。

图 5－2 压力机现场图片

**薄板拉伸液压机主要技术参数** **表5-1**

| 序号 | 项目 | | 单位 | 型号 | | | | |
|---|---|---|---|---|---|---|---|---|
| | | | | YF28-100/150 | YF28-100/180 | YF28-200/300 | YF28-400/600 | YF28-500/800 |
| 1 | 拉伸滑块拉伸力 | | kN | 1000 | 1000 | 2000 | 4000 | 3150/5000 |
| 2 | 压边滑块压边力 | | kN | 500 | 860 | 1000 | 2000 | 3000 |
| 3 | 顶出缸顶出力 | | kN | 350 | 350 | 300 | 630 | 1000(液压垫) |
| 4 | 拉伸滑块回程力 | | kN | 250 | 250 | 470 | 800 | 1100 |
| 5 | 压边滑块回程力 | | kN | / | 300 | 300 | 630 | 850 |
| 6 | 压边滑块中心孔尺寸 | | mm | $\phi$330 | $\phi$380 | $\phi$500 | 800×800 | 2400×1400 |
| 7 | 液体最大工作压力 | | MPa | 25 | 25 | 25 | 25 | 25 |
| 8 | 拉伸滑块距工作台面最大距离 | | mm | 1000 | 1365 | 1530 | 2190 | 1600 |
| 9 | 压边滑块距工作台面最大距离 | | mm | 500 | 800 | 800 | 1300 | 1600 |
| 10 | 拉伸滑块最大行程 | | mm | 630 | 630 | 710 | 800 | 1000 |
| 11 | 压边滑块最大行程 | | mm | 200 | 350 | 350 | 720 | 1000 |
| 12 | 顶出缸行程 | | mm | — | — | — | 600 | 350 |
| 13 | 拉伸滑块有效尺寸 | 左右 | mm | 630 | 630 | 900 | 700 | 2300 |
| | | 前后 | mm | 630 | 630 | 900 | 700 | 1400 |
| 14 | 工作台有效尺寸 | 左右 | mm | 630 | 630 | 900 | 1250 | 3000 |
| | | 前后 | mm/s | 630 | 630 | 900 | 1250 | 2150 |
| 15 | 拉伸滑块速度 | 快速下行 | mm/s | ≥110 | ≥250 | ≥180 | ≥150 | ≥200 |
| | | 拉伸下行 | mm/s | 6~8 | ~25 | ≥15 | 10~16 | ≥15 |
| | | 回程 | mm/s | ≥90 | ≥200 | ≥140 | ≥110 | ≥70 |
| 16 | 压边滑块速度 | 下行 | mm/s | ≥45 | ≥60 | ≥60 | ≥30 | ≥200 |
| | | 回程 | mm/s | ≥35 | ≥100 | ≥100 | ≥25 | ≥70 |
| 17 | 外形尺寸 | 左右 | mm | 2030 | 2030 | 2550 | 4300 | 6060 |
| | | 前后 | mm | 1985 | 2085 | 2060 | 2315 | 3100 |
| | | 总高 | mm | 3670 | 4755 | 4890 | 6025 | 7160 |
| | | 地面以上高 | mm | 3420 | 3970 | 4130 | 5240 | 5910 |
| 18 | 电机总功率 | | kW | 7.5 | 22 | 22 | 39.2 | 90 |
| 19 | 全机重量 | | t | 6 | 6 | 12.6 | 25 | 81 |

**架式双动薄板拉伸液压机主要技术参数** **表5-2**

| 序号 | 项目 | 单位 | 型号 | | |
|---|---|---|---|---|---|
| | | | HJY28-400/630 | HJY28-500/800 | HJY28-630/1030 |
| 1 | 总压制力 | kN | 6300 | 8000 | 10300 |
| 2 | 拉伸滑块拉伸力 | kN | 4000 | 5000 | 6300 |
| 3 | 压边滑块压边力 | kN | 2300 | 3000 | 4000 |
| 4 | 液压垫力 | kN | 1500 | 2000 | 2400 |
| 5 | 拉伸滑块回程力 | kN | 500 | 700 | 700 |
| 6 | 压边滑块回程力 | kN | 500 | 700 | 700 |
| 7 | 液压垫顶出力 | kN | 500 | 630 | 800 |

续表

| 序号 | 项目 | | 单位 | 型号 | | |
|---|---|---|---|---|---|---|
| | | | | HJY28－400/630 | HJY28－500/800 | HJY28－630/1030 |
| 8 | 液体最大工作压力 | | MPa | 25 | 25 | 25 |
| 9 | 拉伸滑块距工作台面最大距离 | | mm | 1700 | 2000 | 2200 |
| 10 | 压边滑块距工作台面最大距离 | | mm | 1700 | 2000 | 2200 |
| 11 | 拉伸滑块最大行程 | | mm | 1000 | 1100 | 1300 |
| 12 | 压边滑块最大行程 | | mm | 1000 | 1100 | 1300 |
| 13 | 液压垫行程 | | mm | 300 | 350 | 400 |
| 14 | 压边滑块尺寸 | | mm | 2500×1800 | 3000×2000 | 3200×2200 |
| 15 | 液压垫尺寸 | | mm | 1800×1200 | 2300×1400 | 2500×1500 |
| 16 | 拉伸滑块有效尺寸 | 左右 | mm | 1800 | 2300 | 2500 |
| | | 前后 | mm | 1200 | 1400 | 1500 |
| 17 | 工作台有效尺寸 | 左右 | mm | 2500 | 3000 | 3200 |
| | | 前后 | mm | 1800 | 2000 | 2200 |
| 18 | 拉伸滑块速度 | 快速下行 | mm/s | 300 | 300 | 300 |
| | | 拉伸下行 | mm/s | 10～45 | 10～45 | 10～45 |
| | | 回程 | mm/s | 200 | 200 | 200 |
| 19 | 压边滑块速度 | 快下 | mm/s | 300 | 300 | 300 |
| | | 工作 | mm/s | 10～45 | 10～45 | 10～45 |
| | | 回程 | mm/s | 200 | 200 | 200 |
| 20 | 电机总功率 | | kW | 120 | 160 | 180 |
| 21 | 全机重量 | | t | 130 | 160 | 200 |

### 5.1.4 压花板料分类

压花板料主要分为冷轧钢板和热轧钢板。

**1. 冷轧钢板**

1）冷轧钢板的尺寸范围：

（1）冷轧钢板的公称厚度0.20～4.00mm；

（2）冷轧钢板的公称宽度600～2050mm；

（3）冷轧钢板的公称长度1000～6000mm。

2）冷轧钢板推荐的公称尺寸：

（1）冷轧钢板的公称厚度在第1）条规定范围内，公称厚度小于1mm的冷轧钢板按0.05mm倍数的任何尺寸；公称厚度不小于1mm的冷轧钢板按0.1mm倍数的任何尺寸；

（2）冷轧钢板的公称宽度在第1）条规定范围内，按10mm倍数的任何尺寸；

（3）冷轧钢板的公称长度在第1）条规定范围内，按50mm倍数的任何尺寸；

（4）根据需方要求，经供需双方协商，可以供应其他尺寸的冷轧钢板。

3）尺寸允许偏差：

最小屈服强度小于280MPa的冷轧钢板，其厚度允许偏差见表5－3的规定。

**屈服强度小于280MPa冷轧钢板的厚度允许偏差** 单位：mm **表5－3**

| 公称厚度 | 厚度允许偏差 | | | | | |
|---|---|---|---|---|---|---|
| | 普通精度 PT. A | | | 较高精度 PT. B | | |
| | 公称宽度 | | | 公称宽度 | | |
| | ≤1200 | >1200 | >1500 | ≤1200 | >1200 | >1500 |
| 0.40 | ±0.04 | ±0.05 | ±0.06 | ±0.025 | ±0.035 | ±0.045 |
| >0.40～0.60 | ±0.05 | ±0.06 | ±0.07 | ±0.035 | ±0.045 | ±0.050 |
| >0.60～0.80 | ±0.06 | ±0.07 | ±0.08 | ±0.040 | ±0.050 | ±0.050 |
| >0.80～1.00 | ±0.07 | ±0.08 | ±0.09 | ±0.045 | ±0.060 | ±0.060 |
| >1.00～1.20 | ±0.08 | ±0.09 | ±0.10 | ±0.055 | ±0.070 | ±0.070 |
| >1.20～1.60 | ±0.10 | ±0.11 | ±0.11 | ±0.070 | ±0.080 | ±0.080 |
| >1.60～2.00 | ±0.12 | ±0.13 | ±0.13 | ±0.080 | ±0.090 | ±0.090 |
| >2.00～2.50 | ±0.14 | ±0.15 | ±0.15 | ±0.100 | ±0.110 | ±0.110 |
| >2.50～3.00 | ±0.16 | ±0.17 | ±0.17 | ±0.110 | ±0.120 | ±0.120 |
| >3.00～4.00 | ±0.17 | ±0.19 | ±0.19 | ±0.140 | ±0.150 | ±0.150 |

最小屈服强度大于等于280MPa小于360MPa冷轧钢板的厚度允许偏差比表5－3规定值增加20%，最小屈服强度大于等于360MPa冷轧钢板的厚度允许偏差比表5－3规定值增加40%。

冷轧钢板的不平度要求见表5－4所列。

**冷轧钢板的不平度要求** **表5－4**

| 规定最小屈服强度（MPa） | 公称宽度（mm） | 不平度≤ | | | | | |
|---|---|---|---|---|---|---|---|
| | | 普通精度 PT. A | | | 较高精度 PT. B | | |
| | | 公称厚度（mm） | | | 公称厚度（mm） | | |
| | | <0.70 | 0.70～1.20 | ≥1.20 | <0.70 | 0.70～1.20 | ≥1.20 |
| <280 | ≤1200 | 12 | 10 | 8 | 5 | 4 | 3 |
| | 1200～1500 | 15 | 12 | 10 | 6 | 5 | 4 |
| | >1500 | 19 | 17 | 15 | 9 | 8 | 7 |
| 280～360 | ≤1200 | 15 | 13 | 10 | 8 | 6 | 5 |
| | 1200～1500 | 18 | 15 | 13 | 9 | 8 | 6 |
| | >1500 | 22 | 20 | 19 | 12 | 10 | 9 |

**2. 热轧钢板**

1）热轧钢板的尺寸范围：

（1）热轧钢板公称厚度0.8～25.4mm；

（2）热轧钢板公称宽度600～2200mm；

（3）热轧钢板公称宽度120～900mm。

2）钢板和钢带推荐的公称尺寸：

（1）钢板的公称厚度在第1）条规定范围内，厚度小于30mm的钢板按0.5mm倍数的任何尺寸；厚度不小于30mm的钢板按1mm倍数的任何尺寸。

（2）钢板的公称宽度在第1）条规定范围内，按10mm或50mm倍数的任何尺寸。

（3）钢板的长度在第1）条规定范围内，按50mm或100mm倍数的任何尺寸。

（4）钢带（包括剪切钢板）的厚度在第1）条规定范围内，按0.1mm倍数的任何尺寸。

（5）钢带（包括剪切钢板）的公称宽度在第1）条所规定范围内，按10mm倍数的任何尺寸。

（6）根据需方要求，经供需双方协议，可以供应推荐公称尺寸以外的其他尺寸的钢板和钢带。

3）尺寸允许偏差：

对不切头尾和不切边钢带检查厚度、宽度时，两端不考核的总长度 $L$ 等于90除以公称厚度毫米数，但两端最大总长度不得大于20m。

钢带（包括连轧钢板）的厚度偏差要求见表5－5。在实际工作中，门业企业可要求按较高厚度精度供货时可在合同中注明，未注明的则按普通精度供货。钢板生产企业可根据需方要求，在表5－5规定的公差范围内对钢板精度进行调整。

**钢带厚度偏差要求** 表5－5

| 公称厚度（mm） | 钢带厚度允许偏差 | | | | | | | |
|---|---|---|---|---|---|---|---|---|
| | 普通精度 PT. A | | | | 较高精度 PT. B | | | |
| | 公称宽度（mm） | | | | 公称宽度（mm） | | | |
| | 600～1200 | >1200～1500 | >1500～1800 | >1800 | 600～1200 | >1200～1500 | >1500～1800 | >1800 |
| 0.8～1.5 | ±0.15 | ±0.17 | — | — | ±0.10 | ±0.12 | — | — |
| >0.8～1.5 | ±01.7 | ±0.19 | ±0.21 | — | ±0.13 | ±0.14 | ±0.14 | — |
| >0.8～1.5 | ±0.18 | ±0.21 | ±0.23 | ±0.25 | ±0.14 | ±0.15 | ±0.17 | ±0.20 |
| >0.8～1.5 | ±0.20 | ±0.22 | ±0.24 | ±0.26 | ±0.15 | ±0.17 | ±0.19 | ±0.21 |
| >0.8～1.5 | ±0.22 | ±0.24 | ±0.26 | ±0.27 | ±0.17 | ±0.18 | ±0.21 | ±0.22 |

## 5.1.5 压花机操作

### 1. 准备与试运行

（1）使用前检查液压油量，液压油高度为下机座的2/3的高度，油量不足时应及时添加，油液注入前必须精细过滤。在下机座的注油孔内加入纯净20号液压油，油位高度通过油标杆看出，一般加到下机座的2/3的高度。

（2）检查柱轴与导架间的润滑情况及时加油，以保持良好的润滑。

（3）接通电源，将操作手柄搬至垂直位置，使回油口关闭，按动电机启动按钮，来自油泵的油液进入油缸，驱动柱塞上升，当热板闭合后，油泵继续供油，使油压上升到额定值（14.5MPa）时按动停止按钮，使机器处于停机保压（即定时硫化）状态，达到硫化时间时，搬动手柄使柱塞下降开模。

（4）热板的温度控制：合上旋转按钮 $SA_1$，平板开始加热，当平板的温度达到预先设定值时，自动停止加热。当温度低于设定值时平板自动加热，保持温度始终在设定值。

（5）硫化机动作的控制：按电机启动按钮 $SB_2$，交流接触器得电，油泵工作，当液压力达到调定值时交流接触器断开，开始自动记录硫化时间，当压力下降油泵电机启动自动补压，达到设定硫化时间，讯响器鸣叫，告知硫化时间已到，可以开模，按动讯响停止按钮，搬动手动操作阀，使平板下降，可进行下一循环。

**2. 液压系统**

（1）液压油应采用20号机械油或32号液压油，油液必须精细过滤后再加入。

（2）定期将油液放出，进行沉淀过滤后再使用，同时清洗滤油器。

（3）机器各部件应保持清洁，柱轴与导架间应经常加油，保持良好的润滑。

（4）发现异常噪声应立即停机检查，排除故障后方可继续使用。

**3. 电气系统**

（1）主机和控制箱要有可靠的接地。

（2）各接点必须夹紧，定期检查是否有松动现象。

（3）保持电器元件仪表清洁，各仪表不可撞击或敲打。

（4）发现故障应立即停机检修。

**4. 注意事项**

（1）操作压力不可超过额定的压力（14.5MPa）。

（2）模具最小尺寸应大于 $\phi$150mm。

（3）停止使用时应切断总电源。

（4）运行时立柱螺母须保持拧紧状态，并定期检查是否有松动。

（5）空车试机时，必须在平板内放入60mm厚的垫板。

### 5.1.6 操作规程

（1）液压机操作工在工作前应先了解液压机的型号、机械性能。

（2）正确使用劳动保护用品。上岗前应按规定穿戴好工作服、工作鞋和工作帽、扣好衣服。女工的发辫不应露在工作帽外，工作时戴好防护手套，不得赤脚、穿拖鞋、凉鞋、高跟鞋进入车间。

（3）开机前应检查设备及模具的主要紧固螺丝有无松动，模具有无裂纹，机械操作是否正常。

(4) 模具安装调试应由经培训合格的模具工进行安装。调试时采用垫板等措施，防止模具零件坠落伤手。

(5) 工作前仔细检查工位是否布置妥当、工作区域有无异物、设备和机具的状况等，在确认无误后方可工作或启动设备。

(6) 开机后先将设备启动空转1~3min，严禁操纵有故障的设备。

(7) 设备运转时不准进行擦拭或其他清洁工作；不应与人交谈，集中精力，坚守岗位；不准擅自把自己的工作交给别人。

(8) 一台设备两人以上操作时，必须使用多人操作按钮装置的设备，必须有主有从，统一指挥，定人开车，做好协调工作。

(9) 工作时发生设备失灵、照明熄灭、设备运转异常、产品质量状况发生变化等情况，应立即关机并通知设备维修人员。

(10) 工作时突然停电或暂时离开工作岗位时，必须关机。

(11) 模具安装调整、设备检修、机器清理以及需要停机排除各种故障时，必须切断电源，在设备开关旁挂上“有人工作，严禁合闸”警告牌。警告牌的色调、字体必须醒目易见，必要时应有人监护开关。

(12) 发现油管有渗漏应及时修理，轴向柱塞泵的变量指示，压力表等转动不灵时及时排除，压力表保持完好，并按规定时间进行检测。

(13) 安全阀在出厂时已调整好，在调整时应由专业人员进行。

(14) 坯料和工件堆放要稳妥整齐不超高，工作台上禁止堆放坯料或其他物件。废料应及时清理。

(15) 工作时严禁吸烟，严禁醉酒者上岗。

(16) 工作完毕应将模具落靠，切断电源、气源，认真收拾工具，清理保养设备，并做好记录、交接班工作。

## 5.1.7 压花的检验标准

(1) 根据生产任务单或图纸要求，选定门面板所需的图案花型模具，选定所需的钢板。钢板的尺寸应准确，宽度、长度误差应在±0.5mm之内，厚度符合要求，对角线误差±1mm之内，特别注意对角线长度。

(2) 门面板毛刺高度应控制在料厚的1/2之内，花型位置尺寸误差应在±0.5mm之内，剪切角度必须符合需要。

(3) 图案应清晰，压制深度应均匀、线条流畅、无断裂或明显变薄现象、无不对称及深浅现象、无明显波浪及凹凸点，无明显压制痕迹。压制划痕宽度不得大于14mm，长度不得超过10mm，门面划痕应根据不同的产品控制在3~5处/$m^2$之内，门架划痕应控制在10处之内。

（4）工件表面应平整，边缘应光滑、无锯齿，图案四棱见线。

# 5.2 冲压

## 5.2.1 冲压工序的主要工作内容

钢质门行业冲压工序的主要工作有以下三方面的内容：

（1）切角。用冲压的办法切去工件四角多余的材料，使之适应折弯及钢质门组装的需要。

（2）冲孔。用冲压的办法，在工件上开孔，使之适应钢质门锁具、执手、合页、观察镜等五金件安装需要，使之适应钢质门安装的需要。

（3）成型。用冲压的办法使工件表面产生局部变形，使之变成需要的形状或在工件表面留下编号、文字、图案。

## 5.2.2 冲压原理和冲压设备

### 5.2.2.1 工作原理

冲床的工作原理：将工件置于相互配合的模具之中（放在上模与下模之间），依靠冲床提供的压力以及上下模的相对运动（主要是上模的向下运动），使工件局部按照模具的形状产生剪切性截断（去除或截取工件上的部分材料），或产生塑性变形，实现对工件进行的加工。

### 5.2.2.2 冲床

**1. 分类**

冲床的种类很多，按照驱动力来源可分为：机械式冲床（Mechanical Power Press）和液压式冲床（Hydraulic Press）。

机械式冲床根据其滑块驱动机构的差异还可细分为：曲轴式冲床、无曲轴式冲床、肘节式冲床、摩擦式冲床、螺旋式冲床、齿条式冲床、连杆式冲床、凸轮式冲床。

液压式冲床根据其使用液体的差异还可细分为：油压式冲床、水压式冲床。目前钢质门行业使用液压冲床，油压式冲床占多数。水压式冲床多用于大型机械或特殊机械，在钢质门行业应用较少。

**2. 主要结构**

1）曲轴式冲床。

目前我国的大部分机械冲床都是曲轴式冲床，其原因是该种类冲床容易制作，可正确决定行程下端位置及滑块运动曲线，大体上适用于冲切、弯曲、拉伸、热间锻造、温间锻造、冷间锻造及其他几乎所有的冲床加工，在钢质门行业应用十分普遍。

冲床的设计原理是将圆周运动转换为直线运动。由主电动机出力，带动飞轮，经离合器带动齿轮、曲轴（或偏心齿轮）、连杆等运转，来达成滑块的直线运动。从主电动机到连杆的运动为圆周运动。通过曲柄滑块机构将电动机的旋转运动转换为滑块的直线往复运动，实现对坯料的加工。

曲轴式冲床一般由电动机、曲轴、变速轮、滑块导轨镶条、机身、刹车、罩壳、飞轮、电磁离合制动器、滑块、工作台、基座、脚踏开关、滑块行程位置指针、滑块高度调节连杆、上脱料挡块、闭合高度显示、操作屏、上脱料杠、安全光栅、滑块镶板、下模具、上模具、工作台等部分组成。曲轴式冲床的曲柄滑块机构运动、工作原理和实物，如图5－3所示。

曲轴式冲床的规格一般用其公称工作力表示。它是以滑块运动到距行程的下止点约10～15mm处（或从下止点算起曲柄转角$\alpha$约为15°～30°时）为计算基点设计的最大工作力，如图5－3（a）所示。

正确表示冲床规格的单位应是力的单位，如kN（千牛）。在实际工作中许多人常用质量单位如kg（公斤）、t（吨）表示冲床的规格，这是不正确的说法，但我们也应知道其含义。1kg（公斤）质量在海拔高度为零的情况下大约可产生9.8kN的重力，大约是10kN。

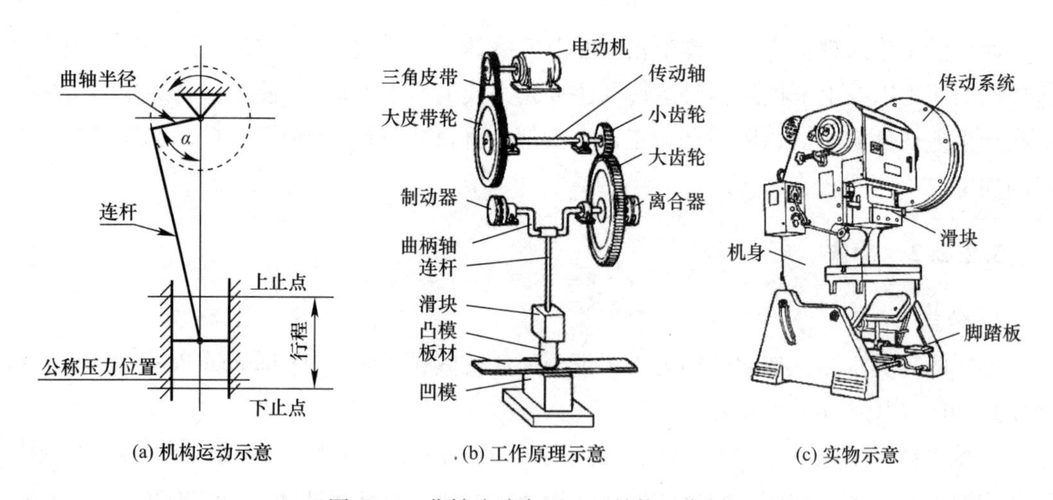


图5－3 曲轴式冲床原理、结构示意图

2）液压冲床。

液压冲床，如图5－4所示，利用液压泵提供的液压油，在电磁阀控制下进入油缸，驱动活塞运动，进而带动主轴向下或向上运动，形成冲力，使工件在模具中产生规定的变形，从而达到加工的目的。

图5－4（b）的工作原理如下：

（1）快速下降：电磁铁1YA和3YA通电使换向阀9和5切换至左位和右位，液压泵1由卸荷转为供油状态，泵的压力油经阀3、阀5进入液压缸的小腔C，A腔的油液一部分通过阀6充入B腔，多余油液也进入缸的C腔。此时由于A、B、C腔相互连通，形成差动连接，所以活塞（杆）驱动滑块快速下降。

（2）冲剪下降：电磁铁1YA、2YA、3YA均通电使换向阀9、4、5分别切换至左位、右位、右位，液压泵1的压力油经单向阀3后分为两路，一路经阀5进入缸的C腔，一路经阀4和单向阀7进入缸的B腔，A腔的油液经阀4排回油箱。此时，压力油的作用面积为B腔与C腔面积之和，因此，活塞（杆）驱动滑块以较大推力慢速下降实现冲剪加工。

（3）快速上升：电磁铁3YA通电、1YA和2YA断电使换向阀9仍然处于左位，而换向阀4、5复至左位，液压泵1的压力油经阀3和阀4进入缸的A腔，同时导通插装阀6，B腔的回油经阀6与泵的压力油汇合，一并进入A腔，同时C腔经阀5向油箱排油。由于此时液压缸A、B腔差动连接，故活塞（杆）带动滑块快速上升。

（4）停止：系统的所有电磁铁均断电，液压泵卸荷。

图5－4（b）的“冲剪下降”过程，实际上是油缸的增加过程。图5－5是另一种液压冲床增压装置的工作过程示意，其中：1是开始状态，2、3、4是快进的过程，5、6是冲压过程，7、8是冲压结束的过程，9、10是快退过程，11是结束状态。

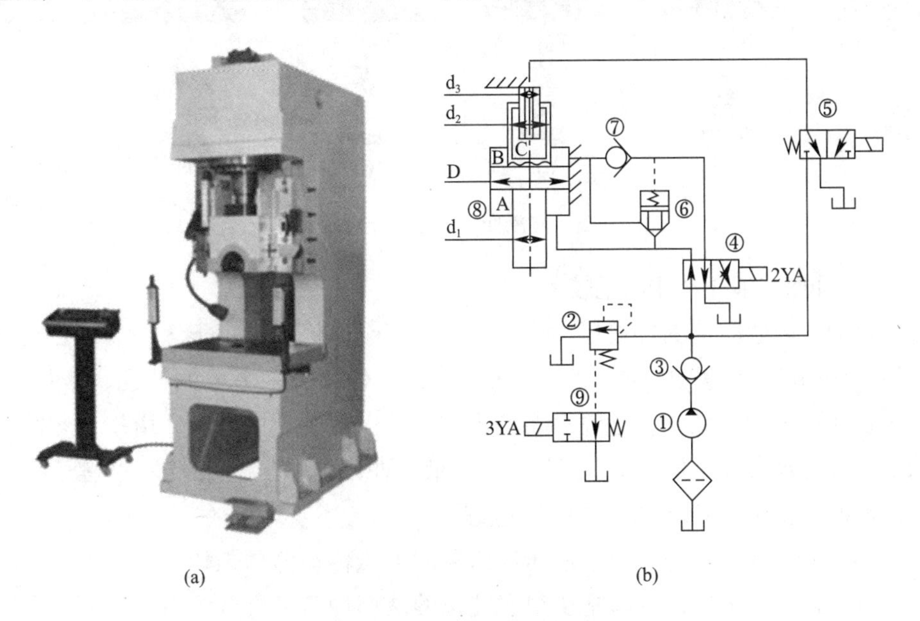


图5－4　液压冲床示意图

①—定量液压泵；②—先导式溢流阀；③、⑦—单向阀；④—二位四通电磁换向阀；
⑤—二位二通电磁换向阀；⑥—插装阀；⑦—三腔复合液压缸；⑨—二位二通电磁换向阀

了解液压冲床的结构不能完全依据如图5－5所给出的示意图。钢质门行业与液压、气动有关的设备很多，如本书5.1节使用的设备大多数就是液压设备，有关从业人员应像了解、掌握机械制图、建筑门窗制图一样，了解、掌握与液压、气动有关的知识。本书5.3节给出了部分液压符号，有关人员应从有关专业图书、国家标准（如GB/T 786.1）中了解更多的内容。

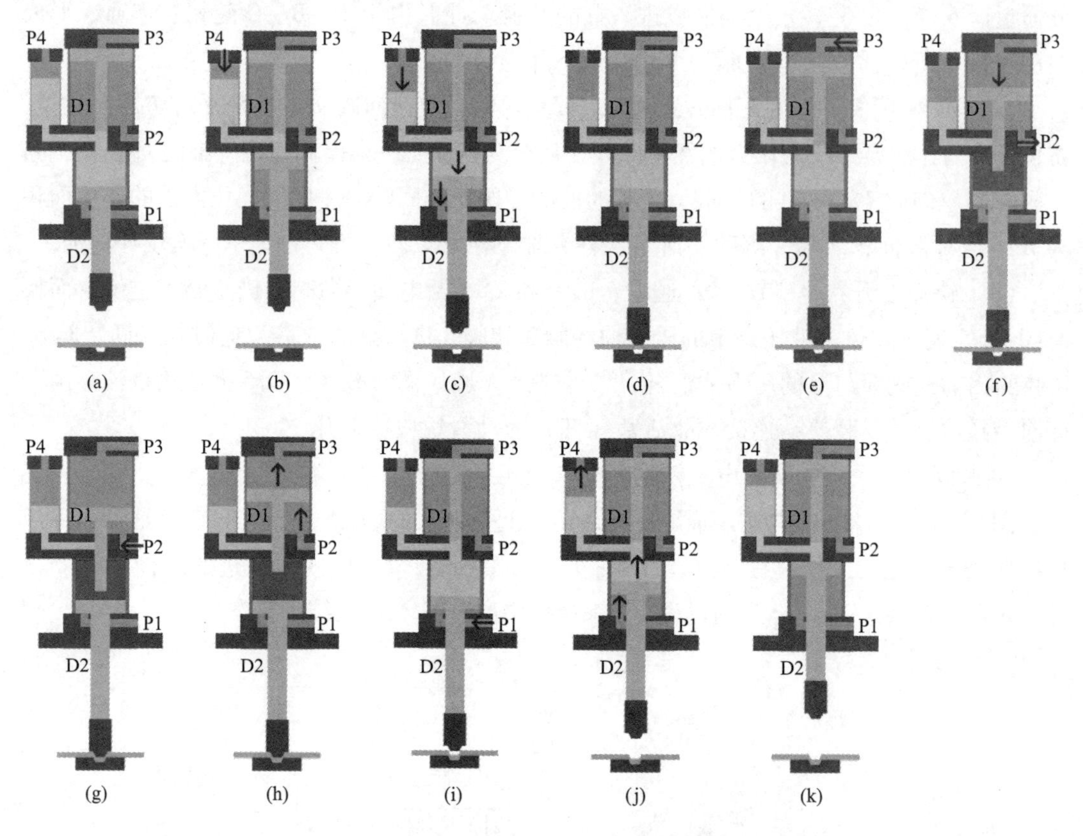


图5-5　液压冲床的增压装置示意图

3）机械冲床与液压冲床的比较。

普通机械冲床适应范围比液压冲床要广，生产量、保有量也很多，如果是机械离合器的价格也比同吨位的液压冲床便宜。除非用到拉伸工艺，一般的冲孔、落料、成形、折弯工艺普通冲床均能胜任，且效率要快得多。然而在钢质门行业，由于许多需要使用冲床的部件都比较大，而且需要多工位加工，液压冲床应用有越来越多的趋势。

与机械冲床相比，液压冲床的主要优点是：

（1）容易获得很大压力。由于液压冲床采用液压传动静压工作，动力设备可以分别布置，可以多缸联合工作，可以制造很大吨位的液压冲床。机械压力机因受到零部件的强度限制，不易制造出很大的吨位设备，本书5.1节中提到的压花设备大多都是液压机。

（2）容易获得很大工作行程，并能在行程的任意位置发挥全压。液压冲床的名义压力与行程无关，而且可以在行程中的任何位置上停止和返回。这样，对要求工作行程大的工艺（如深拉深）以及模具安装或发生故障进行排除等都十分方便。

（3）容易获得大的工作空间。因为液压冲床无庞大的机械传动机构，而且工作缸可以任意布置，图 5-6 是加工门框、门扇面板流水线上的液压组合冲床。

图 5-6　加工门框、门扇面板流水线上的液压组合冲床

（4）压力与速度可以在较大范围内方便地进行无级调节，求在某一行程做长时间的保压。另外，由于能可靠地控制液压，还能有效防止过载。

（5）液压冲床液压元件已通用化、标准化、系列化，给液压冲床设计、制造和维修带来方便，并且液压操作方便，便于实现遥控与自动化。

与机械冲床相比，液压冲床的主要缺点是：

（1）由于采用高压液体作为工作介质，对液压元件精度要求较高，结构较复杂，机器的调整维修比较困难，而且高压液体的泄漏还难免发生，不但污染工作环境，浪费压力油，对热加工场所存在火灾的危险。

（2）液体流动时存在压力损失，因而效率较低，且运动速度慢，降低了生产率，所以对于快速小型的液压冲床，不如曲柄压力机简单灵活。

### 5.2.3　模具知识

冲床安装模具后才能完成对工件的冲压加工。在机加工领域，模具是一个独立的专业。在钢质门行业，一般都有专门的人员负责模具的设计、制造和维修，有些企业冲床模的安装和调试都由专人负责。因此，钢质门行业所有与冲床、模具使用有关的工种都应具备一定的模具知识。

（1）上模：上模是整副冲模的上半部，即安装于压力机滑块上的冲模部分。

（2）上模座：上模座是上模最上面的板状零件，工件时紧贴压力机滑块，并通过模柄或直接与压力机滑块固定。

（3）下模：下模是整副冲模的下半部，即安装于压力机工作台面上的冲模部分。

（4）下模座：下模座是下模底面的板状零件，工作时直接固定在压力机工作台面或垫板上。

（5）刃壁：刃壁是冲裁凹模孔刃口的侧壁。

（6）刃口斜度：刃口斜度是冲裁凹模孔刃壁的每侧斜度。

（7）气垫：气垫是以压缩空气为原动力的弹顶器。

（8）反侧压块：反侧压块是从工作面的另一侧支持单向受力凸模的零件。

（9）导套：导套是为上、下模座相对运动提供精密导向的管状零件，多数固定在上模座内，与固定在下模座的导柱配合使用。

（10）导板：导板是带有与凸模精密滑配内孔的板状零件，用于保证凸模与凹模的相互对准，并起卸料（件）作用。

（11）导柱：导柱是为上、下模座相对运动提供精密导向的圆柱形零件，多数固定在下模座，与固定在上模座的导套配合使用。

（12）导正销：导正销是伸入材料孔中导正其在凹模内位置的销形零件。

（13）导板模：导板模是以导板作导向的冲模，模具使用时凸模不脱离导板。

（14）导料板：导料板是引导条（带、卷）料进入凹模的板状导向零件。

（15）导柱模架：导柱模架是导柱、导套相互滑动的模架。

（16）冲模：冲模是装在压力机上用于生产冲件的工艺装备，由相互配合的上、下两部分组成。

（17）凸模：凸模是冲模中起直接形成冲件作用的凸形工作零件，即以外形为工作表面的零件。

（18）凹模：凹模是冲模中起直接形成冲件作用的凹形工作零件，即以内形为工作表面的零件。

（19）防护板：防护板是防止手指或异物进入冲模危险区域的板状零件。

（20）压料板（圈）：压料板是冲模中用于压住冲压材料或工序件以控制材料流动的零件，在拉深模中，压料板多数称为压料圈。

（21）压料筋：压料筋是拉延模或拉深模中用以控制材料流动的筋状突起，压料筋可以是凹模或压料圈的局部结构，也可以是镶入凹模或压料圈中的单独零件。

（22）压料槛：压料槛是断面呈矩形的压料筋特称。

（23）承料板：承料板是用于接长凹模上平面，承托冲压材料的板状零件。

（24）连续模：连续模是具有两个或更多工位的冲模，材料随压力机行程逐次送进一工位，从而使冲件逐步成型。

（25）侧刃：侧刃是在条（带、卷）料侧面切出送料定位缺口的凸模。

（26）侧压板：侧压板是对条（带、卷）料一侧通过弹簧施加压力，促使其另一侧紧靠导料板的板状零件。

（27）顶杆：顶杆是以向上动作直接或间接顶出工（序）件或废料的杆状零件。

（28）顶板：顶板是在凹模或模块内活动的板状零件，以向上动作直接或间接顶出工件或废料。

（29）齿圈：齿圈是精冲凹模或带齿压料板上的成圈齿形突起，是凹模或带齿压料板的局部结构而不是单独的零件。

（30）限位套：限位套是用于限制冲模最小闭合高度的管状零件，一般套于导柱外面。

（31）限位柱：限位柱是限制冲模最小闭合高度的柱形件。

（32）定位销（板）：定位销是保证工序件在模具内有不变位置的零件，以其形状不同而称为定位销或定位板。

（33）固定板：固定板是固定凸模的板状零件。

（34）固定卸料板：固定卸料板是固定在冲模上位置不动的卸料板。

（35）固定挡料销（板）：固定挡料销是在模具内固定不动的挡料销（板）。

（36）卸件器：卸件器是从凸模外表面卸脱工件的非板状零件或装置。

（37）卸料板：卸料板是将材料或工件从凸模上卸脱的固定式或活动式板形零件。卸料板有时与导料板做成一体，兼起导料作用，仍称卸料板。

（38）卸料螺钉：卸料螺钉是固定在弹压卸料板上的螺钉，用于限制弹压卸料板的静止位置。

（39）单工序模：单工序模是在压力机一次行程中只完成一道工序的冲模。

（40）废料切刀：废料切刀有两种。一种是装于拉深件凸缘切边模上用于割断整圈切边废料以利清除的切刀。另一种是装于压力机或模具上用于将条（带、卷）状废料按定长切断以利清除的切刀。

（41）组合冲模：组合冲模是按几何要素（直线、角度、圆弧、孔）逐副逐步形成各种冲件的通用、可调式成套冲模。平面状冲件的外形轮廓一般需要几副组合冲模分次冲成。

（42）始用挡料销（板）：始用挡料销是供材料起始端部送进时定位用的零件。始用挡料销（板）都是移动式的。

（43）拼块：块是组成一个完整凹模、凸模、卸料板或固定板等的各个拼合零件。

（44）挡块（板）：挡块是供经侧刃切出缺口的材料送进时定位用的淬硬零件，兼用以平衡侧刃所受的单面切割力。挡块一般与侧刃配合使用。

（45）挡料销（板）：挡料销是材料沿送进方向的定位零件，以其形状不同而称为挡料销或挡料板。挡料销是固定挡料销、活动挡料销、始用挡料销等的统称。

（46）垫板：垫板是介于固定板（或凹模）与模座间的淬硬板状零件，用以减低模座承受的单位压缩应力。

### 5.2.4　冲压岗位职责

（1）对门的结构有清楚的认识，能分清待加工件的结构差异，能分清上、下斩缺缺口的不同，能准确确定框、扇冲孔位置，熟悉各类材料，并根据板材薄厚、工艺要求选择合适的冲床和对应的模具。

（2）能熟练识别各部门的相关文件，能熟练填写各类统计表单。

（3）能正确识图，能正确使用钢质门及其工装设备的称谓。为方便员工操作，为了提高冲压加工的尺寸精准度，各道工序有专用靠山，不同的尺寸可以通过不同靠山的调节来完成。

（4）具备换线切换能力，可在标准作业时间内完成的动作，可按照节拍生产。

（5）有关工作符合目视化管理和定点放置的规定，包括常规意义的款式和颜色识别要点。

（6）冲压是相对危险的工种，有关员工应随时保持警醒状态。

（7）了解本单位产品线分类情况，了解产品结构、生产流程，术语等。

（8）掌握工装夹具的调节方法，了解数控定位装置，了解上料台、气压、各类滑块的调节方法，了解量块的组合，保证尺寸准确等。

（9）了解有关设备、模具、工装的使用、维护和管理的规定。

（10）生产作业步骤应符合有关规定，接收生产任务单后，按规定接收有关原辅材料和前道工序提供的半成品，按照协调配套的原则，组织门面/门框的冲压加工。

（11）按信息传递规定，给加工完毕后的工件粘贴标志，并按规定的物流路线，将工件交付到预定地点，不乱堆乱放。

（12）对作业现场能按5S标准进行整理，按要求对废料、边角料进行清理，并将其送到指定地点。

（13）了解质量控制要求、常见公差要求，能正确识别订单，按需求对工件的前后进行精准定位。

（14）能正确使用常见检测工具，如钢卷尺、角尺、厚薄规等。

（15）能正确识别该工序可能产生的不良缺陷。

### 5.2.5 冲床使用注意事项

**1. 工作前**

（1）检查各部分的润滑情况，并使各润滑点得到充分的润滑；

（2）检查模具安装是否正确可靠；

（3）检查压缩空气压力是否在规定的范围内；

（4）检查各开关按钮是否灵敏可靠，务必要使飞轮和离合器脱开后，才能开启电机；

（5）使压力机进行几次空行程，检查制动器，离合器及操纵部分的工作情况；

（6）检查主电机有无异常发热、异常震动、异常声音等；

（7）用手动油泵对滑块加入锂基酯油；

（8）检查调整送料器滚轮间隙至工艺要求；

（9）检查并保持油雾器油量达到规定要求；

（10）电机开动时，应检查飞轮旋转方向是否与回转标志相同。

**2. 工作中**

（1）应定时用手动润滑油泵向润滑点压送润滑油；

（2）压力机性能未熟悉时，不得擅自调整压力机；

（3）绝对禁止同时冲裁两层板料；

（4）发现工作不正常应立即停止工作，并及时检查。

**3. 工作后**

（1）使飞轮和离合器脱开，切断电源，放出剩余空气；

（2）将压力机擦拭干净，工作台面涂防锈油；

（3）每次运行或维护之后做好记录。

## 5.2.6　冲压工安全操作要求

由于冲床有速度快、压力大的特点，因此采用冲床作冲裁、成型必须遵守以下安全操作规程：

（1）设备的各种防护装置必须齐全。暴露于压机之外的传动部件，必须安装防护罩。禁止缺少防护装置，禁止在卸下防护罩的情况下开车或试车。

（2）开车前应检查主要紧固螺钉有无松动，模具有无裂纹，操纵机构、自动停止装置、离合器、制动器是否正常，润滑系统有无堵塞或缺油，并清除工作场地妨碍操作的物件。工作前应做空车试验。

（3）安装模具前必须核定冲裁力，严禁超负荷运作。安装（拆卸）模具时应首先确认是否切断电源，严禁带电作业。更换模具时应先将滑块调到下死点，闭合高度必须正确。调整闭合高度时采用手动或点动的方法，逐步进行，在确认调好之前，禁止连车。尽量避免偏心载荷。模具必须紧固牢靠，并经过试压检查。

（4）工作中注意力要集中，严禁将手和工具等物件伸进危险区内，严禁边谈话边工作。小件一定要用专门工具（镊子或送料机构）进行操作。模具卡住坯料时，只准用工具去解脱。

（5）发现冲床运转异常或有异常声响，（如连击声、爆裂声）应该立即停止送料，检查原因。如系转动部件松动、操纵装置失灵、模具松动及缺损，应停车修理。

（6）每冲完一个工件时，手或脚必须离开按钮或踏板，以防止误操作。

（7）两人以上操作时，应定人开车，注意协调配合好。下班前应将模具落靠，断开电源，并进行必要的清扫。

## 5.2.7　钢质门冲压作业

### 5.2.7.1　任务

根据工作任务单加工。工作任务单如图5－7所示。

**1. 门框**

钢质门门框分上框、下框、铰链框、锁框，应根据各部件的需求，冲压加工各种不同类型的工艺孔，如图 5－8～图 5－10 所示。

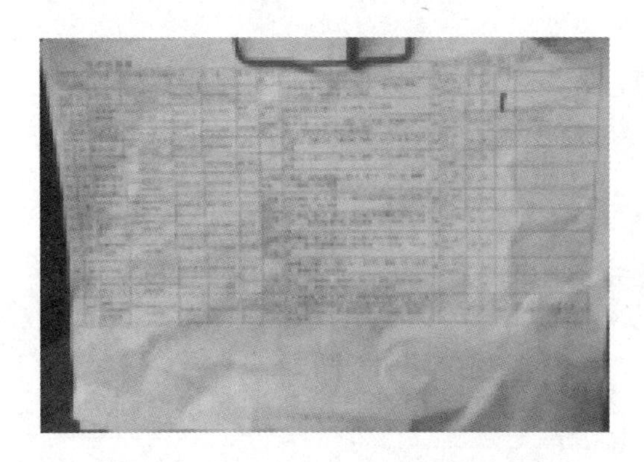

图 5－7 工作任务单

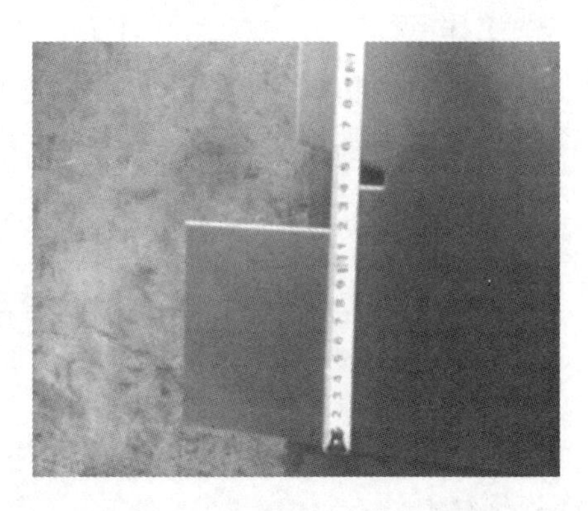

图 5－8 门框铰链档斩缺例图

图 5－9 冲门框铰链孔例图

图 5－10 冲门框安装孔例图

**2. 门扇**

钢质门门扇分前板、后板、上衬档、下衬档，根据各部件的结构和组装需求，冲压加工各种缺口和工艺孔，如图 5－11～图 5－14 所示。

图 5－11 门扇铰链边斩缺例图

图 5－12 门扇下角斩缺例图

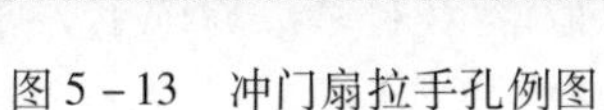

图 5－13　冲门扇拉手孔例图

图 5－14　冲门扇猫眼孔例图

### 5.2.7.2　准备

根据工作需要准备工具、量具等，如图 5－15 所示。

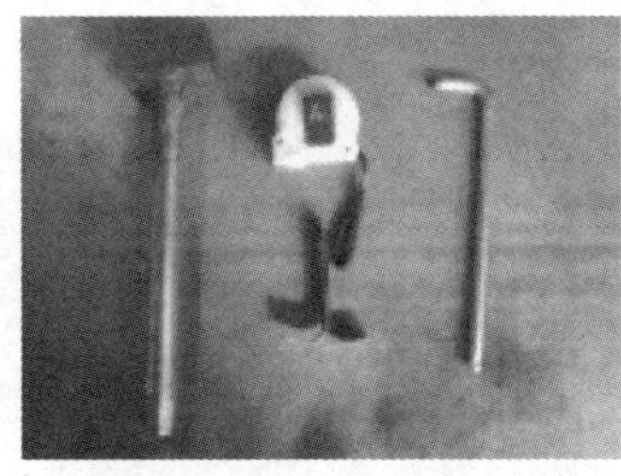

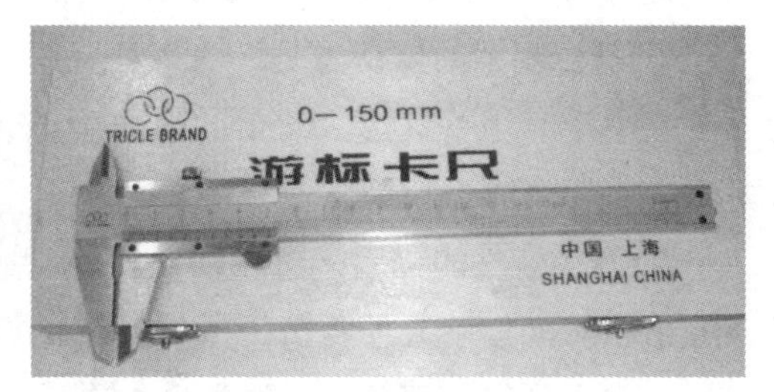


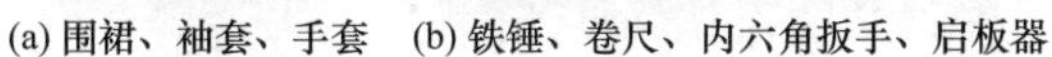

(a) 围裙、袖套、手套　(b) 铁锤、卷尺、内六角扳手、启板器　(c) 游标卡尺

图 5－15　冲压岗位需要的工具、量具等

### 5.2.7.3　操作步骤

第一步：操作人员得先佩戴好工作必需品，围裙、袖套、手套穿戴完全，这些物品可以避免工作人员在工作时不必要的划伤或是减少一些伤害。

第二步：操作工需要识别设备工作台，对照生产任务单上的需求找到对应的工作台。

第三步：找到对应工作台后用卷尺量取靠山尺寸，确认是否与任务单要求的冲缺尺寸一致，量取尺寸确认后用内六角扳手拧紧靠山上的固定螺丝，避免尺寸跑偏使板料报废，因为靠山为非高精度设备工具，所以调节尺寸时不能一次移动到精度要求位置，需要通过铁锤施加不同的力度来达到。

第四步：前面的准备工作完成后，将需要斩缺的门扇整板放入工作台，利用之前调整好的靠山为基准，把铁板两个基准尺寸与靠山的两个基准尺寸对好，确认对照完成后，踩下压力机踏板直至斩缺完成，在未确保尺寸精确的情况下不能急于转至下一道工序，应该用卡尺再次量取确认斩缺完成后的缺口尺寸。

## 5.2.8 冲床的维护与保养

冲压机的精度：冲压机的加工精度跟滑块与导轨之间的间隙和作业时冲压机的机身变形、滑块下平面与工作台面的平行度、滑块与滑块连接杆之间的间隙、滑块连接杆与曲轴之间的间隙，以及飞轮的中心震动有关。根据以上的要点，在冲压机的日/次点检和年度点检中都应有所反映，另外与这些点检项目相关的内容在日常点检中也应体现。

### 5.2.8.1 冲压机的校正

**1. 滑块与导轨之间的间隙调整**

滑块与导轨之间的间隙，过松影响冲床精度，过紧会产生发热的现象。一般小型机每一面为0.02~0.05mm，大型机每一面在0.03~0.20mm。

**2. 综合间隙的修正方法**

在生产时用手触摸运动中的滑块本体，当滑块运行到下死点，滑块有震动感，间隙过大，需要及时进行调整。

**3. 滑块连杆的锁紧装置松动**

由于长期使用或过负荷，滑块连杆的锁紧装置可能会发生松动，滑块连杆安装是否牢固，关系到安全问题，应经常检查连杆锁母的锁紧度，并及时进行调整。

**4. 制动、离合器的保养**

冲压机的制动、离合器是保证冲压机安全运转的重要部件。有关人员必须了解它的基本构造，每天作业前应对该部位进行检查，确保它的安全性能。该部位发生异常情况，如滑块不能停止在指定位置、运行时有异常声音、异常震动、滑块动作迟缓等等，及时报告维修，不得带病使用。维修人员应注意制动、离合器的摩擦片间隙，通常摩擦片间隙应在1.5~3.0mm之间。间隙过大的表现是：压缩空气用量增大，冲压机滑块出现爬行状态，严重时会出现一次操作滑块连续动作的情况。这是绝对不允许发生的。间隙过小的表现是：制动、离合器的摩擦片会发出摩擦声，有发热、电动机电流上升等现象。间隙过小有可能造成回程弹簧的损坏。另外，制动、离合器结合部位有油浸出，也是发生重大安全事故的诱因。

**5. 脱离现象的处理**

脱离现象一般发生在下死点，上、下模具闭合时，导致滑块不能正常运行。处理脱离时，可以提高压缩空气的压力，令电动机逆转运行，将操作选择钮拨到“寸动”状态，分次将滑块拉起至上死点。

**6. 螺栓类松动的修正**

螺栓类松动的修正包括机床本身的螺栓及附属设施的螺栓。冲床系统的所有螺栓都必须定期确认，尤其是一些高速频繁作业的冲压机更应该注意。因为，这些机床的震动

比较大，螺栓容易松动。螺栓发生松动，如果不及时修正的话，会造成一些意想不到的安全事故。

**7. 给油装置的点检**

机械的运转部分在供油不及时时常会发生烧伤、咬伤，对给油部分的点检必须确实实行。点检内容包括：油杯、油槽、油管、过滤器、油封等等的跑、冒、滴、漏、堵，出现以上现象必须及时处理。

**8. 压缩空气的检查**

压缩空气管线发生漏气，系统压力会发生下降，会影响机床动作力度和精度，有可能引起严重事故，必须及时修理。压缩空气的含水量也应重点控制的内容。压缩空气含水量过高，是引起机床电磁阀、汽缸等装置发生动作迟缓和锈蚀的重大诱因。应合理布置储气罐，并定期排水，必要时可加装空气过滤干燥脱水装置。

**9. 定期对冲压机的精度进行点检**

冲压机的精度会对模具的使用寿命、制品的加工精度产生直接的影响。在一般情况下，冲压机的机床精度会伴随设备使用时间的延长不断下降，必须定期进行精度点检。发现设备精度过低应及时进行修理、恢复精度，确保产品质量。对于机床的点检、维护、修正，每次都应该以2S开始2S结束，即在点检、维护前对机床的各个部位进行清扫、擦拭，尤其是一些脏污严重的地方，而且必须边擦拭边观察是否存在异常，并逐一记录。点检、维护后要及时对机台周围进行清理并清点工具，避免工具、抹布等物遗留在机床内部，给机床的运行和安全带来不必要的危险。

### 5.2.8.2 常见故障与对策

**1. 曲轴轴承发热**

轴套刮得不好，润滑不良，都有可能引起曲轴轴承发热，应重点检查曲轴轴承的润滑情况，应根据需要改善润滑情况，必要时应重新刮研铜瓦。

**2. 从轴承里流出的油里有铜屑**

缺乏润滑油，润滑油不清洁，都有可能出现从轴承里流出的油里有铜屑的现象，应根据需要改善润滑情况，必要时应拆开轴承进行清洗。

**3. 导轨烧灼**

导轨间隙过小、润滑不良、接触不良，都有可能引起导轨烧灼问题，应注意改善导轨润滑，根据实际情况调整轨道间隙，决定是否重新研刮导轨。

**4. 离合器不结合或结合后脱不开**

回转键弹簧失去弹性、键配合过紧，都有可能出现离合器不结合或结合后脱不开的现象，应根据实际情况更换弹簧或研刮键（调整键的结合间隙）。

**5. 离合器脱开时滑块未停止在上死点位置**

制动带拉力不够、制动带过度磨损、制动轮上有油打滑，都有可能出现滑块不停在上死点的问题，应根据实际情况调整制动弹簧张力、更换制动器、用煤油清洗制动带及轮轴。

**6. 退料板不工作**

退料板不工作通常是因为打料碰头位置不对，可调整碰头位置，用手转动飞轮试退。

**7. 连杆螺丝发生转动或冲击**

致使连杆螺丝发生转动或冲击的主要原因是锁紧装置松动，如有松动，旋转锁紧装置。

**8. 连杆螺丝球头在滑块球垫内冲击**

球头与球垫压盖接触不良、压盖螺丝松动都有可能造成连杆螺丝球头在滑块球垫内冲击，可通过刮研球头、球垫，拧紧压盖螺丝进行修理。

**9. 操作电钮不工作**

电源断路、热断电器断电都有可能造成按电钮后设备不启动、不工作的情况，可重点检查电路系统，消除故障。

## 5.3 液压符号

常用液压符号，表示能量传递的符号见表 5－6，表示能量转换的符号见表 5－7，表示液压马达的符号见表 5－8，表示单作用液压缸的符号见表 5－9，表示双作用液压缸的符号见表 5－10，表示换向阀的符号见表 5－11，表示手动方式的符号见表 5－12，表示机控方式的符号见表 5－13，表示压力控制阀的符号见表 5－14，表示单向阀的符号见表 5－15，表示流量阀的符号见表 5－16，表示测量元件的符号见表 5－17。

**表示能量传递的符号** **表 5－6**

| 名称 | 符号 | 名称 | 符号 |
|---|---|---|---|
| 液压源 | ▶── | 泄油管路 | ── ── ── ── ── |
| 进油管路、回油管路、工作管路 | ──────── | 管路连接 | |
| 控制管路 | —— —— —— | 管路交叉 | |
| 回油管路 | —— —— —— | 滤油器 | |
| 油箱 | | 加热器 | |
| 冷却器 | | | |

注 1：为清晰表示回路图，应尽可能地绘制线而避免交叉。

2：在加热器和冷却器的符号中，箭头方向与热量流动方向一致。

**表示能量转换的符号** **表5-7**

| 名称 | 符号 | 名称 | 符号 |
|---|---|---|---|
| 电动机 | 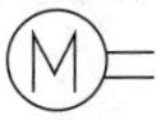 | 原动机 |  |
| 液压泵 | 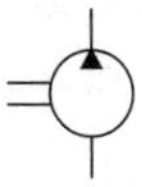 | 双向液压泵 | 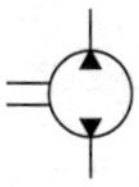 |

注 1：液压泵由带驱动轴符号的圆表示，其中三角符号表示工作油液的流动方向。因工作介质为有压液体，所以，三角符号为实心。
2：在气动技术中，工作介质为气体，三角符号为空心。

**表示液压马达的符号** **表5-8**

| 名称 | 符号 | 名称 | 符号 |
|---|---|---|---|
| 单向旋转<br>定排量液压马达 | 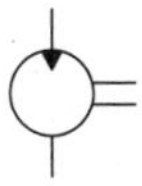 | 单向旋转<br>变排量液压马达 |  |
| 双向旋转<br>定排量液压马达 | 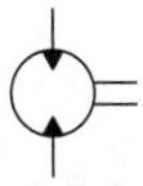 | 双向旋转<br>变排量液压马达 | 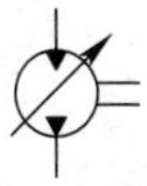 |

注：液压马达与液压泵的符号不同，其区别在于表示工作油液流动方向的箭头相反。

**表示单作用液压缸的符号** **表5-9**

| 名称 | 符号 | 项目内容 | 符号 |
|---|---|---|---|
| 单作用液压缸，<br>外力复位 |  | 单作用套筒式<br>液压缸 | 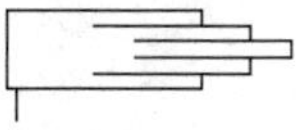 |
| 单作用液压缸<br>弹簧复位 | 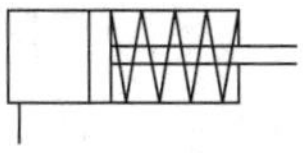 | | |

注：单作用液压缸仅具有一个油口，工作油液只能进入无杆腔。对于单作用液压缸，其回缩或由外力（图示无前端盖符号）或由复位弹簧来实现。

**表示双作用液压缸的符号** **表5-10**

| 名称 | 符号 | 项目内容 | 符号 |
|---|---|---|---|
| 单端活塞杆<br>双作用液压缸 | 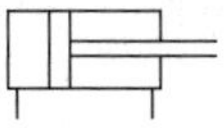 | 套筒式<br>双作用液压缸 | 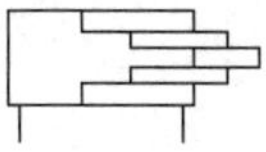 |
| 双端活塞杆<br>双作用液压缸 | 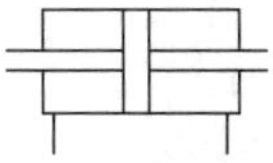 | 双端可调缓冲<br>双作用液压缸 | 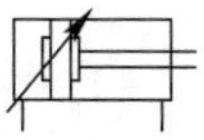 |
| 动差<br>双作用液压缸 | 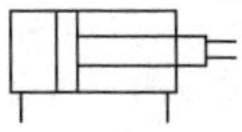 | | |

注：双作用液压缸具有两个油口，工作油液既可进入无杆腔，也可进入有杆腔。差动缸与双作用液压缸的符号不同，其区别在于差动缸活塞杆末端带两条直线。差动缸面积比通常为2:1，对于双端活塞杆的液压缸，其面积比为1:1（同步液压缸）。

**表示换向阀的符号** **表5-11**

| 换向阀结构 | 静止位置 | 符号 |
| --- | --- | --- |
| 2/2 | 常闭式P，A | 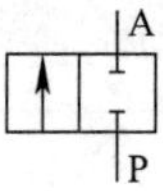 A P |
| 2/2 | 常开式P—A | 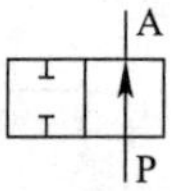 A P |
| 3/2 | 常闭式P，A—T | 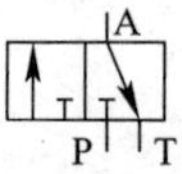 A P T |
| 3/2 | 常开式P—A，T | 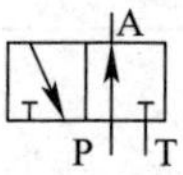 A P T |
| 4/2 | 常开式P—B，A—T |  A B P T |
| 5/2 | 常开式A—R，P—B，T | 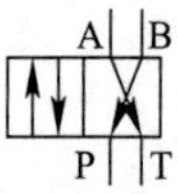 A B P T |
| 4/3 | O型（P，A，B，T） | 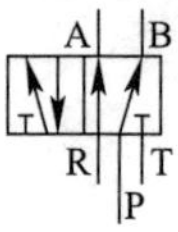 A B R T P |
| 4/3 | M型（P—T，A，B） | 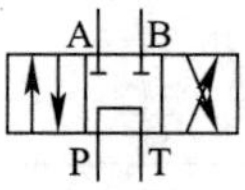 A B P T |
| 4/3 | H型（P—A—B—T） | 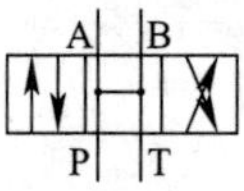 A B P T |
| 4/3 | Y型（P，A—B—T） | 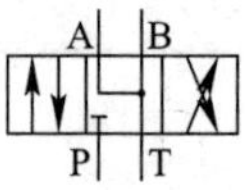 A B P T |
| 4/3 | P型（P—A—B，T） | 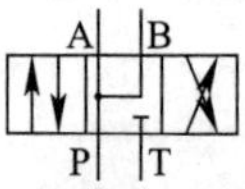 A B P T |

注：换向阀符号由油口数和工作位置数表示，通常，换向阀至少含有两个油口和工作位置。在换向阀符号中，方框数为换向阀的工作位置数，方框内箭头表示工作油液流动方向，而直线则表示在不同工作位置上各油口的接通情况。换向阀符号一般对应于其静止位置。

第5个图示为二位四通和二位五通换向阀的符号。

为标识油口，通常采用下列两种方法，即一种为采用字母P、T、R、A、B和L，而另一种则采用连续字母A、B、C和D等。在相关标准中，通常首选第一种方法。

图示为三位四通换向阀的符号，其具有不同中位机能。

**表示手动方式的符号**　　表 5 - 12

| 名称 | 符号 | 名称 | 符号 |
|---|---|---|---|
| 一般符号，弹簧复位，带泄油口 | 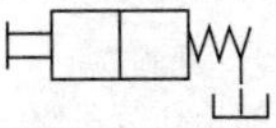  | 手柄式，带定位装置 | 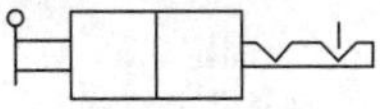  |
| 按钮式，弹簧复位 | 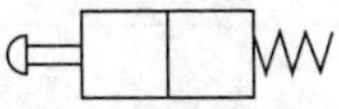  | 踏板式，弹簧复位 | 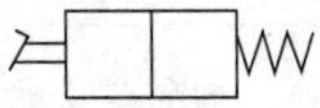  |

注：换向阀工作位置切换。可通过各种驱动方式来实现。在换向阀符号中，应采用相应符号表示驱动方式，如按钮和踏板符号。弹簧通常用于换向阀复位，不过，换向阀复位也可通过再次驱动来实现，如在带手柄操作和锁定装置的换向阀中。

**表示机控方式的符号**　　表 5 - 13

| 名称 | 符号 | 名称 | 符号 |
|---|---|---|---|
| 推杆式 | 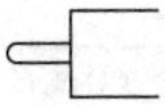  | 滚轮式 | 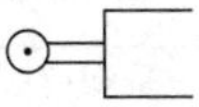  |
| 弹簧控制式 |   |  |  |

注：图示为推杆式、按钮式的滚轮式驱动方式的符号。

**表示压力控制阀的符号**　　表 5 - 14

| 名称 | 符号 | 名称 | 符号 |
|---|---|---|---|
| 溢流阀 | 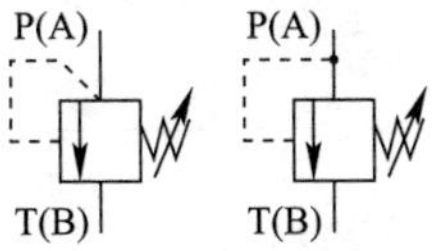 P(A) T(B)　P(A) T(B) | 溢流减压阀 | 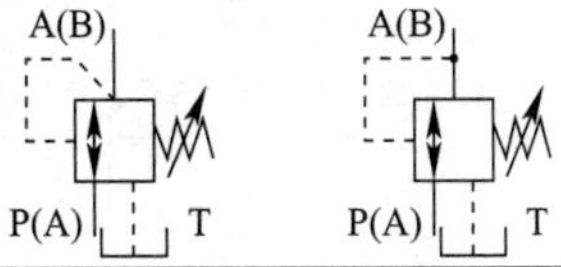 A(B) P(A) T　A(B) P(A) T |
| 减压阀 | 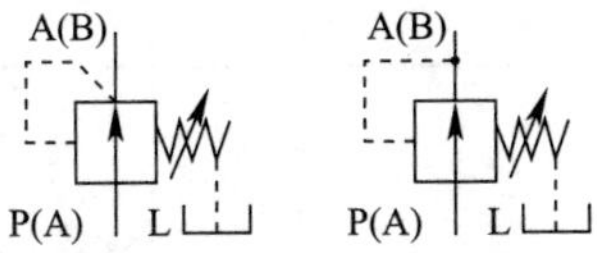 A(B) P(A) L　A(B) P(A) L |  |  |

注：压力控制阀可用方框表示，方框中箭头表示工作油液流动方向。油口采用 P（进油口）和 T（回油口）或 A 和 B 表示，方框中箭头位置说明阀口是常开还是常闭的，倾斜箭头表示压力控制阀在其压力范围内可调。压力控制阀分为溢流阀和减压阀等。

**表示单向阀的符号**　　表 5 - 15

| 名称 | 符号 | 名称 | 符号 |
|---|---|---|---|
| 单向阀 | 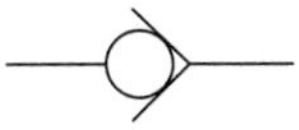  | 液控单向阀 | 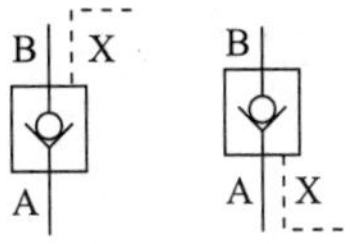 B X A　B A X |
| 单向阀，带弹簧 | 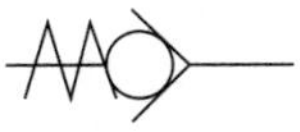  | 双液控单向阀 | 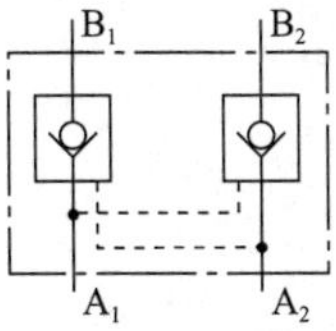 $B_1$ $B_2$ $A_1$ $A_2$ |

注：单向阀符号用压在阀座上的小球表示。液控单向阀符号则是在单向阀符号外加方框，其控制管路为虚线，控制油口用字母 X 标识。

表示流量阀的符号　　表 5－16

| 名称 | 符号 | 名称 | 符号 |
|---|---|---|---|
| 固定式<br>细长孔节流阀 | 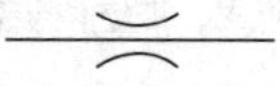 | 可调式<br>细长孔节流阀 | 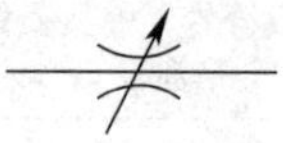 |
| 固定式<br>薄壁小孔节流阀 | 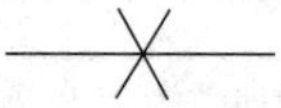 | 可调式<br>薄壁小孔节流阀 |  |
| 固定式，细长孔节流流量阀 | 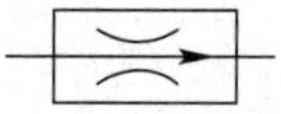 | 可调式，细长孔节流流量阀 | 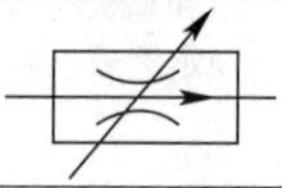 |
| 固定式，薄壁小孔<br>节流流量阀 | 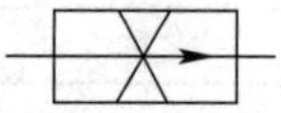 | 可调式，薄壁小孔<br>节流流量阀 | 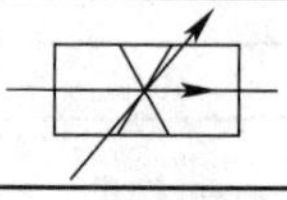 |

注：流量阀根据其是否受油液黏度影响而有所区别，不受油液黏度影响的流量阀称为节流阀。流量阀包括节流阀、可调节流阀和调速阀。流量阀采用矩形框表示，矩形框内含有节流阀符号以及表示压力补偿的箭头。倾斜箭头表示其流量可调。

表示测量元件的符号　　表 5－17

| 名称 | 符号 | 名称 | 符号 |
|---|---|---|---|
| 压力表 |  | 流量计 | 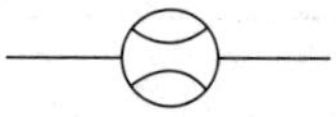 |
| 温度计 | 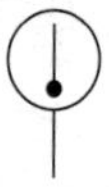 | 液面指示计 |  |

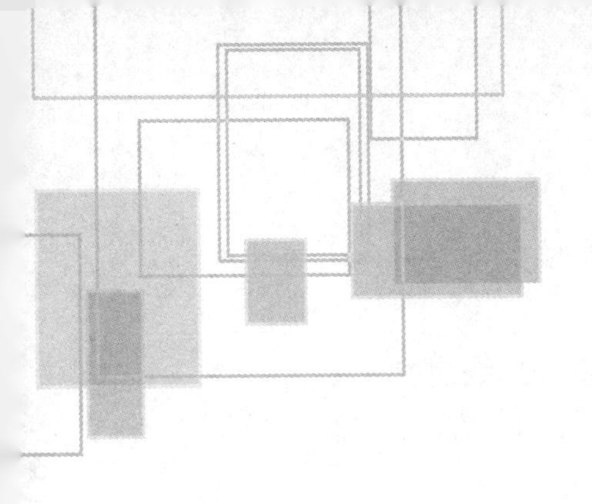

# 第6章 型材的冷弯成型

## 6.1 冷弯成型概述

冷弯成型（cold roll forming）是指在室温下，用多对具有特定轮廓的轧辊，使金属板带在沿纵向直线运动的同时不断地进行横向弯曲，直到加工成用户所需要的、具有特定断面形状的型材，而不改变其厚度的一种钣金深加工工艺（图6-1）。冷弯成型有时也称作冷弯成型或辊压成型。

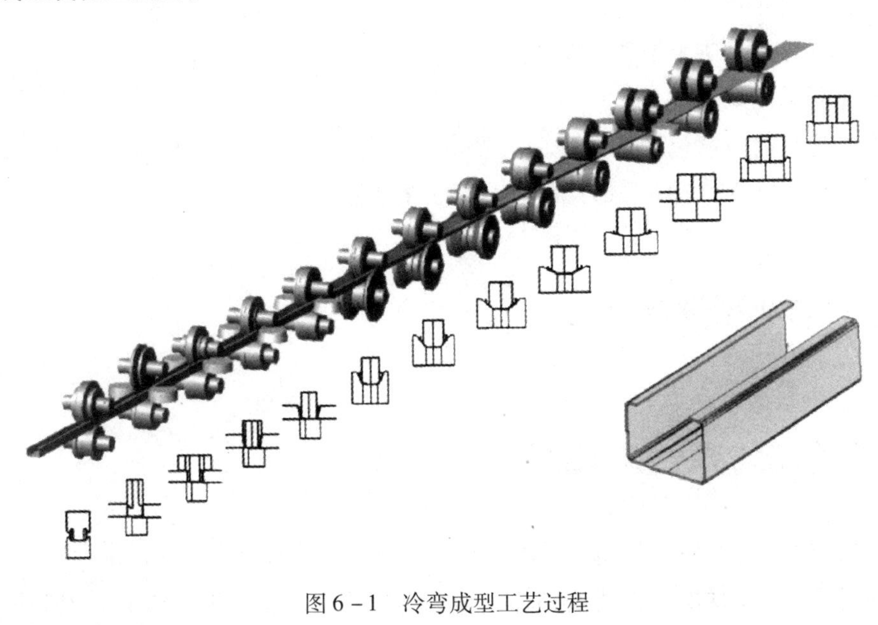

图6-1 冷弯成型工艺过程

冷弯成型是一种高效、节能、节材、环保的金属成型工艺。与其他板金成型的工艺相比，冷弯成型具有以下优点：

（1）生产效率高，生产速度最高可达200m/min，适合于大批量生产；

（2）加工产品的长度基本不受限制，尤其适合建筑、高铁、客车、门框等型材的生产；

（3）产品的表面质量好；

（4）同一台成型机可以成型不同形状的产品；

（5）同一套轧辊能够成型不同厚度的产品；

（6）在冷弯成型生产线上可以集成其他的加工工艺，如冲孔、焊接、压花等；

（7）材料利用率高，与冲压工艺相比通常能够节约材料15%~20%；

（8）生产噪声低。

不足：断面形状不容易改变；角度90°不好保证。

用冷弯成型工艺加工出来的型材称为冷弯型钢。冷弯型钢作为一种高效、经济、环保型建筑材料，具有截面形状合理、力学性能良好、钢材利用率高等特点。用冷弯型钢制作的钢结构建筑属于绿色环保型建筑，具有自重轻、抗震抗风性好、基础造价低、施工速度快、结构形式灵活、外表美观、工业化程度高和资源可再生利用等优点。

冷弯型钢在建筑行业的应用主要体现在以下方面：

（1）轻钢结构建筑中的梁、柱和檩条；

（2）屋面板、墙面板和楼承板；

（3）隔墙龙骨和吊顶龙骨；

（4）钢门窗和室内隔断；

（5）装饰材料；

（6）屋檐排水槽和落水管；

（7）建筑模板、脚手架和钢板桩；

（8）输电铁塔。

其中，建筑钢门窗包括钢质户门、卷帘门、车库门、彩色涂层钢板门窗、塑钢窗、防火钢窗和热断桥节能钢窗等都大量采用了冷弯型钢。

## 6.2 冷弯成型设备

### 6.2.1 冷弯成型生产线的组成

冷弯成型生产线的组成与加工工艺是分不开的。产品的类型不同，生产工艺不同时，生产线的组成是不一样的，主要差别在于辅机的配置上。冷弯生产线上的主机是指冷弯成型机、模具及控制系统等，辅机主要有上料小车、开卷机、储料装置（如螺旋活套）、平头机、矫平机、剪切对焊机、焊接及冷却装置、抛光机、矫直机、切断机、输出辊道、自动打包机等。

下面介绍几种常见的冷弯成型生产线。

**1. 最基本的冷弯成型生产线**

最基本的冷弯成型生产线是由开卷、矫平、成型、矫直、定尺切断、电控系统等几个部分组成（图6－2），这样的生产线可用于连续成型的开口型材和部分闭口型材（如咬口的彩色钢板门窗型材）的生产。对于带钢表面有涂镀层的产品（如彩钢板、镀锌钢板等），生产线上还需要配有润滑系统。

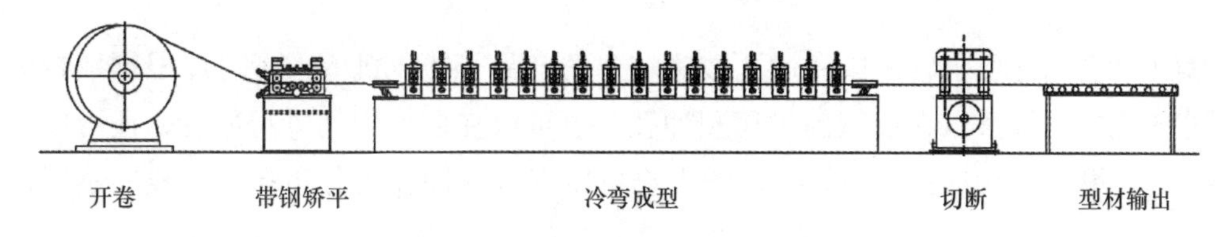


图6－2　基本的冷弯成型生产线

对于宽幅门板这样的产品，宽度有很多种规格，考虑到成型后切断不方便，通常是采用非连续成型的方式，即先将带钢定尺切断，然后再将逐张钢板送入成型机进行成型。因此，宽幅门板成型机是没有开卷、矫平、切断等辅机的，这类设备成本低，生产效率也低，工人的劳动强度大。图6－3是一种宽幅门板成型机。

双边

单边

图6－3　宽幅门板成型机

**2. 在线冲孔冷弯成型生产线**

与切断以后再进行冲孔相比，在线冲孔的生产线具有生产效率高，自动化程度高，人力成本低等优点，因而，越来越受到人们的青睐。在线冲孔冷弯成型生产线主要有2种：带储料装置的和不带储料装置的。图6－4是不带储料装置的预冲孔冷弯成型生产线，采用“停—走—停”方式进行冲孔，这种生产线也被称为张紧的生产线；图6－5是带有储料装置的预冲孔冷弯成型生产线（也被称为松弛的生产线），装置上设有感应器来检测储料情况，在冷弯成型机不停机的情况下实现冲孔。

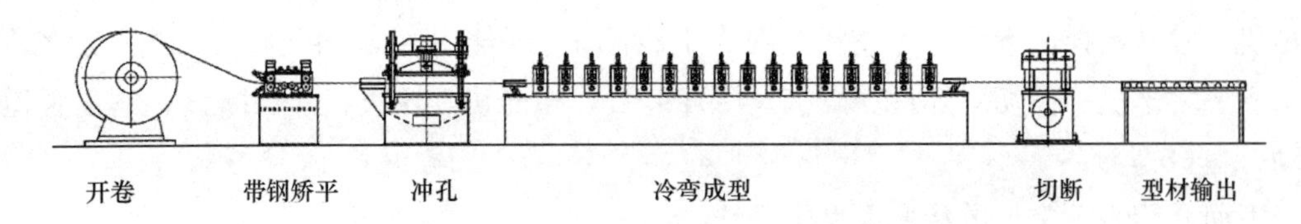


图 6－4　不带储料装置的预冲孔冷弯成型生产线

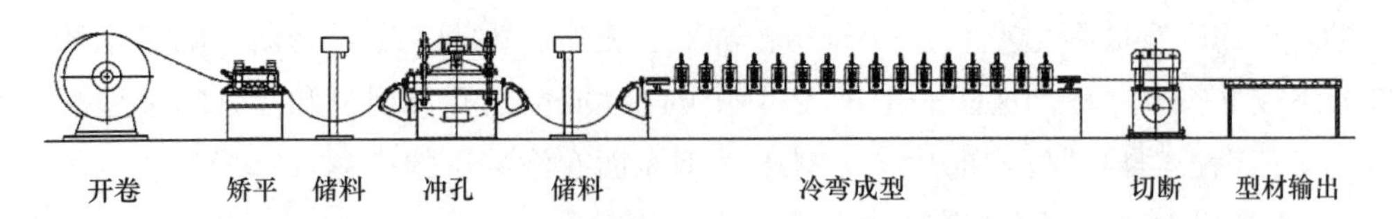


图 6－5　带储料装置的预冲孔冷弯成型生产线

对于冲孔精度要求较高或者冲孔数量较多的产品，冲压机的位置可以根据成型工艺的要求来确定，即可以在成型前进行预冲孔，也可以在成型中间进行冲孔，还可以在成型结束、切断前进行冲孔，一条生产线上也可以有多台冲孔机分布在生产线的不同位置进行冲孔。

**3. 高频焊接冷弯成型生产线**

与最基本的冷弯成型生产线相比，高频焊接生产线多了高频发生器、焊接导向装置、焊接挤压装置、刮疤装置、冷却水槽及定径整形机架等（图 6－6）。由于高频焊接的速度快，生产效率高，因而在生产线上往往还会配备自动上料机、剪切对焊机、储料装置（螺旋活套或地坑式活套等）、自动打包机等。高频焊接冷弯成型生产线适合于生产批量比较大的冷弯型钢产品。

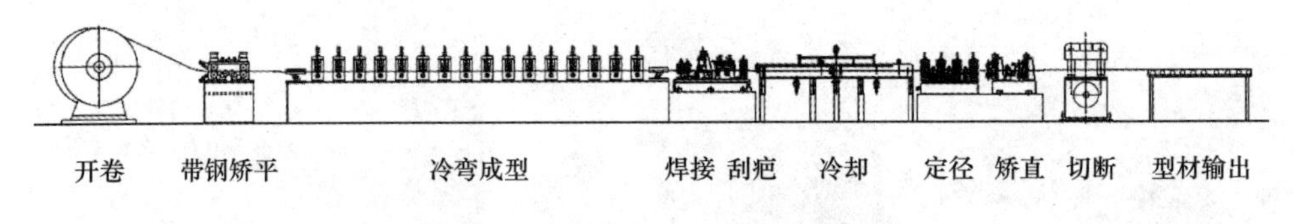


图 6－6　高频焊接冷弯成型生产线

如果是采用氩弧焊或激光焊，在普通的冷弯成型生产线上加氩弧焊机（或激光焊机）和挤压装置就可以。氩弧焊和激光焊的焊接速度比较慢，通常在 1～3m/min，因此适合于生产批量不大的冷弯型钢产品。

大多数冷弯型钢的加工，除了成型以外，还需要一些辅助的加工工序，如冲孔、切口、弯圆、焊接等等。如果这些工序分别单独进行，那么型材会进行多次加工；也许还要一次又一次地送入存储库，然后取出，又安装到设备上进行下一道工序，然后再次移走，最后才打包存放。采用这种方式，不仅浪费了大量时间，而且还需要额外的存放空间，同时，大量的材料处理、装载和卸载，不仅增加了劳动强度，还大大增加了物流成本。因此，在生产批量很大的情况下，采用多种工艺集成的冷弯成型生产线，能够把所有的辅助加工工序结合在一起，从而大大提高生产效率，减低生产成本。

## 6.2.2　冷弯成型机的类型

冷弯成型机是冷弯成型生产线的核心（即主机）。成型机提供动力，并且给所有的成型模具提供支撑。整条冷弯成型生产线根据成型机的轴肩来定位。冷弯成型机的类型很多，大致可分为标准（传统）式、悬臂式、双端式、通轴双端式、成组快换式、双层式、并列式、车载式等等。

**1. 标准（传统）成型机**

标准成型机，也称为传统成型机，是最常用的冷弯成型机（图6－7）。这种成型机大多数是两端支撑的牌坊结构，下轴有固定的，也有可以上下调整的。

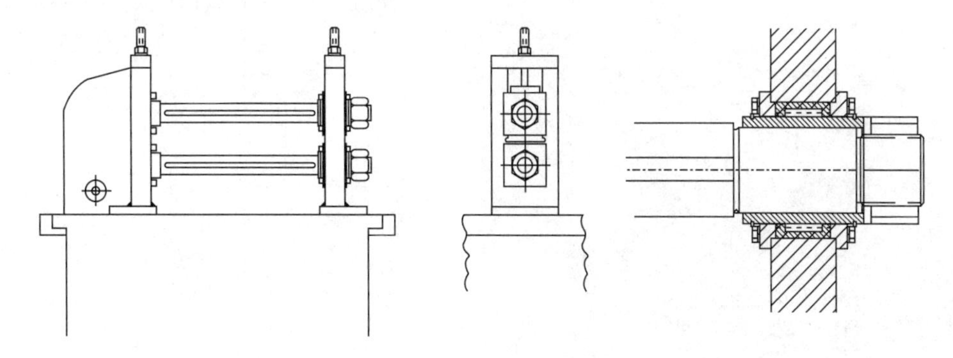

图6－7　标准（传统）成型机

大多数情况下，驱动侧（我们经常称为内侧）机架是轴的定位侧，传动装置和定位基准都位于这一侧。驱动侧的牌坊通常是固定不动的。操作者侧（也就是外侧）的机架支撑轴的另一端，是可以移动的，以方便更换轧辊。两侧的机架都是固定在同一个基础（即床身）上。

驱动侧机架固定在一个位置上，大多数成型机操作者侧机架也固定在一个位置上。但是也有一些成型机，操作侧机架可以沿着轴在不同的位置固定，实现装辊宽度的变化，以成型宽而薄或窄而厚的材料（图6－8）。

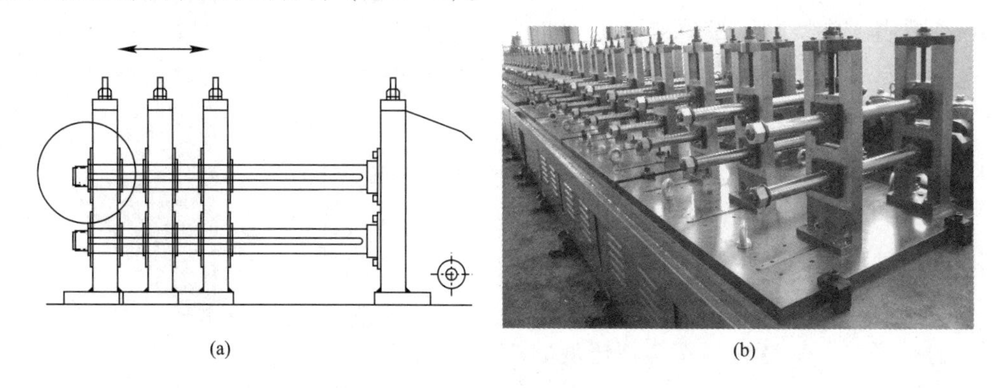

(a)　(b)

图6－8　装辊宽度可变的传统成型机

**2. 悬臂式成型机**

悬臂式成型机的轴承支撑位于轧辊的一侧，因而有时又称为外伸成型机或轴端成型机（图 6－9）。

悬臂式成型机通常采用两个圆锥滚子轴承作为支撑，也有设计采用两个深沟球轴承作为支撑（图 6－10）。

图 6－9　悬臂式成型机

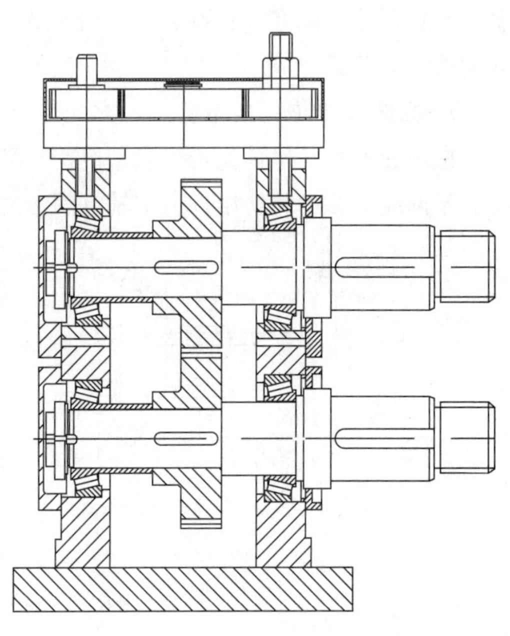

图 6－10　悬臂式成型机的剖视图

悬臂式成型具有机结构简单，成本低，模具安装调试方便等优点，常常用于成型简单、薄壁、较窄的断面，或宽幅板的边缘局部成型，在门板型材的生产中经常使用。

利用成型机的两侧，悬臂轴的另一端可以用来成型另一种截面，这种成型机我们称之为两头悬臂式成型机（图 6－11）。

图 6－11　两头悬臂式成型机

悬臂成型机的缺点是：

（1）单一的调节螺杆使得调整需要的轧辊间隙比较困难；

（2）双调节螺杆使得在保持上下轴平行的同时，对轴上下移动调节非常困难；

（3）悬臂轴的挠度大。在相同载荷下，悬臂轴的挠度差不多是两端支持轴挠度的 4 倍，如图 6－12，$\gamma l_a = \gamma l_b$。

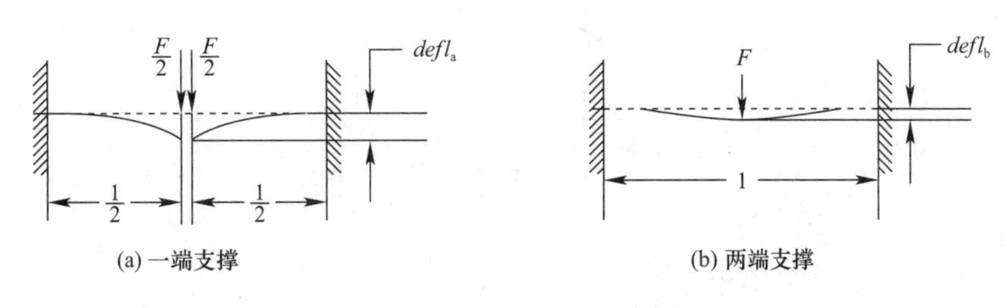


图 6-12 悬臂轴的挠度是两端支撑轴挠度的 4 倍

### 3. 双端式成型机

两个悬臂成型机对面安装，称之为双端式成型机。双端式成型机有共同的基础和驱动部分（图 6-13）。双端式成型机一般用于成型宽度变化的产品，如门板、冰箱门、天花板等，最大料宽取决于相对的轧辊能移开的最大距离。

双端式成型机可以一端固定，一端调节，或者两端均可调节。一端的调节通常通过放置所有的道次在一个平板上来进行，该板可以在导轨上移进移出，从而改变两个悬臂成型机的间距（图 6-13）。宽度调节可以采用人工或电动方式，最复杂的生产线通过程序控制器或计算机控制宽度调节。

单端机架可调的双端式成型机，产品的中心线随着宽度改变而改变。

两端机架可调的双端式成型机，产品的中心线保持不变。这样的布置适用于如下情况：如果在中心线或其周围有预冲孔；剪切模必须保持对称；由于其他原因中心线不变比较有利（图 6-14）。

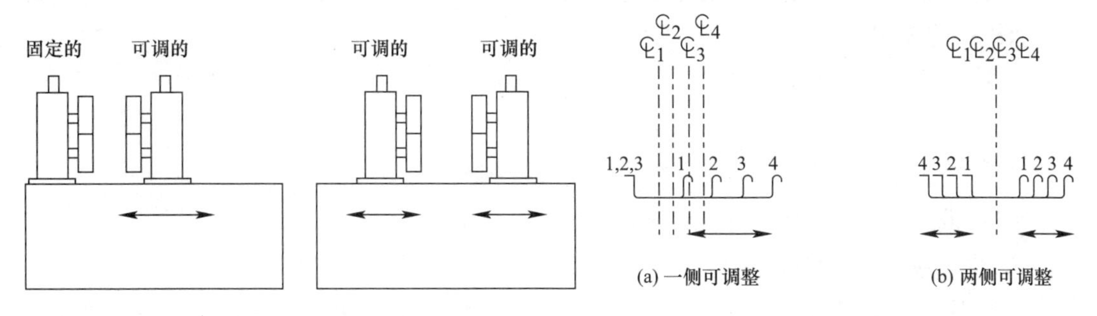


图 6-13 一侧或两侧机架可调整的双端式成型机

图 6-14 用一侧或两侧机架可调整的成型机生产不同宽度的断面

### 4. 通轴双端式成型机

通轴成型机是双端式成型机和传统成型机的结合（图 6-15）。通轴双端式成型机的主要特点是：

（1）轴的变形挠度小于悬臂成型机。

（2）轧辊安装在轴套上，轴套固定到每一侧的机架上。

（3）所有的操作侧轧辊被安装在一个共同的板上，随着板的移入移出即可改变机架横向间距。有的成型机允许两侧机架移动，这样的调整量更大。

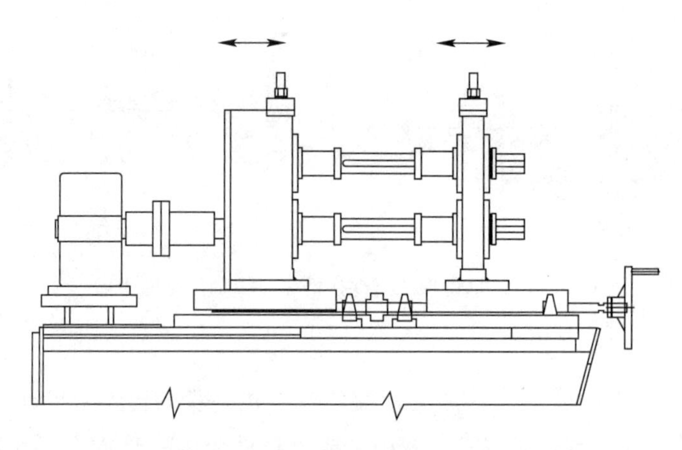

图 6－15　通轴双端式成型机

（4）轴套固定轧辊，轴套通过键在轴上滑动。

（5）可以在两个边成型轧辊中间的通轴上安装轧辊。这些中间部位的轧辊能起到支撑或成型的作用。

通轴双端式成型机的优点是：

（1）相对于具有相同轴径的双端式成型机来说，轴挠度的减少允许成型更厚或强度更高的材料。

（2）传送辊能支撑产品中心的上部或下部。

（3）能够完成产品腹板中间部位的成型。

（4）通轴双端式成型机没有限制板带边部成型的宽度，而双端式成型机被限制于成型相对窄的板带边。

通轴双端式成型机的缺点：

（1）比双端式成型机更贵；

（2）因为轧辊安装在轴套上，要求轧辊直径稍大；

（3）重新定位中间部位的轧辊比较麻烦。

**5. 成组快换式成型机**

成组快换式成型机是将一组成型机架（通常是 4～8 架或更多）安装在同一个快换底板上，一条生产线上有多个快换底板，在更换产品规格时，只需要将快换底板连同机架和模具一同换下，更换上另外一组快换机架和模具，从而大幅减少更换模具所需要的时间（图 6－16）。

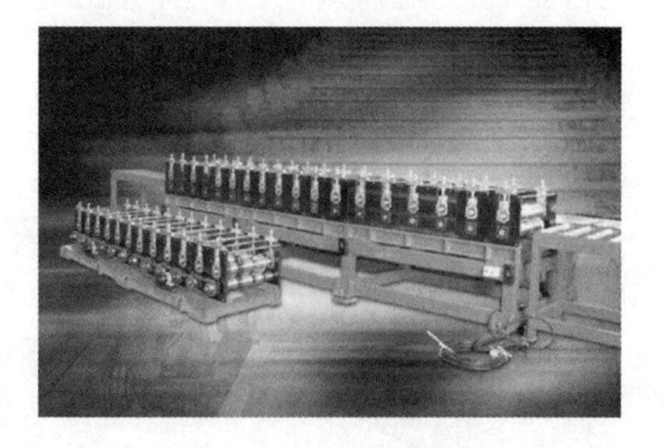

图 6－16　成组快换式成型机

为了实现机架和模具的快速更换，必须有迅速连接和断开传动机构的功能。为了进一步减少更换时间，仅用固定在床身上的传动链对下轴进行驱动。全部或部分上轴用位

于成型机轴驱动侧末端的齿轮驱动。图 6－17 是德国三星公司的快换机构。

**6. 双层式成型机**

为了满足在有限的场地面积上成型两个断面的需要，能迅速地变换产品，开发了双层成型机（图 6－18）。双层成型机在高低两层机架之间变换，生产一种产品的轧辊安装在低层机架上，生产另一种产品的轧辊安装在高层机架上。

两层机架共用一个开卷机和一个切断机。为了适应产品在两层出料，切断模也有两层高度。切断模后方的最终产品的处理装备要能上下调节，以适应两种产品的出口高度。

双层成型机节省空间，更换两种产品的时间短。然而，由于相对拥挤，难于安装辅辊机架，难以调节并检查成型状况。

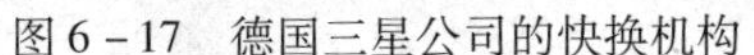

图 6－17 德国三星公司的快换机构

图 6－18 双层式成型机

**7. 并列式成型机**

两套成型机共用一套传动系统，可以省去了更换模具的时间，这样的成型机称为并列式成型机（图 6－19）。对于较窄的断面，可以简单地将两套轧辊安装在一个公共轴上，称为并列轧辊（图 6－20）。

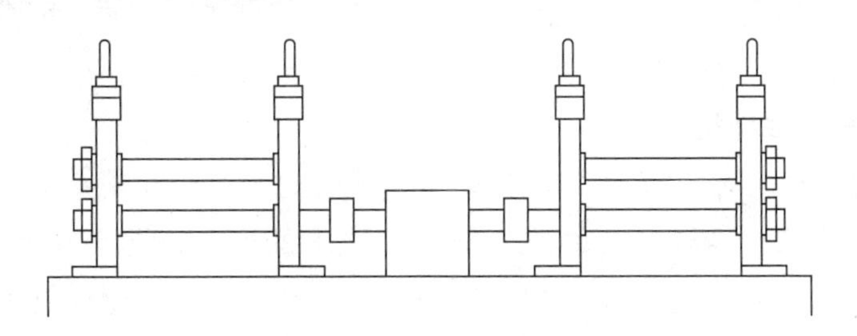

图 6－19 并列成型机

**8. 车载式成型机**

对于一些建筑上的构件，长度达十几米甚至几十米，从工厂到工地的运输和搬运并不实际，这时需要把冷弯成型生产线搬到工地进行现场加工更为方便，而且多数情况更经济。

车载式成型机常常用拖车进行运输，有的甚至采用履带式运输车。多数专用的拖车装生产线自备柴油发电机，液压驱动或其他驱动，车上配有开卷机和切断机（图6－21）。

图6－20 并列轧辊

图6－21 车载成型机

这种自成一体式机组，也用于欠发达地区或其他缺少基本设施的地方。用一个卡车运装备，另一个卡车运料卷，比运很多车的成品更方便些。

建筑承包商用几种类型的车载机组，在工地制造屋檐槽、墙板、拱腹和类似的产品。这些机组常用插拔式电机驱动。小产品如屋檐槽经常以间歇启动式方式生产，成品用装在成型机末端的手工剪切断。

**9. 混合成型机**

对于一些薄壁圆管，可以采用辊压成型和拉拔成型相结合的混合成型方法。混合成型机包括3～4道次的轧辊模具和3～4道次的拉拔模具、导料装置、焊接装置等（图6－22）。这种成型机具有结构简单、紧凑，占地面积小，成本低等优点。

图6－22 混合成型机

**10. 柔性变截面成型机**

传统的冷弯成型工艺可以生产大批量的等截面的产品。随着市场竞争的加剧，以及节能和环保的要求，需要产品的改变能适应更多的变化，即具有灵活可变的柔性。采用计算机技术的柔性冷弯成型（Flexible Roll Forming）成为冷弯成型新技术的发展方向。

柔性冷弯成型具有如下特点：

（1）通过合理设计型材的几何断面，提高承载能力，减轻结构重量；

（2）采用高强度材料，进一步减轻结构重量；

（3）与冲压和折弯工艺相比大批量的生产成本更低；

（4）与现有辊压技术结合，可生产更复杂的产品。

由于上述原因，近年来国内外在柔性冷弯成型技术方面投入了大量的研发力量。图6－23是意大利STAM公司研发的柔性成型机及其成型出来的变截面汽车大梁。图6－24是德国Darmstadt大学与data M公司联合研制的柔性冷弯成型机。图6－25为北方工业大学研制的双轴变截面冷弯成型机。日本拓殖大学在变截面冷弯成型方面做了大量的研究工作。瑞典Ortic公司与德国Bemo公司联合研制用于变截面建筑覆盖件生产的柔性冷弯成型机组，能够实现纵向有一定曲率的建筑制件的成型。

图6－23　意大利STAM公司的柔性成型机（左）及变截面汽车大梁（右）

图6－24　德国Darmstadt大学与data M公司联合研制的柔性冷弯成型机

图6－25　北方工业大学研制的双轴变截面冷弯成型机

## 6.3　冷弯成型的CAD/CAE/CAT技术

### 6.3.1　冷弯成型的CAD技术

一套轧辊图纸通常包含了数十道成型工序和数百个轧辊零件，早期人们做轧辊设计时采用人工计算和手工绘图，不仅费时费力、单调枯燥，还容易出错，一套设计往往需要几周甚至一两个月的时间，设计效率低下。

从20世纪70年代后期到20世纪80年代初，随着计算机技术的发展，计算机辅助设计（CAD）技术开始应用于轧辊设计，出现了一批计算机辅助设计软件，具有典型代表的有德国 data M 公司的 COPRA、英国 Rollsec Design 公司的 ORTIC、澳大利亚 John Lysaght 公司的 CADROF 等。

CAD 技术的出现，极大地提高了冷弯成型轧辊设计的效率和精确性，轧辊设计周期由原来的数周缩短到几天甚至一天，设计准确性的提高也大大降低了轧辊的调试周期。电子版图纸更加方便人们进行修改、保存和打印，也可以快速地计算轧辊的重量，估算模具的成本。

为了在高起点上实现冷弯成型 CAD 的工程应用，1993 年起北方工业大学机电工程研究所开始与德国 data M 公司合作，将商品化冷弯成型的 COPRA RF 技术引入国内企业。COPRA 经过二十多年的不断发展，目前已成为国际上本行业事实上的 CAD 应用标准，在六七十个国家拥有数百个用户群。我国的绝大多数冷弯企业也都采用了这一软件作为设计工具。

COPRA 软件能够实现复杂形状的各类截面的辊花与轧辊设计。功能包括：冲孔截面设计、截面静力学特性计算、板带宽度计算、成型工艺设计、成型过程的 DTM 仿真及 FEA（有限元）仿真、回弹计算、轧辊尺寸的自动标注、轧辊装配图的自动生成、成品轧辊的重量计算、轧辊毛坯列表等等。图 6－26 为 COPRA RF 的三维 CAD 设计界面，图 6－27 显示的是 COPRA 对冷弯成型过程进行应变分析。

图 6－26　COPRA 三维 CAD 设计

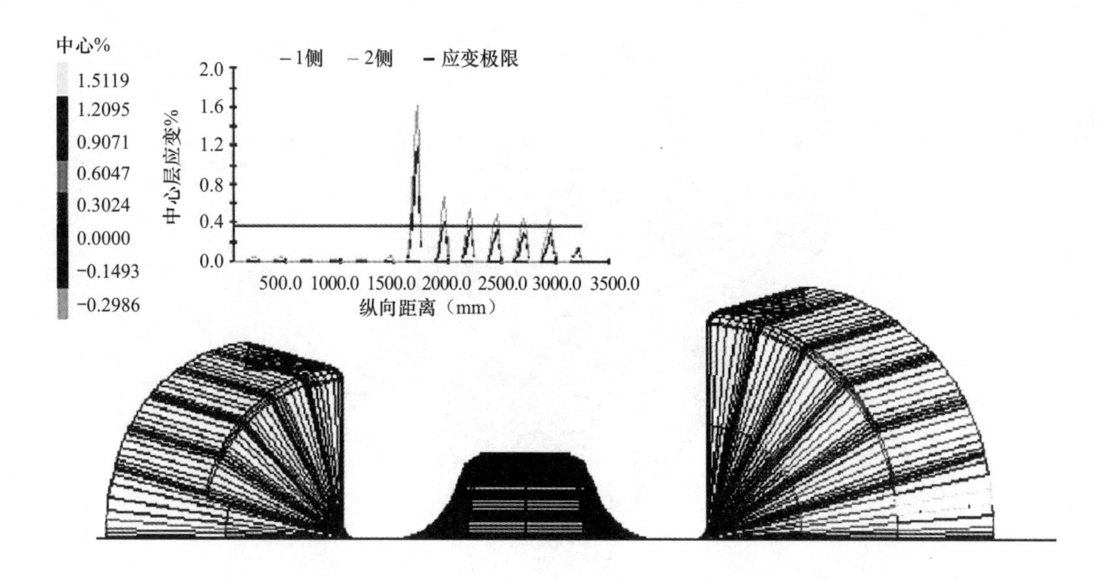


图6－27　冷弯成型过程的应变分析

## 6.3.2　冷弯成型的CAE技术

CAE（计算机辅助工程）是指将计算机技术应用到冷弯成型工程设计中的分析计算与分析仿真，包括工程数值分析、过程优化设计、成型缺陷评估、运动与动力学仿真等等。如今，CAE技术与CAD/CAM/CAPP/CAT技术等已成为冷弯成型新产品开发过程中不可缺少的一环。有限元分析（Finite Element Analysis，即FEA）技术是力学与计算技术结合的产物，随着计算机技术的发展，在工程中得到越来越广泛的使用。

在冷弯成型工程实践中，从板带宽度的计算，到成型工艺的制定、轧辊设计、成型调试、问题的分析等一系列过程，设计人员和调试人员的经验都起着至关重要的作用。而这种经验的获得也往往经历了大量的、反复的“失败——成功”的探索过程。因此，对于大多数设计者来说，在生产调试过程中，往往要对轧辊进行反复修改和装配，不断地试错才能调试出一个合格的产品来，严重时会导致整套模具的报废。这样，不仅要花费大量的人力资源和成本，也要花费大量的宝贵时间，延长产品的开发周期或交货周期。有时，对于一些已经成功地解决了的问题，甚至还说不出原因来。

有限元仿真起到了“虚拟的冷弯成型机”的作用，是研究和了解冷弯成型工艺一种有效的工具。通过进行有限元分析，并且结合冷弯成型的经验，设计者可以在轧辊制造和调试之前就能发现和判断在成型过程中可能出现的问题和产品缺陷（图6－28、图6－29），及时纠正错误并优化设计结果，达到节省时间和费用，获得理想产品的目的。冷弯成型的有限元仿真技术在提高产品质量，节约生产成本，提高企业竞争力等方面发挥着越来越重要的作用。图6－30所示为一个典型FEA仿真并优化设计案例。

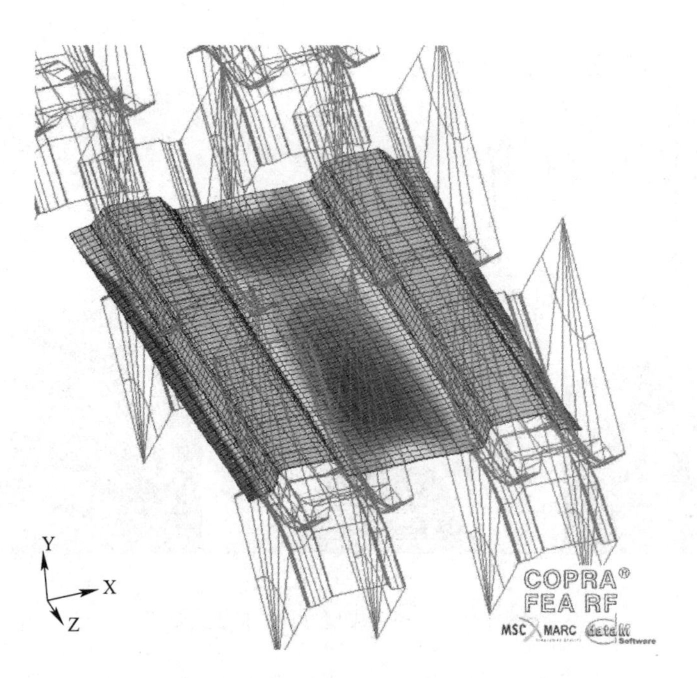


图 6－28　袋形波的 FEA 仿真

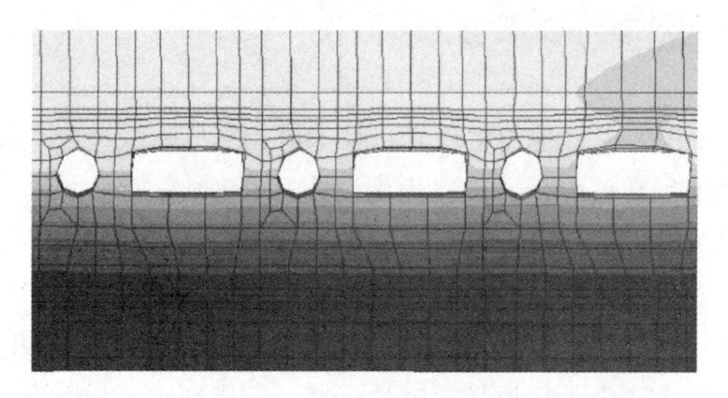

图 6－29　通过 FEA 仿真获得预冲孔畸变情况

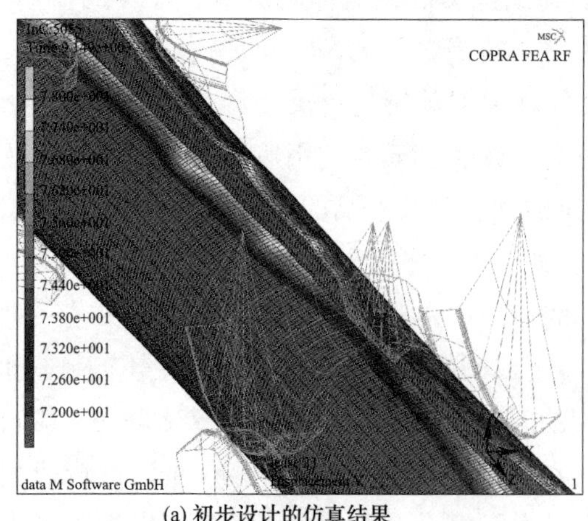


(a) 初步设计的仿真结果

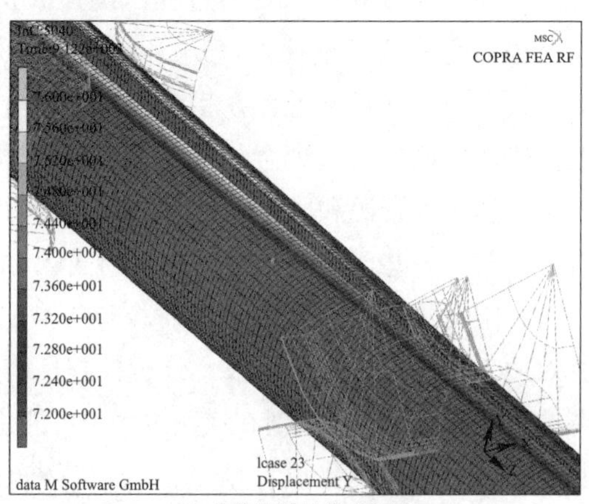


(b) 优化设计的仿真结果

图 6－30　一个 FEA 仿真并优化设计案例

目前，应用于冷弯成型的大型有限元分析软件有 MSC. MARC、ABAQUS、ANSYS/LS DYNA、ADINA、COPRA FEA RF 等。

## 6.3.3 冷弯成型的 CAT 技术

CAT（计算机辅助检测）技术是指将计算机和光学技术应用于产品质量检测。

为了实现冷弯型钢截面尺寸的检测，德国 data M 公司推出了 COPRA 桌上型截面扫描仪（图 6-31）。COPRA 桌上型截面扫描仪通过传感器和旋转台实现型材截面和样件的无接触测量，将全部可见的截型图形化。测量系统具有很高的精度和最大的灵活性。以往的检测需要在测量环上围绕型材布置很多传感器。COPRA 截面扫描仪现在采用单激光传感器原理。

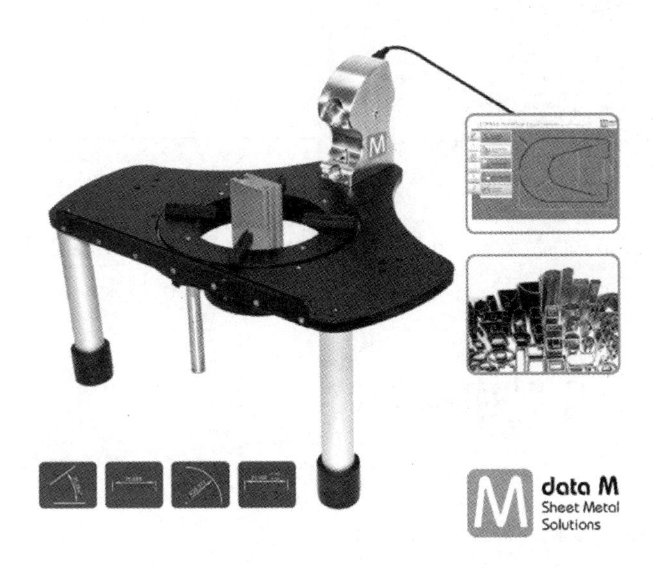


图 6-31　data M 公司的截面轮廓扫描仪

采用 360°的专利测量方法，只需在被测截型上简单地做一个基准标记，旋转台面即可以实现。集成的软件，实现了截型轮廓全方位的扫描图。通过简单的固定，这个方法提供了型材截面扫描的新的应用。例如带槽截面的槽内大面积扫描。这种情况下，只需将型材转到正确的位置，传感器就能从不同视角进入槽内扫描。

COPRA 桌上型截面扫描仪可以扫描开口和闭口截型，材料可以是钢铁、铝或塑料。具有高动态范围（HDR）的摄像头，可以测量不同的表面质量。截型的最大宽度 80～200mm，长度 310～500mm。特殊的尺寸要求可以定做。结构紧凑，运输时可以实现快速拆分与安装。直接与笔记本电脑或台式机连接，无单独电源需求，无分离的控制器，即插即用易于操作。

COPRA 桌上型截面扫描仪可以通过截面的 AutoCAD 图形与扫描的点云数据对照，精确分析出形位误差和轮廓数据，为开发高精度的冷弯产品提供了检测手段。此桌面扫描仪已经在国内高精度焊管企业得到实际应用，并获得良好效果。

传统上我们检测冷弯成型模具（即轧辊）加工精度时采用线切割样板，这样的检测方法只能用于一般精度要求的轧辊，对于高精度的轧辊模具的检测还不能满足要求。data M 公司还开发了用于高精度轧辊轮廓检测的轧辊轮廓扫描仪（图 6 – 32）。

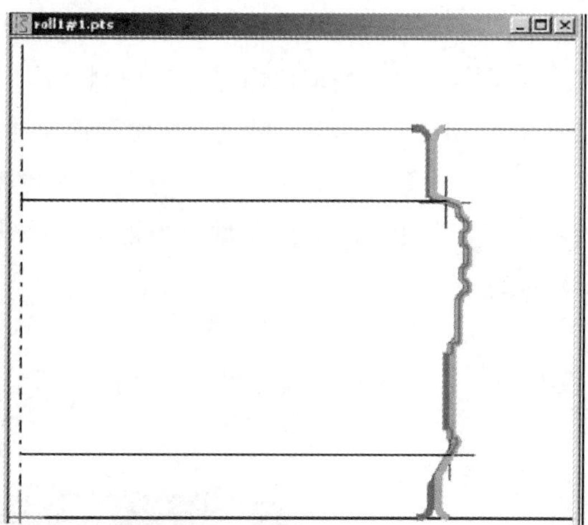


图 6 – 32　data M 公司的轧辊轮廓扫描仪（左）和扫描后的转轮廓（右）

## 6.4 冷弯成型工艺与轧辊设计

### 6.4.1 轧辊设计过程

要想生产一个好的冷弯成型产品，主要取决于 5 个方面因素：轧机精度、轧辊设计、轧辊加工、带钢质量、安装调试。其中，轧辊设计是最关键，也最难把握的一个环节，轧辊设计好了，安装调试环节就非常顺利。因此说，好的冷弯产品是设计出来的而不是调试出来的。

轧辊设计的目标是：以最少的成型步骤、最简单的成型方式生产出符合要求的型材。成型道次太多，会增加模具成本；太少则会产生成型缺陷。平辊安装基准的定位精度高，轴的刚性好，因此要尽可能用平辊来完成成型过程，少用辅助辊和立辊。

图 6 – 33 为冷弯成型轧辊设计的一般过程。

作为轧辊设计者，在进行轧辊设计之前需要获得以下信息：

（1）产品的断面信息（包括截面形状、尺寸公差、产品代号、材质、涂镀层情况等）及详细的技术要求（图 6 – 34）。

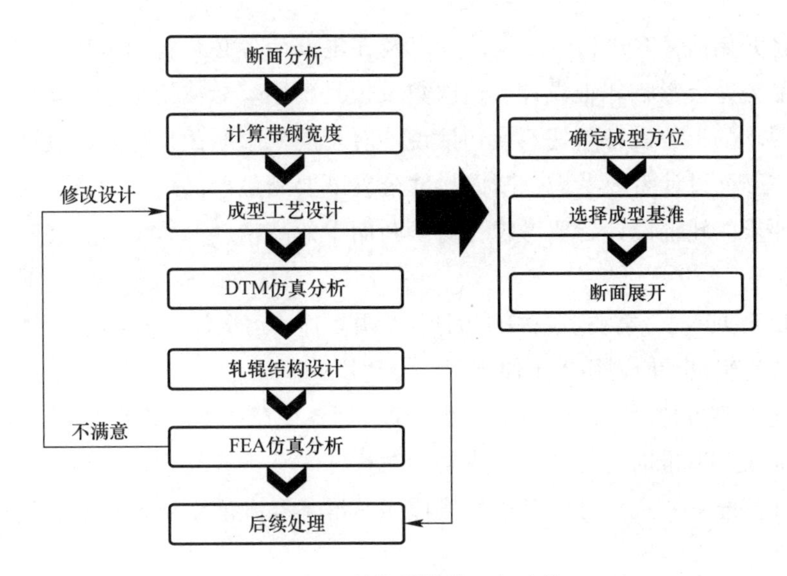


图 6－33　轧辊设计的一般过程

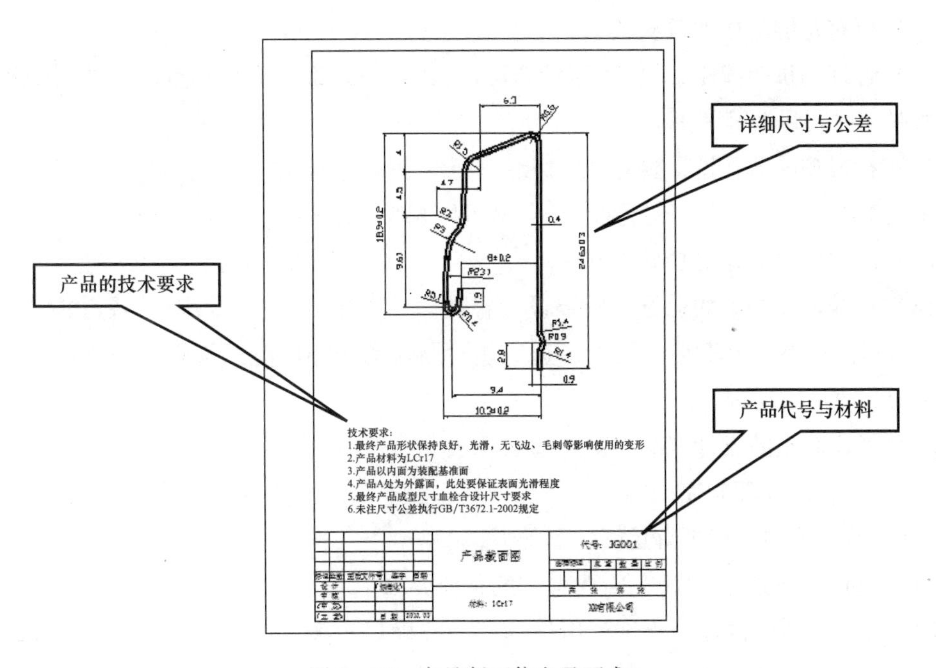


图 6－34　产品断面信息及要求

（2）成型方式，考虑是卷料连续成型还是单张板成型。连续成型时变形可以快一些；非连续成型时，变形不宜太快，且尽量少用辅助辊。

（3）与轧辊安装有关的轧机主要参数。

（4）生产线上是否有其他工序，如冲孔、焊接、铆接、弯圆等，这些可能会影响到成型工艺的制定。

（5）有没有其他特殊要求，在设计时需要一并考虑。

轧辊设计开始前，客户和产品设计者以及轧辊设计者必须对图纸尺寸及公差达成一致理解。产品公差会影响轧辊设计、道次数及模具费用。总体说来，公差越小，要求的道次越多，要求的工装设备越好。换句话说，对于同一个断面，尺寸精度要求越高，成本也就越高。断面设计者要考虑：断面尺寸公差既要满足产品使用要求，又要避免不必要的高精度要求。轧辊设计者要考虑：对于断面中的高精度公差要求，在进行轧辊设计时如何来保证。

在进行断面展开时，需要考虑展开方法、展开顺序、道次数、每一道次的配辊方式等。

一套好的轧辊设计应遵循以下原则：

（1）确定成型方位时，既要便于成型，又要考虑生产线上的其他工序。

（2）确定成型基准时要优先考虑成型的对称性。对于较复杂的截面，如果在不同的成型阶段对称基准不一致，可以考虑变换成型基准。基准的变换过程要自然，驱动直径不能突然改变。

（3）材料按照预想的方式平滑顺畅流动。

（4）要有足够的成型道次数。

（5）合理的机架间距，机架间距不宜过大或过小。确定变形角度时，要考虑道次间距、板厚、材料强度等因素。

（6）在成型的前几道，要对带钢边缘进行约束（封闭），这样既可以防止带钢在成型过程中发生跑偏（尤其是不对称断面），又可以减少金属材料的横向延伸。

（7）配辊时要考虑材料导入方便。

（8）在线速度差大的地方轧辊要设置释放角，或用空转辊，或改用或立辊，以减小轧辊对材料的摩擦。上辊直径较大（远远超过与传动比相匹配的轧辊直径）时，可以去掉其动力，改用被动辊。

（9）考虑轧辊的设计基准与安装基准。

（10）轧辊的合理分片；

（11）确保成型过程中有足够的驱动力；

（12）对于不同类型的产品需要考虑的其他要求。

即使轧辊设计得再好，要生产出好的产品并确保生产线的良好运行，还必须保证轧辊的制造精度，设备的刚性、制造和装配精度，有适合于成型的材料，使用恰当的润滑方式，经过良好培训的操作者能正确地安装调试轧辊。

## 6.4.2 冷弯成型工艺设计要点

### 6.4.2.1 板带宽度的计算

板带宽度的计算是轧辊设计的基础，其计算精度直接影响到最终产品的尺寸精度。

对于闭口的焊接型材，如果板带宽度计算误差太大的话，还必须在试制的过程中不断调整下料宽度和修改轧辊，给调试工作带来很大麻烦。因此，针对不同的圆角半径选择不同的计算方法显得尤为重要。下面介绍冷弯型钢板带宽度的计算方法。

冷弯型钢的整个断面被划分为直线实体和弯曲实体，如图6-35所示，其中，1、3、5、7、9、11、13段（白色部分）为直线实体，第2、4、6、8、10、12段（黑色部分）为弯曲实体。带钢宽度$B$等于全部直线段长度$b_w$与全部弯曲段长度$b_z$之和，即：

$$B = \sum b_{wi} + \sum b_{zi} \tag{6-1}$$

其中，弯曲段长度指各圆弧的中性线长度。

各弯曲段对应的带坯宽度由弯曲角的大小和中性线所对应的弯曲半径$r_m$（称为名义弯曲半径，如图6-36所示）所确定，即：

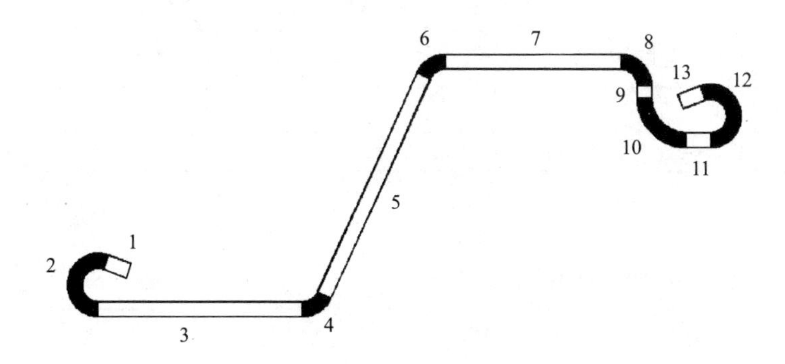

图6-35 产品断面信息及要求

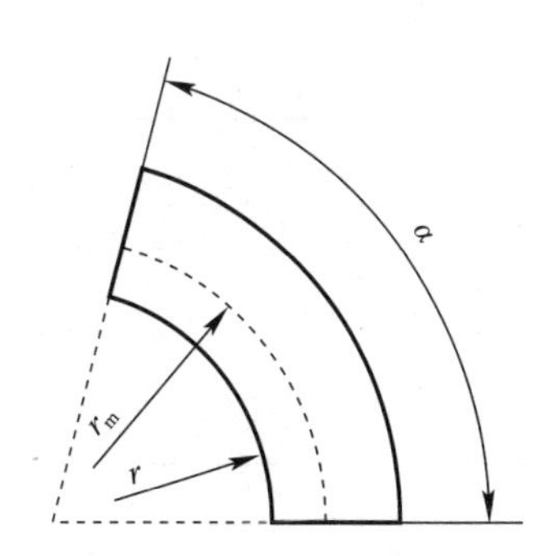

图6-36 弯曲实体

$$b_w = \frac{\pi}{180} r_m \alpha \tag{6-2}$$

式中 $r_m$——名义弯曲半径，mm；

$\alpha$——弯曲角度，°。

名义弯曲半径$r_m$为：

$$r_m = r + kt \tag{6-3}$$

式中 $r$——弯角内半径，mm；

$k$——弯曲系数；

$t$——带钢厚度，mm。

不同的研究者对弯曲因子$k$选取的数值不同。卡尔特普罗菲尔（Kaltprofile）推荐的$k$值见表6-1所列。

**卡尔特普罗菲尔（Kaltprofile）推荐的$k$值** **表6-1**

| $r/t$ | >0.65 | >1.0 | >1.5 | >2.4 | >3.8 |
|---|---|---|---|---|---|
| $k$ | 0.30 | 0.35 | 0.40 | 0.45 | 0.50 |

美国《金属手册（第九版）》推荐的 $k$ 值计算公式为（图 6－37）：

$$K=\begin{cases}r\times 0.04+0.3 & (r/t<1)\\ (r-1.0)\times 0.6+0.34 & (r/t\geqslant 1)\\ 0.45 & (r/t>1,k>0.45)\end{cases} \quad (6-4)$$

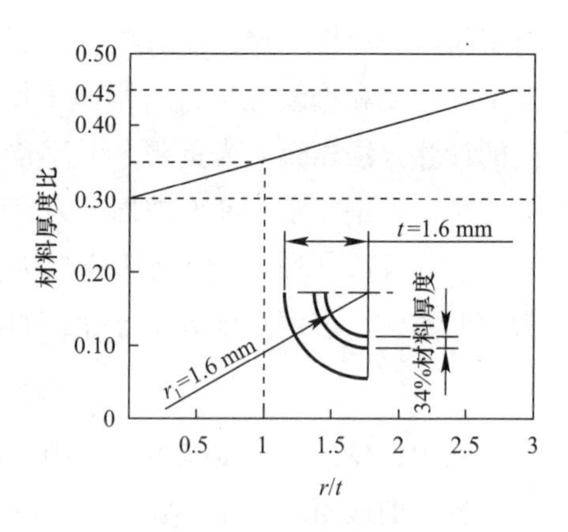


图 6－37 中性线位置与相对弯曲半径 $r/t$ 的关系

美国金属学会推荐按表 6－2 计算 $k$ 值。

按德国 DIN6935 标准，$k$ 值的计算公式为：

$$k=\begin{cases}0.5[0.65+0.5\lg(r/t)] & (r/t\leqslant 5)\\ 0.5 & (\text{当 } r/t>5 \text{ 时})\end{cases} \quad (6-5)$$

**美国金属学会推荐的 $k$ 值** **表 6－2**

| $r/t$ | 0 | 0～2 | >2 |
|---|---|---|---|
| $k$ | 普通带坯 0.33，难变形材料 0.5 | 0.33 | 0.5 |

式（6－5）可以重新整理成表 6－3。

**按德国 DIN6935 标准计算的 $k$ 值** **表 6－3**

| $r/t$ | 0.65～1.0 | 1.0～1.5 | 1.5～2.4 | 2.4～3.8 | >3.8 |
|---|---|---|---|---|---|
| $k$ | 0.30 | 0.35 | 0.40 | 0.45 | 0.50 |

总之，弯曲因子 $k$ 值主要取决于弯角内半径与带钢厚度的比值，而基本上与弯曲角的大小无关。如弯角内半径为零，弯曲角分别为 90°和 180°时，对应的弯曲段长度为 $t/3$ 和 $2t/3$。因此，在实际生产中计算带坯宽度仅考虑 $r/t$ 的影响，材料在弯角处减薄较多或材料的强度很高时需要考虑材料的影响。

#### 6.4.2.2 成型基准的选定

成型基准点是指断面上的一点，在整个成型过程中（或某一段成型中），该点的水平方向位置始终保持不变。前后各道次中基准点连成的一条直线，称为成型基准线（图 6－38）。

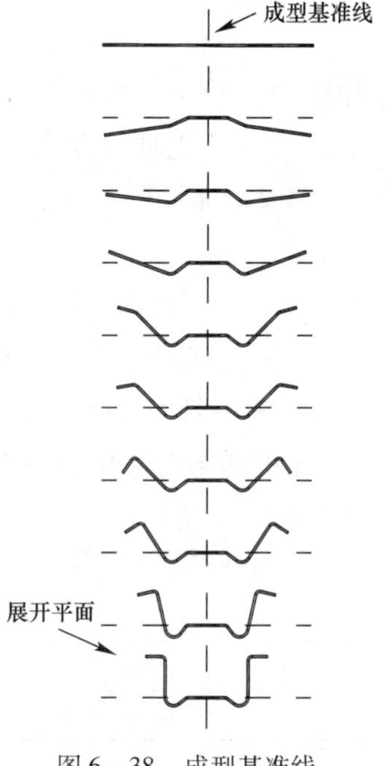


图 6－38 成型基准线

对于不对称断面，为了断面两侧成型更加平衡，以及减少成型道次，在成型过程中可以变换成型基准（图 6－39）。在变换成型基准点时，轧辊直径不能产生突变。

展开平面是指位于驱动直径处的一个假想的水平面（图 6－38）。通常情况下，展开平面的垂直高度在成型过程中保持不变或逐道次微量递增（下山法除外）。这个高度有时也称作“成型线高度”。某些情况下，为了减小上下辊的速度差，成型基准点在垂直方向的位置要进行一些改变。图 6－40 中成型基准点逐架上升（俗称“上山法”），以减少轧辊的线速度差。

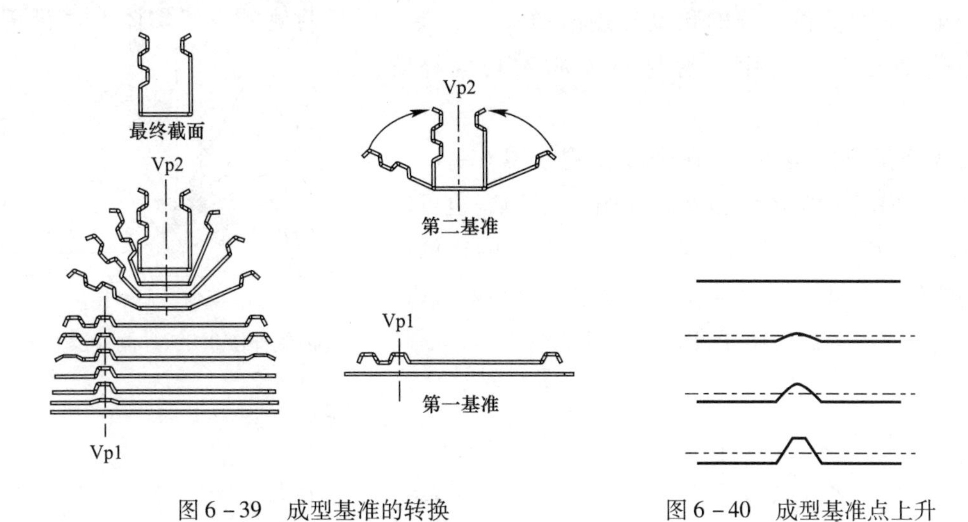


图 6－39　成型基准的转换　　图 6－40　成型基准点上升

选择成型基准应遵循以下原则：

- 平衡原则，确保基准点两侧的圆弧数量和变形量尽可能接近或相等；
- 成型道次最少，以降低设备和模具成本；
- 速差小，过大的线速度差会导致功率内耗，甚至毁坏设备；
- 驱动力，确保有足够的成型动力，也不至于产生堆料现象；
- 对于不对称断面，考虑截面惯性矩，以减轻扭曲缺陷；
- 降低模具成本。

### 6.4.2.3　展开方法的选择

依据国内外现有的文献，冷弯成型展开（弯曲）方法主要有 4 种：定长度法、定半径法、角度/半径法、轨迹法。

**1. 定长度法**

定长度法是指在展开（弯曲）过程中，圆弧的中性层长度保持不变。用这种方法，在弯曲（展开）过程中没有产生长度补偿，即圆弧两侧的直线实体长度不发生改变，内半径会自动根据圆弧的展开角计算（图 6－41）。弯曲半径的计算依据圆弧的中性线。在弯曲过程中，考虑到了圆弧部位的材料延伸，所以理论计算板带宽度（它等于中性线的长度）小于实际最终断面的中心线长度。

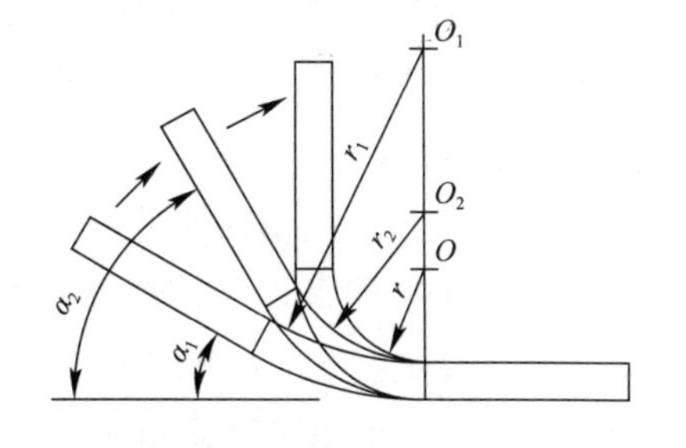


图 6－41　定长度法

可以用定长度法来弯曲直线实体。

**2. 定半径法**

定半径法是指在展开（弯曲）过程中，圆弧的内半径保持不变。这就意味着圆弧内侧、外侧的直线实体的长度要发生改变。在从平板向最终角度弯曲的过程中，随着圆弧角度的增加，圆弧段的长度在逐渐增加，需要从圆弧两侧的直线实体上“借用”材料，这部分被“借用”的材料体叫做长度补偿单元。

长度补偿可以是100%在圆弧外侧（图6－42），可以是各50%在圆弧内侧和外侧（图6－43），也可以是100%在圆弧内侧（图6－44）。长度补偿的比例可以是任意值，只要内外侧补偿比例之和为100%就行。长度补偿单元的长度取决于计算的中性线。

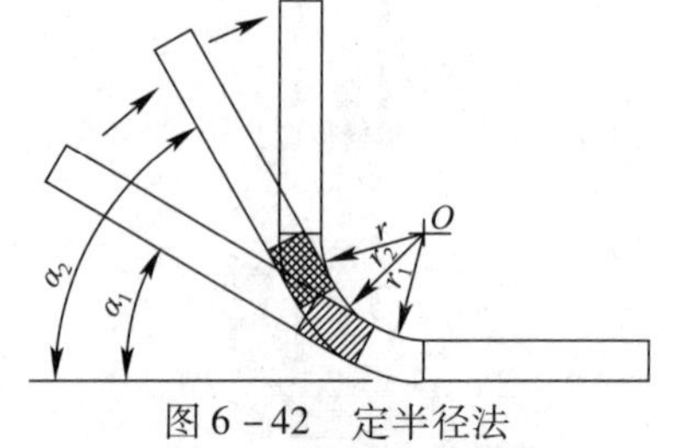

图6－42　定半径法
（内侧补偿0%，外侧补偿100%）

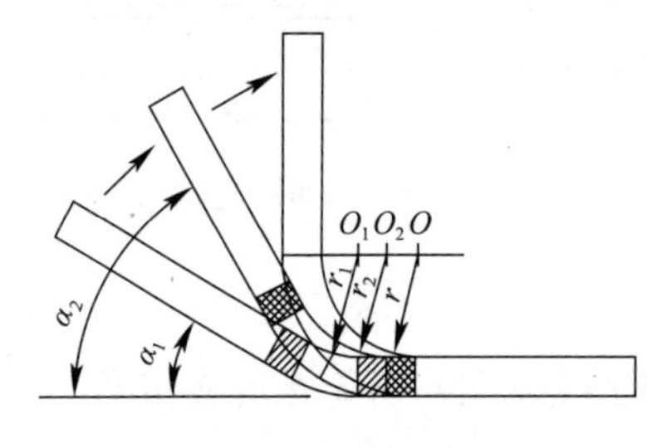

图6－43　定半径法
（内侧补偿50%，外侧补偿50%）

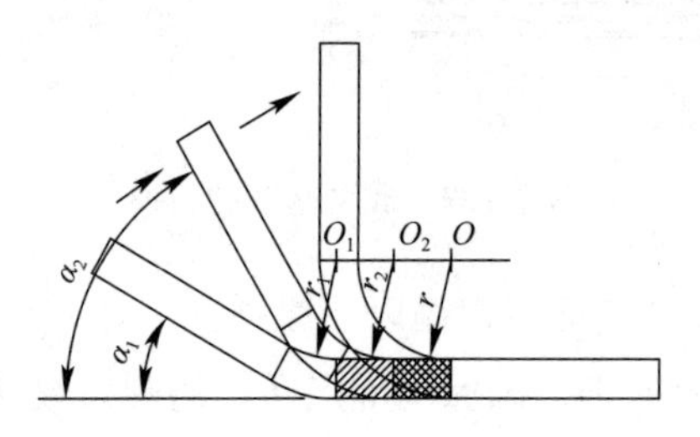

图6－44　定半径法
（内侧补偿100%，外侧补偿0%）

**3. 角度/半径法**

角度/半径法是指在展开（弯曲）过程中，弯曲角和内半径同时发生变化（图6－45）。一个典型的例子是带有180°弯角和0mm内径的弯曲。要成型这样一个轮廓，必须找到正确的预成型的形状，因为它不可能从内半径为0的平板开始成型。在变化内半径以及变化角度时，中性线长度必须重新计算。

长度补偿单元可以取于圆弧内侧或外侧。根据不同的改变，长度补偿单元可以是正的也可以是负的，相邻实体要分别增加或减小。例如，如果角度不变半径增加，它们将会是负的；如果半径减小，它们将是正的。

长度补偿单元的默认分配是50%给圆弧内侧，50%给圆弧外侧，圆弧内侧是接近于断面成型点的直线实体。长度补偿单元也可能置于圆弧的中间。

**4. 轨迹法**

这种方法是定半径法的一个变体。和定半径法一样，在整个成型过程中半径保持不变，唯一的不同是长度补偿单元不是由用户定义，而是由程序计算。这种方法只有弯曲角在1°～90°之间时方可使用。在弯曲不同角度时，使其弯角两侧的直线都能交会于一个固定的点O，此点不随弯角的变化而变化（图6－46）。

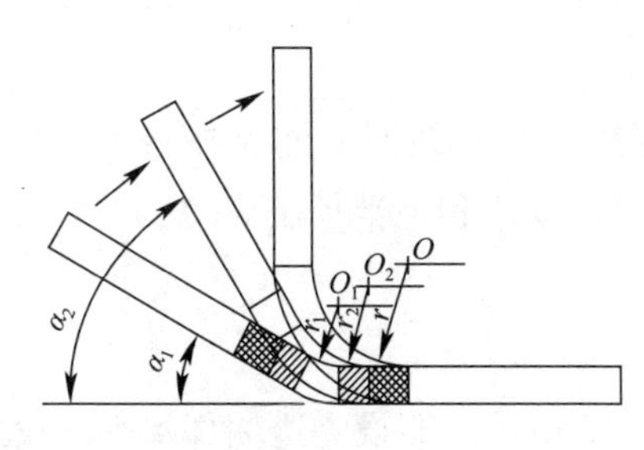


图 6－45　角度/半径法

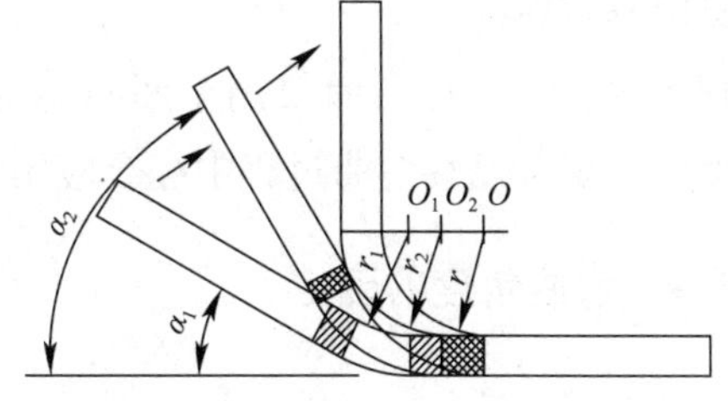


图 6－46　轨迹法

上述各种方法的特征及优缺点见表 6－4。

**各种弯曲方法比较**　　　　**表 6－4**

| 弯曲方法 | | 特征 | | | | | 优点 | 缺点 | 备注 |
|---|---|---|---|---|---|---|---|---|---|
| | | 内半径 | 弯曲中心 | 弯曲角度 | 中性线长度 | 长度补偿 | | | |
| 定半径法 | 内侧 0%<br>外侧 100% | 恒定 | 固定 | 变化 | 变化 | 有 | 回弹小 | 弯曲区域集中在角部，材料易减薄，轧辊易磨损 | 如果一弯曲的相邻实体也要弯曲，则不能用这种方法 |
| | 内侧 50%<br>外侧 50% | 恒定 | 内移 | 变化 | 变化 | 有 | | | |
| | 内侧 100%<br>外侧 0% | 恒定 | 内移 | 变化 | 变化 | 有 | | | |
| 定长度法 | | 变化 | 上移 | 变化 | 恒定 | 无 | 弯曲区域没有集中在角部，材料不易减薄，轧辊不易磨损 | 回弹大 | 可以用这种方法弯曲直线实体 |
| 角度/半径法 | | 变化 | 变化 | 变化 | 变化 | 有 | 较少的应用限制：角度和半径一样可以改变 | 中性线长度必须重新计算，这可能在辊花中带来更多的偏差，其前提需要是计算的板带宽度保持不变 | 长度补偿单元不能取自相连实体是弯曲 |
| 轨迹法 | | 恒定 | 内移 | 变化 | 变化 | 有 | 尺寸精度高 | 难于机械安装 | — |

上述几种方法的理论与实验的对比，北方工业大学机电工程研究所进行过详细的研究，并给出了基本结论，详情可参考论文《辊弯弯曲成型方法的有限元仿真研究》（发表于《焊管》2008 年第 5 期），在此不再赘述。

**5. 展开（弯曲）方法的选用**

除了少数情况外，没有明确的规则说明哪种方法一定要用或一定不能用。例如，盲角成型时，建议用定长度法。盲角成型时，凸模不能到达弯角线内侧。因而，不可能只有一部分线段弯曲到指定的半径。

当几个弯角同时成型时，如侧墙、屋顶或其他许多截面，定长度方法也比较受欢迎。在最初的几个道次，定长度法的大半径允许材料滑进滑出，而定半径方法则用小的最终的半径容易限制材料的流动。

从原理上讲，定半径弯曲仅用于凹凸辊都接触弯角线时，建议在自由弯曲（空弯）时用定长度法。也可以在弯曲过程中综合应用定长度法和定半径法成型。

#### 6.4.2.4 弯曲角度的确定

冷弯成型弯曲角度分配式的推导，如图6-47所示，假设立边端部水平面投影轨迹用三次曲线表示时，板材弯曲角度分配是最佳的。

图示槽形断面成型，假设全成型道次数 $N$，立边最终弯曲角度 $\theta_o$，立边长度 $H$，第 $i$ 道次立边弯曲角度为 $\theta_i$，三次曲线的表达式与边界条件为式6-6~式6-8，并且各机架间距为等间距。

$$y = Ax^3 + Bx^2 + Cx + D \qquad (6-6)$$

在 $x=0$ 及 $x=N$ 处，$dy/dx=0$　　(6-7)

在 $x=0$ 处 $y=H$，在 $x=N$ 处 $y=H\cos\theta_o$；在 $x=i$ 处 $y_i=H\cos\theta_i$　　(6-8)

由此可得第 $i$ 道次辊式成型弯曲角度 $\theta_i$ 为：

$$\cos\theta_i = 1 + (1-\cos\theta_o)\left\{2\left(\frac{i}{N}\right)^3 - 3\left(\frac{i}{N}\right)^2\right\} \qquad (6-9)$$

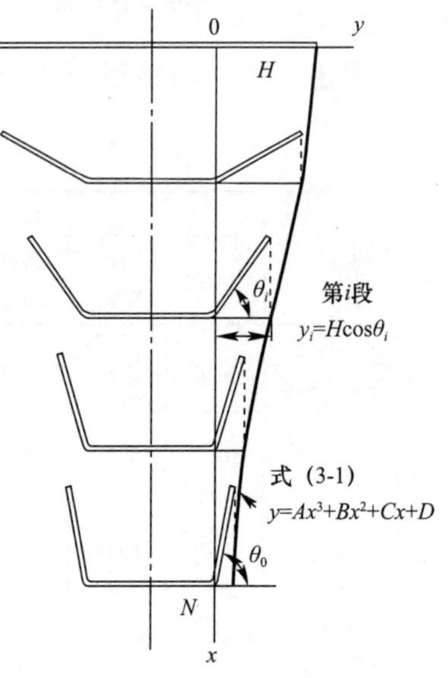


图6-47 弯曲角分配的推导

这样就可以将各成型道次从1到 $N$ 的变形角由上式中的总变形道次数 $N$ 确定出来。取 $i=1$、2、…$n$ 代入式6-9，可得各道次的辊式成型弯曲角度。

为了调整轧辊角度分配，将变动指数 $k$ 代入式6-9得到式6-10。

$$\cos\theta_i = 1 + (1-\cos\theta_o)\left\{2\left(\frac{i}{N}\right)^{3+k} - 3\left(\frac{i}{N}\right)^{2+k}\right\} \qquad (6-10)$$

若赋予 $k$ 正值（0.1、0.2、…）则成型前段部分弯曲角度增量小，即变为较小弯曲角度分配，但后段部分变为较大的弯曲角度分配。若赋予 $k$ 负值（-0.1、-0.2、…）则正相反。若机架间距为不等间距，将上述变动指数的值直接代入，以考虑间距的影响。

确定成型道次数和弯曲角度时需要考虑很多其他因素，如：材料性能、材料厚度、产品尺寸精度、截面尺寸、连续成型还是单张成型、有无冲孔或切槽、下山成型、轧辊直径等等，对于经验比较丰富的设计人员，通常会按照其个人经验来确定成型的道次数和弯曲角度。

### 6.4.3 焊接闭口型材的轧辊设计

#### 1. 成型方式的选择

焊接闭口型材的成型方式主要有3种：第一种方式是先将带钢成型成圆管，焊接后再二次成型为异型截面；第二种方式是直接用商品化的圆管来成型为闭口异型材；第三种方式是先成型，后焊接。前两种方式也就是我们通常所说的“圆变方”的成型方式。

采用第一种方式成型时，焊接质量容易控制，但是焊接后的成型均为“空弯”，尺寸精度和形状难以控制，调试和修改模具的周期往往较长，因而适合于较简单和对截面尺寸要求不高的异型管。

第二种方式省去了圆管成型步骤，只需要少数机架和模具完成由圆管到异型管的成型，因此设备和模具成本大大降低；但由于不是连续成型，生产效率大大降低，型材端部材料浪费也较高，所以只适合于小批量产品的生产。

采用第三种方式成型时，由于大多数圆角都是通过“实弯”来成型的，因而成型质量较好，尺寸容易控制，适合于较复杂异型截面的成型。其弊端是焊接质量不易控制。

闭口型材的3种成型—焊接方式的比较见表6－5。

**闭口型材的3种成型—焊接方式比较** **表6－5**

| 成型方式 | 方式1：先成型成圆管，焊接后再成型为异型截面 | 方式2：直接用商品化的圆管来成型为闭口异型材 | 方式3：先成型，后焊接 |
|---|---|---|---|
| 优点 | 1. 连续成型，生产效率高，适合大批量生产；<br>2. 焊接质量容易控制 | 1. 焊缝质量好；<br>2. 设备简单，无须开卷、活套、焊接和冷却等装置，设备和模具成本低 | 1. 连续成型，生产效率高，适合大批量生产；<br>2. 成型质量较好，尺寸容易控制，适合于非常复杂的异型截面 |
| 缺点 | 1. 设备复杂，成本高；<br>2. 焊接后的成型均为“空弯”，尺寸和形状难以控制，适合于较简单及精度要求不高的异型截面 | 1. 断续成型，生产效率低，适合小批量生产；<br>2. 生产稳定性差，尺寸和形状难以控制，适合于较简单及精度要求不高的异型截面；<br>3. 型材端部材料浪费较高 | 1. 设备复杂，成本高；<br>2. 对于复杂截面，焊接不易控制 |

**2. 焊接方法的选择**

冷弯成型生产线上的焊接方法通常有点焊、缝焊、锡焊、铜焊、电阻焊、电弧焊、感应焊、高频焊、等离子流焊、激光焊以及其他的焊接方式等。在我国，圆管、方矩形管和异型管的生产中最常用的焊接方法是高频焊、氩弧焊和激光焊等。

每种焊接方法都有各自的特点和适用对象。在选择异型材的焊接方法时要考虑的因素很多，如：带钢材质的可焊接性、带钢厚度、型材的形状、焊缝的位置、接头的形式（对接或搭接）、焊缝质量要求、生产速度、使用要求、生产批量、设备成本、安装设备所需的空间等等。

上面提到的3种常用焊接方法中，高频焊接的焊接效率最高，焊接速度能够达到每分钟几十米、甚至上百米，而氩弧焊和激光焊的焊接速度往往只有每分钟几米。焊接质量上，激光焊的焊点小，热影响区窄，焊接变形小，焊件质量最高，设备成本也最昂贵，通常用于电子仪表、航空、航天、原子核反应堆、汽车等附加值高的领域。氩弧焊设备成本相对较低，但焊接效率远远低于高频焊。综合考虑生产效率和成本因素，在建筑钢门窗型材生产中采用较多的是感应式高频焊接方法。

**3. 异型管材“圆变方”成型工艺**

“圆变方”是指由圆管采用线性拓扑原理变形成异型管的一种成型方式。对于异型管，不论其外形多么复杂，轮廓线总是由直线和圆弧实体组成的。圆管变为异型管的成型过程中，异型管的实体单元和圆管的对应部分保持线性拓扑的投影关系（图 6 –48）。

COPRA 给出的最终异型管截面是由直线和圆弧实体组成的，它可以由 AutoCAD 的多义线轮廓转换生成。设计者按照轧机结构参数给出变形分配量后，由 COPRA 自动计算出圆管和最终断面间的变形辊花工艺图。

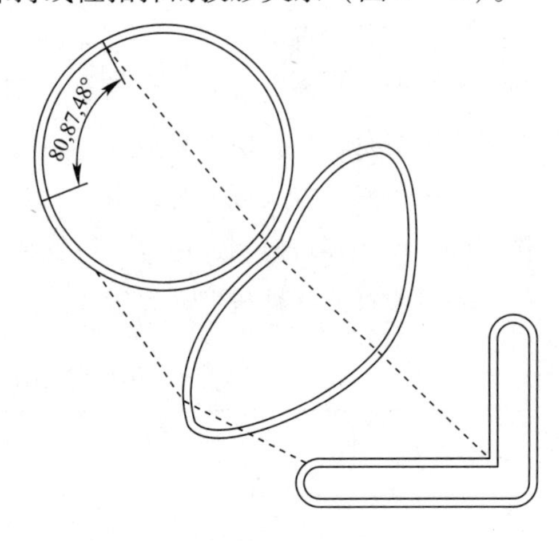


图 6 –48　线性拓扑的投影关系

设计中以圆管的中性层的长度作为计算的基准，使其等于无压缩时的最终的异型截面的对应的中性线长度。圆管的直径是由断面轮廓线的基准和总的压缩系数计算给定的。圆管以及中间变形过程的实体划分数目和各段实体的长度对应于最终的异型截面。

压缩系数又称延伸系数，对圆管变形为异型管而言，为母管周长与最终异型管周长之比。在异型管成型过程中，为保证在孔型中有足够的材料充实，以及考虑材料在纵向的延伸，需要确定适当的压缩系数。通常总压缩系数取 1% ~2% 之间，同时考虑圆整的母管直径。如果能接近已有的圆管直径，就可以省去圆管部分的轧辊设计和制造。

在设计中，变形量的分配需要考虑下列因素：

（1）在圆管变异型管的初始道次，为便于咬入，分配较小的变形量；

（2）在异型管成型的最后道次，为保证产品的尺寸精度，分配较小的变形量；

（3）驱动的平辊道次，分配较多的变形量；

（4）侧立辊道次由于刚性较差，且一般无动力驱动，分配较小的变形量；

（5）由相邻孔型变形的难易程度以及轧辊轮廓包容的形状，调整变形量的分配；

（6）由异型管的复杂程度和轧机可用的总道次，确定变形量。

COPRA 可以在选中的道次之间按百分比分配变形量，各道次的总和应为 100% 。

确定中间道次的辊花数据是设计的关键。COPRA 采用了数学迭代法，计算各道次的实体数据。COPRA 还给出了 3 种优化方法。设计者需要给定允许的闭合间隙和优化迭代的时间。

图 6 –49 是一个异型管“圆变方”设计实例。

**4. 异型管材的直接成型工艺**

采用异型管直接成型（即先成型后焊接）工艺，由于大多数圆角都是通过“实弯”来成型的，因而成型质量较好，尺寸容易控制，适合于较复杂异型截面的成型；但是，与圆管不同，异型材截面中往往具有小半径圆弧，这些小半径圆弧是受力的薄弱环节，加上型腔内部又无任何支撑，异型材边腿的抗变形能力较弱，在焊接挤压时往往容易产生变形，造成异型材边腿向内坍塌，或材料向圆角部位堆积，因而焊接过程不易控制，这是当前生产复杂异型截面的一个难题。

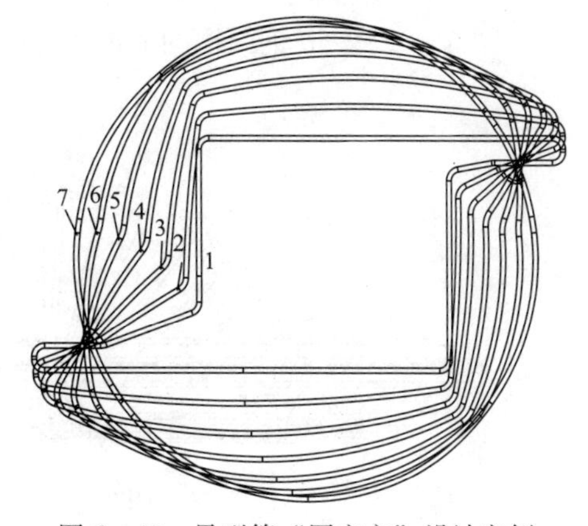

图6－49　异型管“圆变方”设计实例

为了保证焊缝的质量以及焊接的稳定性，可以对焊缝两侧的带钢做弯圆处理，这样就使得带钢边缘在焊接时呈近似平行的状态，即通常所说的Ⅰ型焊接，在定径辊再将弯弧部位压平和整形。图6－50是一个50钢门框型材截面，图6－51是对带钢边部进行弯弧处理的焊接断面示意图。

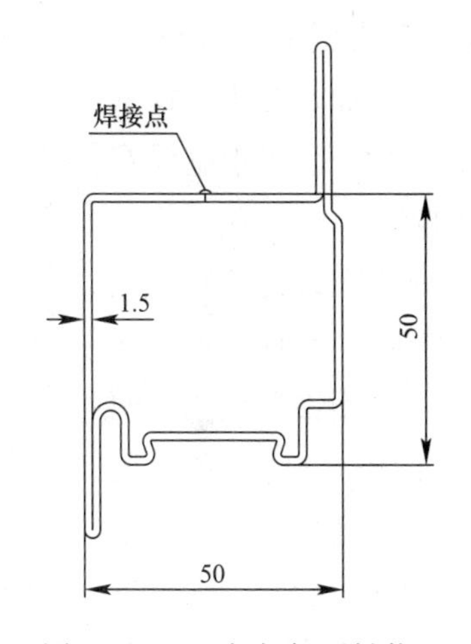

图6－50　50钢门框型材截面

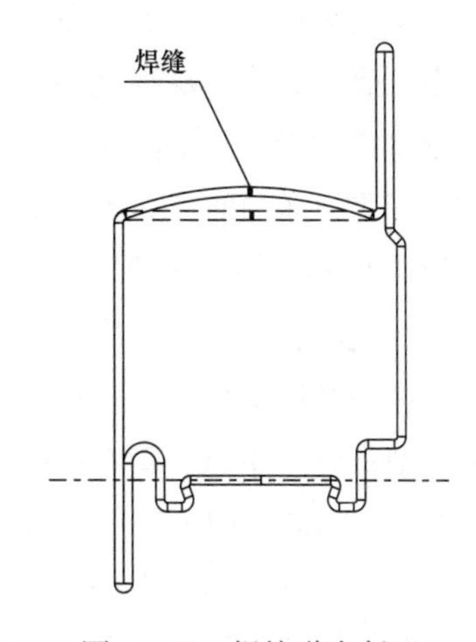

图6－51　焊接道次断面

成型工艺是影响焊接质量的重要因素之一。在制定成型工艺时应注意以下几点：

（1）高频焊接对带钢边缘的平直度要求很高，纵剪时产生的毛刺以及成型时产生的边波或边缘皱折都会大大降低焊接的质量，甚至无法实现稳定的焊接，因而在成型过程中变形不宜太快，应适当增加变形道次。

（2）要通过变形角的合理分配，使得在焊接时带钢边缘有一定的张紧力，便于承受挤压力，使得焊接过程更加稳定。

（3）对于不对称截面，在焊接前的几道次的成型要尽可能地“对称”，包括变形角度和带钢边缘的高度。变形角度的大小不仅影响着焊接“V”形角的大小，也影响到带钢边缘的应力状态。而带钢边缘高度的一致性也是非常关键的。如果焊接前带钢两端一高一低相差很大，在焊接挤压时要将它们强迫对齐，势必产生一端向下“俯冲”，而另一端向上“爬升”的不平行状态，焊接过程极不稳定。

图 6－52 是 50 钢门框的成型工艺图。

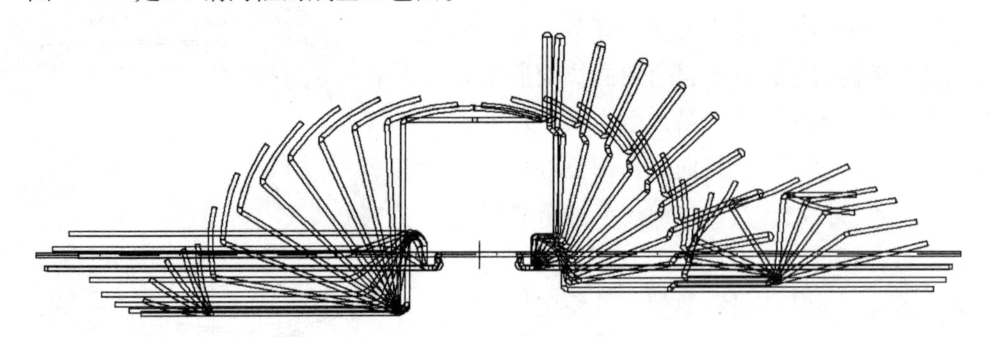

图 6－52　50 钢门框型材成型工艺图

## 6.4.4　咬口型材的轧辊设计

彩板钢门窗型材采用彩色涂层钢板为原料经冷弯成型工艺制成。为保证门窗的强度而采用封闭截面，焊接方法将破坏钢板表面的涂层，因而，彩板钢窗截面广泛采用了咬口结构形式（图 6－53）。咬口结构通常适用于壁厚在 1mm 下的型材，壁厚太厚在咬合时将会产生很大的阻力。

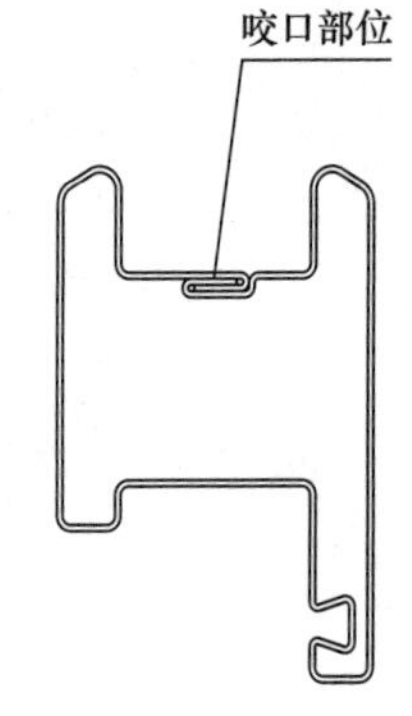


图 6－53　彩板咬口型材截面

咬口型材的成型工艺设计和开口型材的差别主要是在最终的咬合成型部分。为了实现咬合，需要在最终道次的型腔内部增加芯子，如图 6－54 所示。芯子通过吊杆固定在机架上，芯子应采用锥形结构，便于导入并减少与型材间的摩擦，图 6－55 为芯子加工图。芯子材质可选用耐磨性较好的 Cr12MoV 或 Cr12，表面经淬火和抛光处理。

由于芯子与型材内壁之间是滑动摩擦，在生产过程中会产生大量的热量，同时也会对带钢的涂层产生破坏，脱落的涂层会在芯子表面逐渐

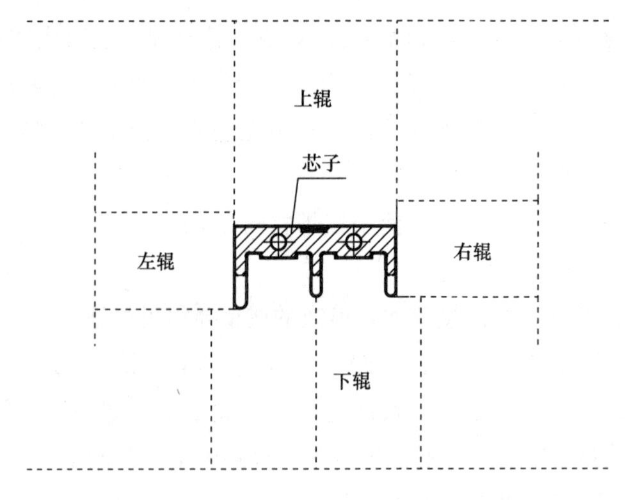


图 6－54　芯子示意图

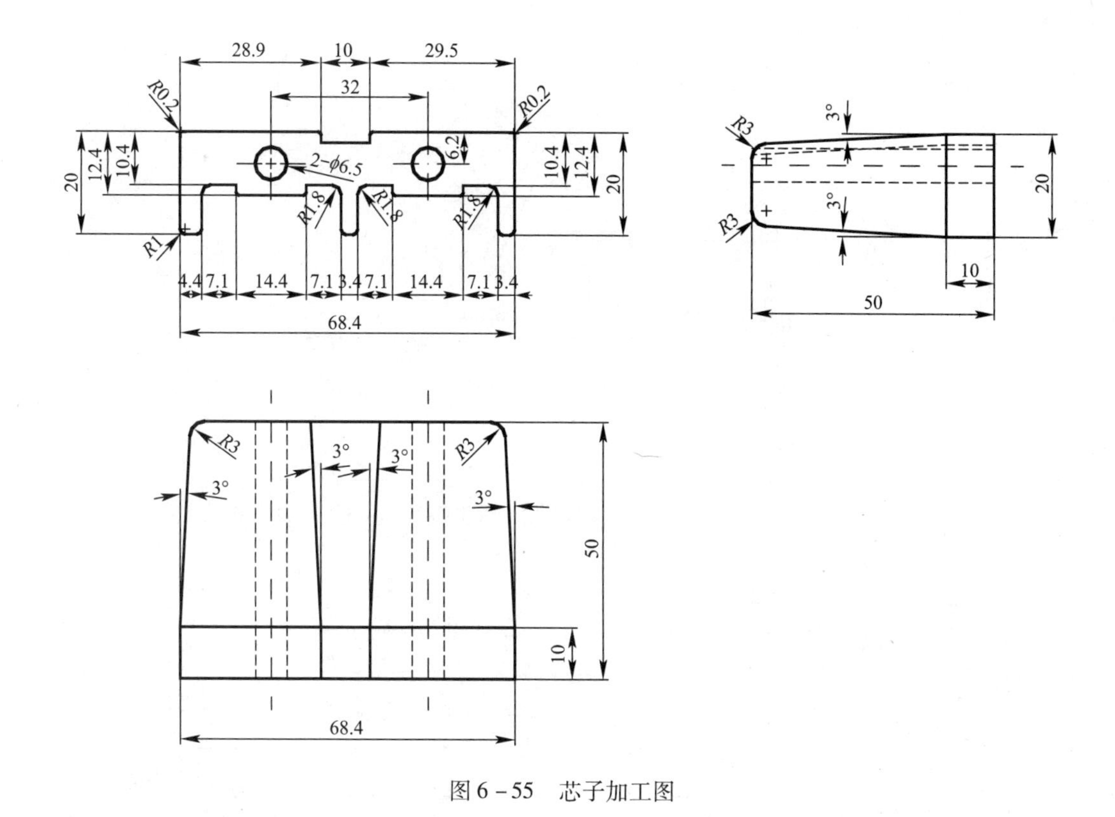


图 6－55　芯子加工图

积累并最终堵塞型腔，使得型材无法前进。为了避免上述现象的发生，在设计生产线和模具时应采取以下措施：①生产线上应配备冷却系统，冷却系统中的乳化液起到润滑和冷却芯子的作用；②设计芯子时应设计出合理的间隙，避免芯子与型材大面积接触，尽量减少不必要的摩擦；③在型材内部型腔空间允许的情况下，可采用滚动摩擦的芯子（即活动的芯子）。

门窗有安装、配合、强度、气密水密性、节能、防火、美观等诸多方面的要求，因此，门窗型材的截面形状在冷弯型钢中都是比较复杂的，成型精度要求也比较高。为了达到上述要求，对冷弯成型轧辊模具的设计和制造精度也有更高的要求。在设计中，经常会采用立辊和辅助辊，以减少摩擦对彩板表面产生的破坏。图 6－56 表示了一种辅助辊的装配关系示意。

图 6－57 是彩板推拉钢窗料的成型工艺图实例。

## 6.4.5　宽幅门板型材的轧辊设计

宽幅门板（图 6－58）是一类比较特殊的产品，它包括住宅门、车库门、厂房门、机库门等。门板型材的加工过程中用到了切断、冲孔、压纹、压花、冷弯成型、复合等多道工序。门板的冷弯成型通常采用的是双端式成型机（图 6－59）或悬臂式成型机（图 6－60）。

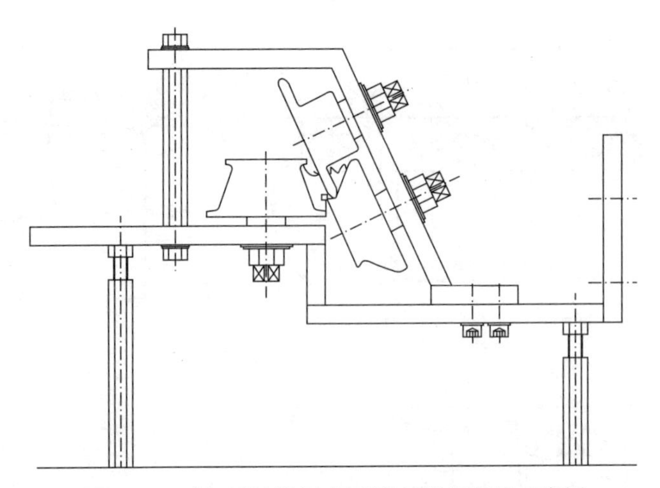

图 6－56　用于彩板门窗料型的辅助辊装配示意图

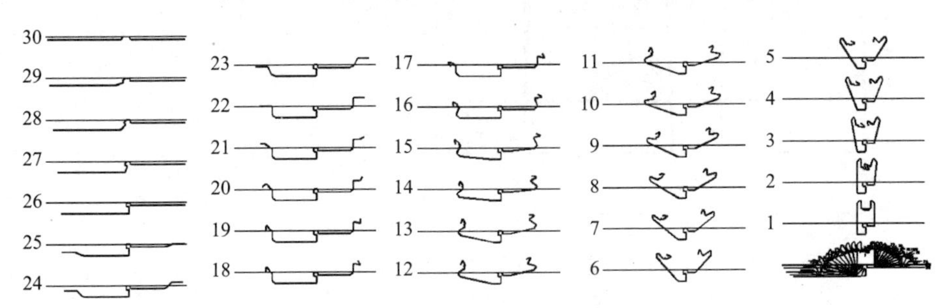


图 6－57　彩板推拉钢窗料的成型工艺图

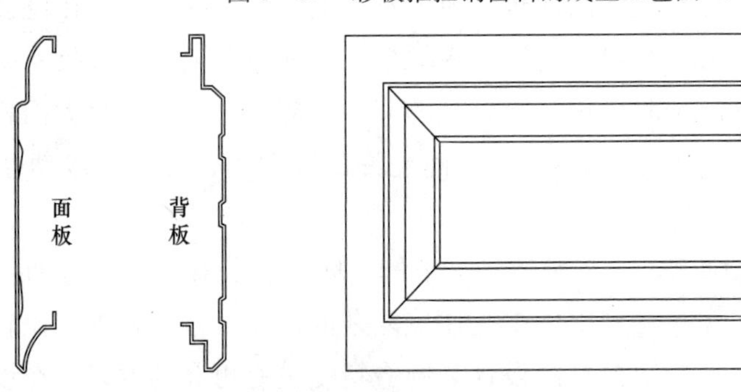


图 6－58　门板产品

图 6－59　用于门板成型的双端式成型机

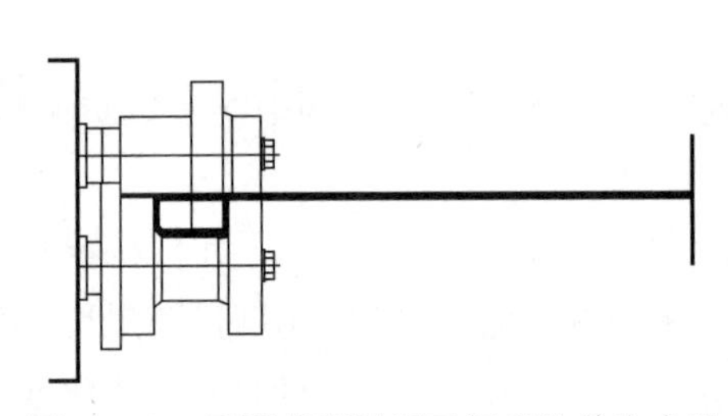

图 6－60　悬臂成型机用于门板的单边成型

与普通冷弯型钢相比，宽幅门板类型材的冷弯成型有如下特点：

（1）通常是单张板（非连续）成型。门板产品一般较宽，且宽度可变，后续切断较困难，故通常采用切断后成型的方式。

（2）两侧成型，中间悬空，且往往宽度可变。由于中间悬空，钢板水平方向位移难以控制，成型线不稳定。

（3）有时两侧不是同时成型，即成型完一侧后再成型另一侧。

宽幅门板冷弯成型过程中的常见问题及解决办法：

问题一：由于中间的腹板部位没有支撑，弯曲力的水平分力往往会引起板中部的翘曲（图6－61）。

解决的办法：

（1）在腹板中部增加上下轧辊进行支撑。为了适应不同宽度，上下轴支撑装置要便于装卸和调节。

（2）在进行成型工艺设计时，优先考虑能起到轴向固定作用的弯曲部位的成型。

（3）对于成型时难以避免的轻微变形，设计时应在轧辊边部倒大圆弧，防止产生压痕（图6－62）。

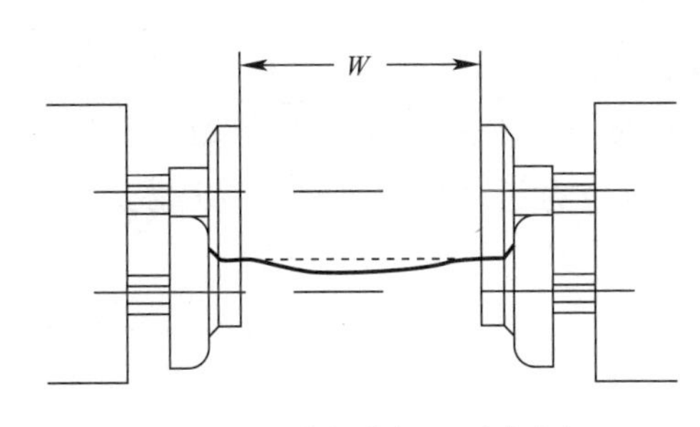


图6－61　腹板中间凹下或隆起

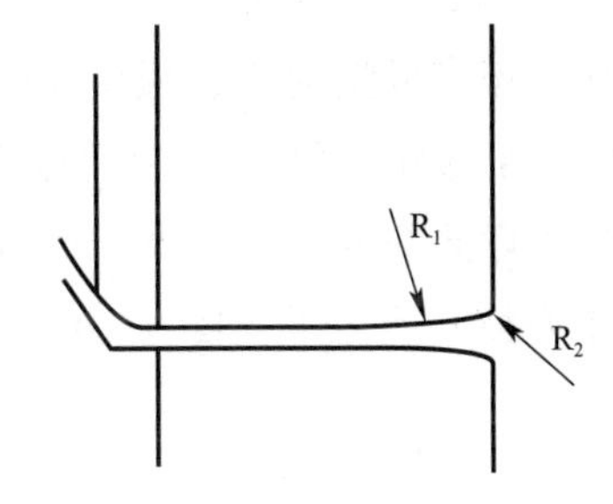


图6－62　轧辊边部倒大圆弧

问题二：导入不正或两边受力不平衡会引起产品的缺陷（产品纵向尺寸不一致），这种情况在成型非对称截面时尤为常见。

解决的办法：

（1）在轧机的入口、出口和轧机中增加合适的导向装置。建议用较长的入口和出口导向，尤其在单张成型时，导向应当比板长，并且至少3～4倍于道次间距。

（2）缩短轧机的机架间距。正常情况下，最小的产品长度应当不小于两倍的道次间距加上20～50mm，这样确保产品任何时候至少在两个道次上。

（3）两侧驱动速度不对称。

（4）边腿的弯曲角度越大，则越有利于板带的横向定位，因此在不对称成型时，建议快速成型到一定的角度（图6－63）。

问题三：袋形波是宽幅板冷弯成型中典型缺陷，它是指在腹板部位出现的鼓包或凹坑（图6－64）。袋形波会严重影响产品的外观。

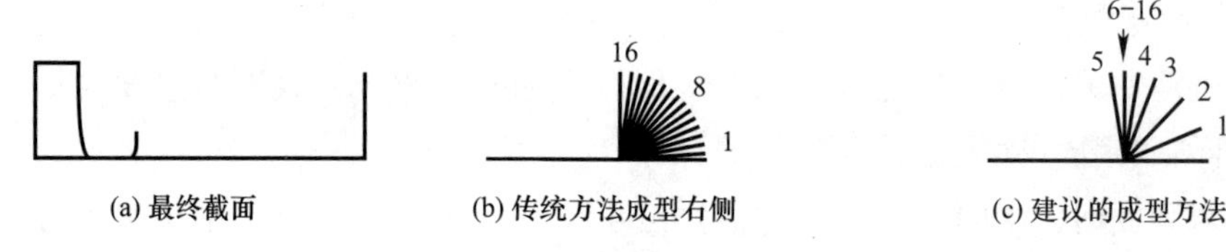


图 6－63　不对称截面成型时的定位

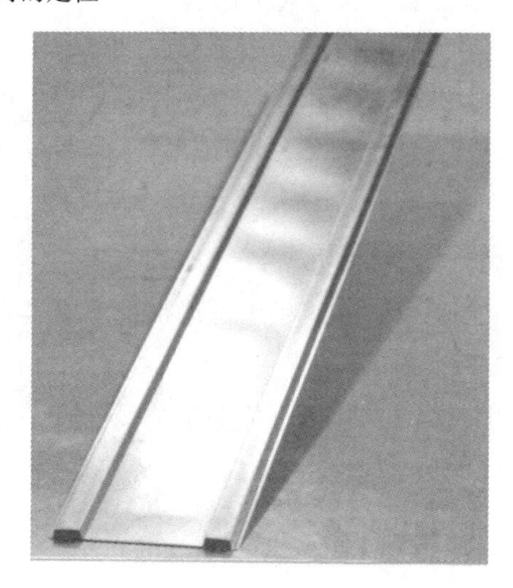

图 6－64　袋形波

袋形波的产生机理主要有两个方面：

（1）当金属板冷弯成型时，边部和中间部分在横向被拉向横截面中心，金属板带中产生了横向张应力（图 6－65）。中心部分的横向张应力比边部和中间部分的大。伴随着横向拉伸的同时圆角部位在纵向收缩，产生纵向压应力。当压应力过大时，腹板部位就产生了弹性翘曲。翘曲以袋形（中心）波的形式产生在产品的平表面上。

（2）产生袋形波的另一个机理是，当角部被横向弯曲时，弯角在纵向和横向受到拉伸。这些情况下，每个角部的金属板带就像受到"鼓起变形"一样。然而，当半成型的金属板带从辊缝出来时，纵向拉伸的角部应该在纵向收缩到与其他部分的长度相等。当拉伸的弯曲线部分收缩时，在其他的未弯曲部分产生了纵向压应力。当压应力超过平的部分的截面临界值时，纵向翘曲（中心波）产生了（图 6－66）。

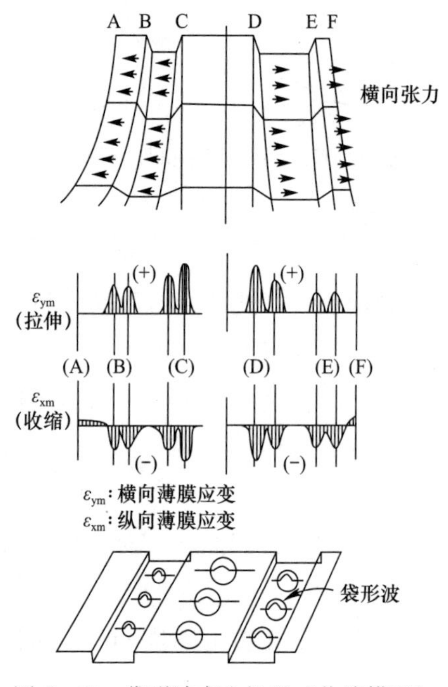


图 6－65　袋形波产生机理（收缩模型）

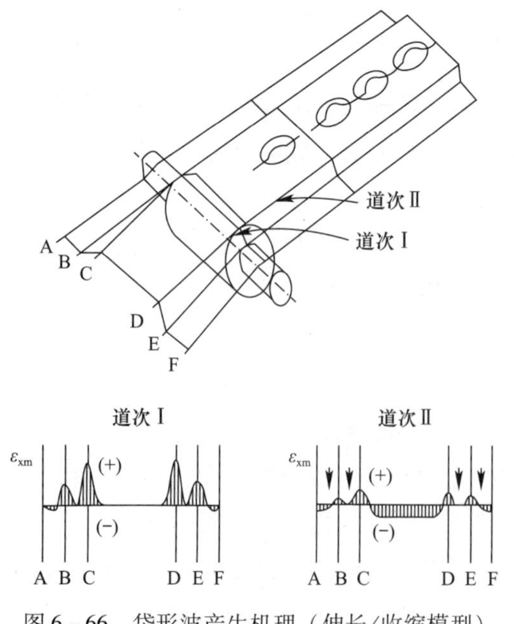


图 6－66　袋形波产生机理（伸长/收缩模型）

避免或减轻袋形波的办法：

（1）优化成型工艺，减少板带的横向收缩量，减轻横向拉伸应力。

（2）在纵向增加张力，减轻纵向压缩应力。

（3）适当增大辊缝间隙，便于带钢横向收缩。

（4）大圆弧成型。

问题四：产品张口

解决张口的办法：通过过弯和回弯或多辊矫直的方法来消除成型的残余应力。

# 6.5 轧辊的安装与调试

## 6.5.1 调试前的准备工作

**1. 设备精度的检验和校准**

在轧辊安装之前，首先应确保成型机的精度要符合产品精度要求，因此，需要对设备的精度做仔细的检验，并做出相应的校准。冷弯成型机的主要精度指标包括：

（1）轴向基准的直线度（图6－67）；

（2）上下轴肩基准的对齐精度（图6－68）；

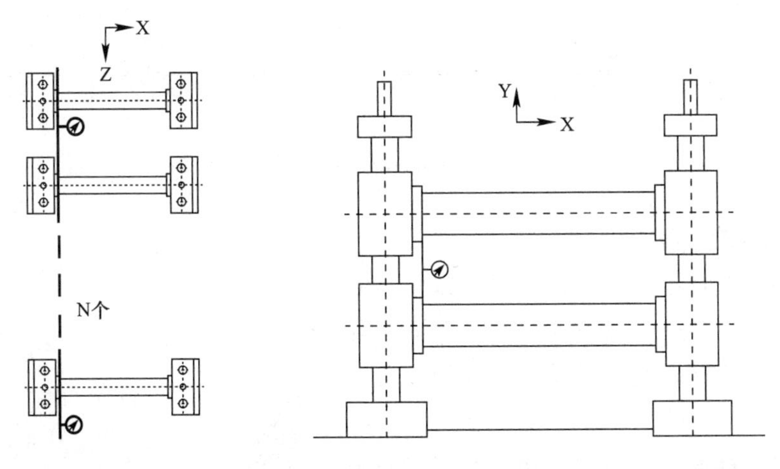


图6－67　轴向基准的直线度　　图6－68　上下轴肩基准的对齐精度

（3）径向跳动；

（4）轴向窜动；

（5）上下轴的平行度；

（6）前后轴的平行度。

下面简要介绍一下轴向基准直线度的检验和轴肩的对齐方法。

（1）拆去轧辊。

（2）上下晃动轴端检查轴的刚度。

（3）紧固或更换轴承（如果需要的话）。

（4）安装外侧机架（不上螺栓）。

（5）调整上、下轴的平行度。

（6）检查轴的直线度。

（7）用琴用钢丝或长的直尺检查所有下轴轴肩基准的直线度误差（图6－69），当直线度误差大于0.03mm时，需要修改调整基准垫的厚度，直到每一根下轴基准的直线度误差都小于0.03mm，当然，误差值的大小取决于产品的要求和类型。也可以用高精度的激光准直仪来检查轴肩基准的直线度误差（图6－70）。

（8）调整上轴与下轴的平行度。

（9）调整上轴与下轴轴肩基准的轴向误差（图6－71）。

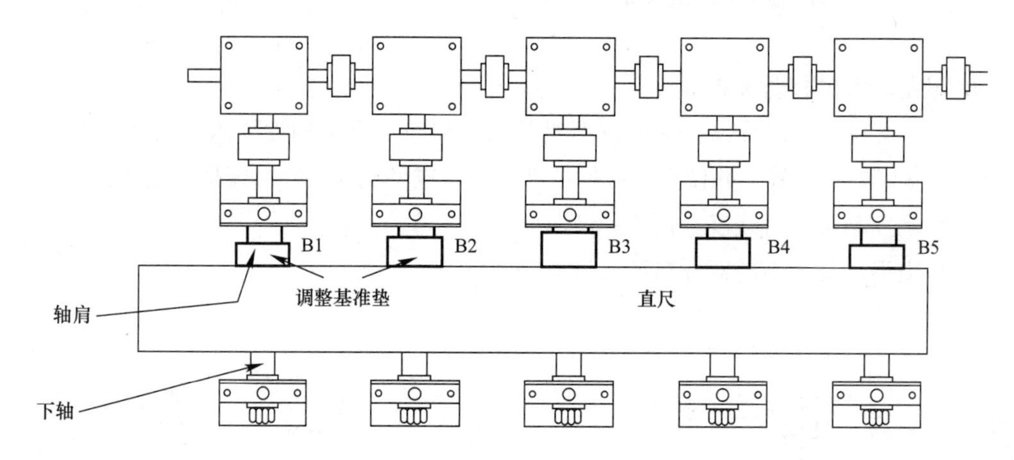


图6－69　用直尺检查轴向基准的直线度

**2. 轧辊的检验**

轧辊的检验包括：检查轧辊的数量（在验收时就应检查）、轧辊内孔误差、轧辊外轮廓的检验、轧辊表面质量检验、轧辊硬度检验等。

轧辊外轮廓通常采用线切割样板进行检验，还有一种比较常用的方法是线下装配检查（图6－72）：将同一道次的上下轧辊分别穿在两根芯轴上，然后立在平面精度很高的检验平台（如经过研磨的大理石平台）上，用塞尺检验轧辊的辊缝。

图6－70　用激光准直仪检查轴向基准的直线度

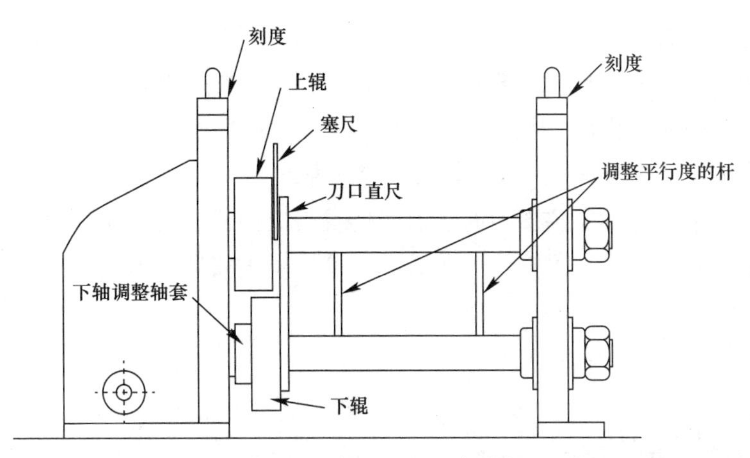

图6-71　轴向基准的直线度

**3. 准备产品图、轧辊装配图与工艺图**

轧辊调试人员在调试前要认真阅读产品图纸，了解型材的尺寸公差和技术要求；认真分析轧辊装配图与成型工艺图，了解成型基准、变形过程、关键点，轧辊的安装位置（包括辅辊和立辊）；将成型工艺图（辊花图）按照1∶1打印，便于调试时对照分析。

图6-72　轧辊的线下装配检验

**4. 准备调试用的工具和材料**

调试前需要准备的常用工具和材料有：

（1）修辊用的机床（车床、磨床）和刀具；

（2）调试用的带钢；

（3）铜圈和磁棒（如果用高频焊接的话）；

（4）塞尺、直尺、卡尺、角度尺等；

（5）调整垫片（垫圈）；

（6）镜子、手电、琴用钢丝；

（7）扳手、钢锯等其他工具；

（8）专用检具等。

另外，在开机前要进行必要的安全检查，清除生产线上的一切工具和杂物，防止造成灾难性的后果（图6-73）。

图6-73　开机前要清除生产线上的一切工具和杂物

## 6.5.2　轧辊的安装和调试

**1. 轧辊安装时要考虑的因素**

一套轧辊可能会包含10～250个轧辊以及很

多的定距套。所有的轧辊和定距套应当安装在正确的位置上，通常精度要超过0.025mm。每一个轧辊和定距套必须要有正确的标识，而且操作人员必须有一套好的“装配图”以便能够将它们精确地安装到正确的位置上。

以下的附加原则应该应用到大多数安装调试中：

（1）标记在轧辊上和安装图中的道次号通常与成型机中的机架号是不相同的。一般情况下，轧辊要靠近出料一端安装，即最后一道轧辊被安装在最后一个机架上，依次向前（图6－74）。

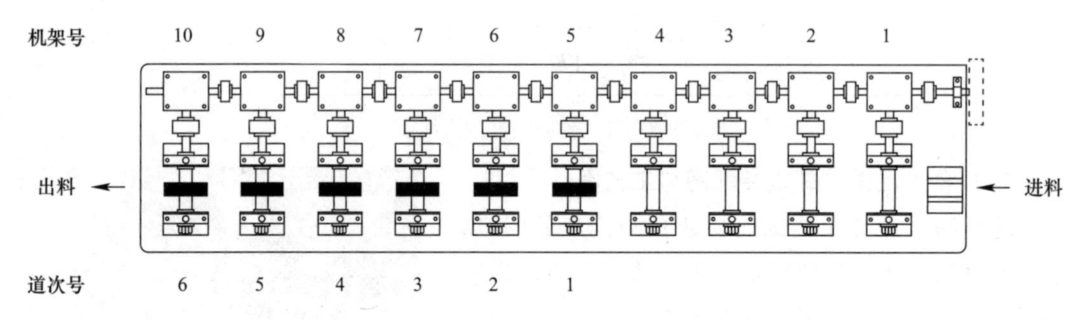


图6－74　最后一道轧辊被安装在最后一个机架上

（2）有时，在轧辊设计和制造阶段，或者在初步的调试后，供应商决定增加额外的道次。因此，一些安装图中会出现“0”或“3A”和“3B”，或者“3”和“3A”这样的道次编号（图6－75），而不是1、2、3、4等。

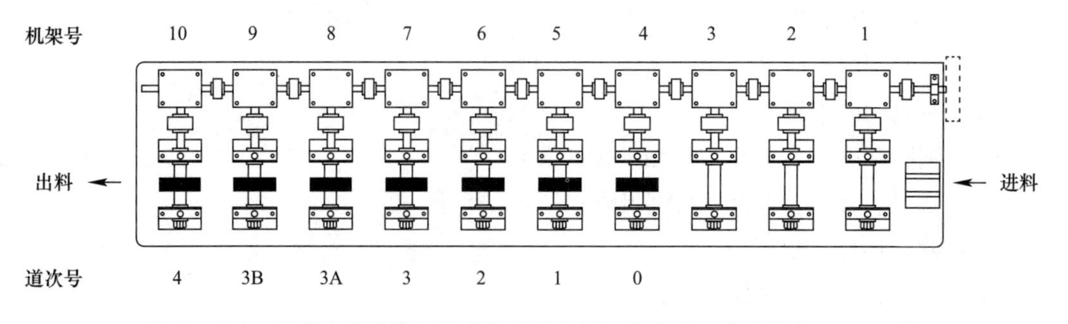


图6－75　一些供应商将增加的或修改道次标记为道次0或者道次3A、3B等

（3）有时侧辊也分配道次号，如道次1、道次2、道次3、道次4、侧辊道次5、道次6等。这意味着侧辊道次5是安装在两个机架之间的，一架上安装着道次4轧辊，另一架上安装着道次6轧辊（图6－76）。

在一些情况下，侧辊机架是不编号的，或者上面提到的侧辊道次5被指定为道次4A，它被安放在道次4和道次5之间。因为侧辊道次也参与截面的成型，因此建议对按顺序进行道次编号（如前面一段所提到的）。

（4）不管轧辊是如何编号，最高（最后）的道次被放在最后的机架上，它最接近于成型机的出口端。

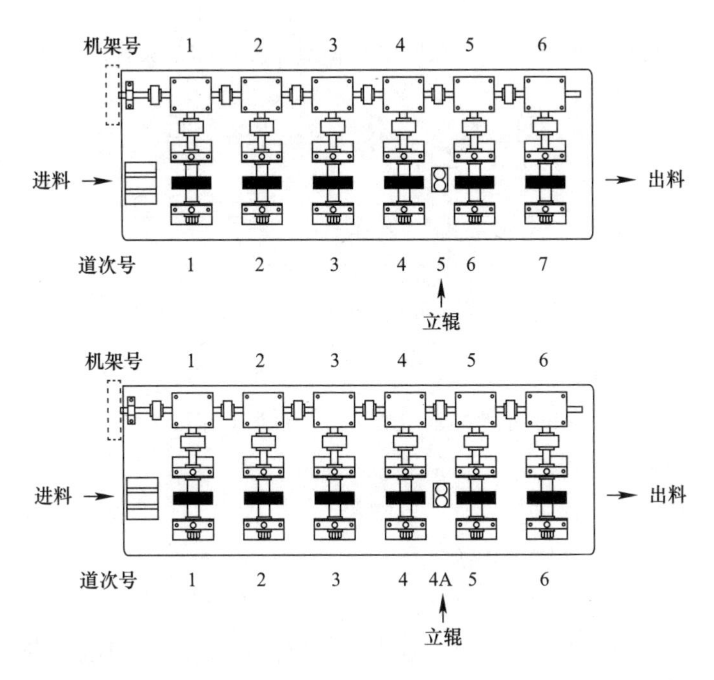


图6－76 侧辊也有道次编号（上图中的5）或指定一个字母（下图中的4A）

（5）轧辊的标记方法在第5章中已经作过叙述。不成文的规则是第一个标记数字是指道次号，字母“T”或者“B”代表“上”轴或“下”轴。下一个数字表示从轴肩开始起轧辊的顺序。例如，3T4表示第3道次，上轴，从驱动侧起的第4个轧辊；而12B8表示第12道次，下轴，从驱动侧起的第8个轧辊。

（6）还有一个不成文但是被广泛接受的标准是，在每根轴上，第一个轧辊（轧辊1）或定距套被首先安装到驱动侧，靠着轴肩。安装图中的最后一个轧辊或定距套（编号最高）安装在靠近操作人员的那一端。

一些供应商将定距套也纳入编号系统。这意味着位于驱动侧的第一个定距套编号为1号。而另外一些供应商则将驱动侧的定距套标记为“IN”（内），而操作侧的定距套标记为“OUT”（外），或者仅仅标记定距套的长度。

（7）非常薄的垫片不分配标记号，也不做标记。通过在安装图中标注的厚度来辨认这些垫片。

（8）对于“多用途”的轧辊，轧辊号（顺序）可以混合。这些轧辊必须按照安装图中显示的顺序来安装（图6－77）。

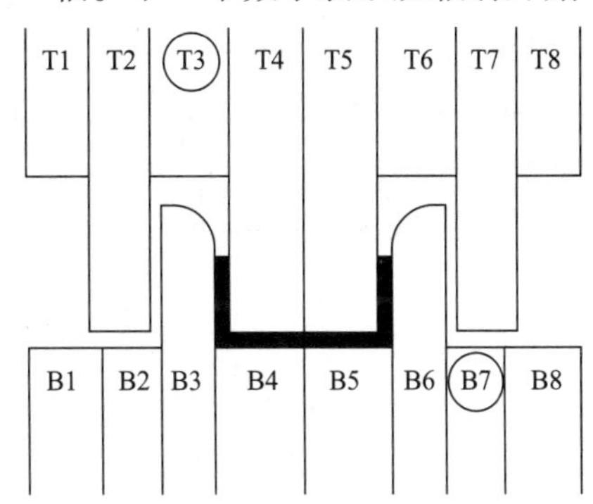


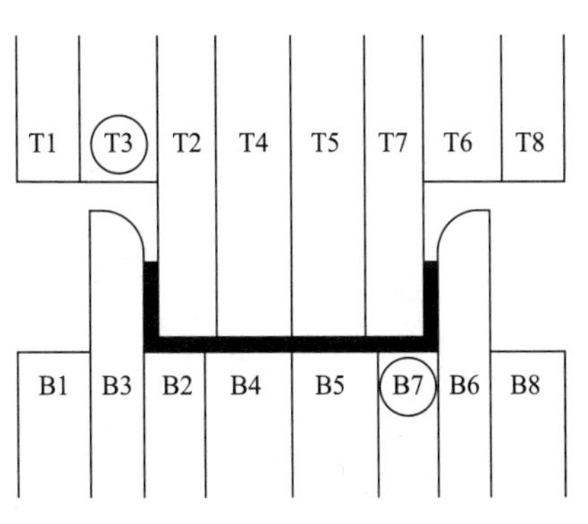


图6－77 多用轧辊可以安装在不同的位置

（9）如果侧辊是分成多片的，则应根据安装图在侧辊轴上安装这些侧辊（图6－78）。

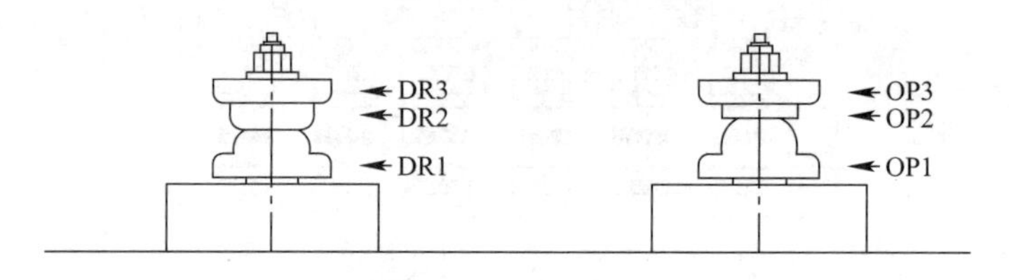


图6－78　安装分片的侧辊需要按照数字顺序

**2. 将轧辊安装到轴上**

以下的程序适用于在轴的两端都有支撑的、传统（标准）的成型机。但是，有些原则适用于所有类型的成型机。

（1）从上轴和下轴上移去左旋和右旋螺母。

（2）移除机座上固定外侧机架的螺栓。

（3）拉出外侧机架并将它们推到旁边（如果机床上有足够的空间）。

（4）清洗每根轴；特别注意要除去灰尘、砂粒，并且在轴肩上涂抹堆积的油脂。

（5）在轴上轻轻涂一层润滑油。

（6）必须仔细地擦拭每个轧辊和定距套的两个端面，以除去灰尘和砂粒。所有轧辊标识应朝向操作人员，除非安装图纸中另有说明。要在大多数轧辊面向操作人员一侧的端面上加工凹进的标记槽，并在槽内打标识。然而，有时轧辊制造者错误地把标记打在轧辊另外一个端面上，或者，有时轧辊是多用途的，在这些情况下，轧辊的两个端面可能都有标记。

（7）在大多数情况下，上下轧辊之间的安装顺序受轧辊直径的限制（图6－79）。

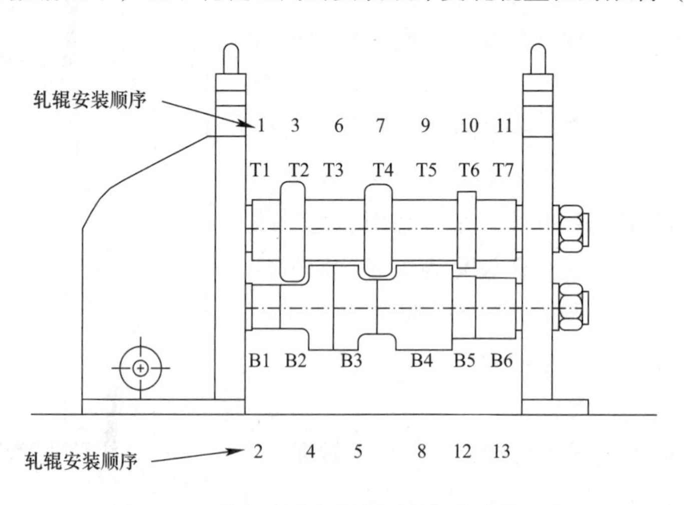


图6－79　轧辊的直径限制了轧辊的安装顺序

（8）如果轧辊非常薄（短），除非在它的端面精确地垂直于轴线的状态下将其推进，那么它有可能卡在轴上。如果拉回一个已经安装好的定距套或者轧辊靠到薄轧辊的一个端面，那么就能保证端面与轴线的垂直度，薄的轧辊就能够比较容易地安装了；然后将两片轧辊一起推到合适的位置（图6－80）。

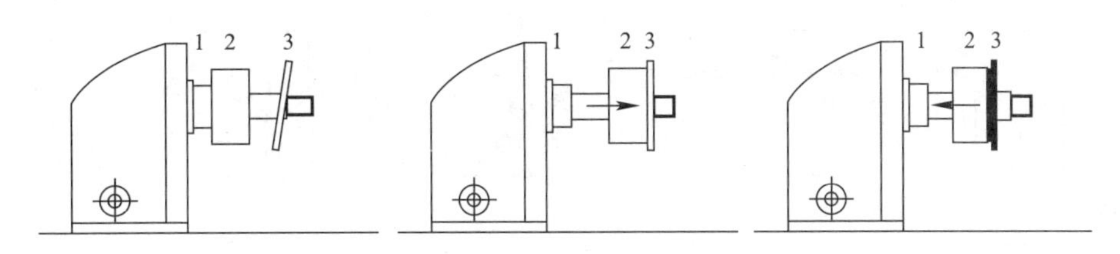


图6－80　薄辊片的安装

（9）一个好的“咔嗒”声通常表明轧辊已经完全靠到了轴肩，或者已经安装好的轧辊或定距套上。

（10）所有的轧辊和定距套必须用键固定到轴上。不带键的轧辊将会在轴上旋转，从而损坏轴的表面。不带键的定距套也会在轴上旋转并且摩擦轧辊的端面。由于不停地运动并摩擦相邻的轧辊，在很短的时间内，它们的长度将会因磨损而变短。如果成型的材料有磨粒磨损的表面，那么定距套不仅要变短，而且会“切”入轧辊。经过硬化处理的轧辊能够被从热轧带钢上剥落的氧化皮磨出2.5～3.8mm深的槽。

（11）将通过厚度识别的垫片（如果有）安装到图纸中标明的位置。

（12）轧辊的安装通常从最后一道次开始（离冲床最近的道次），在每个轴上安装第一个上、下定距套或轧辊（要仔细检查轧辊或者定距套上的“T”或“B”标志）。

（13）当所有的上下轧辊、定距套和垫片都被安装到轴上后，将外侧机架推回到原来位置。（注意你的手指！）

（14）将上下螺母装到轴端并先拧紧下螺母，然后拧紧上螺母。

（15）来回移动外侧机架直到它大概在机架轴承座的长的座套中间。

（16）用螺栓将外侧机架固定在成型机的基座上。

**3. 检查轧辊缝隙**

（1）选择与材料厚度相匹配的调试范围（指定的最大材料厚度，包括厚度的“正”公差、涂层、压花纹等）。

（2）用塞尺检查驱动侧和操作侧的水平辊缝（图6－81）。在上轴的最后调整阶段，调节螺杆应该总是向下旋转。

（3）检查非水平辊缝（调整方法同上，如果需要检查轴肩对齐或者垫片）。

（4）然而，仅用塞尺检查辊缝可能还不够（图6－82），即使所有的轧辊看起来都已经在正确的位置上。

（5）用一面镜子再次检查辊缝。（图6－83）

（6）检查被成型材料的厚度、宽度，以及

图6－81　用塞尺检查辊缝

其他规格。

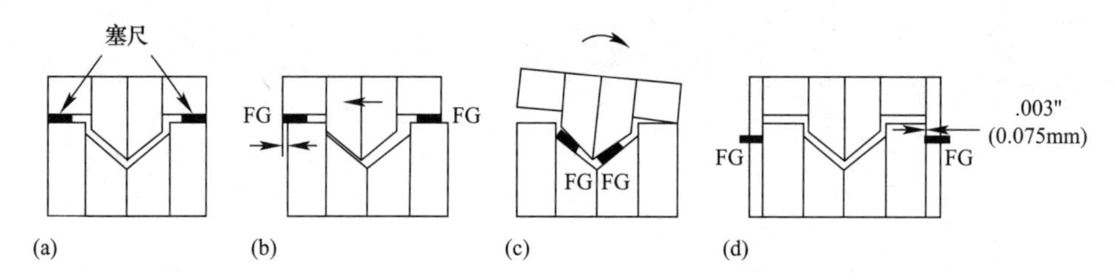


图6-82　用塞尺检查辊缝后（a~c），辊缝可能还是不正确，最好有“互锁的”轧辊（d）

（7）将材料一道一道地喂入（轻轻推进）成型机组。

如果辊缝太大了，就向下调整压下螺杆；如果压得太紧，就向上调整（最终的调整总是向下）。

（8）检查最终产品的尺寸。

（9）检查产品的直线度和平面度误差。

（10）检查产品的表面。

（11）再次检查施加润滑后成型的产品（如果在先前的调试中没有加润滑剂）。

图6-83　用一面镜子检查辊缝

（12）检查成型机组上的其他项目（如：入料导向）。

（13）检查成型机组上的其他项目，包括：长度测量设备或者计数器的设置、安全设备、开卷机、冲床等等。

（14）在正式生产之前以正常的速度运行加工一些产品并进行检测。

**4. 矫直机的调试**

在冷弯成型中采用各种各样的矫直机构，因此调试矫直机没有标准的程序，可采用以下原则：

（1）移去矫直机（矫直头、轧辊或整个机构）。

（2）在轧辊调试过程中，尝试着在不用矫直机的情况下生产尽量直的产品。

（3）轧辊调试完毕后，在尽可能接近最后一道轧辊的地方安装矫直机。

（4）调整矫直机以生产出平直的产品。

（5）矫直机应该只是用来对产品进行矫直，而不是用来改进不正确的成型。

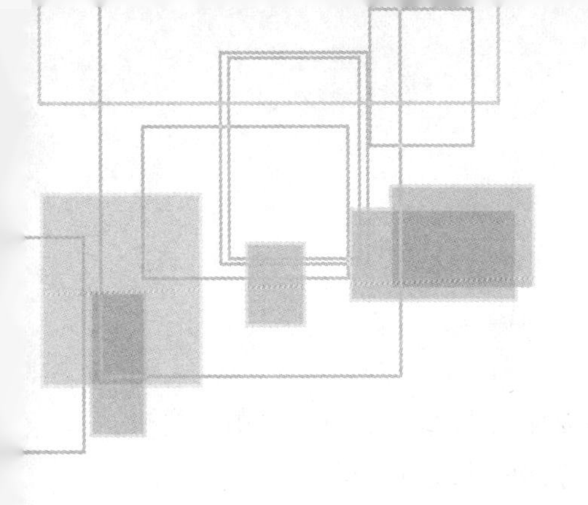

# 第7章 折弯

## 7.1 折弯概述

### 7.1.1 折弯概念

本章中所说的折弯，是指使用折弯机，对金属板进行加工，使其发生弯曲变形的过程。将下模固定在折弯机的工作台上，将上模安装在折弯机的上滑块上，在滑块的带动下上模由上而下运动，令放置在下模上的金属板料经过弹性变形产生塑性变形。

图 7－1 是 90° V 形折弯的示意图。在开始阶段，板料在压力作用下产生塑性弯曲(这时是自由弯曲)；随着上模或下模对板料的施压，板料与下模 V 形槽内表面逐渐靠紧，同时曲率半径和弯曲力臂也逐渐变小；继续加压直到行程终止，使上下模与板材三点靠紧全接触，完成一个 V 形弯曲。

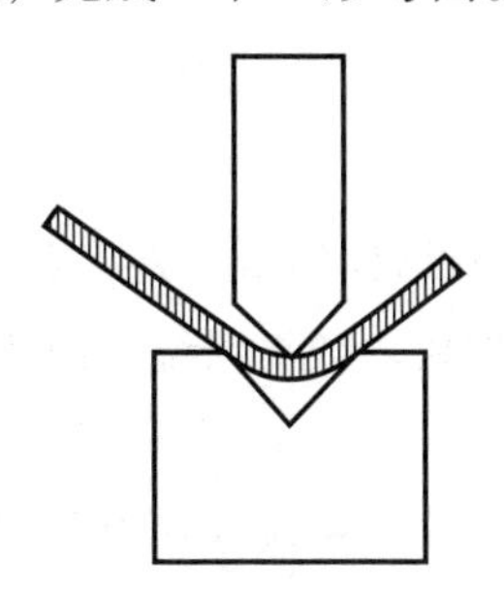
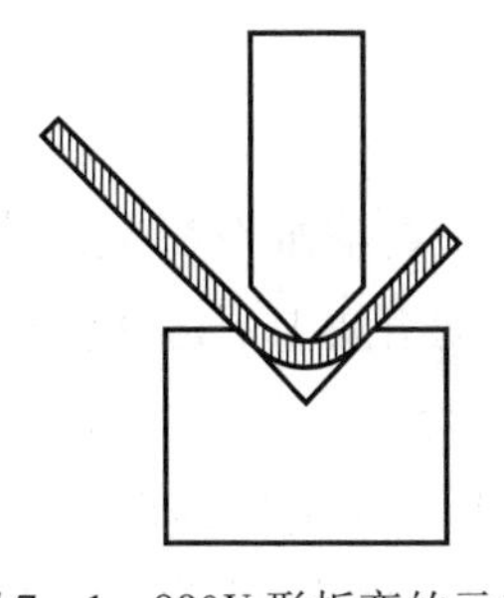
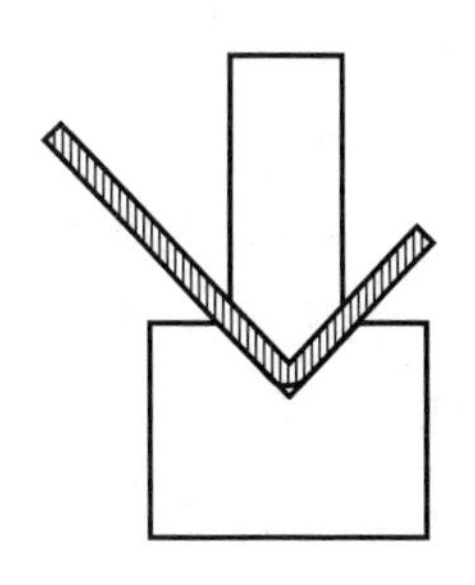

图 7－1　90°V 形折弯的示意

## 7.1.2 折弯与滚轧的差异

包括钢质门在内的各种钢门窗，其型材的冷弯成型方法有两种：一种是使用折弯机，将钢板折成型材；另一种是使用有轧辊的冷弯成型机，将钢板滚轧成型材。

折弯与滚轧的主要差异有以下几点：

（1）折弯主要依靠人工操作，滚轧主要依据设备连续生产；

（2）折弯可用于非定型产品，滚轧只能生产定型产品；

（3）折弯的设备投入相对较小，滚轧的设备投入相对较大；

（4）折弯的生产效率相对较低，滚轧的生产效率相对较高；

（5）折弯型材的棱角相对分明，滚轧型材的转角相对较大。

在将钢板变成型材的过程中，折弯与滚轧依据的理论有许多相似之处，然而这两种制作型材的操作方法完全不一样，一些使用有“底模”的折弯其操作与冲压十分相似，另外使用折弯机加工的产品有时很难被称之为“型材”，所以本教材将使用轧机制作型材的有关内容称之为“冷弯成型工艺”，而将使用折弯机制作型材的内容称之为“折弯”，并单独成章。

## 7.1.3 折弯设备

折弯机是一种能够对薄板进行折弯加工的机器，种类很多，在结构上也有很大差异。本教材主要介绍钢质门行业常用的普通液压数控折弯机。

### 7.1.3.1 分类

折弯机分为：手动折弯机、液压折弯机和数控折弯机。

手动折弯机又分为：机械手动折弯机和电动手动折弯机。

液压折弯机按同步方式又可分为：扭轴同步、机液同步和电液同步。

液压折弯机按运动方式又可分为：上动式、下动式。

### 7.1.3.2 结构说明

**1. 滑块部分**

采用液压传动，滑块部分由滑块、油缸及机械挡块微调结构组成。左右油缸固定在机架上，通过液压使活塞（杆）带动滑块上下运动，机械挡块由数控系统控制调节数值。

**2. 工作台部分**

由按钮盒操纵，使电动机带动挡料架前后移动。一般由数控系统控制其移动的距离，前后位置均有行程开关限位，精度大约能控制到 ±0. 01mm。

**3. 同步系统**

一般由扭轴、摆臂、关节轴承等组成的机械同步机构。结构简单，性能稳定可靠，同步精度高。机械挡块由电机调节，数控系统控制数值。

**4. 挡料机构**

挡料采用电机传动，通过链操带动两丝杆同步移动，数控系统控制挡料尺寸。

### 7.1.3.3　结构特点

（1）采用全钢焊结构，具有足够的强度和刚性；

（2）液压上传动，机床两端的油缸安置于滑块上，直接驱动滑动工作；

（3）滑块同步机构采用扭轴强迫同步；

（4）采用机械档块结构，稳定可靠；

（5）滑块行程机动快速调，手动微调，计数器显示；

（6）斜楔式的挠度补偿机构，以保证获得较高的折弯精度。

### 7.1.3.4　使用方法

按加工 Q235 板料，使用图 7－2 所示的普通液压折弯机，来做简单介绍：

(a) 折弯机

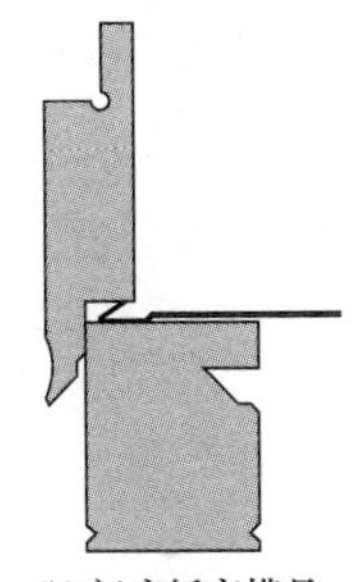

(b) 门扇折弯模具

(c) 门框折弯模具

图 7－2　折弯机及门框、门扇折弯模具

（1）首先是接通电源，在控制面板上打开钥匙开关，再按油泵启动。

（2）行程调节，折弯机使用必须要注意调节行程，在折弯前一定要试车。折弯机上模下行至最底部时必须保证有一个板厚的间隙。否则会对模具和机器造成损坏。行程的调节也是有电动快速调整和手动微调。

（3）折弯槽口选择，一般要选择板厚的 8 倍宽度的槽口。如折弯 2mm 的门框板料，需选择 16mm 左右的槽口。

（4）后挡料调整一般都有电动快速调整和手动微调，方法同剪板机。

（5）踩下脚踏开关开始折弯，折弯机与剪板机不同，可以随时松开，松开脚折弯机便停下，再踩继续下行。

# 7.2 折弯设计

## 7.2.1 中性层概念和参数

钢板折弯，在其折弯处内角受压应力、外角受拉应力。在拉力的作用下，钢板折弯后会发生塑性变形（长度变长）；在压力的作用下，钢板折弯后也会发生塑性变形（长度变短）。在一般情况下，从拉到压之间，有一层既不受拉力，又不受压力的过渡层，称为中性层。中性层在弯曲过程中的长度和弯曲前一样，保持不变。计算弯曲件展开长度时，以中性层的长度为基准。

## 7.2.2 展开长度计算

### 7.2.2.1 基本原理与折弯系数

总长度为 $L$ 的钢板，由 $A$ 加 $B$ 组成（图 7－3）。在钢板的 A、B 结合处，折一个弯；折弯后弯板的 A 边长度加弯板的 B 边长度，与原来的未折弯时的钢板长度 $L$ 并不一样。由此，人们总结出了型材料宽展开计算的基本公式：展开长度 = 料内$_{左直}$ + 料内$_{右直}$ + 补偿量$_{中弯}$，也就是

$$L = A + B + K$$

公式中的补偿量 $K$ 称为折弯系数。

### 7.2.2.2 计算方法

**1. V 形折弯 1**

当 $R=0$，$\theta=90°$时，即折 90°直角，内角为 0°时，见图 7－3（$R$、$\theta$ 参见图 7－5）时：$L=A+B+K$

1）当 $0<$板厚 $t\leqslant0.3$ 时，$K=0$。

2）对于钢板：

（1）当 $0.3<t<1.5$ 时，$K=0.4T$；

（2）当 $1.5\leqslant t<2.5$ 时，$K=0.35T$；

（3）当 $t\geqslant2.5$ 时，$K=0.3t$。

3）对于其他有色金属材料（如铝、铜等），当 $t>0.3$ 时，$K=0.4t$。

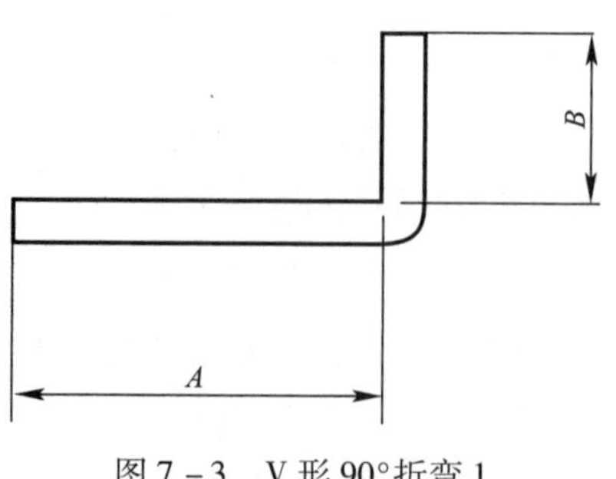

图 7－3　V 形 90°折弯 1

**2. V形折弯2**

当$R \neq 0$，$\theta = 90°$时，即折90°直角，内角不为0°时，见图7-4（$R$、$\theta$参见图7-5）时，$L = A + B + K$。这时$K$值取中性层弧长。

1）当$t < 1.5$时，$\lambda = 0.5t$。

2）当$t \geqslant 1.5$时，$\lambda = 0.4t$。

3）当使用有折刀的弯板机加工时：

（1）$R \leqslant 2.0$时，按$R = 0$处理；

（2）当$2.0 < R < 3.0$时，按$R = 3.0$处理；

（3）当$R \geqslant 3.0$时，按原值处理。

**3. V形折弯3**

当$R = 0$，$\theta \neq 90°$时，即折内角为0°的非直角弯，$L = A + B + K'$。

（1）当$t \leqslant 0.3$时，$K' = 0$。

（2）当$t > 0.3$时，$K' = K \times \theta / 90$。

注：上式中的$K$，为$\theta = 90°$时的补偿量。

**4. V形折弯4**

当$R \neq 0$，$\theta \neq 90°$时，见图7-5，即折内角不足90°角的弯，$L = A + B + K$。其中$K$值取中性层弧长。

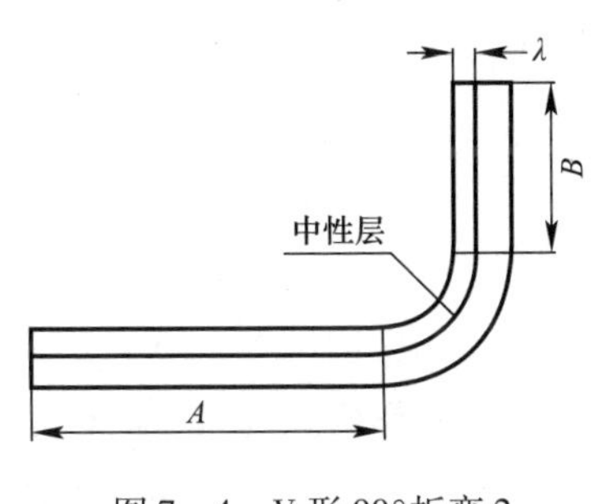


图7-4 V形90°折弯2

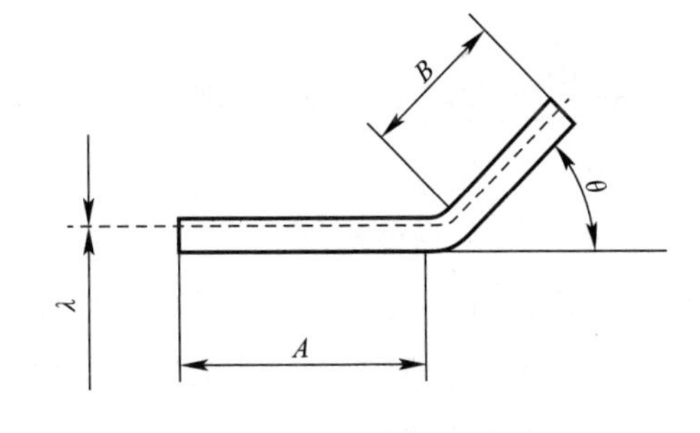


图7-5 V形任意角折弯

中性层位置与变形程度有关。当弯曲半径较大，折弯角度较小时，变形程度较小，中性层位置靠近板料厚度的中心处；当弯曲半径变小，折弯角度增大时，变形程度随之增大，中性层位置逐渐向弯曲中心的内侧移动。中性层到板料内侧的距离用$\lambda$表示（参见图7-6）。

1）当$t < 1.5$时，$\lambda = 0.5t$。

2）当$t \geqslant 1.5$时，$\lambda = 0.4t$。

3）当使用有折刀弯板机加工时：

（1）当$R \leqslant 2.0$时，按$R = 0$处理；

（2）当$2.0 < R < 3.0$时，按$R = 3.0$处理；

（3）当$R \geqslant 3.0$时，按原值处理。

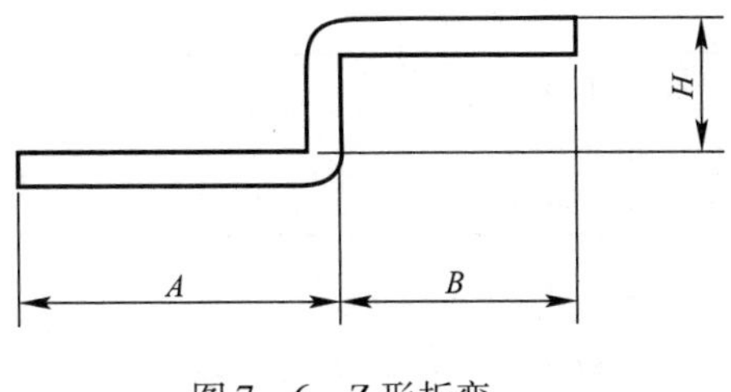


图7-6 Z形折弯

**5. Z 形折弯**

Z 形折弯如图 7－6 所示。

（1）当 $H \geq 5t$ 时，分两次成型时，按两个 90°折弯计算；

（2）当 $H < 5t$ 时，一次成型，$L = A + B + K$。其中的 $K$ 值，可按表 7－1 给出的参数选取。

**Z 弯 $H < 5t$ 时的 $K$ 值** 单位：mm **表 7－1**

| $H$ | $T$ | | | | | | | |
|---|---|---|---|---|---|---|---|---|
| | 0.5 | 0.8 | 1.0 | 1.2 | 1.5 | 1.6 | 2.0 | 3.2 |
| 0.5 | 0.1 | — | — | — | — | — | — | — |
| 0.8 | 0.2 | 0.1 | 0.1 | — | — | — | — | — |
| 1.0 | 0.5 | 0.2 | 0.2 | 0.2 | 0.2 | 0.2 | — | — |
| 1.5 | 1.0 | 0.7 | 0.5 | 0.3 | 0.3 | 0.3 | 0.3 | 0.2 |
| 2.0 | 1.5 | 1.2 | 1.0 | 0.8 | 0.5 | 0.4 | 0.4 | 0.3 |
| 2.5 | 2.0 | 1.7 | 1.5 | 1.3 | 1.0 | 0.9 | 0.5 | 0.4 |
| 3.0 | 2.5 | 2.2 | 2.0 | 1.8 | 1.5 | 1.4 | 1.0 | 0.5 |
| 3.5 | — | 2.7 | 2.5 | 2.3 | 2.0 | 1.9 | 1.5 | 0.5 |
| 4.0 | — | 3.2 | 3.0 | 2.8 | 2.5 | 2.4 | 2.0 | 0.8 |
| 4.5 | — | 3.7 | 3.5 | 3.3 | 3.0 | 2.9 | 2.5 | 1.3 |
| 5.0 | — | — | 4.0 | 3.8 | 3.5 | 3.4 | 3.0 | 1.8 |

## 7.2.3 折弯的两个重要参数

**1. 最小折边与 V 形槽选择**

钢质门生产，折弯机使用的下刀模 V 形槽，常为 5$t$V。如果使用 5$t$＋1V，那么折弯系数应该变小；如果使用 5$t$－1V，那么折弯系数应该变大。[①] V 形槽宽度与型材的展开宽度有直接关系，V 形槽宽度选择与型材展开宽度必须配套。除 V 形槽宽度外，型材的最小折边宽度也是一个重要的参数。型材直边宽度小于最小折边宽度，无法加工。常用最小折边和 V 形槽宽度见表 7－2。

**最小折边与 V 形槽规格** **表 7－2**

| 料厚 | 折弯角度 90° | | 折弯角度 30° | |
|---|---|---|---|---|
| | 最小折边 | V 形槽规格 | 最小折边 | V 形槽规格 |
| 0.1～0.4 | 1.0 | 2V | — | — |
| 0.4～0.6 | 1.5 | 3V | 2.2 | 3V |
| 0.7～0.9 | 2.0 | 4V | 2.5 | 4V |

① 5TV 是指 5 倍板材厚度的 V 形槽，也就是 V 形槽宽是 5 倍板材厚度。同理，5T＋1V 是指 5 倍板材厚度＋1mm 的 V 形槽；5$t$－1V 是指 5 倍板材厚度－1mm 的 V 形槽；2V 是指宽 2mm 的 V 形槽；7V 是指宽 7mm 的 V 形槽。

续表

| 料厚 | 折弯角度90° | | 折弯角度30° | |
|---|---|---|---|---|
| | 最小折边 | V形槽规格 | 最小折边 | V形槽规格 |
| 0.9~1.0 | 2.5 | 5V | 3.4 | 6V |
| 1.1~1.2 | 3.0 | 6V | — | — |
| 1.3~1.4 | 3.5 | 7V | 5.0 | 8V |
| 1.5~1.6 | 4.0 | 8V | — | — |
| 1.7~2.0 | 5.0 | 10V | — | — |
| 2.1~2.5 | 6.0 | 12V | — | — |
| 2.6~3.2 | 8.0 | 16V | — | — |
| 3.3~5.0 | 12.5 | 25V | — | — |
| 5.1~6.4 | 16.0 | 32V | — | — |

注：如果折弯板料边尺寸小于上表中最小折边尺寸时，折床无法完成折弯，此时可先将板料尺寸加大，折弯完成后再将多余部分剪除。

**2. 最小弯曲半径**

材料弯曲时，其圆角区外层受到拉伸，内层则受到压缩，弯曲半径越小，材料的拉伸和压缩比就越大。当材料厚度一定时，外层圆角的拉伸应力超过材料的极限强度时，就会产生裂缝或折断。因此弯曲工件的结构设计，应避免过小的弯曲圆角半径。表7-3给出了折弯时的最少内侧弯曲半径。

**最小内侧弯曲半径** 单位：mm **表7-3**

| 材料厚度$T$ | 内侧的弯曲半径$R$ | | | | | | | | | | | | | | | |
|---|---|---|---|---|---|---|---|---|---|---|---|---|---|---|---|---|
| | 0.25 | 0.5 | 1.0 | 1.5 | 2.0 | 2.5 | 3.0 | 3.5 | 4.0 | 4.5 | 5 | 6 | 7 | 8 | 9 | 10 |
| 0.2 | 0.475 | 0.91 | 1.7 | 2.5 | 3.3 | 4.1 | 4.9 | 5.7 | 6.4 | 7.2 | 8.0 | 9.6 | 11.1 | 12.7 | 14.3 | 15.9 |
| 0.4 | 0.556 | 1.0 | 1.8 | 2.6 | 3.4 | 4.2 | 5.0 | 5.8 | 6.6 | 7.4 | 8.2 | 9.7 | 11.3 | 12.9 | 14.4 | 16.0 |
| 0.6 | 0.638 | 1.1 | 1.9 | 2.7 | 3.5 | 4.3 | 5.1 | 5.9 | 6.7 | 7.5 | 8.3 | 9.9 | 11.4 | 13.0 | 14.6 | 16.2 |
| 0.8 | 0.72 | 1.2 | 2.0 | 2.8 | 3.6 | 4.4 | 5.2 | 6.0 | 6.8 | 7.6 | 8.4 | 10.0 | 11.6 | 13.2 | 14.7 | 16.3 |
| 1.0 | 0.8 | 1.3 | 2.1 | 2.9 | 3.7 | 4.5 | 5.3 | 6.1 | 6.9 | 7.7 | 8.5 | 10.1 | 11.7 | 13.3 | 14.9 | 16.4 |
| 1.2 | | 1.4 | 2.2 | 3.0 | 3.8 | 4.6 | 5.4 | 6.2 | 7.0 | 7.8 | 8.6 | 10.2 | 11.8 | 13.4 | 15.0 | 16.6 |
| 1.4 | | 1.5 | 2.3 | 3.1 | 3.9 | 4.7 | 5.5 | 6.3 | 7.1 | 7.9 | 8.7 | 10.3 | 11.9 | 13.5 | 15.1 | 16.7 |
| 1.6 | | 1.6 | 2.4 | 3.2 | 4.0 | 4.8 | 5.6 | 6.4 | 7.2 | 8.1 | 8.9 | 10.5 | 12.0 | 13.6 | 15.2 | 16.8 |
| 1.8 | | 1.7 | 2.5 | 3.3 | 4.1 | 4.9 | 5.7 | 6.5 | 7.3 | 8.2 | 9.0 | 10.6 | 12.2 | 13.7 | 15.3 | 16.9 |
| 2.0 | | 1.8 | 2.6 | 3.4 | 4.2 | 5.0 | 5.8 | 6.6 | 7.4 | 8.3 | 9.1 | 10.7 | 12.3 | 13.9 | 15.4 | 17.0 |
| 2.2 | | | 2.7 | 3.5 | 4.3 | 5.1 | 5.9 | 6.7 | 7.5 | 8.4 | 9.2 | 10.8 | 12.4 | 14.0 | 15.5 | 17.1 |
| 2.4 | | | 2.8 | 3.6 | 4.4 | 5.2 | 6.0 | 6.8 | 7.6 | 8.5 | 9.3 | 10.9 | 12.5 | 14.1 | 15.6 | 17.3 |
| 2.6 | | | 2.9 | 3.7 | 4.5 | 5.3 | 6.1 | 6.9 | 7.7 | 8.6 | 9.4 | 11.0 | 12.6 | 14.2 | 15.7 | 17.4 |
| 2.8 | | | 3.0 | 3.8 | 4.6 | 5.4 | 6.2 | 7.0 | 7.8 | 8.7 | 9.5 | 11.1 | 12.7 | 14.3 | 15.8 | 17.5 |
| 3.0 | | | 3.1 | 3.9 | 4.7 | 5.6 | 6.3 | 7.2 | 7.9 | 8.8 | 9.6 | 11.2 | 12.8 | 14.4 | 16.0 | 17.6 |
| 3.5 | | | 3.4 | 4.2 | 4.9 | 5.7 | 6.5 | 7.4 | 8.1 | 9.0 | 9.8 | 11.4 | 13.0 | 14.7 | 16.3 | 17.9 |

续表

| 材料厚度 $T$ | 内侧的弯曲半径 $R$ | | | | | | | | | | | | | | | |
|---|---|---|---|---|---|---|---|---|---|---|---|---|---|---|---|---|
| | 0.25 | 0.5 | 1.0 | 1.5 | 2.0 | 2.5 | 3.0 | 3.5 | 4.0 | 4.5 | 5 | 6 | 7 | 8 | 9 | 10 |
| 4.0 | — | — | 3.6 | 4.4 | 5.2 | 6.0 | 6.8 | 7.6 | 8.5 | 9.3 | 10.1 | 11.7 | 13.3 | 14.9 | 16.5 | 18.1 |
| 4.5 | — | — | — | 4.7 | 5.5 | 6.3 | 7.1 | 7.8 | 8.7 | 9.5 | 10.3 | 11.9 | 13.5 | 15.1 | 16.8 | 18.4 |
| 5 | — | — | — | 4.9 | 5.7 | 6.5 | 7.3 | 8.1 | 9.0 | 9.8 | 10.6 | 12.2 | 13.8 | 15.4 | 17.0 | 18.6 |
| 6 | — | — | — | — | — | — | 7.8 | 8.8 | 9.6 | 10.4 | 11.1 | 12.7 | 14.5 | 16.1 | 17.7 | 19.2 |
| 7 | — | — | — | — | — | — | 8.3 | 9.1 | 10.1 | 10.9 | 11.7 | 13.3 | 14.8 | 16.7 | 18.3 | 19.8 |
| 8 | — | — | — | — | — | — | — | — | 10.4 | 11.5 | 12.2 | 13.8 | 15.4 | 17 | 18.8 | 20.4 |
| 9 | — | — | — | — | — | — | — | — | 10.9 | 12 | 12.8 | 14.4 | 15.9 | 17.5 | 19.1 | 21.0 |
| 10 | — | — | — | — | — | — | — | — | — | — | 13 | 14.9 | 16.5 | 18.1 | 19.6 | 21.2 |

### 7.2.4 折变在设计生产中三个问题的处理

**1. 折弯部位附近孔变形**

预先加工好孔的毛坯料，在弯曲时如果孔位于弯曲变形区内，那么孔的形状在折弯后会拉伸变形。在折弯设计生产中应尽量避免孔位分布在折弯变形区内。

折弯至孔边距离：当料厚小于2mm时，至圆孔边一般应保证大于等于2倍料厚，至长圆孔平的长腰边（平行线部分）一般应保证大于等于3倍料厚；当料厚大于等于3mm时，至圆孔边一般应保证大于等于3倍料厚，至长圆孔平的长腰边（平行线部分）一般应保证大于等于4倍料厚。

**2. 回弹**

弯曲件的回弹指板料的塑性变形使弯曲件离开模具后发生形状与尺寸改变的现象。回弹的程度通常用弯曲后工件的实际弯曲角与模具弯曲角的差值即回弹角的大小来表示。影响回弹的因素很多，包括材料的力学性能、相对弯曲半径、工件形状、模具间隙，以及弯曲时的正压力等有关。由于影响回弹的因素较多，理论分析计算复杂，一般来讲折弯件的内圆角半径与板厚之比越大，回弹就越大。

**3. 折弯刀与型材干涉**

型材的内部空间有限，用折弯机折弯，折弯刀（上模）需要一定的空间，为了避免折弯刀与型材发生干涉，可采取以下措施。

（1）应根据型材的特点选用适当的折弯刀。图7－7给出了几种不同样式折弯，生产企业也可根据需要定做专门的折弯刀。设计定做专门的折弯刀时应注意其中心线位置，防止出现折弯刀偏载问题。

（2）应根据型材的特点确定适当的折弯程序。折弯的基本程序是：由内到外进行折弯；由小到大进行折弯；先折弯特殊形状，再折弯一般形状；前一道折弯工序不应该对后一道工序形成阻碍。

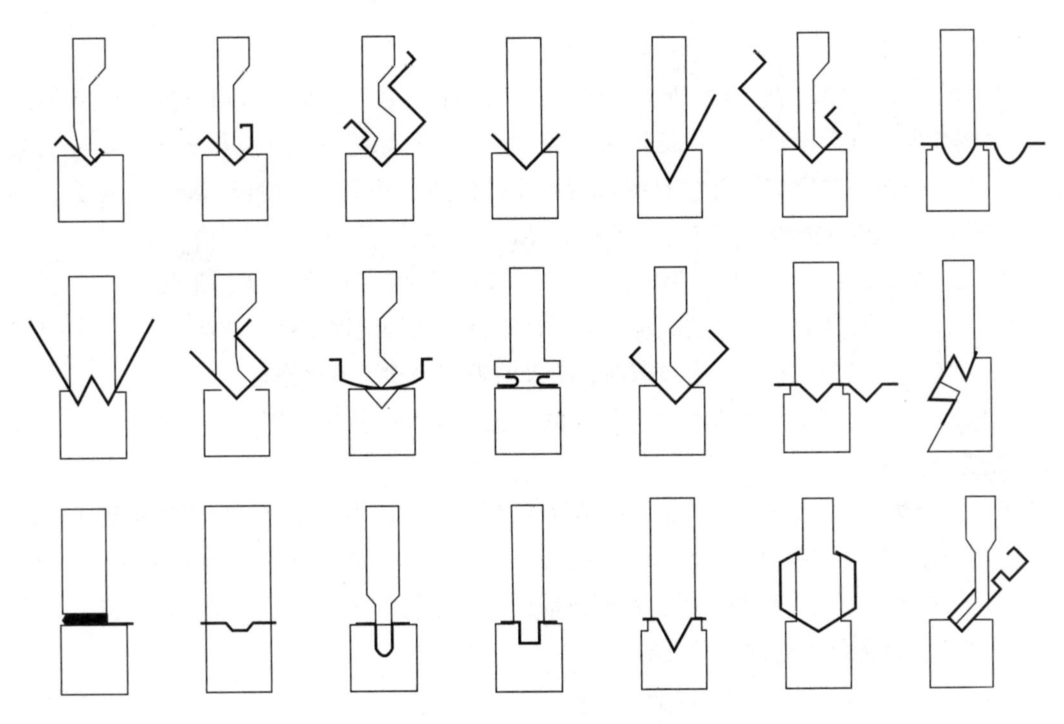

图7－7　折弯刀样式示意

## 7.3 折弯加工

### 7.3.1　折弯时的注意事项

1）从事折弯操作工的人员应有良好的身体，工作时精力要集中，要头脑清晰，反应敏捷。不得饮酒后操作或疲劳操作。

2）严格遵守工安全操作规程，按规定穿戴好劳动防护用品；

3）工作前（启动设备前）应对设备应进行认真检查，包括以下部位；

（1）电机、开关、线路和接地是否正常和牢固；

（2）设备各操纵部位、按钮是否在正确位置；

（3）上下模的重合度和牢固性；

（4）各定位装置是否符合加工需求；

（5）上滑板和各定位轴，未在原点的状态时，运行回原点程序；

（6）工作区域内的卫生和物品码放情况，工作台面整洁，地面清洁卫生，做到无纸屑、杂物垃圾等，无影响工作的杂物；

（7）设备启动后空运转1～2min，上滑板满行程运动2～3次，如发现有不正常声音或有故障时应立即停车，将故障排除，一切正常后方可工作。

4）正式开始工作前应首先查检、查看：生产任务单、工艺、待加工件及已有的库存，合理计划安排工作时间，保证按时完成生产任务。如折弯工序在接到生产工单的第二天下午下班前必须完成全部材料的折弯工作，包括不锈钢密封门板、圆弧门框等；再如，保证充足的库存配件（不少于一百个订单的库存配件）。

5）工作中发现质量问题，应协同前后工序及时处理，并向管理人员汇报。

（1）待加工件不符合要求时，应及时退回返修或通知前道工序重新补开。

（2）本工序已加工件不符合要求时，应及时返工修理，不得拖延。

（3）本工序已加工件出现不符合要求的情况，应及时找出原因，制定改进措施，避免再犯类似错误。

6）配合算单员、开料员做好库存代配料的配用工作。本工序有需要返回上道工序的工件，有关人员应及时将板材卸入板架内，并在工作不饱和时，配合、辅助开料员画线。

7）爱护保养好折弯机与刀模，保证机器设备正常良好地运转。定期加油，保证好设备的精度，发现异常及时向管理人员汇报。

8）执行折弯操作时应注意以下事项：

（1）工作时应由1人统一指挥。使操作人员与送料压制人员密切配合。在确保操作人员、配合人员均在安全位置的情况下方可发出折弯信号；

（2）板料折弯时必须压实，以防在折弯时板料翘起伤人；

（3）调整板料压模时必须切断电源，设备停止运转后进行有关调整；

（4）调整可变下模的开口时，不允许有任何物料与下模接触；

（5）机床工作时，机床后部不允许站人；

（6）严禁单独1人，在一端处压折板料；

（7）工作时发现工件或模具不正，应停车校正。为防伤手，严禁在设备运转过程中用手校正；

（8）为防止设备损坏、保障人员安全，禁止折超厚的钢板、淬过火的钢板、高级合金钢、方钢；

（9）经常检查上、下模具的重合度；

（10）工作中应注意压力表的指示是否符合规定；

（11）发生异常立即停机，检查原因并及时排除；

（12）关机前，要在两侧油缸下方的下模上放置木块将上滑板下降到木块上；

（13）先退出控制系统程序，后切断电源。

### 7.3.2 折弯质量检验标准

（1）保证每刀成型操作准确无误，尺寸误差、角度误差在允许范围以内。

(2) 门扇厚度尺寸、门框开门位尺寸，误差应控制在±0.5mm以内。

(3) 门框止口靠近开门位的一刀，位置关键，角度要小于88°。

(4) 门扇铰边成型角度应准确，铰边竖板厚度方向折弯角度应等于90°。

(5) 保证长料、折弯角度完全一致，中间、两头相等，角度到位、尺寸准确，无两头不一致现象。

(6) 门框有包边时，要保证横梁、近锁竖梁、近铰竖梁三边的尺寸与包边角度准确，保证接口平齐一致。

(7) 加工各类配件，同样应保证其折弯误差在允差范围内，如：内门骨架或包边的加工误差应控制在±0.5mm以内。

(8) 不锈钢内门折弯时（需翻转方向，或折上、下面时），应小心搬抬，注意速度不能过快，防止变形。

(9) 折好的材料在码放时不能过多、不能超高，防止工件被自重压坏，防止码垛倾倒摔坏工件。工件码放应便利后工序取拿。

(10) 工件压型面不得有非正常凹凸变形，上、下刀模清洁与完好，上、下模不能附有异物，确保工件表面无非正常折弯痕迹。

(11) 保证折弯 *R* 角度符合要求。折弯 *R* 角出现过大时，要修磨上刀模，不得带病继续使用。

(12) 要保证折弯压舌边或遮缝边角度，成型面不得有凹凸变形痕迹。

(13) 折弯加工上、中、下封板，应按单号集中配套生产，整个单号完成后再生产下一个单号。不得随意放置，混淆一起。

### 7.3.3 设备的保养与维护

在进行机床保养或擦机前，应将上模对准下模后放下关机，直至工作完毕，如需进行开机或其他操作，应将模式选择在手动，并确保安全。其保养内容如下：

**1. 液压油路**

(1) 每周检查油箱油位，如进行液压系统维修后也应检查，油位低于油窗应加注液压油。

(2) 不同的设备使用的液压油不一样，ISO HM46 或 MOBIL DTE25。

(3) 新机工作2000h后应换油，以后每工作4000~6000h后应换油，每次换油，应清洗油箱。

(4) 系统油温应在35~60℃之间，不得超过70℃，如过高会导致油质及配件的变质损坏。

**2. 过滤器**

(1) 每次换油时，过滤器应更换或彻底清洗；

（2）机床有相关报警或油质不干净等其他过滤器异常，应更换；

（3）油箱上的空气过滤器，每3个月进行检查清洗，最好1年更换。

**3. 液压部件**

（1）每月清洁液压部件（基板、阀、电机、泵、油管等），防止脏物进入系统，不能使用清洁剂。

（2）新机使用一个月后，检查各油管弯曲处有无变形，如有异常应予更换，使用两个月后，应紧固所有配件的连接处，进行此项工作时应关机，系统无压力。

## 7.3.4 常用折弯方法

**1. L折**

1）说明：按角度分为90°折和非90°折。按加工分为一般加工（$L < V/2$）和特殊加工（$L < V/2$）。

2）模具选择：模具依材质、板厚、成型角度来选。

3）靠位原则：

（1）以两个后定规靠位为原则，并以工件外形定位；

（2）一个后定规靠位时，注意偏斜，要求与工件折弯尺寸在同一中心线上；

（3）小折折弯时，反靠位加工为佳；

（4）以靠后定规中间偏下为佳（靠位时后定规不易翘起）；

（5）靠位边以离后定规近则为佳；

（6）以长边靠位为佳。

（7）以治具辅助靠位（斜边不规则靠位）。

4）注意事项：

（1）要注意加工时的靠位方式和在各种靠位加工方式中后定规的运动方式。

（2）模具正装时折弯，后定规要后拉，以防止工件在折弯时变形。

（3）大工件内部折弯时，因工件外形较大，而折弯区较小，使刀具和折弯区难以重合，造成工件定位难，或折弯工件损坏。为避免以上情况发生，可在加工的纵方向加一定位点，这样由两个方向定位加工，使加工定位方便，并提高加工安全性，避免工件损坏，提升生产效率。

**2. N折**

1）说明：N折要根据形状不同采用不同的加工方式。折弯时，其料内尺寸要大于4mm，且有些尺寸还会受到模具外形的限制。如果料内尺寸小于4mm，则采用特殊方法加工。

2）模具选择：根据料厚、尺寸、材质及折弯角度来选模。

3）靠位原则：

（1）保证工件不与刀具发生干涉；

（2）保证靠位角度略小于90°；

（3）最好用两个后定规靠位，特殊情况除外。

4）注意事项：

（1）折弯L折后，期角度要保证在90°或略小于90°，以方便加工靠位；

（2）第二折加工时，要求靠位位置以加工面为中心来靠位。

**3. Z折**

1）说明：Z折又称之为段差，即一正一反的折弯。根据角度分斜边段差和直边段差。折弯加工的最小尺寸是加工模具限制的，最大加工尺寸是由加工机台的外形决定的。一般情况下，Z折的料内尺寸小于3.5t时，采用段差模加工。大于3.5t时，则采用正常加工方法。

2）靠位原则：

（1）靠位方便，稳定性好；

（2）一般靠位与L折相同；

（3）二次靠位是要求加工工件与下模贴平。

3）注意事项：

（1）L折的加工角度一定要到位，一般要求在89.5°~90°；

（2）后定规要后拉时，要注意工件的变形；

（3）加工的先后顺序一定要正确；

（4）针对特殊的加工，可用中心线分离法（偏心加工）、小V加工（需增大折弯系数）、易模成型、修磨下模加工方法。

**4. 反折压平**

1）说明：反折压平又称压死边。死边的加工步骤是先折弯插深至35°左右，再用压平模压平至贴平贴紧。

2）模具选择：选模方式按5~6倍料厚选30°的插深下模的V槽宽度，根据加工死边的具体情况选择上模。

3）注意事项：

（1）死边要注意两边平行度，当死边加工尺寸较长时，压平边可先折一翘角后压平；

（2）对于较短的死边，可采用垫料加工。

**5. 压五金**

利用折床压铆五金件，一般要利用凹模，治具等辅助模具加工。

1）加工内容：压螺母，压螺柱，压螺钉及其他一些五金件。

2）加工注意事项：

（1）工件外形需避位加工时，要采取避位；

（2）加工完后要检测扭力、推力是否达到标准及五金件与工件是否贴平贴紧；

（3）折弯后压铆，在机床旁边压时，要注意加工避位和模具的平行度；

(4) 如果是胀铆时，还要注意胀铆边不能有裂纹，胀铆边不能高出工件表面。

**6. 易模成型**

一般易模成型的加工内容包括：小段差、卡钩、抽桥、抽包、压弹片及一些不规则的形状。

易模的设计原理参考“LASER 切割易模设计原理”。易模一般用后定规定位或自定位。用易模加工上述内容的加工，最重要的是其功能和装配要求不受影响，外观正常。

## 7.4 折弯加工常见的问题及其解决方法

### 7.4.1 加工时产生滑料现象

**1. 原因分析**

(1) 折弯选模时一般选 (4 ~6)t 的 V 形槽宽。当折弯的尺寸小于所选 V 形槽宽的一半时，就会产生滑料现象。

(2) 选用的 V 形槽过大。

**2. 工艺处理解决方法**

(1) 中心线偏离法（偏心加工）。如果折弯的料内尺寸小于 (4 ~6)t/2 时，小多少就补多少。

(2) 垫料加工。

(3) 用小 V 形槽折弯，大 V 形槽加压。

(4) 选用较小的 V 形槽。

### 7.4.2 内部折弯宽度比标准模具宽度要窄

**1. 原因分析**

(1) 由于折床下模标准宽度最小为 10mm，所以折弯加工部分开小于 10mm。

(2) 若为 90°折弯，则其长度尺寸不得小于$\sqrt{2}(L+V/2)+t$

此类折弯，定要把模具固定在模座上（即除了向上方向的自由度未限制外）避免模具的位移而导致工件报废或者造成安全事故。

**2. 解决方法**

(1) 加大尺寸（要与客户协商），即增大内部折的宽度。

(2) 修磨刀具（此举导致加工成本上升）。

### 7.4.3 孔离折弯线太近，折弯会使孔拉料，翻料

**1. 原因分析**

（1）孔离折弯线的距离为 $L$，当 $L<(4\sim6)T/2$ 时，孔就会拉料。主要是因为折弯过程中，受到力的拉伸使材料发生变形，从而产生拉料，翻料现象。

（2）针对不同板厚，按照已有的标准模具的槽宽数据，取 $L$ 最小值。

**2. 解决方法**

（1）增大尺寸，成型后修磨折边。

（2）将孔扩大至折弯线（必须对外观，功能无影响，且客户同意）。

（3）割线处理或压线处理。

（4）模具偏心加工。

（5）修改孔位尺寸。

### 7.4.4 折弯后抽形处变形

**1. 原因分析**

抽形边缘与折弯线距离 $L$ 小，当 $L<(4\sim6)t/2$ 时，由于抽形与下模接触，折弯过程中，抽形受力而发生变形。

**2. 解决方法**

（1）割线处理或压线处理。

（2）修改抽形尺寸。

（3）采用特殊模具加工。

（4）模具偏心加工。

### 7.4.5 长死边压平后有翘起

**1. 原因分析**

由于死边较长，在压平时贴不紧，从而导致其端部压平后翘起。这种情况发生，与压平的位置有很大的关系，所以在压平时要注意压平的位置。

**2. 解决方法**

1）在折死边前先折一折翘角，而后压平。

2）分多步压平：

（1）先压端部，使死边向下弯曲；

（2）压平根部。

注意：压平效果与操作者作业技能有关，故在压平时请留意实际情况。

### 7.4.6 大高度抽桥易断裂

**1. 原因分析**

（1）由于抽桥高度太高，材料拉伸严重导致断裂。

（2）易模棱角未修磨或修磨不够。

（3）材料的韧性太差或桥体太窄。

**2. 解决方法**

（1）在断裂的一边加长工艺孔。

（2）增大抽桥宽度。

（3）修磨易模 *R* 角，增大圆弧过渡。

（4）加润滑油于抽桥处。（因此种方法会使工件表面脏污，故对铝件等无法采用）

### 7.4.7 易模加工时，加工尺寸会跑动

**1. 原因分析**

由于工件在加工过程中受到向前的挤压力，工件向前位移，导致前部的小翘角尺寸 *L* 加大。

**2. 解决方法**

（1）将折刀挤压工件的部分磨掉。一般是差多少就补多少。

（2）将易模自定位部分全部磨掉，改用后定规定位。

### 7.4.8 下料总尺寸（指展开）偏小或偏大，与圆面不相符

**1. 原因分析**

（1）工程展开错误。

（2）下料尺寸有误。

**2. 解决方法**

根据偏差方向上偏差总量及折弯刀数，计算出每折所分配的偏差。

（1）如果计算出的分配公差在公差范围内，则该工件是可以允收的。

（2）如果尺寸偏大，则可以用小 V 形槽加工。

（3）如果尺寸偏小，则可以用大 V 形槽加工。

### 7.4.9 抽孔铆合后胀裂或铆合不紧、变形

**1. 原因分析**

（1）胀裂是由于抽孔冲子 *R* 角过小或翻边的毛刺太大。

（2）铆不紧是由于抽孔胀开不到位。

（3）变形存在孔错位或铆合方式不对造成。

**2. 解决方法**

（1）改选用大 *R* 角的冲子。注意抽孔翻边时孔周围的毛刺。

（2）加大压力，改用大 *R* 角的冲子。

（3）改变铆合方式。

### 7.4.10 螺柱压铆歪斜或压铆后工件变形

**1. 原因分析**

（1）加工产品时没有端平工件。

（2）工件下表面受力不均匀或压力过大。

**2. 解决方法**

（1）压螺柱时要端平工件。

（2）制作支撑架。

（3）重新调整压力。

（4）加大下表面的受力范围，减小上表面的施力范围。

### 7.4.11 段差后两边不平行

**1. 原因分析**

（1）模具未校正。

（2）上、下模垫片未调整好。

（3）上、下模面取选择不同。

**2. 解决方法**

（1）重新校对模具。

（2）增减垫片。

（3）模具偏心。

（4）更换面取，使上、下模的面取一样。

### 7.4.12 产品表面折痕太深

**1. 原因分析**

（1）下模 V 形槽小。

（2）下模 V 形槽的 *R* 角小。

(3) 材质太软。

**2. 解决方法**

(1) 采用大V形槽加工。

(2) 使用大 $R$ 角的模具加工。

(3) 垫料折弯（垫钢片或优力胶）。

### 7.4.13 近折弯处在折弯后变形

**1. 原因分析**

折弯过程中机台运行快，工件变形过程中向上弯曲速度大于操作者手扶持工件运动的速度。

**2. 解决方法**

(1) 降低机台运行速度。

(2) 增大操作者手扶持速度。

### 7.4.14 铝件折弯易产生裂纹

**1. 原因分析**

因铝材有特殊的晶体结构，在折弯时平行纹路方向易产生断裂。

**2. 解决方法**

(1) 下料时，考虑将铝材旋转与折弯垂直方向切割（即使材料折弯方向与纹路垂直）。

(2) 加大上模 $R$ 角。

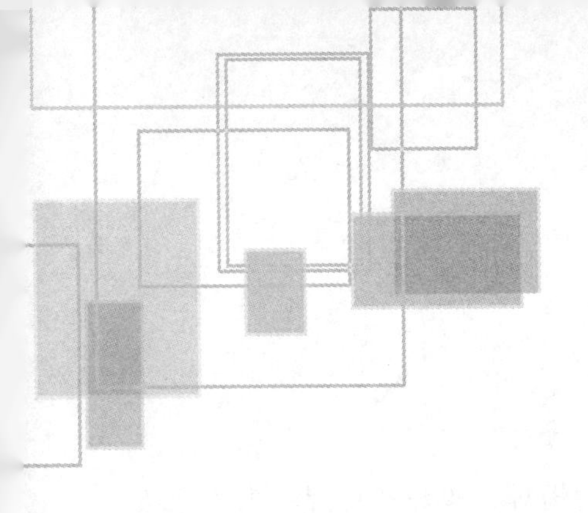

第8章

# 焊接

## 8.1 焊接基础知识

### 8.1.1 焊接成型的特点

焊接技术是将两种或两种以上的（同种或异种）的材料通过原子或分子之间的结合和扩散造成永久性连接的工艺过程。与其他材料加工工艺相比，焊接成型技术具有以下特点：

（1）焊接可以将不同类型、不同形状尺寸的材料连接起来，使金属结构中材料的分布更加合理。此外，焊接结构中各零部件通常可以直接用焊接连接，不需要附加的连接件，焊接接头的强度一般也能达到与母材相同，因此，焊接结构产品重量轻，生产成本低。

（2）焊接接头是通过原子间的结合力实现连接的，刚度大、整体性好，在外力的作用下不像机械连接（如铆接、销子连接等）会产生较大的变形。

（3）焊接加工一般不需要大型、贵重的设备。因此是一种投资小、见效快的方法。同时焊接是一种“柔性”加工工艺，既适用于大批量生产，又适用于小批量生产。而且，产品结构发生变化时，设备可基本不变。

（4）焊接工艺特别适用于几何尺寸较大而材料较分散的制品，如桁架等，可以将大型、结构复杂的构件分解成许多小型部件分别加工，然后通过焊接连成整体结构，从而扩大工作面，简化金属结构加工工艺，缩短加工周期。

## 8.1.2 焊接方法的分类

根据母材在焊接过程中是否熔化，将焊接方法分为熔焊、压焊和钎焊三大类，然后再根据加热方式、工艺特点或其他特征进行下一层次的分类，见表 8－1 所列。

**焊接方法的分类** **表 8－1**

| 第一层次（根据母材是否熔化） | 第二层次 | 第三层次 | 第三层次 | 是否易于实现自动化 |
|---|---|---|---|---|
| 熔焊：利用一定的热源，使构件的被连接部位局部融化成液体，然后再冷却结晶成一体的方法 | 电弧焊 | 熔化极电弧焊 | 手工电弧焊 | △ |
| | | | 埋弧焊 | ○ |
| | | | 熔化极气体保护焊（GMAW） | ○ |
| | | | $CO_2$ 气体保护焊 | ○ |
| | | | 螺柱焊 | △ |
| | | 非熔化极电弧焊 | 钨极氩弧焊（GTAW） | ○ |
| | | | 等离子弧焊 | ○ |
| | | | 氢原子焊 | △ |
| | 气焊 | 氧－氢火焰 | — | △ |
| | | 氧－乙炔火焰 | | △ |
| | | 空气－乙炔火焰 | | △ |
| | | 氧－丙烷火焰 | | △ |
| | | 空气－丙烷火焰 | | △ |
| | 铝热焊 | — | — | △ |
| | 电渣焊 | — | — | ○ |
| | 电子束焊 | 高真空电子束焊 | — | ○ |
| | | 低真空电子束焊 | | ○ |
| | | 非真空电子束焊 | | ○ |
| | 激光焊 | — | $CO_2$ 激光焊 | ○ |
| | | | YAG 激光焊 | ○ |
| 压力焊：利用摩擦、扩散、加压等物理作用，克服两个连接表面的不平度，除去氧化膜和其他污染物，使两个连接表面上的原子相互接近到晶格距离，从而在固态条件下实现连接的方法 | 闪光对焊 | — | — | ○ |
| | 电阻焊 | 电阻点焊 | — | ○ |
| | | 电阻缝焊 | — | ○ |
| | | 电阻对焊 | — | ○ |
| | 冷压焊 | — | — | △ |
| | 超声波焊 | — | — | ○ |
| | 爆炸焊 | — | — | ○ |
| | 锻焊 | — | — | △ |
| | 扩散焊 | — | — | △ |
| | 摩擦焊 | — | — | ○ |

续表

| 第一层次（根据母材是否熔化） | 第二层次 | 第三层次 | 第三层次 | 是否易于实现自动化 |
|---|---|---|---|---|
| 钎焊：用熔点比母材低的材料作钎料，将焊件和钎料加热至高于钎料熔点但低于母材熔点的温度，利用毛细作用使液态钎料充满接头间隙，熔化钎料润湿母材表面。冷却后结晶形成冶金结合的方法 | 火焰钎焊 | — | — | △ |
| | 感应钎焊 | — | — | △ |
| | 炉中钎焊 | 空气炉钎焊 | — | △ |
| | | 气体保护炉钎焊 | — | △ |
| | | 真空炉钎焊 | — | △ |
| 钎焊：用熔点比母材低的材料作钎料，将焊件和钎料加热至高于钎料熔点但低于母材熔点的温度，利用毛细作用使液态钎料充满接头间隙，熔化钎料润湿母材表面。冷却后结晶形成冶金结合的方法 | 盐浴钎焊 | — | — | △ |
| | 超声波钎焊 | — | — | △ |
| | 电阻钎焊 | — | — | △ |
| | 摩擦钎焊 | — | — | △ |
| | 金属熔钎焊 | — | — | △ |
| | 放热反应钎焊 | — | — | △ |
| | 红外线钎焊 | — | — | △ |
| | 电子束钎焊 | — | — | △ |

注：○——易实现自动化；△——难于实现自动化。

### 8.1.3 焊接方法的选择

焊接方法的选择首先应能满足技术要求和质量要求，在此前提下尽可能选择经济效益好、生产率高的焊接方法，一般选择方法是，针对产品的机械性能和结构特征，根据各种焊接方法的特点，结合产品的生产类型和生产条件等因素做综合分析后选定。表8－2列出了不同金属材料及材料厚度所适用的焊接方法。

**不同材料所适用的焊接方法　　表8－2**

| 材料 | 厚度（mm） | 手工电弧焊 | 埋弧焊 | $CO_2$保护焊 | | 钨极氩弧焊 | 等离子弧焊 | 电阻焊 | 闪光焊 | 气焊 | 扩散焊 | 摩擦焊 | 电子束焊 | 激光焊 | 火焰钎焊 | 炉中钎焊 | 感应加热钎焊 | 电阻加热钎焊 | 浸渍钎焊 | 红外线钎焊 | 扩散钎焊 | 软钎焊 |
|---|---|---|---|---|---|---|---|---|---|---|---|---|---|---|---|---|---|---|---|---|---|---|
| | | | | 短路过渡 | 细颗粒过渡 | | | | | | | | | | | | | | | | | |
| 碳钢 | ≤3 | △ | △ | △ | — | △ | — | △ | △ | △ | — | — | △ | △ | △ | △ | △ | △ | △ | △ | △ | △ |
| 碳钢 | 3～6 | △ | △ | △ | — | △ | — | △ | △ | △ | — | △ | △ | △ | △ | △ | △ | △ | △ | △ | △ | △ |
| 碳钢 | 6～19 | △ | △ | — | △ | — | — | △ | △ | △ | — | △ | △ | △ | △ | △ | △ | — | — | — | △ | △ |
| 碳钢 | ≥19 | △ | △ | — | △ | — | — | — | △ | △ | — | △ | △ | — | — | △ | — | — | — | — | △ | — |
| 低合金钢 | ≤3 | △ | △ | △ | — | △ | — | △ | △ | △ | △ | — | △ | △ | △ | △ | △ | △ | △ | △ | △ | △ |
| 低合金钢 | 3～6 | △ | △ | △ | — | △ | — | △ | △ | — | △ | △ | △ | △ | △ | △ | △ | — | — | — | △ | △ |
| 低合金钢 | 6～19 | △ | △ | — | △ | — | — | — | △ | — | △ | △ | △ | △ | △ | △ | △ | — | — | — | △ | — |
| 低合金钢 | ≥19 | △ | △ | — | △ | — | — | — | — | — | △ | △ | △ | — | — | △ | — | — | — | — | △ | — |

续表

| 材料 | 厚度(mm) | 手工电弧焊 | 埋弧焊 | $CO_2$ 保护焊 | | 钨极氩弧焊 | 等离子弧焊 | 电阻焊 | 闪光焊 | 气焊 | 扩散焊 | 摩擦焊 | 电子束焊 | 激光焊 | 火焰钎焊 | 炉中钎焊 | 感应加热钎焊 | 电阻加热钎焊 | 浸渍钎焊 | 红外线钎焊 | 扩散钎焊 | 软钎焊 |
|---|---|---|---|---|---|---|---|---|---|---|---|---|---|---|---|---|---|---|---|---|---|---|
| | | | | 短路过渡 | 细颗粒过渡 | | | | | | | | | | | | | | | | | |
| 不锈钢 | ≤3 | △ | △ | △ | — | △ | △ | — | — | △ | △ | — | △ | △ | △ | △ | △ | △ | △ | △ | △ | △ |
| | 3~6 | △ | △ | △ | — | △ | △ | — | — | — | △ | △ | △ | △ | △ | △ | △ | — | — | — | △ | △ |
| | 6~19 | △ | △ | — | △ | — | △ | — | — | — | △ | △ | △ | △ | △ | △ | △ | — | — | — | △ | △ |
| | ≥19 | △ | △ | — | △ | — | — | — | — | — | △ | △ | △ | — | — | △ | — | — | — | — | △ | — |
| 铜及其合金 | ≤3 | — | — | — | — | △ | △ | — | △ | — | — | — | △ | — | △ | △ | △ | △ | — | — | △ | △ |
| | 3~6 | — | — | — | — | — | △ | — | △ | — | — | △ | △ | — | △ | △ | — | △ | — | — | △ | △ |
| | 6~19 | — | — | — | — | — | — | — | △ | — | — | △ | △ | — | △ | △ | — | — | — | — | △ | — |
| | ≥19 | — | — | — | — | — | — | — | △ | — | — | — | △ | — | — | △ | — | — | — | — | △ | — |
| 铝及其合金 | ≤3 | — | — | — | — | △ | △ | △ | △ | △ | △ | △ | △ | △ | △ | △ | △ | △ | △ | △ | △ | △ |
| | 3~6 | — | — | — | — | △ | — | △ | △ | — | △ | △ | △ | △ | △ | △ | — | — | △ | — | △ | △ |
| | 6~19 | — | — | — | — | △ | — | — | △ | — | — | △ | △ | — | △ | △ | — | — | △ | — | △ | — |
| | ≥19 | — | — | — | — | — | — | — | △ | — | — | — | △ | — | — | △ | — | — | — | — | △ | — |

注：△——推荐的焊接方法。

## 8.1.4 钢质门常用焊接方法的特点与应用

钢质门常用的焊接方法主要有手工电弧焊、$CO_2$ 气体保护焊、钨极氩弧焊等，其不同的特点与应用见表 8－3 所列。

钢质门常用焊接方法的特点和应用　　**表 8－3**

| 类别 | 特点 | 应用 |
|---|---|---|
| 手工电弧焊：<br>手工焊条电弧焊是焊工手持夹持的焊条的焊钳进行焊接的一种电弧焊接方法，焊条与工件之间的电弧将工件局部加热到融化状态形成熔池，焊条作为一个电极，端部在电弧的作用下不断融化，形成融滴进入熔池。随着电弧向前移动，熔池尾部液态金属足部冷却结晶，最终形成焊缝 | 手工电弧焊的优点：<br>1. 操作方便，使用灵活，适应性强，适应于各种钢种、各种位置和各种结构的焊接。特别对不规则的焊缝，短焊缝仰焊缝，高空和位置狭窄的焊缝均能灵活运用，操作自如。<br>2. 焊接质量便于控制，因电弧温度较高，焊接速度较快，热影响区小，焊接接头的机械性能较为理想。另外，由于焊条和焊机的不断改进，在常用低碳钢和低合金钢的焊接中，焊缝的机械性能能有效控制，达到与母材等强度的要求，对于焊缝缺陷，可以通过提高焊工水平，改进工艺措施得到克服。<br>3. 设备简单，使用维护方便。<br>手工电弧焊的主要缺点是：<br>生产率低，劳动强度大，对焊工技术水平的依赖性强 | 手工电弧焊是应用最广泛的焊接方法之一。它具有非常大的灵活性，可焊接大多数金属，适用于各种焊接位置，而且既可焊薄板也可焊厚板 |

续表

| 类别 | 特点 | 应用 |
| --- | --- | --- |
| $CO_2$ 气体保护焊：<br>$CO_2$ 气体保护焊是以 $CO_2$ 作为保护气体，依靠焊丝与焊件间产生的电弧来融化金属的一种电弧焊方法 | 1. 由于是明弧，所以施焊部位可见度好，操作方便，同时便于进行全位置焊接。<br>2. 电弧在气流的压缩下热量集中，熔池体积小，热影响区窄，从而减小焊接变形。<br>3. 采用气体保护，配合焊丝的自动送进，以实现自动化。<br>4. 由于 $CO_2$ 气体价格低廉，使得焊接成本低于其他多种焊接方法，相当于手弧焊的40%左右。<br>5. 生产效率高。$CO_2$ 保护焊电弧的穿透力强，熔深大而且焊丝的融化率高，所以熔敷速度快，提高了生产率。<br>6. 抗锈能力强。由于采用高硅高锰型焊丝，焊丝内含有较多的硅、锰脱氧元素，它具有较强的还原和抗锈能力，因此焊缝不易产生气孔 | 1. $CO_2$ 气体保护焊由于其本身具有的特点，使它可以广泛应用于多种材料的焊接，不仅可以焊接低碳钢、低合金钢，在某些情况下也可以焊接耐热钢和不锈钢。<br>2. 适合采用 $CO_2$ 气体保护焊的材料厚度范围较大（0.8～150mm），具体的 $CO_2$ 保护焊方法不同，其应用范围也不同，如细丝 $CO_2$ 保护焊适合焊接0.8～4mm薄板，粗丝和药芯焊丝适合焊中厚板，窄间隙焊接法适合焊接大于50mm的厚板。<br>3. $CO_2$ 气体保护焊还用于耐磨零件的堆焊，如曲轴和锻模的堆焊；铸钢件及其他焊件缺陷的补焊及异种材料的焊接，如球墨铸铁及钢的焊接。此外，$CO_2$ 保护焊还可以用于水下焊接 |
| 钨极氩弧焊：<br>钨极氩弧焊是以氩气作为保护气体的一种电弧焊方法，氩气从焊枪的喷管喷出，在焊接区形成连续封闭的氩气层，使电极和金属熔池与空气隔绝，防止有害气体（如氧、氮等）侵入，对电极和焊接熔池起保护作用，同时利用电极（钨极）与焊件之间产生的电弧热量来熔化附加的填充焊丝或自动给送焊丝金属，待液态熔池金属凝固后形成焊缝 | 1. 可焊范围广<br>氩气不仅能有效的保护焊区，而且具有既不溶于金属又不与金属发生反应的特点，因此可焊接的材料范围很广，几乎所有的金属都可以氩弧焊，特别适合焊接化学性质活泼的金属及其合金如奥氏体不锈钢，铝、镁、铜、钛及其合金的焊接。<br>2. 焊接变形和应力小<br>氩弧焊时，由于电弧收到氩气流的压缩和冷却作用，使电弧加热集中，热影响区缩小，因此焊接应力和变形比较小，适用于薄板的焊接。<br>3. 焊缝性能优良<br>由于氩气保护性能优良，不必配置相应的焊剂或溶剂，基本上金属融化的结晶的简单过程，因此能获得较为纯净和高质量的焊缝。<br>4. 易实现机械化<br>氩弧焊是明弧焊，焊接时易于观察，操作简便，可在各种空间进行焊接，并容易实现焊接过程的机械化和自动化 | 目前，钨极氩弧焊已广泛应用于飞机制造、原子能、化工、纺织等工业中。由于氩气的保护，隔离了空气的有害作用，可焊接未氧化的有色金属及其合金、不锈钢、高温合金和钛及钛合金等。由于钨极的载流能力有限，电弧功率受到限制，致使焊缝熔深低，所以钨极氩弧焊一般只适用于焊接厚度小于6mm的焊件 |

## 8.2 钢质门生产焊接技术

### 8.2.1 钢质门金属材料焊接性能

钢质门门框、门扇的材料采用的金属冷轧板材或卷材，其材料性能的焊接特点如下：

（1）金属门窗加工制作的特点，要求材料既要有一定的强度，又需要有良好的延伸率，故一般选用含碳量不大于0.25%的优质碳素钢，由于含碳量低，其他合金元素含量也较少，故是焊接性最好的钢种。采用通常焊接方法焊接，只要焊接材料、焊接工艺参数选择恰当，能得到满意的焊接效果。

（2）钢质门的门框厚度一般为1.0～2.0mm，门扇钢板厚度一般为0.6～1.0mm，属于薄壁件焊接，易产生焊接变形，故采用合适的焊接方式和如何控制材料的焊接变形十分重要。

（3）钢质门生产一般属于大批量生产，故要选择生产效率高、自动化程度高的焊接方法。

综上所示，绝大多数钢质门生产厂家的门框、门扇的焊接均采用成本低、焊接变形小、生产率高、自动化程度高的$CO_2$气体保护焊。

## 8.2.2 钢质门焊接工艺参数的选择

**1. 焊接材料的选择**

金属门窗焊接过程中，为了防止产生气孔、减少飞溅和保证焊缝具有较高的力学性能，焊丝必须采用含有Si、Mn等脱氧元素的焊丝，采用$CO_2$气体保护焊时，常选用硅锰焊丝进行焊接，一般为$H0_8Mn_2SiA$、$HO_8Mn_2SiA$等，除了选择适当的焊丝外，$CO_2$气体纯度也很重要，若$CO_2$气体中氮和氢的含量过高，即使焊接时焊缝不被氧化，焊丝向焊缝过渡的Si、Mn含量足够，还是有可能在焊缝中出现气孔，所以$CO_2$气体中氮、氢的含量必须符合标准。

**2. 焊接工艺参数的选择**

钢质门门框、门扇的$CO_2$气体保护焊要选择的主要工艺参数有焊丝直径、电弧电压、焊接电流、焊接速度、气体压力等，表8－4为钢质门常用厚度规格的材料焊接工艺参数值，在生产实践中，应根据钢板材料种类、焊机型号、部件尺寸、生产环境等作进一步优化组合，以达到最佳的焊接效果。

**钢质门不同厚度钢板材料的$CO_2$气体保护焊工艺参数　　表8－4**

| 板厚（mm） | 焊丝直径（mm） | 电弧电压（V） | 焊接电流（A） | 焊接速度（m/h） | 气体流量（L/min） |
|---|---|---|---|---|---|
| 0.6 | 0.8 | 13～15 | 30～40 | 40～45 | 5～6 |
| 0.8 | 0.8 | 15～17 | 40～50 | 35～40 | 6～7 |
| 1.0 | 0.8 | 17～19 | 50～60 | 30～35 | 7～9 |
| 2.0 | 0.8 | 19～21 | 80～100 | 27～32 | 8～10 |

## 8.2.3 钢质门焊接工艺

**1. 钢质门门框焊接工艺过程**

钢质门门框焊接工艺过程见表8－5。

钢质门门框焊接工艺过程 表8-5

| 序号 | 工序名称 | 工艺内容 | 备注 |
| --- | --- | --- | --- |
| 1 | 焊前预处理 | 焊前清除焊件表面锈蚀、油污、水分等杂质 | 采用除油酸洗磷化等工艺 |
| 2 | 小件组焊 | 1. 上下档小件焊接<br>2. 铰链档小件焊接<br>3. 锁档小件焊接 | — |
| 3 | 门框组焊 | 将上下档、铰链档、锁档组焊成一体 | — |
| 4 | 打磨 | 表面焊渣、焊瘤的清除和整理 | — |
| 5 | 整形 | 矫正焊接变形 | — |

**2. 钢质门门面焊接工艺过程**

钢质门门面焊接工艺过程见表8-6。

钢质门门面焊接工艺过程 表8-6

| 序号 | 工序名称 | 工艺内容 | 备注 |
| --- | --- | --- | --- |
| 1 | 焊前预处理 | 焊前清除焊件表面锈蚀、油污、水分等杂质 | 采用除油酸洗磷化等工艺 |
| 2 | 上下封板焊接 | 上下封头与两折弯立边平行（要求两折弯立边包上下封头）焊接 | — |
| 3 | 铰链固定板焊接 | 用铰链焊接靠山将铰链固定板定位，在铰链固定板的两端各焊两点，每边两点在焊枪允许情况下距离越大越好 | — |
| 4 | 主锁固定板焊接 | 用主锁焊接靠山将主锁固定板定位，在固定板上侧离螺纹孔最近处焊一点及立侧的上下各焊一点；将锁盒孔与门面拉手孔对正压实，在锁盒孔与后门面拉手空隙处焊2~3点焊牢 | — |
| 5 | 侧锁固定板焊接 | 用侧锁焊接靠山将侧锁固定板定位，在固定板上侧离螺纹孔最近处焊一点及立侧的上下各焊一点 | — |
| 6 | 打磨 | 表面焊渣、焊瘤的清除和整理 | — |
| 7 | 整形 | 矫正焊接变形 | — |

### 8.2.4 钢质门门框、门扇焊接质量要求

**1. 门框焊接质量要求**

（1）焊接平整，焊点均匀美观，无脱焊、虚焊、漏焊、透焊、焊穿现象；焊接的位置、焊缝长度符合门架焊接作业指导书要求。

（2）门框内裁口高度偏差不大于±3mm。

（3）门框内裁口宽度偏差不大于±2mm。

（4）门框内裁口对角线长度差不大于3mm。

（5）门框侧壁宽度误差不大于±2mm。

**2. 门扇焊接质量要求**

（1）焊接平整，焊点均匀美观，无脱焊、虚焊、漏焊、透焊、焊穿现象；门板外表无划伤，无凸凹点，门板焊好后不变形，保持平整。

（2）门扇高度偏差不大于 ±3mm。

（3）门扇宽度偏差不大于 ±2mm。

（4）门扇对角线长度差不大于 3mm。

## 8.2.5 钢质门焊接质量问题及防止措施

钢质门门框、门扇焊接常见焊接质量及防止措施见表 8－7。

**钢质门门框、门扇焊接常见焊接质量及防止措施** 表 8－7

| 序号 | 缺陷名称 | 缺陷状态描述 | 产生原因 | 防止措施 |
|---|---|---|---|---|
| 1 | 焊缝形状不美观 | 焊口扭曲不直线，不美观 | 1. 焊丝未经校直或校直效果不好<br>2. 导电嘴磨损造成电弧摆动<br>3. 焊接速度过低<br>4. 焊丝伸出长度过长 | 1. 检修、调整焊丝校直机构<br>2. 更换导电嘴<br>3. 调整焊接速度<br>4. 调整焊丝伸出长度 |
| 2 | 虚焊 | 焊接位置强度不够，稍一用力就会脱焊 | 1. 焊接电流太小<br>2. 焊丝伸出长度过长<br>3. 焊接速度过快<br>4. 坡口角度及根部间隙过小，钝边过大<br>5. 送丝不均匀 | 1. 加大焊接电流<br>2. 调整焊丝的伸出长度<br>3. 调整焊接速度<br>4. 调整坡口尺寸<br>5. 检查、调整送丝机构 |
| 3 | 夹渣 | 焊后表面不光滑、不饱满、不美观 | 1. 前层焊缝焊渣未去除干净<br>2. 小电流低速焊接时熔敷过多<br>3. 采用左焊法操作时，熔渣流到熔池前面<br>4. 焊枪摆动过大，使熔渣卷入熔池内部 | 1. 认真清理每一层焊渣<br>2. 调整焊接电流与焊接速度<br>3. 改进操作方法使焊缝稍有上升坡度，使熔渣流向后方<br>4. 调整焊枪摆动幅度，使熔渣浮到熔池表面 |
| 4 | 烧穿 | 焊缝边缘材料融透，出现透光空洞 | 1. 焊接电流过大<br>2. 坡口根部间隙过大 | 1. 按工艺规程调节焊接电流<br>2. 合理选择坡口根部间隙 |
| | | 焊缝边缘材料融透，出现透光空洞 | 3. 钝边过小<br>4. 焊接速度小，焊接电流大 | 3. 按钝边、根部间隙情况选择焊接电流<br>4. 合理选择焊接参数 |
| 5 | 咬边 | 焊接位置没有准确对应焊缝，偏出位置 | 1. 焊接参数不当<br>2. 操作不熟练 | 1. 选择合理的焊接参数<br>2. 提高操作技术 |
| 6 | 飞溅 | 焊道表面飞溅的火花和焊渣很多，边上很多麻点堆积 | 1. 短路过渡焊接时，电感量过大或过小<br>2. 电弧在焊接过程中摆动<br>3. 焊丝和焊件清理不彻底 | 1. 选择并调整合适的电感量<br>2. 更换导电嘴<br>3. 仔细清理焊丝和焊件 |

续表

| 序号 | 缺陷名称 | 缺陷状态描述 | 产生原因 | 防止措施 |
|---|---|---|---|---|
| 7 | 气孔 | 焊缝表面有可见气孔 | 1. 焊丝表面有油、锈和水<br>2. $CO_2$ 气体保护效果不好<br>3. 气体纯度不够<br>4. 焊丝内硅。锰含量不足<br>5. 焊枪摆动幅度过大，破坏了 $CO_2$ 气体的保护作用 | 1. 认真进行焊件及焊丝的清理<br>2. 加大 $CO_2$ 气体流量、清理喷嘴堵塞或更换喷嘴，焊接时注意防风<br>3. 保证 $CO_2$ 气体纯度大于99.5%<br>4. 更换合格的焊丝进行焊接<br>5. 尽量采用平焊，操作空间不要太小，加强操作技能 |
| 8 | 裂纹 | 焊缝表面有可见裂纹 | 1. 焊丝与焊件有油、锈、水等<br>2. 熔深过大<br>3. 多层焊时第一层焊缝过小<br>4. 焊后焊件内有很大的应力<br>5. $CO_2$ 气体含水量过大 | 1. 焊前清除焊丝、焊件表面的油、锈、水分<br>2. 合理选择焊接电流和焊接电压<br>3. 加强打底层焊缝质量<br>4. 合理选择焊接顺序极消除内应力热处理<br>5. 对 $CO_2$ 气体进行除水干燥处理 |
| 9 | 规定位置焊点过少或焊缝过小 | 要求增大焊点以保证强度结果未按要求，使工件整体强度减弱 | 未按工艺要求操作 | 按工艺规程的要求施焊 |
| 10 | 规定位置的配件漏焊或少焊 | 如各种加固件漏焊或少焊 | 未按工艺要求操作 | 按工艺规程的要求施焊 |
| 11 | 规定位置部件误用 | 如门框上档或下档，两竖档不同批次产品混用或误用 | 不熟悉产品<br>未按工艺要求操作 | 按工艺规程的要求施焊 |

## 8.2.6 钢质门焊接作业指导书示例

### 8.2.6.1 锁档焊接作业指导书

使用物料种类：主锁盒、副锁盒、安装铁片、连铁。

使用设备、工具：二氧化碳保护焊机 NBC－270A、气保焊丝 ER50－6 直径 0.8mm、连体气窗类门焊工装。

（1）将锁档从物架上搬到工作台面处。

（2）从工作台面处拿取 1 个主锁盒、2 个副锁盒、3 个安装铁片、2 个连铁放在锁档内侧。

（3）将连铁在锁档从上、下各 5～10cm 处焊接连铁。

（4）将副锁盒焊接在副锁孔洞对应位置。

（5）将主锁盒焊接在主锁孔洞对应位置。

（6）将安装铁片焊接在安装孔洞对应位置。

（7）将焊接好的锁框放置成品物架上。

重要品质：焊接时调好电流、以防电流过大焊穿板料和电流小虚焊。

#### 8.2.6.2 铰链档焊接作业指导书

使用物料种类：铰链盒、安装铁片、连铁。

使用设备、工具：二氧化碳保护焊机 NBC－270A、气保焊丝 ER50－6 直径 0.8mm、连体气窗类门焊工装。

（1）将铰链档从物架上搬到工作台面处，正面朝下。

（2）从工作台面处拿取 4 个铰链盒、3 个安装铁片、2 个连铁放在铰链档内侧。

（3）将连铁在铰链档从上、下各 5～10cm 处焊接连铁。

（4）将铰链盒焊接在铰链孔对应位置。

（5）将安装铁片焊接在安装孔洞对应位置。

（6）将焊接好的锁框放置成品物架上。

重要品质：焊接时调好电流、以防电流过大焊穿板料和电流小虚焊。

#### 8.2.6.3 门框组焊作业指导书

使用物料种类：锁档、铰链档、上档、下档、连铁。

使用设备、工具：二氧化碳保护焊机 NBC－270A，气保焊丝 ER50－6 直径 0.8mm、连体气窗类门焊工装。

（1）将上档、铰链档、锁档根据任务单的方向放好位置。

（2）两人分别拿住上档与锁档，将门框花型对准无缝，并用焊机电焊 3 点，上档与铰链档相同，用手触摸正面花纹处无凹凸不平感。

（3）用夹具将铰链档、锁档固定，并旋紧。

（4）将上档与铰链档、锁档的背面及侧面分别满焊。

（5）将花型处满焊。

（6）放入下档。

（7）用扳手拉起铰链边、锁边，使之背面与下档背面齐平，并满焊。

（8）将铰链档、锁档与下档的侧面处、正面处满焊。

（9）在下档处焊接连片。

（10）打磨，将花纹对角处。

（11）松开夹具，并将成品放入成品区。

重要品质：焊接时调好电流，以防电流过大焊穿板料和电流小虚焊。

#### 8.2.6.4 连体气窗类门焊作业指导书

使用物料种类：锁档、铰链档、上档、下档、连铁、中档、气窗。

使用设备、工具：二氧化碳保护焊机 NBC－270A、气保焊丝 ER50－6 直径 0.8mm、连体气窗类门焊工装。

（1）两人分别拿住上档与锁档，将门框花型对准无缝，并用焊机电焊 3 点，上档与铰链档相同，注用手触摸正面花纹处无凹凸不平感。

（2）用扳手拉起铰链边、锁边，使之背面与下档背面齐平，并满焊。

（3）焊格子气窗时使用卷尺从门框底部拉至中档处画线保证门框内空，焊工 A 将中档 26 面与画线处对齐，焊工 B 在门框下端拉住两根长档使之夹住中档，焊工 A 在中档内面处将中档焊死。

（4）把中档加强板板焊接在中档开口处，将铁片类点焊在中档加强板上，将中档加强板放在中档开口内部，拉住铁片使加强板紧贴在中档开口折弯处，用保护焊机每隔 200mm 从左到右依次点焊，需保证加强板焊接平直。

（5）将格子气窗放入门框内，在气窗下端每隔 200mm 依次点焊。

（6）将下端焊好后，焊枪分别在锁档、铰链档，上档与气窗连接处将门框焊穿，直到气窗与门框焊死，注意除与中档焊接位置有焊渣外，其他三面不能有焊渣，因操作失误有焊渣时必须打磨。

重要品质：焊接时调好电流、以防电流过大焊穿板料和电流小虚焊。

#### 8.2.6.5 门框焊接检验作业指导书

使用物料种类：锁档、铰链档、上档、下档、门框小件。

使用设备、工具：内控尺寸测量干、卷尺、游标卡尺。

门框焊接检验：

1）焊点焊疤：目测各工作表面无余留焊点或反面明显成型现象。

2）花纹错位：目测门框组焊后花纹拼角连接是否同面，手摸高低偏差不大于 0.5mm，目测平面偏差不大于 1mm，反面搭接均匀，高度差不大于 2mm，用指甲扣花纹接缝指甲插不进来判定接缝是否均匀。

3）墙钉铁多焊或少焊：目测每个墙钉孔是否都配有一个墙钉铁，墙钉铁数量不得多于或少于墙钉孔数量，一般标准门墙钉铁为铰链档 3 个，锁档为 3 个。

4）焊接时敲打变形：目测焊接处是否有明显敲打痕迹。

5）对角线偏差、宽度偏差，长度偏差：标准门使用内空尺寸测量杆测量对角线，宽度及长度，非标准门则用卷尺测量；卷尺测量对角线下边预长 2～4mm，卷尺或专用检具测宽度内空偏差不大于 1mm，卷尺检测长度内空偏差不大于 1mm，上端测量位置在上档花纹折弯处往下 5cm，中间测量位置为锁档锁孔处，下端测量位置在下档处往上 5cm。

6）墙钉孔焊接不正：影响门框整形及客户安装时使用，目测墙钉铁与门框墙钉孔平行无歪斜。

7）打磨痕迹检测：粗糙影响外观，目测表面不光滑有台阶感。

8）重要品质：

（1）焊接时调好电流、以防电流过大焊穿板料和电流小虚焊。

（2）核对图纸，测量门框内空及对角线。

（3）铰链盖焊接位置、墙钉铁焊接位置及花纹对角。

### 8.2.6.6 门面焊接小件作业指导书

范围：专职门面小件焊接人员。

**1. 操作说明**

生产前应做好如下准备：

（1）查看上班次的交接记录，记录注意事项。

（2）根据生产任务单，准备物料。

（3）检测检查二氧化碳保护焊气体是否充足，连接管道是否有老化漏气现象，如有应及时更换。

**2. 安全管理**

（1）焊接时要戴好面罩护具。

（2）小心用电。

**3. 所需设备、工具及操作说明**

1）设备工具：

二氧化碳保护焊机 NBC－270A、气保焊丝 ER50－6 直径 0.8mm。

2）操作说明：

（1）顺时针旋转开二氧化碳开关，逆时针旋转则关闭，压力表是看二氧化碳的压力，一般在 5 左右为正常。

（2）往下按开关打开，往上按开关闭合。

（3）焊接时把地线钳夹在要焊接的物品上。

注意：焊接时调好电流、以防电流过大焊穿板料和电流小虚焊。

**4. 所需配件及操作说明**

1）焊铰链固定板：

（1）目前安防门，7cm、9cm 门通用一种焊接铰链固定板。

（2）左手拿住铰链固定板把手，将铰链固定板对上焊模定位针。

（3）将焊模贴在冲铰链孔一面，定位脚与门面正面靠死。

（4）焊模中间的定位针靠在门面铰链孔的定位孔一头。

（5）焊接时尽量靠近四角，但不能焊到门面折弯圆角上。

（6）焊接四面无突起，如有，需打磨。

（7）重要品质：

① 表面有凹包、划痕、变形、破裂；

② 脱焊、焊穿及焊点过大。

2）母门槽铁焊接：

（1）母门槽铁按门结构区分可分为双扣槽铁与单扣槽铁，双扣槽铁在锁边位置比单扣多一个台阶，具体尺寸参考槽铁生产图纸。

（2）防火门统一使用单扣槽铁，为防止珍珠岩粉末掉落，门下端的槽铁不冲锁插孔。

（3）目前按花纹可分为三种槽铁，槽铁上不冲避让槽为常规花纹槽铁，铰链边冲三个相近避让槽为GF010花纹槽铁，第三种为有出头筋花纹槽铁。

（4）按门厚度区分可分为70门槽铁与90门槽铁，90门槽铁比70门宽20mm，具体尺寸参照槽铁生产图纸。

（5）非标准门槽铁按以下规律：任务单单个批次数量大于等于10，配件厂按实际尺寸取料生产；任务单单个批次数量不足10按图纸取料生产，焊接班再根据任务单尺寸锯断、接焊，接焊规律：取2根812槽铁，按任务单尺寸分别锯铰链边和锁边接焊，把剩下的2个半截（铰链边和锁边各一截）保存好，新任务从上次存放中挑出半截，量好尺寸与新锯的半截接焊，以此类推，具体尺寸参照槽铁生产图纸。

（6）重要品质：

① 槽铁的成型角度；

② 槽铁焊接位置。

3）子门槽铁焊接：

（1）防盗门可使用双扣槽铁与单扣槽铁，双扣槽铁分中控插销与上下插销两种，安装特能锁时我们使用中控插销，安装插芯锁时使用上下插销，可根据任务单锁具区分，防火门统一使用单扣槽铁，如客户无注明特殊要求，使用单扣上下插销槽铁。

（2）目前按花纹可分为三种槽铁，槽铁上不冲避让槽为常规花纹槽铁，铰链边冲三个相近避让槽为GF010花纹槽铁，第三种为有出头筋花纹槽铁。

（3）按门厚度区分可分为70门槽铁与90门槽铁，90门槽铁较70门宽20mm，具体尺寸参照槽铁生产图纸。

（4）非标准门槽铁按以下规律：任务单单个批次数量大于等于10，配件厂按实际尺寸取料生产。

（5）任务单单个批次数量不足10，按图纸取料生产，焊接班再根据任务单尺寸锯断、接焊。

（6）接焊规律：取2根372槽铁，按任务单尺寸分别锯铰链边和锁边接焊，把剩下的2个半截（铰链边和锁边各一截）保存好，新任务从上次存放中挑出半截，量好尺寸与新锯的半截接焊，以此类推，对开门子门槽铁接焊规律：取1根812母门槽铁锯铰链边，再取一根 372 子门槽铁锯锁边。

（7）重要品质：

① 槽铁的成型角度；

② 槽铁焊接位置。

4）槽铁焊接：

（1）按任务按确认焊接的槽铁种类，可参照《母门槽铁分类》作业指导书区分。

（2）将槽铁与平面压紧，与测平面靠紧，在槽铁锁边处焊上一点防止移动。

（3）把槽铁与门面侧边对齐，在对角处焊上两点。

（4）依次将剩余焊接点补满。

（5）把门面铰链边侧面与槽铁对其，在对角处焊上两点。

（6）非标准门槽铁按以下规律：

① 任务单单个批次数量大于等于 10，配件厂按实际尺寸取料生产；

② 任务单单个批次数量不足 10，按图纸取料生产，焊接班再根据任务单尺寸锯断、接焊。

（7）接焊规律：取 2 根 812 槽铁，按任务单尺寸分别锯铰链边和锁边接焊，把剩下的 2 个半截（铰链边和锁边各一截）保存好，新任务从上次存放中挑出半截，量好尺寸与新锯的半截接焊，以此类推，具体尺寸参照槽铁生产图纸。

（8）技术要求：

① 槽铁与侧面平紧靠，与底面压紧；

② 焊点在内侧面；

③ 焊接后要保持门面侧面与底面依然垂直。

（9）重要品质：

① 槽铁的成型角度；

② 槽铁焊接位置。

5）焊主副锁固定板：

（1）熟悉锁体固定板种类，大插芯锁固定板螺纹孔距 14mm，特能锁固定板螺纹孔距 18mm，霸王锁固定板螺纹孔距 24mm，副锁固定板只有一个螺纹孔，子门上下插销固定板螺纹孔距 12mm。

（2）将主副锁固定板分别套入焊模定位针中。

（3）焊枪对准主锁固定板上左右两边孔位位置焊接。

（4）焊枪对准副锁固定板上左右两边孔位位置焊接。

（5）主副锁固定板焊接技术要求：成型正面焊接大小见样板或凸点不大于 0.3mm，如超出标准必须磨平，且对成型边无明显损伤，焊接后无明显变形。

（6）重要品质：

① 表面有凹包、划痕、变形、破裂；

② 脱焊、焊穿及焊点过大。

6）焊拉手加强板：

（1）目前按锁体区分为特能锁加强板与大插芯锁加强板，霸王锁拉手加强板通用大插芯锁，加强板厚度为0.6～1.0mm，安装常规拉手时，前板旋钮孔堵死，后板冲通孔，若安装双活拉手前板旋钮孔冲通孔，与后板拉手加强板相同。防盗门等级为甲级时，前板加强板改为防钻板，厚度为2mm；其他特殊锁体拉手加强板参考生产图纸。

（2）将拉手加强板对应拉手孔放置，加强板平面与门面应贴平，将对应的加强板焊枪对准拉伸加强板与门面锁孔拉伸面焊接。

（3）注意事项：放置加强板时必须板面与门面贴平，特别是前板拉手加强板成型孔深度不够导致焊接错位，焊接空洞。

（4）重要品质：

① 表面有凹包、划痕、变形、破裂；

② 脱焊、焊穿及焊点过大。

7）焊锁条限位板：

（1）目前门通用一种锁条限位板。

（2）将锁条限位板放在加强板两端，距孔40mm处一头顶在门面折弯侧面，焊枪对准限位板与加强板相接处的上下两头。

（3）技术要求：

① 焊接时尽量靠近限位板与加强板相连接处的上下两头；

② 焊接正面无突起，如有需打磨。

（4）重要品质：

① 表面有凹包、划痕、变形、破裂；

② 脱焊、焊穿及焊点过大。

8）焊主锁护板：

（1）优先利用门面主锁（特能锁、插芯锁、霸王锁、四头副锁、中控插销等）废料加工，弯一头。

（2）焊枪对准围锁片与限位板相接处。

（3）焊枪对准两片围锁片的相接处。

（4）技术要求：

① 焊接时尽量靠近主锁护板与锁条限位片的相接处位置与两根主锁护板连接处；

② 焊接正面无突起如有需打磨。

（5）重要品质：

① 表面有凹包、划痕、变形、破裂；

② 脱焊、焊穿及焊点过大。

9）焊猫眼护套：

（1）猫眼护套。

（2）任务单要求装组合猫眼时需要焊接猫眼护套，把猫眼护套一头放在门面内面，护套孔与猫眼孔对其，焊枪对准猫眼护套与门面的相接处；猫眼护套的缺口朝向左下方。

（3）技术要求：

① 焊接时尽量靠近猫眼护套与门面相连处；

② 焊接正面无突起，如有需打磨。

（4）重要品质：

① 表面有凹包、划痕、变形、破裂；

② 脱焊、焊穿及焊点过大。

10）焊上槽铁：

焊上槽铁操作要求与下槽铁相同。

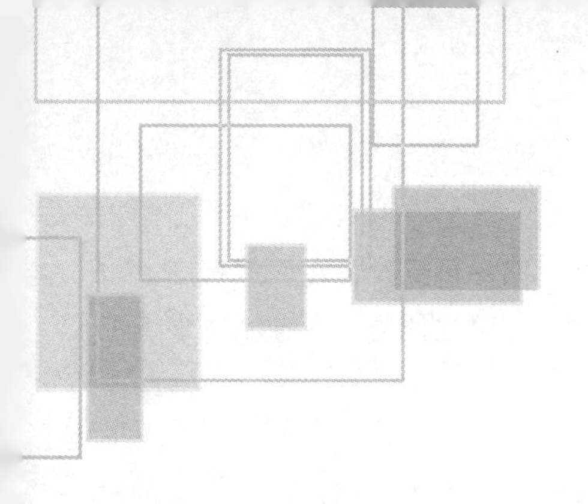

# 第9章 磷化与胶合

## 9.1 磷化

钢质门在涂漆前通常需要对金属表面进行处理，其主要目的是在喷涂前将金属表面的油脂、锈迹、氧化层、灰尘等异物洗净。金属表面涂漆前的处理方法很多，在钢质门行业，一般为磷化。钢质门的门扇虽是空心的，但由于大多数门扇内还有填料，很难对成品门进行磷化，所以钢质门的磷化处理一般安排在胶合之前。表面前处理的质量直接影响涂层对被涂工件基材的附着力及材料的耐腐蚀性能，钢质门要获得高质量的涂漆，在涂装前必须进行严格的金属表面前处理作业。

### 9.1.1 磷化概述

**1. 磷化处理的要求**

（1）无油污、杂物及水分。

（2）无锈迹及氧化物。

（3）无酸、碱等残留物。

（4）工件表面达到一定的粗糙度。工件表面前处理合格后，经干燥除去水分，方可进入下一道涂装工序。

**2. 磷化工艺过程**

磷化工艺过程是一种化学与电化学反应形成磷酸盐化学转化膜的过程，所形成的磷酸盐转化膜称之为磷化膜。磷化的目的主要是：给基体金属提供保护，在一定程度上防止金属被腐蚀；用于涂漆前打底，提高漆膜层的附着力与防腐蚀能力；在金属冷加工工艺中起减摩润滑使用。

**3. 常见工艺方法**

钢质门使用的主要材质有冷轧钢板、镀锌钢板、锌钛合金板等几种，针对不同的材质，采用不同的前处理磷化工艺，例如有一槽制（三合一药剂、六合一药剂）、三槽制（六合一药剂）、多槽制（三槽以上锌系磷化剂）、喷淋式、中性除油除灰等不同的磷化工艺。

## 9.1.2 一槽制（三合一药剂、六合一药剂）

一槽制是指除油污、除锈迹、除杂物、形成磷化膜的表面前处理都在一个槽里完成，工艺流程如图 9-1 所示。

图 9-1　一槽制磷化示意

**1. 一槽制的工艺要求**

（1）根据不同厂家的药液，在六合一磷化药液中，工件的浸泡时间一般为 10～15min 左右。

（2）工件下线后，应尽快将工件上的水沥干，可采用强行风干或烘干。工件干燥得越快越好，避免由于水分没有沥干，造成工件发黄。

（3）在磷化过程中，应严格按照厂家药液的要求添加，避免由于加工工件后，造成药液浓度下降，影响工件的磷化效果。

（4）磷化后，应对比工件的磷化颜色，一般经六合一药液处理后的工件颜色为灰蓝色或灰蓝彩色，但不同厂家会有略微的不同。

**2. 一槽制的优点**

（1）无需排放处理，无污染，完全符合国家环保标准，属于国家大力推广的绿色环保工艺。

（2）最大限度地节约场地。

（3）操作简单，工艺学习难度低，无需非常专业或熟练的操作人员。

（4）节约人力和水电费，能有效地降低和控制生产成本。

**3. 一槽制的缺点**

（1）工艺不是非常成熟，需进一步改进工艺设计。

（2）由于所有的表面前处理工序，包括除油污、除锈迹、除杂物、形成磷化膜，都在一个槽里完成，不可避免地影响处理效果。

（3）会有较多的杂物在槽里沉淀。

（4）出槽后的工件为弱酸性，工件很容易发黄。

（5）对锈迹较多的工件，无法达到预期的效果。

（6）出槽后，必须强行风干或烘干，不然会影响效果。

（7）磷化膜比较薄。

（8）前处理完成后，应尽快进行下一道喷涂工序。

### 9.1.3 三槽制（六合一药剂）

三槽制是在一槽制的基础上进行的改进，工艺流程如图9－2所示。三槽制是指除油污、除锈迹、除杂物、形成磷化膜的表面前处理都在一个槽里完成，镀膜完成后，经清水清洗，再经封闭槽，将磷化膜封闭在里面，以达到更好的表面处理效果。

图9－2 三槽制磷化示意

**1. 三槽制的工艺要求**

（1）根据不同厂家的药液，在六合一磷化药液中，工件的浸泡时间一般为10～15min左右。

（2）工件下线后，应尽快将工件上的水沥干，可采用强行风干或烘干。工件干燥得越快越好，避免由于水分没有沥干，造成工件发黄。

（3）在磷化过程中，应严格按照厂家药液的要求添加，避免由于加工工件后，造成药液浓度下降，影响工件的磷化效果。

（4）磷化后，应对比工件的磷化颜色，一般经六合一药液处理后的工件颜色为灰蓝色或灰蓝彩色，但不同厂家会有略微的不同。

**2. 三槽制的优点**

（1）无需排放处理，无污染，完全符合国家环保标准，属于国家大力推广的绿色环保工艺。

（2）占地面积小。

（3）操作简单，工艺学习难度低，无需非常专业或熟练的操作人员。

（4）节约人力和水电费，能有效地降低和控制生产成本。

（5）相对一槽制，三槽制加工后的工件为中性，在强行风干或烘干后，能保持较长时间的效果。

**3. 三槽制的缺点**

（1）由于所有的表面前处理工序，包括除油污、除锈迹、除杂物、形成磷化膜，都在一个槽里完成，不可避免地影响处理效果。

（2）会在第一个槽里有较多的杂物沉淀。

（3）对锈迹较多的工件，无法达到预期的效果。

（4）出槽后，必须强行风干或烘干，不然会影响效果。

（5）磷化膜比较薄。

（6）前处理完成后，应尽快进行下一道喷涂工序。

## 9.1.4 多槽制（三槽以上锌系磷化剂）

多槽制是指除油污、除锈迹、除杂物、形成磷化膜的表面前处理都在一个槽里完成，工艺流程如图9－3所示。

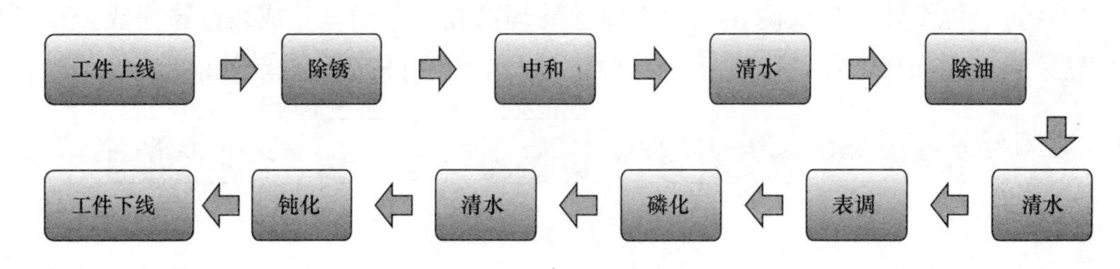


图9－3 三槽制磷化示意

### 9.1.4.1 多槽制的工艺要求

**1. 除锈**

将工件表面的锈迹除去。除锈的方法一般有盐酸、草酸等酸性溶剂。它是利用铁锈与酸性溶剂的化学反应，达到除锈的目的。

**2. 中和**

由于除锈过程中，工件会将酸性溶剂带入下一个反应池，因此，在进行下一道工序时，应先将酸性溶剂中和，以免影响下一道工序的质量。一般中和酸性溶剂的化学药剂为碱性溶剂。

**3. 除油**

将工件表面油污除去。除油的方法有碱性溶液除油、乳化剂除油、溶剂除油及超声波除油等。碱性溶液是一种常用的除油剂，它是利用强碱对植物油的皂化反应，形成溶于水的皂化物达到除油脂的目的。纯粹的强碱液只能皂化除掉植物油脂而不能除掉矿物油脂。因此人们通过在强碱液中加入表面活性剂，利用活性剂的乳化作用达到去除矿物油的目的。碱性溶液除油剂一般采用 NaOH、$Na_2CO_3$、$Na_3PO_4$、焦磷酸及 $Na_2SiO_3$ 等，如采用浸渍法，溶液浓度控制在3%～6%；采用喷淋法时，溶液浓度可控制在0.5%～3%。碱性溶液的除油能力随 pH 的升高而增强。温度将影响除油速度，一般来讲温度高能加快除油速度，但温度太高会使表面活性剂分解，影响除油效果。

乳化剂除油：利用乳化剂的润湿、乳化、增溶和分散等能力，除去工件表面的油污，如OP乳化剂等。溶剂除油：利用有机溶剂对油脂的溶解能力，除去工件表面的油污，常用的有机溶剂有汽油、煤油、松香水等。

**4. 水洗**

水洗为主要辅助工序，在除锈、除油、磷化后都采用，以清除残存在工件上的各种溶液的残渣，水洗彻底与否直接影响工件涂层的质量和防腐能力。

**5. 表面调整**

磷化前的表面调整处理可消除由于碱性脱脂而造成的表面状态不均匀性，经磷酸钛盐溶液（胶体钛）预处理的零件表面（界面）能产生电位，活化表面，从而产生大量的自由能，增加了磷化晶核数目，使晶粒变得更加微细，加速成膜反应。

表面调整剂主要有两类：一种是酸性表面调整剂，如草酸，另一种是胶体钛。两者应用都非常普及，两者兼备有除轻锈的作用，在磷化前处理中是否选用表面调整工序和选用哪一种表面调整剂是由工艺和磷化膜的要求决定的。

一般原则是涂漆前打底磷化、快速低温磷化需要表面调整。如果工件在进入磷化槽时，已经二次生锈，最好采用酸性表面调整，但酸性表面调整只适合于不小于50℃的中温磷化。一般中温锌钙系不表面调整也行，铁系不需要表面调整。

**6. 磷化**

将工件浸入磷化液中，在一定温度下进行化学反应，使其表面生成一层难溶的磷酸盐保护膜，磷化膜可显著提高涂料对金属的附着力，提高耐腐性。

#### 9.1.4.2　多槽制的优点

（1）能达到较好的处理效果。特别是除油、除锈的效果更佳。

（2）磷化膜较厚，能保持1～3个月不生锈。

#### 9.1.4.3　多槽制的缺点

（1）对操作工的要求较高。

（2）处理速度慢，工作效率较低。

（3）场地要求较大。

（4）能耗较大。

### 9.1.5　金属表面前处理基本方法

金属表面前处理基本方法有浸泡法和喷淋法两种。

#### 9.1.5.1　浸泡法

浸泡法是指采用浸泡槽的方式，将需要处理的工件放入槽中进行处理。

**1. 优点**

（1）只要溶剂能到达的地方都能实现处理，对工件形状较为复杂，或者表面搭接较多的工件更能体现优势。

（2）易形成含铁量较高的颗粒状结晶磷化膜。

（3）各个不同的溶剂池的处理时间可以自由设定，可以比较有针对性地对某一个特性要求进行特殊化的处理。

（4）设备成本低。

（5）运行成本较低。

**2. 缺点**

（1）没有冲刷的辅助作用，对工件表面的颗粒杂质处理效果不明显。

（2）处理速度慢，单位时间的产量低。

（3）对操作工的技能要求较高。

#### 9.1.5.2 喷淋法

喷淋法是指采用流水线生产的方式，将工件挂在喷淋线上，通过水泵将溶剂喷到工件上，以达到表面处理的效果。

**1. 优点**

（1）处理速度快，生产效率高。

（2）能对工件表面残留的杂质进行冲刷，达到表面清洁的目的。

（3）对操作工的要求较低。

**2. 缺点**

（1）溶剂容易飞溅，造成设备腐蚀。

（2）各个工序之间需要平衡，不然会影响处理效果。

（3）设备投入成本高。

（4）运行成本较高。

在表面前处理设计时，针对不同的材质尽量采用合适的前处理工艺，以满足工件表面光泽和耐腐蚀要求。表面前处理的效果，对涂装表面质量有着重大的影响，因此，每道工序所用溶剂应仔细选择。随着科技的进步，对新产品的涂装也提出了新的要求。涂装工作者应积极地采纳和消化国外的新工艺、新设备，使产品在涂装方面提升一个档次。

## 9.2 胶合的概念

胶合是将涂胶后的前后门板加填充物叠合在一起，经胶合机加温加压后并采取电焊、拉铆、咬合等固定前后板使其永久合在一起的操作方法。在门扇内外层面板间填充蜂窝纸的钢质入户门、在门扇内外层面板间填充防火材料的钢质防火门，通常都需要使用胶合工艺。

## 9.3 胶合分类

### 9.3.1 按胶合工艺分类

**1. 冷压**

1）冷压是采用常规室温对门扇胶合，胶合时没有对门扇采取加温，一般用于木门、防火门和表面材质不能加温等产品的胶合。

2）主要优缺点有：设备简单价格低；操作灵活使用方便；胶合后门扇因没有热胀冷缩平整度高；因没有加温所以产量不高，效率比较低，不适合大批量生产。

3）主要设备有水泥制作冷压石墩和冷压机。

（1）水泥制作冷压石墩是最早用于防盗门胶合上的设备，现因设备庞大，产量低，操作不便现以停止使用。

（2）冷压机是近年才出现的防盗门胶合冷压设备，分为丝杠冷压机（图9－4）和液压冷压机（图9－5）。其中丝杠冷压机有涡轮，需长期保养，易损；液压冷压机，不易漏油不需频繁保养，工作效率较高。

图9－4 丝杠冷压机

图9－5 液压冷压机

**2. 热压**

（1）热压是通过胶合设备对门扇产生高温加热，使其涂胶胶水发生化学反应加速胶水发泡速度的一种胶合方式，一般用于大批量生产防盗门的胶合，也是目前使用最多的胶合设备。

（2）主要优缺点有：设备复杂价格稍高；胶合后门扇因高温加热所以对控制平整度要求高，但对胶水发泡速度快，所以效率比较高，适合大批量生产。

（3）主要调备有：多层热压液压胶合机（图9－6）和聚氨酯发泡机（图9－7）等。

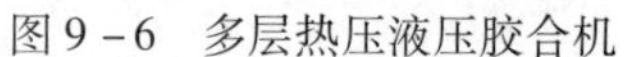

图9－6　多层热压液压胶合机　　　　图9－7　聚氨酯发泡机

其中多层热压液压胶合机可分为从上往下压式（图9－8）和从下往上压式（图9－9）。从上往下压其特点是：油缸安装在上面，不占用空间，地面不用开坑，装卸最上层门面离地面较近，可减少工人的劳动强度，设备采购后可直接使用；从下往上压式其特点是：油缸安装在下面，地面需开坑，不然装卸最上层门面离地面较高，大大增加工人的劳动强度，设备采购后需在地面开坑。

图9－8　从上往下压多层热压液压胶合机　图9－9　从下往上压多层热压液压胶合机，地面开坑

## 9.3.2　按门扇内的填充物分类

我国的户门大多是板式结构的钢质户门，门扇有内外两层面板，扇内部都填充有一些材料。户门的填充材料与门的性能有关，常用的材料有仅起支撑作用的蜂窝纸，有起保温、隔声、支撑作用的聚氨酯发泡材料，有起保温、隔声、支撑、防火作用的玻璃棉、岩棉、矿棉，有新型的防火填料一次性成型珍珠岩板门芯等。由于大多数人没有对户门填料做过认真的研究，所以在户门行业内、在户门的应用市场一直存在一些误解。

**1. 蜂窝纸**

蜂窝纸（图9－10）是牛皮纸加工形成正六角形结构，根据自然界蜂巢原理制作而

成。它是把瓦楞原纸用胶黏结的方法连接成无数个空心立体正六边形，形成一个整体的受力件——纸芯，其结构特征：

（1）质轻、用料少、成本低。

蜂窝夹层结构与其他各种板材结构相比，具有最大的强度/质量比，因而其制成品的性能/价格比好，这是蜂窝纸节能的关键。

（2）高强度，表面平整，不易变形。

蜂窝夹层结构近似各向同性，结构稳定性好，不易变形，其突出的抗压能力和抗弯能力是箱式包装材料需要的最重要的特性。

（3）耐破坏性能、耐折性能、耐戳穿性能等较差。

（4）加工性能较差，不能像瓦楞纸板那样很容易制成箱型等包装容器，即使能够制作，生产时自动化程度较低。

在各种媒体上我们常可见到一些如“纸做的防盗门”之类的报道，参见图9－11。这样的报道带有明显的倾向性，看了标题读者就会认为是商家欺骗用户。显然，当今社会对门内填装蜂窝纸有很广泛的误解。在制作户门的过程中，门扇填料是否可以使用蜂窝纸？不同意使用蜂窝纸或没想清楚是否可以使用蜂窝纸的人，可以给自己提出这样的问题：这个门扇内如果没有填料，是否会影响该门的防盗性能？通过理性的分析人们应当得到这个的结论：一个门的门扇如果没有任何填充物，其防盗性能如果不符合要求，增加了蜂窝纸还是不符合要求；一个门的门扇内填充了蜂窝纸，其防盗性能符合要求，拆除了蜂窝纸，该门还是符合要求。门扇内是否填充蜂窝纸会影响到门扇的刚度，但不影响门扇的强度。在门扇内填充蜂窝纸后，门扇内外两层钢板间有了支撑物，可减少门扇在启闭过程中产生的噪声。这是在门扇内填充蜂窝纸的主要原因。

图9－10　蜂窝纸

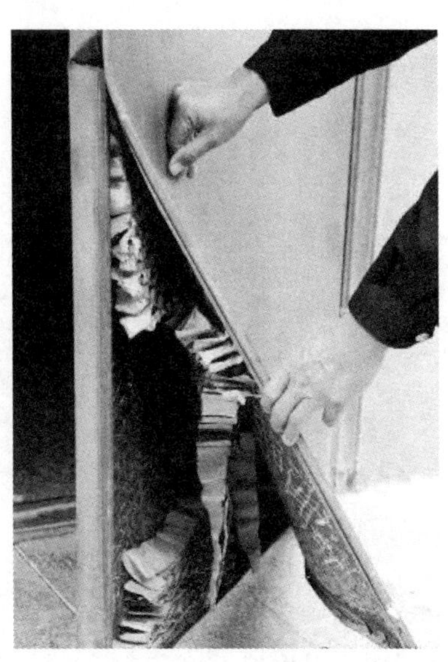

图9－11　“纸做的防盗门”报道

蜂窝纸在使用过程中是否存在问题？在户门门扇中填充蜂窝纸确实存在问题。在我国北方地区，大多数户门都应有很好的保温性能。在户门门扇内填充蜂窝纸，仅仅是限制了门扇内空气的对流，对于提高户门的保温性能没有太大的帮助。由于我国北方地区室内外温差大，易结露，在水汽的作用下蜂窝纸易损坏，进而影响门的整体质量。但是我们不能因蜂窝纸的使用存在问题，就说户门使用蜂窝纸是骗人之术。蜂窝纸技术是一项成熟技术，在家具、木质门、飞机甚至航天飞机上都有应用。蜂窝纸在户门上的应用目前确实出现了一些问题，但不是普遍性的技术性问题，只是个别企业的制作过程质量控制出现了问题。

**2. 聚氨酯发泡材料**

户门门扇使用聚氨酯发泡材料（图 9 – 12），在保温上，在支撑门扇面板上，都有很好的效果。但是户门门扇使用聚氨酯发泡材料也有问题。主要问题是聚氨酯发泡材料不防火，并可燃。其次是许多常用的溶剂都可溶解聚氨酯，比如户门在油漆过程中就可能溶解门扇内的聚氨酯发泡材料。

**3. 玻璃棉、岩棉、矿棉材料**

过去我国的防火门门扇填料一般都是玻璃棉、岩棉、矿棉材料。许多人都认为这三种材料的性能差不多，实际上它们在成分和性能上都存在差异。

玻璃棉（图 9 – 13）的原料是玻璃，熔融后用离心器甩成玻璃细流，进一步拉伸成纤维，制成棉毡。玻璃棉与岩棉和矿棉相比，容重低、渣球含量少、使用年限长、纤维韧性大。玻璃棉的防火等级 A 级，导热系数 0.037，热收缩温度在 270℃左右。注意玻璃棉的热收缩温度是 270℃！防火门的防火试验比这个温度高多了。玻璃棉本身无毒，但对皮肤有刺激，吸入到肺里也有问题，所以防火门标准要求使用环保的硬质保温材料。

图 9 – 12　聚氨酯发泡材料

图 9 – 13　玻璃棉

岩棉（图 9 – 14）与矿棉（图 9 – 15）都属于矿物棉，都是经过高温熔融，在离心力和风的共同作用下形成的无机纤维状产品。习惯上通常将用矿渣为主要原料生产的产品称为矿棉（色泽洁白），而将用天然岩石如玄武岩或灰绿岩等为主要原料生产的产品称为岩棉（灰绿色）。从专业的角度讲，一般将酸度系数大于1.6的产品称为岩棉［酸度系数 $M_k$ =（二氧化硅 + 三氧化二铝）/（氧化钙 + 氧化镁）］。岩棉酸度系数高，化学稳定性，防火等级A级，导热系数0.04，耐高温性能（岩棉热收缩温度730℃左右；矿棉导热系数0.044，热收缩温度680℃左右）、耐水性等都要优于矿棉，矿棉遇水对金属有腐蚀作用。

图9－14　岩棉

图9－15　矿棉

**4. 防火门芯填充材料**

GB 12955—2008《防火门》要求："防火门的门扇内若填充材料，则应填充对人体无毒无害的防火隔热材料。"在修订过程中还曾提过更明确的要求，要求使用硬质的环保材料。所以近年来我国的许多防火门企业选择膨胀珍珠岩板、氯化镁珍珠岩板、阻燃布面珍珠岩板、泡沫水泥防火板、耐火石膏板等为防火填料，其中膨胀珍珠岩板（图9－16）用得最多，它是膨胀珍珠岩为主要材料，与一定比例的无机高胶粘剂和化学添加剂混合，经过一整套工序加工而成。由于采用的膨胀珍珠岩是天然珍珠岩矿砂，经1300℃以上的高温瞬间膨胀而成的、结构呈中空蜂窝状的颗粒球形体，因此制成的防火门芯板是一种天然绿色环保的理想产品，今后的发展方向：轻、耐火性能高、抗压抗折好。

20年前我国就有人使用膨胀珍珠岩制作建筑门的门芯板，目前已有多种产品，常见的有三种：第一种是以水玻璃为主要胶粘剂，经高温热压工艺制成的。第二种膨胀珍珠岩板以菱镁水泥材料珍珠岩胶粘剂。这种门芯板属于碱金属盐类，吸潮后对金属有腐蚀作用。第三种珍珠岩门芯板是以无机非离子型胶粘剂，经冷压自然干燥（烘干）而成。不同的膨胀珍珠岩板质量水平不一样。

**5. 航空铝蜂窝**

航空铝蜂窝（图9－17）是一种新型填充材料，它的结构特征如下：

（1）隔声、隔热、保温。

蜂窝本身不具备隔声、隔热的性能，但由它组成的蜂窝夹层结构就具有良好的隔声、隔热效果。同时它又阻绝了空气的流通，使热能和声波受到极大限制，起到保温作用。

图 9－16　膨胀珍珠岩板

图 9－17　航空铝蜂窝

（2）节能、环保。

采用铝蜂窝芯作为防盗门的填充材料，大大减轻防盗门的重量，体积仅为实体填充物的 1%～3%，两边附上门板，形成“工”字钢结构。且该材料不会散发任何有害于人体的物质，清洁并可回收利用。

（3）防潮。

该材料与传统蜂窝纸相比，具有不吸水的特性，即便是在潮湿的环境中，它依然不会腐烂、变形及褪色。从而使防盗门真正做到经久耐用，其防盗效果也大大增强。

（4）优越的平整度及刚性。

由于铝蜂窝芯处于竖立的受力状态，且有无数固定的蜂窝孔支撑，保证其形状不易发生改变。另撑开的蜂巢面分散了板面的受力，确保了防盗门的强度和提高了防盗门表面的平整度。

## 9.3.3　按使用的胶粘剂分类

门扇胶合胶粘剂一般采用聚氨酯胶粘剂，聚氨酯胶粘剂是指在分子链中含有氨基甲酸酯基团（—NHCOO—）或异氰酸酯基（—NCO）的胶粘剂。聚氨酯胶粘剂分为多异氰酸酯和聚氨酯两大类。多异氰酸酯分子链中含有异氰基（—NCO）和氨基甲酸酯基（—NH—COO—），故聚氨酯胶粘剂表现出高度的活性与极性，与含有活泼氢的基材，如泡沫、塑料、木材、皮革、织物、纸张、陶瓷等多孔材料，以及金属、玻璃、橡胶、塑料等表面光洁的材料都有优良的化学黏结力，无论哪种聚氨酯胶粘剂，都是体系中的异氰酸酯基团与体系内或者体系外，含活泼氢的物质发生反应，生成聚氨酯基团或者聚脲，从而使得体系强度大大提高而实现黏结的目的。

按门业用途与特性可分为高温发泡胶水、防火胶水、低温发泡胶水、泡沫胶水，其特性、操作方法及具体施压时间如下：

**1. 高温发泡胶水**

适用于：非标门、钢质门、防盗门、仿铜门。

高温发泡胶水一般跟天气有很大的关系，烘箱温度应保持在180～210℃之间，参见表9－1，天气越冷高温发泡胶水放在热压机上的时间越长，夏天最稳定，但现在薄钢板跟深拉伸的花型很多，所以可根据实际情况来采购高温发泡胶水。

**高温发泡胶不同季节的胶合施压时间　　　　表9－1**

| 季节 | 胶合机台板温度（℃） | 胶合机施压时间（min） |
|---|---|---|
| 春天 | 60～90 | 15～30 |
| 夏天 | 60～90 | 10～20 |
| 秋天 | 60～90 | 15～30 |
| 冬天 | 60～90 | 20～30 |

**2. 防火胶水**

适用于：钢质防火门，钢木质防火门、木质防火门。

根据GB 12955—2008《防火门》国家标准，防火门所用胶粘剂应是对人体无毒无害的产品，并应经国家认可授权检测机构检验达到GB/T 20285—2006《材料产烟毒性危险分级》规定产烟毒性危险分级ZA2级要求。

由于防火胶水都刮在钢板上，胶水上直接跟硅酸棉、珍珠岩、防火门芯板接触，以上三种防火材料都是属于慢吃胶水的材料，所以防火胶水比较浓而且发泡效果比较好，参见表9－2。

**防火门胶水不同季节的胶合施压时间　　　　表9－2**

| 季节 | 冷压机施压时间（h） | 热胶合机施压时间（min） |
|---|---|---|
| 春天 | 5～6 | 30～35 |
| 夏天 | 4～5 | 20～30 |
| 秋天 | 6～7 | 25～40 |
| 冬天 | 7～8 | 30～40 |

**3. 低温发泡胶水**

适用于：钢木室内门。

由于低温发泡胶水属于快干胶，施压的时间应特别注意当天的天气情况，天气不同施压的时间就不同，一般情况下低温发泡胶的表干时间都在15min之内，所以胶合好的钢木室内门应在10min之内放进冷压机施压，这样使用对低温发泡胶水跟钢木室内门的胶合效果最好，参见表9－3。

**低温发泡胶不同季节的胶合施压时间　　　　表9－3**

| 季节 | 施压时间（h） | 季节 | 施压时间（h） |
|---|---|---|---|
| 春天 | 4～5 | 秋天 | 3.5～5 |
| 夏天 | 3～4 | 冬天 | 5～6 |

#### 4. 高温发泡胶

适用于：不锈钢门。

由于泡沫胶水直接使用于不锈钢门，不锈钢门门板比较光滑，所以泡沫胶水比普通胶水要浓而且更粘，泡沫胶水属于高纯度胶水，下面所展示的只是泡沫胶的常规使用方法，具体操作还要根据实际情况相结合，参见表9－4。

高温发泡胶不同季节的胶合施压时间　　表9－4

| 季节 | 冷压机施压时间（h） | 热压机施压时间（min） |
| --- | --- | --- |
| 春天 | 4～6 | 15～30 |
| 夏天 | 2～3 | 10～15 |
| 秋天 | 4～5 | 20～30 |
| 冬天 | 5～7 | 30～40 |

### 9.3.4　按填充的配件分类

门扇胶合填充的其他配件还有上下天地锁插纸衬、锁盒等配件。

上下天地锁插纸衬（图9－18），主要是为了防止填充物影响上下天地锁插杆的运行，保证锁具的正常启闭。

锁盒可分为铁质（图9－19）、木质（图9－20）、防火板材质（图9－21）。

铁质锁盒具有强度高、防破坏性好，能很好地保护锁体的安全，但成本较高，一般用于防盗门上使用；木质锁盒采用5～8mm密度板制作，强度低，防破坏性差，主要起支撑作用，但成本低，一般用于进户门上使用；防火板材质锁盒采用5～8mm防火板制作，主要起防火作用，一般用于防火门上使用。

图9－18　上下天地锁插纸衬

图9－19　铁质锁盒

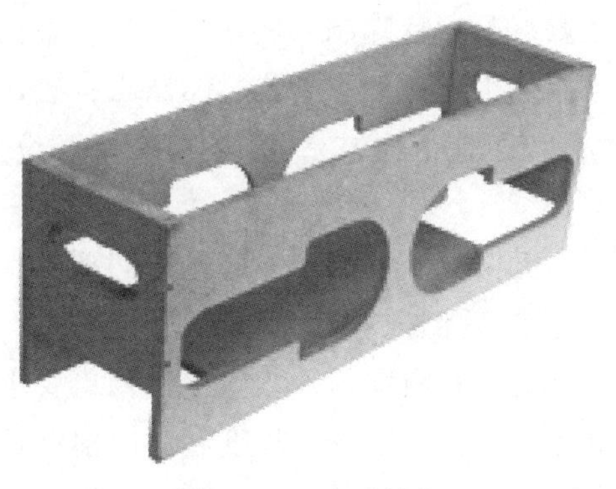

图9－20 木质锁盒

图9－21 防火板材质锁盒

### 9.3.5 按门扇胶合填充物的尺寸分类

由于门的结构多种多样，各企业的生产工艺也不一样，所以门扇胶合的填充物规格尺寸并不一样。现以厚7cm，2050mm×960mm规格（后板成型，长1950mm×宽850mm×门扇厚度70mm）的材料，举例说明门扇胶合填充物的尺寸，见表9－5，供参考。

门扇胶合填充物的尺寸选择举例 **表9－5**

| 填充物 | | 选择方法 | 规格尺寸 |
|---|---|---|---|
| 蜂窝纸 | | 门规格宽度≤900mm时，选宽1000mm蜂窝纸<br>门规格宽度>900mm时，选宽1100mm蜂窝纸<br>（门扉超大、超小时除外） | 长1100mm，厚70mm，180层 |
| 聚氨酯发泡 | | 后板成型长×后板成型宽×门扇厚度 | 长1950mm×宽850mm×厚70mm |
| 玻璃棉、岩棉、矿棉 | | 后板成型长×后板成型宽×门扇厚度 | 长1950mm×宽850mm×厚70mm＋0.5mm（可分块） |
| 防火门芯 | | （后板成型长－20mm）×（后板成型宽－20mm）×（门扇厚度－2mm） | 长1930mm×宽820mm×厚68mm |
| 航空铝蜂窝 | | 后板成型长×后板成型宽×（门扇厚度－1mm） | 长1950mm×宽850mm×厚69mm |
| 上下天地锁插纸衬 | | 长（后板成型长－锁盒长度）/2×宽80×（门扇厚度－1mm） | 长815mm×宽80mm×厚69mm |
| 锁盒 | 30×240锁体面板 | 长320mm×宽（锁体宽120mm）×（门扉厚度－2mm） | 长320mm×宽120mm×厚68mm<br>长500mm×宽120mm×厚68mm |
| | 40×388锁体面板 | 长500mm×宽（锁体宽120mm）×（门扇厚度－2mm） | |

## 9.4 门扇胶合工艺流程

### 9.4.1 步骤

（1）检查胶合机电源是否正常，对转动部位定期加足润滑油。

（2）查看计划单与派工单是否有重点注意事项和特殊制作要求后再按单取门。取门时，自检质量是否符合要求，主要是前后门板是否有碰凹、划伤、凹凸点；喷塑塑粉厚度是否均匀，无明显麻点、气泡、颗粒现象；转印是否均匀完整，有无漏印、纹路歪斜、错位、不清等缺陷，剔除不良品。

（3）作业时工作台表面应平整、无锐角、无杂物、清扫干净，预防门面在工作台上受力摩擦时划伤。先把后门板轻放工作台上，然后倒入胶粘剂（举例 7cm，2050mm × 960mm 规格，普通单门 0.3kg、防火单门 0.75kg）涂刷均匀，然后按计划单要求，取相应规格的填充物（蜂窝纸、航空铝蜂窝应拉开全部叠加部分，长度超过门扇后板总长度的 1/3），并均匀的填满后门板（如有深拉深或花型深度超过 15mm 的，应对准后板花型拿橡胶锤按花型形状锤打，锤打深度按花型深度的 1.5 倍）。

（4）拿上前门板，倒入胶粘剂（举例 7cm，2050mm × 960mm 规格，普通单门 0.3kg、防火单门 0.75kg）涂刷均匀，然后把前门板套入后门板进行胶合，同时必须检查前后门板是否有溢胶现象，有溢胶时必须用清水擦干净。

（5）前后门板胶合成型定位时，按技术标准尺寸（定位靠山）定位，确认无误后，上方、下方、铰链边各焊一点，确保门面合模时上下左右不错位。门扇上压机时必须两个同时抬起门扇平行的放入胶合机中，并按门面厚度四个角放限位块支柱，确认无误后再按下热压机电源开关，门面压墩好后人员才离开（如遇到紧急情况要及时拉下总闸或切断电源）。

（6）胶合后定位时焊点必须牢固，门面角度必须垂直。点焊要求：每隔 15 ~ 20cm 点焊一点，不许有脱焊、假焊、虚焊、焊穿等不良缺陷，焊点必须打磨平整。

（7）胶合门面停留时间最长不超过 10min 就应压墩，否则停留时间过长，胶水发泡，造成门面空响或脱胶，胶水会失去最佳黏性效果。

### 9.4.2 注意事项

（1）胶合好的产品要求无划伤、碰伤、无凹凸点、无错位、无空响、无漏放配件等。

（2）焊接门面时每车门面不允许超过 10 扇，防止门面过多，造成车翻或压伤门面。

（3）焊接好的门面打磨时要进行复检，是否有漏焊、脱焊等现象，打磨时焊点一律要抛光。

（4）各员工要做到三不：即做到不接受不良品、不制造不良品、不输出不良品，按要求操作，对产品要轻拿轻放。

（5）各工序下班时，打扫好区域内卫生，检查电源是否关闭后，方可离开工作岗位。

### 9.4.3 空鼓的原因与预防

空鼓是门扇胶合工序经常出现的质量问题，其产生的原因与预防见表 9 - 6。

**空鼓产生的原因与预防** **表9－6**

| 原因范围 | 原因分析 | 解决预防 |
|---|---|---|
| 作业人员 | 1. 不熟悉作业要求，将不同工艺相近厚度的前后板混用、错用、倒用，导致胶合不能到位，出现空鼓 | 加大作业方法培训力度，完善相关作业标准；在产品信息标签和识别方式上让员工能准确、方便拿取物料 |
| | 2. 不熟悉作业方法，比较粗心，错用接近厚度的蜂窝纸或压机垫块等 | 在工艺设计和原材料规格型号区分上尽可能避免相近厚度差异值不太明显的状况，尽可能避免混淆 |
| 设备工装 | 3. 热压胶合机压力没有达到预定值，没到位，有间隙 | 定期检查热压机性能，保证压力到位能紧密合拢 |
| | 4. 垫块不够精准，公差超过门扇厚，导致压机不能下到位 | 检查垫块是否有胶水、锈迹、尺寸差异，定期涂抹防锈油 |
| | 5. 热压机各层平台水平度不达标，受力不均，导致局部空鼓 | 定期检查工作平台的水平度，观察有无扭曲或不平 |
| 配套材料 | 6. 聚氨酯发泡胶发泡效果不好，浓稠度不够，添加稀释剂太多 | 仓库在来料检验环节严格按照标准和比率进行试验抽查 |
| | 7. 胶水的黏结力不够，为了加速固化导致脆性降低，因为季节或温度等因素的差异配方没有做出调整 | 严格要求供应商和操作员工按照季节交换供应使用不同配比的胶水 |
| | 8. 磷化工序的挂灰影响发泡胶的黏结性能，导致小范围空鼓 | 发现磷化工序挂灰较重时，要清理擦拭干净些才能作业 |
| | 9. 门板材料压花后皱缩导致凹凸不平或扭曲，胶水拉不住而空鼓或者由于材料本身的平整度不佳，开平前表面就有不平整状况 | 注意材料开平后的抽检，有变形量较大的要检出，改善压花模具的性能，确保变形余量在允许幅度以内 |
| | 10. 蜂窝纸、航空铝蜂窝、防火门门芯板等填充物的裁切厚度没有达标，整体不够厚或有局部偏差 | 要求仓库严格进行来料抽检，保证蜂窝纸、航空铝蜂窝、防火门门芯板等填充物厚度尺寸 |
| | 11. 蜂窝纸、航空铝蜂窝的挺度很差，平板门上差异不明显，在凹凸造型挤压时皱缩严重、支撑力不达标，导致空鼓 | 要求仓库检查蜂窝纸、航空铝蜂窝的密度和重量，对拉开后的挺度进行测试，确保支撑力达标，防止过度松软塌落 |
| | 12. 蜂窝纸的含水率过高或过低。过高导致发泡速度快，强度降低；含水率过低导致喷涂烘烤后脆性增强 | 要求仓库严格抽查蜂窝纸的含水率，按批次批号进行抽检 |
| | 13. 蜂窝纸、航空铝蜂窝没有做成标准内六边形结构，达不到仿生力学上的蜂窝支撑结构，受力后塌陷导致空鼓 | 对供应商的准入门槛进行要求，要求其按照双方约定的尺寸形状进行生产供货，发现不达标时要退货 |
| | 14. 门扇的折弯厚度不准确，误差超过了蜂窝纸、航空铝蜂窝、防火门门芯板等填充物的厚度 | 加强钣金环节对门扇折弯厚度的精度控制，控制差值 |
| 作业方法 | 15. 前后板没有完全胶合到位，有错位顶起导致的空鼓 | 加强前后板胶合在一起时的自检，确保没有顶起挡住 |
| | 16. 热压机工作台表面温度超过最大值，胶水反应过度黏结力降低 | 定期检查热压机工作台面温度，控制在标准温度以内 |
| | 17. 热压机胶合后保压时间不够，黏结力还没完全形成被取出 | 严格要求胶合后保压停留时间，不到规定时间值不能提前取出 |

续表

| 原因范围 | 原因分析 | 解决预防 |
| --- | --- | --- |
| 作业方法 | 18. 发泡胶水开启后没有及时使用，已经初步发泡，填充时黏结力已经严重降低 | 要求作业员工按照用完一桶再开启一桶的顺序，中途不随便开通，停止作业前要将胶水密封好 |
| | 19. 搬运门扇时动作不够平稳，导致错位或拉开的纸皱缩回 | 搬抬门扇注意力度和幅度，防止蜂窝纸摆动过大缩回 |
| | 20. 蜂窝纸没有完全没有牵拉开或挂稳，上热压机时皱缩 | 四边挂钩要拉上，要求各工序按照工艺执行 |
| | 21. 胶水刷涂方法不对，局部厚薄不均或空胶，导致空鼓 | 要求督促员工按标准值用胶，涂刷要均匀 |
| | 22. 后工序烘烤温度过高导致蜂窝纸脆性增加，出现空鼓 | 要求后工序注意控制烘道温度，不得随便变更 |
| | 23. 后工序在操作或储运过程中导致门扇进水，蜂窝纸塌陷空鼓 | 要求后工序注意产品和操作过程中的防水保护 |
| | 24. 子母对开门门扇有盖缝板没有避开，压不下去导致空鼓 | 胶合子母对开门时，要求员工操作时避开门扇盖缝板 |
| | 25. 产品款式中有反拉伸或凹凸特别强的花型时，蜂窝纸的挺度不够，辅助的垫板吻合度不佳，导致空鼓 | 对特定款式，如深拉伸造型，凹凸双向的产品在蜂窝纸的订货要求上要加强，并配套好相关辅助垫板 |
| | 26. 涂胶后等待时间过长没有加压，发泡胶黏结力降低 | 要求在涂胶后10min最大黏度发泡时间以内施压 |
| 现场环境 | 27. 堆放的蜂窝纸储存不当，受潮后挺度降低，导致塌陷 | 要求员工做好现场存料的储存，确保蜂窝纸的干燥 |
| | 28. 因为现场环境中的异物污染源导致发泡胶性能降低 | 要求现场作业人员做好5S，避免此类因素的意外干扰 |
| 检测方法 | 29. 因为材料检验不达标，流入车间导致的问题 | 要求现场作业人员注意自检和首检，以把关防范 |
| | 30. 批量做新产品和新供应商材料导致的空鼓 | 督促员工养成严谨的工作习惯，特殊情况要加强自检 |
| | 31. 没有配备可靠方便的量具或工装来加强自检，问题不易发现 | 督促员工用铝合金水平尺，手指敲击听音的方式自检抽查 |
| | 32. 未发现门板有前工序焊错配件，凸出厚度面致门扇翘起空鼓 | 督促前工序工作业时注意分清型号款式，避免混用错用 |
| | 33. 未发现前工序有配件脱焊状况，有压力时歪斜导致的空鼓 | 督促前工序管理人员和质检制定防止脱焊的方法 |

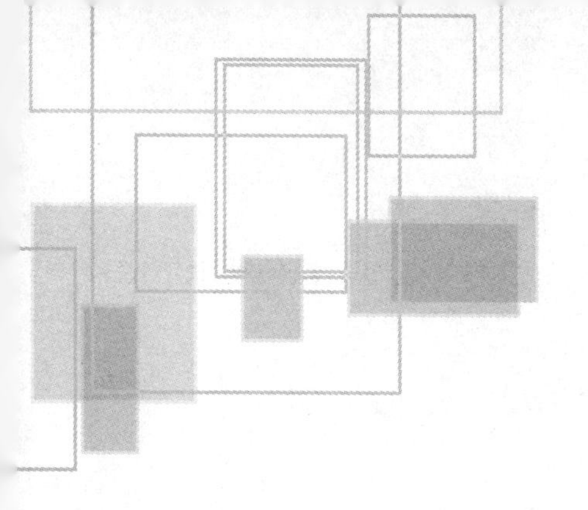

# 第10章 饰面加工

除少数使用彩色涂层钢板等已做过的表面处理的材料制作的门之外，绝大多数钢质门在制作过程中都需要经过饰面加工的程序。钢质门的饰面加工主要有四种：粉末静电喷涂、转印、喷漆和覆膜。

## 10.1 粉末静电喷涂

### 10.1.1 静电喷涂概述

喷粉静电喷涂工艺是近几十年迅速发展起来的一种新型涂装工艺。因该工艺所使用的原料是塑料粉末，所以在钢质户门行业常将之称为喷塑工艺、喷粉工艺，或简称为粉末涂装。早在20世纪40年代有些国家便开始研究实验，但进展缓慢。1954年德国的詹姆将聚乙烯用流化床法涂覆成功，1962年法国的塞姆斯公司发明粉静电喷涂后，粉末涂装才开始在生产上正式采用，近几年来由于各国对环境保护的重视，对水和大气没有污染的粉末涂料，得到了迅猛发展。

粉末静电喷涂是利用电晕放电现象使粉末涂料吸附在工件上。其过程是：喷粉枪接负极，工件接地（正极），粉末涂料由供粉系统借压缩空气送入喷枪，在喷枪前端加有高压静电发生器产生的高压，由于电晕放电，在其附近产生密集的电荷，粉末由枪嘴喷出时，构成回路，形成带电涂料粒子，它受静电力的作用被吸附到与其极性相反的工件上。随着喷上的粉末增多，电荷集聚也越多，当达到一定厚度时，由于产生静电排斥作用，便不继续吸附，从而使工件表面获得一定厚度的粉末涂层。然后经过热烘使粉末熔融、流平、固化，即在工件表面形成坚硬的涂膜。

## 10.1.2 喷粉

### 10.1.2.1 塑粉材料

塑粉是一种静电喷涂用热固性粉末涂料。塑粉有聚酯塑粉、环氧塑粉和环氧聚酯混合塑粉。聚酯塑粉是室外用的，环氧塑粉是防腐用的。环氧聚酯混合塑粉，是室内用的，应用在幕墙、门窗、器械、机柜等行业。其产品有电子绝缘、低温固化、耐高温、环氧、聚酯、聚氨酯、丙烯酸、无光、半光、高光、美术纹理等。

聚酯粉末涂料是由聚酯树脂、固化剂、颜料、填料和助剂等组成。聚酯粉末涂料的品种也较多，主要品种包括羧基聚酯树脂用异氰脲酸三缩水甘油酯（TGIC）固化体系、羧基聚酯树脂用羟烷基酰胺（HAA，商品名 PrimidXL 522 或 T105）固化体系、羧基聚酯树脂用环氧化合物（PT910）固化体系、羟基聚酯树脂用四甲氧甲基甘脲（Powderlink 1174）固化体系等。羟基聚酯树脂用封闭型多异氰酸酯固化的体系，在我国分类为聚氨酯粉末涂料。在聚酯粉末涂料配方中，对于聚酯树脂的选择方面，根据用户对涂膜外观及性能要求，对于高光泽、高性能的粉末涂料，一般选择聚酯树脂酸值在 28 ~ 35mg KOH/g，玻璃化温度在 60℃以上的羧基聚酯树脂；对于干混合法制造消光聚酯粉末涂料时，一种聚酯树脂选择酸值在 20mg KOH/g 左右的，另一种选酸值在 50mg KOH/g 左右的羧基聚酯树脂；对于皱纹（网纹）型聚酯粉末涂料，选择羟值在 35 ~ 45mg KOH/g 的羟基聚酯；消光固化剂消光的聚酯粉末涂料，可以选择常用的羧基聚酯树脂。

### 10.1.2.2 性能要求

塑粉经喷涂后其性能要求如下：

**1. 非破坏性测试**

（1）膜厚测试：膜厚测试仪。

（2）亮度测试：光泽度以 60°入射角，不同的产品对饰面亮度的要求不一样，一般误差在 ±5% 为合格，但也有的客户要求光泽度≥90%。

（3）色差测试：A 面色差 0.8，其余面色差 1 以内，或比照色板。

**2. 破坏性测试**

（1）百格测试：在 $100m/m^2$ 之区域以美工刀每隔 1mm 划一条线（深度须见底材），交叉刻画 100 个方格，以 3M#600Scotch 胶布（10 ~ 13）mm 或与其相容的胶布粘贴于刻画测试区，将胶带以垂直方向瞬间并快速撕离测试面上的涂膜，不可脱落 5%。

（2）折弯测试：色板以 r = t 弯曲 180°或反复 90°，涂层无脱落为合格。

（3）硬度测试：2H铅笔以45°角施予1kg的力向前沿直尺推动15～30mm，橡皮擦除后无漏底为合格，允许轻微痕迹；或者铅笔硬度H以上，把铅笔尖端削成直角，针对测试面沿45°方向，施予1kg的力在喷塑表面画出8cm的直线，面不能有破损、刮伤，允许轻微痕迹。参考常温硬度：3H以上。

（4）耐溶剂测试：蘸99.8%的无水酒精棉花棒，以1kg力来回50次，除光泽可少许变化外，涂层不得变色、发胀、剥落；或者以干净棉布，蘸干净溶剂（工业酒精95%），对测试面施以500g之力来回擦拭50次。测试面不能变色、剥漆、浮起，或失去光泽，光泽可少许变化。

（5）冲击测试：以截面积为1/4的500g重锤自500mm自由落下，涂膜无脱落、开裂为合格。也有用落球实验的：落球实验（用直径为1.5cm的实心球和长度为1.5m的空心竿，测试涂膜的强度和黏合力），或者在QCJ型漆膜冲击器上进行（1kg的重锤在500mm高处自由落下冲击，不得有裂纹和喷塑层脱落现象）。

（6）耐磨性测试：用海绵刷，刷5000次，不可露出素材用海绵刷较硬的那一侧，加上宽30mm，500g的荷重，55mm的距离，60次/min来回刷；或者长城橡皮500g力来回50次无漏底。

（7）耐湿性：60℃相对湿度90%中放置240h，涂膜面不可异常。

（8）耐沸水性：沸腾水，1h浸泡，无异常。

（9）耐褪色性：使用波长2800～3000Å，15W紫外线灯一只。以25cm的距离连续照射72h，再与比较样品比较，测试面不能有褪色、剥落、浮起或失去光泽。

（10）耐碱性：5% NaOH，240h无变化。

（11）耐酸性：3% HCL，240h无变化。

（12）耐溶剂性：二甲苯，24h无变化。

（13）耐污染性：唇膏，常温下24h无异常。

（14）耐热性：180℃×1h，色差$E<0.8$，保光性优异。

（15）耐腐蚀性：耐盐雾性，1000h无变化；耐湿热性，500h无变化；或盐水喷雾不可有气泡、生锈的发生（5%食盐水，35℃，连续喷雾400h）。

#### 10.1.2.3　喷粉的防腐原理

（1）屏蔽原理：金属表面涂覆涂料经过干燥（固化）后，把金属表面和环境隔开。但是涂层并不能阻止或者减慢腐蚀过程，因为高聚物有一定的透水性，其结构中的气孔平均直径在$10^{-5}\sim10^{-7}$cm，而水和氧分子的直径通常只有$10^{-6}\sim10^{-8}$cm。为了提高涂层的抗渗性，涂料应选用透气性很小的成膜物质和屏蔽性大的固体填料，以使涂层达到一定厚度而均匀、致密无孔。

（2）缓蚀原理：磷化膜起主要的保护、缓蚀作用。其次，借助涂料的内部组分（如丹红、锌铬黄等具有阻蚀性的颜料）与金属反应，使金属表面钝化或生成保护的物质以提高涂层的保护作用。另外，一些油料在金属皂的催干作用下生成降解产物，也能起到有机缓蚀剂的作用。

（3）电化学保护原理：介质渗透涂层接触到金属表面下面就会形成膜下的电化学腐蚀。在涂料中使用活性比较高的金属做填料（比如锌），这样起到牺牲阳极的保护作用，而且锌的腐蚀产物是盐基性的 $ZnCl_2$、$ZnCO_3$ 等，它填满了涂层的空隙，使涂膜更加致密，从而使腐蚀大大降低。

#### 10.1.2.4 喷粉与喷漆

（1）静电喷粉和喷漆相比，不需稀料，无毒害，不污染环境，涂层质量好，附着力和机械强度高，耐腐蚀，固化时间短，不用底漆，工人技术要求低，粉回收使用率高，只是装饰性比漆稍差。

（2）喷漆涂料与溶剂（或还加硬化剂）混合后施工，以压缩空气或静电力雾化后飞向工件并附着，溶剂蒸发（或相互反应）后固化成膜；VOC（可挥发有机气体）含量高，对人体有较大危害；涂料利用率很低，仅约50%；一次喷涂所形成的膜厚为15 ~ 25μm；

（3）粉体涂装涂料为细粉状态，通过静电作用附着于工件，通过高温烤炉时，涂料熔融，流平，并交联固化；VOC含量为零，但要注意粉尘的危害；涂料可回收使用，利用率可达99%以上；固化时间比喷漆短，不会出现喷漆件常有的流淌现象。设备投资大；适合于厚膜涂层的涂装，一次喷涂膜厚为50 ~ 150μm。

（4）门业行业为满足用户对产品外观的需求，往往采用喷塑加罩漆工艺，以提高产品的装饰性。

### 10.1.3 喷塑设备

#### 10.1.3.1 作业方式

喷塑方式有流水线作业和单机作业，有自动喷塑和手工喷塑。由于其作业方式不同，所使用的设备也不同。

#### 10.1.3.2 喷塑作业设备

喷塑设备主要有喷粉设备和固化设备。

**1. 喷粉设备**

（1）喷枪和静电控制器：喷枪除了传统的内藏式电极针，外部还设置了环形电晕以保持涂层的厚度均匀。静电高压应维持稳定，波动范围小于10%。

（2）供粉系统：供粉系统由新粉桶、旋转筛和供粉桶组成。粉末涂料先加入到新粉桶，压缩空气通过新粉桶底部的流化板上的微孔使粉末预流化，再经过粉泵输送到旋转筛。旋转筛分离出粒径过大的粉末粒子（100μm以上），剩余粉末下落到供粉桶。供粉桶

将粉末流化到规定程度后通过粉泵和送粉管供给喷枪喷涂工件。

（3）回收系统：喷枪喷出的粉末除一部分吸附到工件表面上（一般为50%～70%）外，其余部分自然沉降。沉降过程中的粉末一部分被喷粉棚侧壁的旋风回收器收集，利用离心分离原理使粒径较大的粉末粒子（12μm以上）分离出来并送回旋转筛重新利用。12μm以下的粉末粒子被送到滤芯回收器内，其中粉末被脉冲压缩空气振落到滤芯底部收集斗内，这部分粉末定期清理装箱等待出售。分离出粉末的洁净空气（含有的粉末粒径小于1μm，浓度小于5g/m$^3$）排放到喷粉室内以维持喷粉室内的微负压。负压过大容易吸入喷粉室外的灰尘和杂质，负压过小或正压容易造成粉末外溢。沉降到喷粉棚底部的粉末收集后通过粉泵进入旋转筛重新利用。回收粉末与新粉末的混合比例为1：3～1：1。

（4）喷粉室体：顶板和壁板采用透光聚丙烯塑料材质，以最大限度减少粉末黏附量，防止静电荷累积干扰静电场。底板和基座采用不锈钢材质，既便于清洁又具有足够的机械强度。

（5）空气压缩机：压缩空气由空压站或单机空压机通过管道输送给喷粉设备。压缩空气使用前必须作水分检测。

（6）辅助系统：包括空调器、除湿机。空调器的作用一是保持喷粉温度在35℃以下以防止粉末结块；二是通过空气循环（风速小于0.3m/s）保持喷粉室的微负压。除湿机的作用是保持喷粉室相对湿度为45%～55%，湿度过大空气容易产生放电击穿粉末涂层，过小导电性差不易电离。

**2. 固化的主要设备**

固化的设备主要包括供热燃烧器、循环风机及风管、烘道或炉体3部分。燃料有使用焦炭、0～35号轻柴油、天然气，也有用电的。送风管一般设计为多级输送，送风管第一级开口在炉体底部，向上每隔600mm有一级开口。可以保证2000mm工件范围内温度波动小于5℃，防止工件上下色差过大。回风管在炉体顶部，这样可以保证炉体内上下温度尽可能均匀。

**3. 自动喷塑与手工喷塑比较**

采用人工静电喷涂的操作方式，在塑粉利用和产品质量上存在如下缺点：一次性喷涂太厚会产生起泡、针孔或垂流；喷涂太薄则会产生遮盖力不够或流平差、喷涂难等难点；气压调整不当会造成流平差、喷涂难等；手法不均可能造成漏喷、漆膜不均匀等；塑粉利用率在80%左右。

采用自动喷粉系统可改善喷涂质量，提高塑粉的利用率。

自动喷粉系统是一种自动喷粉（适当手工补喷）、塑粉自动回收、自动筛除异物为一体的设备。其优点包括如下几个方面：

（1）塑粉自动回收，自动筛除异物，回收的塑粉完全可以重新回到供粉箱内，再次喷涂，可提高塑粉的利用率高达98%以上。该回收系统按照设备原理正常工作，滤芯回收系统的脉冲发生器能均匀向低脉冲发信号，有效地控制滤芯工作，其反脉冲频率和压力可调节。因此可减少塑粉的损失，回收塑粉质量更好，可直接使用。

（2）采用恒定电流自动反馈功能，喷枪具有良好的充电效果，雾化性能好，所以其喷出的粉带的电子比手动喷枪要均匀，厚薄更均匀。喷涂质量更好。

（3）供气正常的条件下，每把枪的喷粉量能调至164g/min（最佳状态下的最佳喷粉量），喷枪的最大出粉量不小于500g/min，从而确保喷粉量符合工艺要求。

（4）喷枪在工件接地电阻小于1MΩ时，进行短路试验不会打火燃烧，因此更安全。

（5）在正常工作时，每把枪的喷幅能调至300mm，并能调节自动枪与工件的距离及枪与枪之间的距离（上下），并且易于清理、拆卸，升降机能均匀平稳地上下移动。因此更容易操作和维护。

自动喷涂后的工件外表面膜厚为50～70μm左右，工件内表面除死角外达到覆盖，经手动补喷后达到全部覆盖，固化后消除由于设备本身原因造成的诸如气泡、留痕、漏喷、露底、水眼等明显缺陷。

## 10.1.4 喷塑工艺

### 10.1.4.1 喷粉工艺线路

经前处理的工件→上挂→喷塑→烘烤→检查→转下道工序或包装。

多数门业企业喷塑采用流水线作业，其生产线主要由组合烘道、喷粉设备、悬挂输送机、电气控制系统等组成，生产工艺流程如图10－1所示。

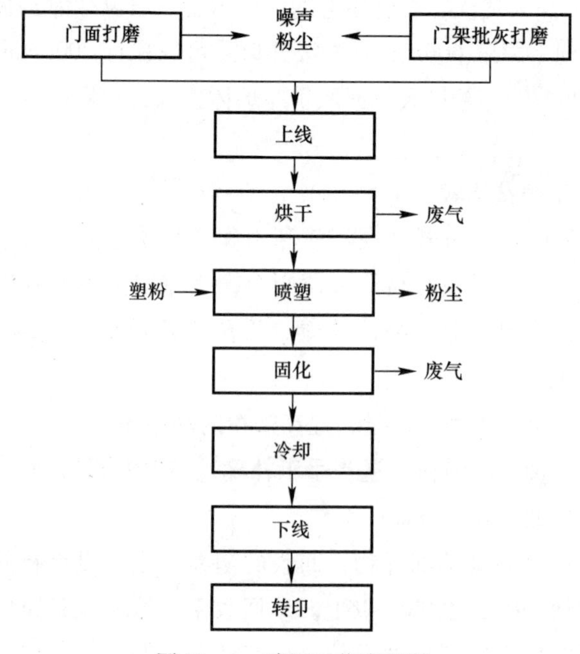


图10－1 喷塑工艺流程图

某公司流水线形式为：水分子烘干烘道为直线式、固化烘道为U形桥式烘道，采用天然气发生器供热，内置式热风循环的加热技术，烘干过程产生的废气经烟气排放管路排放。

采用自动喷塑，喷粉过程中门面、门框喷涂在密闭空间进行，喷涂的一次上粉率约60%～70%，余下塑粉通过一级旋风回收器和二级滤袋脉冲反吹回收装置（回收风量约8000$m^3$/h，一级二级组合回收率为98%），将未被喷涂上的粉末进行回收，然后经过筛选利用，可以提高粉末利用率。

对磷化处理的工件须经水洗，水洗主要是去除吸附在多孔磷化膜内的磷酸盐、酸等物质，以提高涂层的附着力、耐蚀性和防止起泡。对于薄膜型磷化，最终用水洗去离子水，有利于彻底去除磷化膜上的杂质离子。前处理后的工件必须完全烘干水分并且充分冷却到35℃以下才能保证喷粉后工件的理化性能和外观质量。

#### 10.1.4.2 喷粉工艺参数

（1）静电电压：40～80kV，电压过高容易造成粉末反弹和边缘麻点；电压过低上粉率低。

（2）压缩空气压力：0.7～0.8MPa。

（3）静电电流：10～20μA。电流过高容易产生放电击穿粉末涂层；电流过低上粉率低。

（4）流速压力：0.30～0.55MPa，流速压力越高则粉末的沉积速度越快，有利于快速获得预定厚度的涂层，但过高就会增加粉末用量和喷枪的磨损速度。

（5）雾化压力：0.30～0.45MPa。适当增大雾化压力能够保持粉末涂层的厚度均匀，但过高会使送粉部件快速磨损。适当降低雾化压力能够提高粉末的覆盖能力，但过低容易使送粉部件堵塞。

（6）喷枪压力：0.5MPa。喷枪压力过高会加速枪头磨损，过低容易造成枪头堵塞。

（7）供粉桶流化压力：0.04～0.10MPa。供粉桶流化压力过高会降低粉末密度使生产效率下降，过低容易出现供粉不足或者粉末结团。

（8）喷枪口至工件的距离：150～300mm。喷枪口至工件的距离过近容易产生放电击穿粉末涂层，过远会增加粉末用量和降低生产效率。

（9）输送链速度：4.5～5.5m/min。输送链速度过快会引起粉末涂层厚度不够，过慢则降低生产效率。

（10）固化工艺参数：温度180℃，烘15min。

（11）环境参数：温度15～25℃，最高不超过35℃，相对湿度不大于70%、环境清洁无浮沉。周围横向气流速度小于0.1m/s，平均空气流速0.3～0.5m/s。

#### 10.1.4.3 喷塑操作要求

**1. 持证上岗**

喷塑操作工必须经培训合格方可上岗。经培训后，应熟悉喷塑材料和设备的性能；

了解本公司的工艺规程、作业指导书或工艺卡片、安全操作规程。

**2. 准备工作**

1）工件：工件表面打磨干净无杂质，悬挂间距合理，悬挂时注意检查门面表面有无凹痕、刮伤、变形不平等缺陷，非同一批次、使用不同塑粉的工件，挂钩时应相隔4~6个空钩，悬挂前应确定烘道温度达到工艺要求才能挂钩。喷塑前工件表面应进行吹灰处理，不需喷塑部位要遮盖处理。

2）塑粉：依据生产计划单批次号，查对塑粉型号是否相符，并查对塑粉的有效期和受潮情况（必要时用180目的筛子过筛）。

3）设备

（1）静电发生器：通电检查静电发生器电源是否正常，电压输出是否正常。

（2）粉桶：粉末是否处于悬浮状态。

（3）喷枪、粉管、粉泵：是否清理干净，不允许有残留粉末。

（4）空气压缩机、压缩空气冷冻干燥机及气路油水分离装置：通电检查压缩机、冷冻干燥机工作是否正常，空气压力是否满足要求，并检查排油、排水装置是否正常工作，开动设备前排放1min以上至压缩空气干净为止（检查方法：将喷枪或气管对准新的干燥A4打印纸吹气2min，观察纸表面有无油渍、水渍、脏物或受潮现象）。

（5）试喷：检查上粉是否正常，电压、气压、设备运转是否正常。

**3. 工艺过程**

1）上挂。

将产品勾于挂具上，挂具导电并随流水线移动；挂具应为导电体，并需接地（针对静电涂装）；挂具一般根据产品的不同特点而定制；数量满足整条流水线周转使用，并留备件。

2）主要参数检查。

静电电压：50~70kV。

空气压力：0.7~0.8MPa。

供粉量：150~250g/min（可调节）。

3）喷枪的调试。

打开静电发生器，出粉进气调节。气压从零开始，逐渐调大，观察出粉量是否均匀。

4）喷涂。

（1）手工喷涂。喷枪与零部件距离10~20cm。喷焊道及不易上粉的部位时喷枪距零部件可以近一点。喷涂时，喷枪对零部件表面作水平或垂直方向来回运动4~6次，速度要均匀，并检查无积粉、无漏喷现象，隐蔽部位或焊道处喷粉厚度应稍厚一些，否则膜厚薄不均。涂膜薄影响耐腐蚀等级，看上去涂覆不丰满，涂膜厚浪费原材料，易造成涂膜表面不平。

（2）自动喷涂。自动喷涂属于静电喷涂的范畴，利用喷涂装置与接地工件之间的高

电压差产生静电力，静电雾化涂料涂覆于工件上，上下移动覆盖整个工件范围。喷塑工应按本公司编制的自动喷涂系统作业指导书进行操作。

（3）补喷。作业时应对喷粉效果进行首检和定时检查，必要时应予以补喷。由于防火门门芯的材质关系，无论是手工喷还是自动喷，门板内外面都必须喷涂。

5）烘烤。

（1）烘道应定期清理（每周至少1次），保持风道清洁，气流畅通，温度均匀。

（2）粉末固化的基本原理：环氧树脂中的环氧基、聚酯树脂中的羧基与固化剂中的氨基发生缩聚、加成反应交联成大分子网状体，同时释放出小分子气体（副产物）。固化过程分为熔融、流平、胶化和固化4个阶段。温度升高到熔点后工件上的表层粉末开始融化，并逐渐与内部粉末形成漩涡直至全部融化。粉末全部融化后开始缓慢流动，在工件表面形成薄而平整的一层，此阶段称流平。温度继续升高到达胶点后有几分短暂的胶化状态（温度保持不变），之后温度继续升高，粉末发生化学反应而固化。

（3）粉末固化的基本工艺：采用的粉末固化工艺为180℃，烘15min，属正常固化。其中的温度和时间是指工件的实际温度和维持不低于这一温度的累积时间，而不是固化炉的设定温度和工件在炉内的行走时间。但两者之间相互关联，设备最初调试时需要使用炉温跟踪仪测量最大工件的上、中、下3点表面温度及累积时间，并根据测量结果调整固化炉设定温度和输送链速度（它决定工件在炉内的行走时间），直至符合上述固化工艺要求。

（4）按照塑粉固化要求，一般门业企业将烘道温度调整到200～230℃，零部件在烘道内的流转速度按塑粉固化时间调整，要求保温时间为15～20min，且根据门型不同、链条传送速度、气候来调整烘道温度。操作工应根据本公司的作业指导书就行作业。

6）取件。

自然冷却或风扇冷却至35℃以下取件。

7）外观检查。

目视喷塑表面均匀，流平良好，无流挂、颗粒、气泡、杂质、露底等缺陷，同一批次门扇与门架无明显色差。

8）进入下个加工工序或成品入库。

#### 10.1.4.4 喷塑操作规程与作业指导书编制案例

本节通过实际案例介绍喷塑操作规程和作业指导书的编制。

**1. 案例一：喷塑操作规程**

1 准备工作

1.1 工件

工件表面打磨干净无杂质，悬挂间距合理，悬挂时注意检查门面表面有无凹痕、刮伤、变形不平等缺陷，非同一批次、使用不同塑粉的工件，挂钩时应相隔4～6个空钩，悬挂前应确定烘道温度达到工艺要求才能挂钩。喷塑前工件表面应进行吹灰处理，不需喷塑部位要遮盖处理。

1.2　塑粉

依据生产计划单批次号、《表面标准配置表》，查对塑粉型号是否相符，并查对塑粉的有效期和受潮情况（必要时用180目的筛子过筛）。

1.3　设备

1.3.1　静电发生器：通电检查静电发生器电源是否正常，电压输出是否正常。

1.3.2　粉桶：粉末是否处于悬浮状态。

1.3.3　喷枪、粉管、粉泵：是否清理干净，不允许有残留粉末。

1.3.4　空气压缩机、压缩空气冷冻干燥机及气路油水分离装置：通电检查压缩机、冷冻干燥机工作是否正常，空气压力是否满足要求，并检查排油、排水装置是否正常工作，开动设备前排放1min以上至压缩空气干净为止（检查方法：将喷枪或气管对准新的干燥A4打印纸吹气2min，观察纸表面有无油渍、水渍、脏物或受潮现象）。

1.3.5　试喷：检查上粉是否正常，电压、气压、设备运转是否正常。

2　工艺过程

2.1　参数检查

静电电压：50～70kV。

空气压力：0.7～0.8MPa。

供粉量：150～250g/min（可调节）。

2.2　调试喷枪

打开静电发生器，出粉进气调节。气压从零开始，逐渐调大，观察出粉量是否均匀。

2.3　喷涂

喷枪与零部件距离10～20cm。喷焊道及不易上粉的部位时喷枪距零部件可以近一点。喷涂时，喷枪对零部件表面作水平或垂直方向来回运动4～6次，速度要均匀，并检查无积粉、无漏喷现象，隐蔽部位或焊道处喷粉厚度应稍厚一些（若为自动喷枪，则参照《喷塑工段自动喷涂系统作业指导书》进行，作业时应对喷粉效果进行首检和定时检查，必要时应予以补喷）。

2.4　烘道

烘道应定期清理（每周至少一次），保持风道清洁，气流畅通，温度均匀。按照塑粉固化要求，将烘道温度调整到200～230℃，零部件在烘道内的流转速度按塑粉固化时间调整，要求保温时间为15～20min（根据门型不同，链条传送速度、烘道温度调试参见《作业指导书》）。

2.5　取件

自然冷却或风扇冷却至35℃以下取件。

3　外观检查

目视喷塑表面均匀，流平良好，无流挂、颗粒、气泡、杂质、露底等缺陷，同一批次门扇与门架无明显色差。

编制：×××　　审核：×××　　批准：×××　　日期：×××

**2. 案例二：喷塑工段自动喷涂系统作业指导书**

1　开机程序

1.1　起动设备前，提前20min左右打开干燥机。

1.2　检查空气质量，保证压缩空气中不含有水、油或其他脏物，开动设备前排放1min以上至压缩空气干净为止（检查方法：将喷枪或气管对准新的干燥A4打印纸吹气2min，观察纸表面有无油渍、水渍、脏物或受潮现象）。

1.3　合上总电源，打开风机，检查升降机运动确无阻碍后打开升降机。

1.4　检查探测器的探头和光源角度是否正确，无污物，有清理气源。

1.5　检查电压，A及F空气压力是否正确。

1.6　检查供粉桶内粉末是否够用，如够用开枪前2min打开流化空气使粉末流化均匀，充分。

1.7　检查接地是否良好。

1.8　检查以上各项均无问题，可等待命令开枪开始喷涂作业。

2　工作准备程序

2.1　产品所需粉末型号与供粉桶内粉末是否相同，粉末是否存在受潮等质量问题，排除后方可使用。

2.2　根据产品外形尺寸、结构形状，调整喷枪至产品的距离及喷嘴形状，修正相关技术参数。

2.3　操作人员必须穿戴好抗静电的鞋与手套及其他人身劳动防护用品。

2.4　喷枪电缆、粉末进料管以及空管喷枪，粉泵和电源连接正确可靠。

2.5　检查产品上道工序的产品质量情况，不合格及有疑问产品不进入喷涂系统。

2.6　开机试运行，发现有粉末逃逸现象，须停机检查，排除故障后再次启动运行。

3　系统常用参数

3.1　喷枪：流量压力30psi（约207kPa）雾化压力20psi（约138kPa）。

3.2　高压静电：大平面工作70~90kV，其他一般工件30~70kV。

3.3　供粉筒流化压力8psi（约55kPa）；辅助进气压力40psi（约276kPa），回收组件流化压力10psi（约69kPa）；输粉泵压力20psi（约138kPa）；脉冲反吹压力40~60psi（约276~414kPa）。

4　每班每日每周每月清理工作程序

4.1　完成当日或当班工作后，拔下泵和枪上的粉管，从泵的一端用压缩空气清理粉管中的粉末。

4.2 先用刮板清理粉房上的积粉，扫进换色组件后用压缩空气吹掉枪体上的粉末。

4.3 拆下枪喷嘴，吹干净衬套及放电针上的粉末。

4.4 用压缩空气吹干净粉房内粉末。

4.5 检查换色组件积粉槽内回收粉末是否很多，如果很多，则开动手动回收使粉末回到供粉筒。

4.6 每班必须对回收泵及吸管进行清理，方法是拔下回收泵单独清理，用压缩空气反吹吸管内余留的粉末。

4.7 检查振动筛网上是否有积粉结块，如有须清理干净。

4.8 检查文丘里喉管内有无磨损、积粉，如有则更换喉管，清理粉末。

4.9 清理周围环境。

4.10 每周须检查清理脉冲阀舱、抽风段滤芯、终级过滤器、密封条、流化板等部件处是否有积粉破损，堵塞影响损坏因素，及时更换。

4.11 每3个月给振动筛密封件加1次润滑脂，每6个月给风机、电机轴承加1次润滑油；检查转动皮带松紧情况。

5 关机程序

5.1 关掉喷枪。

5.2 关掉升降机。

5.3 对于可调速风机，将风机速度开到最大。

5.4 进行每班/每日清理工作。

5.5 关掉风机后关总电源。

5.6 关掉压缩空气及空气压缩机系统。

编制：××× 审核：××× 批准：××× 日期：×××

## 10.1.5 喷塑质量的监视和测量

### 10.1.5.1 检验分类

本文所说的分类是指工序质控的自检、互检和表面质量检验员的专检。

### 10.1.5.2 工序质控自检互检项目

（1）产品制造过程的自检、互检是不合格品不投料、不转序、不装配、不入库的一项重要措施，也是提高产品质量的保障，更是对产品制作过程实施监控，使过程正常运行一种有效方法。

（2）企业应制订喷塑过程各道工序的质控标准，作为对喷塑质量的监视和测量的依据。操作工必须熟悉本岗位的监视和测量的项目，并严格执行。

表10－1为××门业有限公司的喷塑各工序的质量要求和检测方法。

喷塑工段工序质控标准　　表10－1

| 工段 | 工序 | 检测方法 | 质量相关要求 |
|---|---|---|---|
| 喷塑 | 门架打磨 | 目测 | 门架打磨前应对表面质量予以互检，当发现存在锈蚀严重，脱脂不良或下档凹坑及门架变形，应退回上序返工或上报工段长，打磨须干净 |
| | 门架披灰 | 目测 | 披灰前应检查门架上角焊接质量，对于45°对角不准，拼接面高低不平、打磨过多或打磨不良的应予以标识，退回门架工段返工；门架搬运应轻拿轻放，堆放高度不超过1.5m，披灰时应确保门架正反两面的焊缝及须披灰处披平，将多余的原子灰擦拭干净，以保证喷塑质量 |
| | 门面打磨 | 目测 | 打磨应在门面充分冷却后进行（间隔4h以上），严禁两个门面叠放打磨的行为，打磨应到位平整，把门面上的锈迹和胶水清除干净并对门面凹点、划伤、疤痕、起皱等质量问题做好标识，以便返工或上报工段长处理；打磨工作台应经常清理，搬运时应轻拿轻放，放靠时应使用隔离垫将门面隔离，防止磕碰出凹坑 |
| | 拉门 | 目测 | 拉门工拉门时应对门面质量进行互检，发现有胶水、锈迹打磨不干净的应退回上序返工，门面摆放应使用隔离垫或隔离板，拉车时须用防护带保护 |
| | 挂门 | 目测 | 挂门应按生产单分清门型规格、批次号，并检查门面表面质量，当发现有胶水、凹坑等应予以标识，放到返工区，由表面修复人员处理，挂门时应注意避免门面间相互磕碰，用力均匀且不得损伤门面下角；对于子母门、双开门，为防止出现色差，要求配套同时挂钩喷塑 |
| | 表面修复 | 目测工具 | 对工件上出现的大小凹坑、划伤等全面进行检查修复，达到平整、完好 |
| | 表面除尘 | 目测手感 | 把门面、门架上的灰尘、颗粒彻底吹擦干净 |
| | 喷塑 | 监控 | 按喷塑工艺规程要求保持工作环境，调整设备参数，并予以监控，核对塑粉型号。喷塑应达到流平光洁，无明显积粉、颗粒、漏底等缺陷 |
| | 烘烤 | 监控 | 按喷塑工艺规程要求调整烘烤温度及烘烤时间，并予以监控、记录 |
| | 卸门放靠 | 目测 | 卸门时首先应检查喷塑表面质量，发现存在积粉、颗粒、漏底、凹坑、变形等应标识、隔离，送表面修复区返工，对于批量性问题应及时上报工段长处理；对于凹点，原则上规定为：门面锁具以上部位不允许存在凹点和伤痕，锁具以下部位不允许有明显凹点和碰伤（单个范围在2mm以下）；卸门时门面、门架间应垫放隔离件，拉车搬运时应用防护带保护，卸车时应按门型、规格有序摆放整齐 |

编制：×××　　审核：×××　　批准：×××　　日期：×××

### 10.1.5.3 喷粉产品的检验

**1. 检验条件**

1）北极昼光或室内高效能两光源日光灯（照度1000lm）。

2）目视距：A级面300mm，B面500mm，C面1000mm，3m/min的速度目光扫描。

**2. 检验标准**

1）目视的所有面不可露底、剥离、无划痕、起泡、起皱、针孔、积粉。

2）膜厚：户外粉60～120μm；室内粉50～100μm；喷漆一般40～70μm（膜厚仪1点测5次，取平均，整个面取四角和中间5个点再取平均）。

**3. 色板的制作**

1）烘烤时，每炉做两色板，以备测试（一件测试，一件存档）。出炉后标识好粉号、固化条件、时间，并由质管员签名。

2）色板保存两年，室温下湿度70% ±15%，无环境光线直接照射。

**4. 高压静电粉末涂装检验评定方法**

不同单位的生产工艺、产品标准不一样，其电粉末涂装检验评定方法也可能不一样。以下为某公司喷涂检验标准，本文略作修改。

一、引用标准

1. GB/T 1771—2007《色漆和漆　耐中性盐雾性能的测定》

2. GB/T 6739—2006《色漆和清漆　铅笔法测定漆膜硬度》

3. GB/T 9286—1998（IS02409）《色漆和清漆　漆膜的划格试验》

4. GB/T 9761—2008《色漆和清漆　色漆的目视比色》

5. GB/T 11186—1989《漆膜颜色的测量方法》

6. GBT 13452. 2—2008《色漆和清漆　漆膜厚度的测定》

二、术语解释

1. 零部件粉末涂装质量：是指为实现装饰，防护（防腐蚀）密封等要求，而涂装在零部件表面上的静电粉末涂装涂层的外观质量和内在质量。

2. 外观质量包括：露底、遮盖不良、脱落，杂色（混粉），橘皮，颗粒，麻点堆积（粉末）锈痕，碰划伤等缺陷。

3. 内在质量包括：膜硬度、厚度、附着力，耐腐蚀性等技术工艺参数。

三、外观质量检验

1. 喷涂外观缺陷种类：

1）露底：漏涂或未能完全覆盖材料色泽的现象（清晰可见）。

2）遮盖不良：涂层覆盖薄致使底色隐约可见的现象。（有粉末的原因）

3）脱落：涂层从深面呈现片装脱离造成金属表面层清晰可见的现象。

4）杂色：涂层表面的不同颜色或颜色深浅不一的斑点，色块或阴影。

5）橘皮：涂层表面呈现橘皮状纹路的现象，不规则波纹，表面橘皮是一种缺陷，一种可以接受的缺陷。

6）针孔：涂层表面呈现针状小孔或毛孔的现象。

7）颗粒：涂层表面附着的清晰可见的颗粒状物质的现象，表面呈砂粒状，用手摸有阻滞感。

8）麻点：涂层表面因水、油等异物影响致使涂料不能均匀流平，形成泡状疤痕。

9）堆积：涂层表面因局部涂料边厚而形成涂料集结的现象。

10）锈痕：涂层中产生锈点或接缝处呈现锈斑的现象。

11）不干返粘：表面干，实际未干透，表面有（或易产生）纹印，粘有织物绒毛现象。

12）流挂：表面有液体流淌状的突起，顶端呈圆珠状。

13）碰划伤：涂层表面受外力碰撞或摩擦而呈现划痕的现象。碰划伤分为：

（1）严重划伤：穿透涂层并对金属层造成划伤的现象（可清晰看到）。

（2）划伤：穿透涂层组对金属层未造成划伤的现象（可清晰看到）。

（3）磨损：经仔细观察才可发现的，轻度轻微的划痕现象。

（4）碰伤：涂层表面出现的各种原因所造成的凹凸痕。

2. 喷涂外观缺陷的严重度分类：

1）观察涂层表面的缺陷的环境要求：

（1）环境整洁，不能有显著影响检验作业的蒸气、湿气、烟雾、粉尘等。

（2）检验光线要求为正常光线下的自然光或照度不低于500lx的日光灯照明。如2只长度约120cm的40W的标准日光灯，安装在观察点正上方的位置。

（3）在一臂距离内（500mm），光线良好的条件下，以不超过15s的时间观察（检查）零部件的第一部分独立的表面。

2）对缺陷本身严重度的划分：

（1）严重：一般情况下，可立即看到的缺陷，或在一臂长的距离可看到的缺陷。

（2）轻微：在一般情况下，充足的光线下，认真的近距离（小于一臂距离）的观察（检查）才可看到的缺陷。

3）不合格定义：

在一般情况下可立即看到的缺陷，或在一臂长的距离可看到的缺陷称为不合格。[①]

4）涂装表面检验区域的划分：

根据各涂装表面对质量影响度和重要程度分为A级、B级、C级，即将零部件的各表面划分为A、B、C三个检验区域。

5）每一个检验区的缺陷数量允许标准：

（1）A级：涂层表面没有不合格项。

（2）B级：在每个B级涂层而上的轻微缺陷不超过2个。

（3）C级：在每个C级涂层而上最多有5个轻微缺陷。

四、内在质量检验

1. 内在质量检查所用仪器及量具应符合计量要求，并在有效检定周期内。

2. 检验项目与测量方法：

1）涂层厚度：按GB/T 13452. 2—2008《色漆和清漆　漆膜厚度的测定》选定一种办法测得。

---

① 经过认真的观察（检查），才可看到的可称为不合格，未发现的某种缺陷则不可称为不合格，只能称作“缺陷”。

2）涂层硬度：按 GB/T 6739—2006《色漆和清漆 铅笔法测定漆膜硬度》测得。

3）涂层抗脱离性：按 GB/T 9286—1998（IS02409）《色漆和清漆 漆膜的划格试验》评定等级。

4）涂层耐腐蚀性：按 GB/T 1771—2007《色漆和漆 耐中性盐雾性能的测定》获得试验报告，评定其是否达到规定的要求或相应等级。

五、检验结果评定

1. 批量生产时，根据上述规定和检验规范对涂层外观及内在质量进行检验，外观以及内在质量任何一项不合格即可对其判定为不合格，应进行追溯。

2. 例行定型实验时，发现内在质量尤其是涂层耐腐蚀性以及涂层抗脱离性不合格时，应进行追溯。

## 10.1.6 喷塑工艺纪律

**1. 喷粉的工艺纪律**

（1）粉末涂料的保存应在阴凉，干燥条件密封储存，严格按批量顺序使用。

（2）工件喷涂前应彻底清除所有表面的油污、污染物，正确进行工件处理。

（3）压缩空气应无油、无水和干燥［含水量小于 1.3g/m$^3$，含油量小于 $1.0\times10^{-5}$%（质量分数）］，经常检查油水分离器的工作状况。

（4）工件夹持件结构设计应合理，与接地传送部分保持良好的连接。工夹具应定期清洗，以保持良好的接地。

（5）正确选用涂层所需的粉末涂料，并检查所用粉末的物理性能。

（6）烘道或烘炉的温控系统性能要稳定，应能确保固化涂层所需之条件。

（7）供粉器、回收系统和喷柜应无污染，无混用其他粉料，否则将影响最后涂层的外观。

（8）经常检查前处理工件的质量。

（9）回收粉末必须过筛，并按规定比例新粉混合使用。

（10）在粉末涂料喷涂现场附近应避免出现硅微尘或油漆微尘，以免影响外观质量。

（11）检查回收装置是否正常运转。

（12）高压静电发生器按规定指标能够正常工作。

（13）供粉器工作正常，无堵塞。

（14）及时打开油水分离器的排放阀，放出污水和油污，保持压缩空气清洁。

（15）保持设备及工作区清洁。

（16）确保安全门及存放消防器材的通道畅通。

（17）保持电器的接地良好；高压电缆完整无损。

（18）了解固化炉的性能，保持烘道或烘炉的每个控温区的温度正常。

（19）传送链速度按设定参数执行（无级变速传动装置易变动参数）。

**2. 工艺纪律检查**

（1）工艺是提高产品质量的突破口，工艺的执行靠工艺纪律来保障。企业应将工艺纪律传达到每位作业员工。

（2）为确保工艺的执行，企业应分级定期进行工艺纪律检查，纳入考核系统。

## 10.1.7 喷塑安全生产

### 10.1.7.1 喷塑安全作业要求

**1. 危险因素分析**

（1）若长期直接接触粉末涂料，则对眼睛、皮肤及呼吸器官有刺激作用。

（2）若粉末摄入人体内对健康有害。

（3）当粉末涂料喷涂时，粉末浓度达到一定值时，能被明火或电火花引爆。

**2. 安全作业要求**

（1）严禁吸烟，不得有明火。

（2）粉末涂料喷涂室内只许放置喷枪及必需的电缆，所有其他电器一律置于喷涂室外（防尘防爆电器除外）。

（3）检查抽风装置是否工作正常。

（4）检查夹具及所有电器的接地是否良好。

（5）喷粉区内所有导体，都要可靠接地，操作人员需良好的接地，不得穿戴绝缘手套或绝缘鞋。

（6）喷粉操作人员应穿戴防静电工作服，鞋、帽、严禁戴手套及金属饰物。

（7）喷粉室的排风量，必须定期核查。喷粉室的通风管道必须保持一定的风速，同时应有良好接地，防止粉末聚积和产生静电。

（8）喷涂区5m内应保持地面清洁，尽量不要扫地，用潮湿拖把或吸尘器清扫，喷粉区的环境要保持一定的相对湿度，其噪声不超过85dB。

（9）在喷粉区内只允许存放当班所需粉末用量，不应存放过多的粉末涂料。

（10）喷粉操作必须在排风启动后至少3min，方可开启高压静电发生器和喷粉装置。停止作业时，必须先停高压静电发生器和喷粉装置，3min后再关闭风机。

（11）粉末涂料喷涂施工完毕后，应该用热水和肥皂洗手、洗脸。

**3. 应急措施**

（1）粉末涂料泄漏：立即切断电源，并用吸尘器吸净。

（2）高压静电喷粉枪喷火：立即切断气源和高压静电发生器电源。

（3）发生火警：立即切断全部电源，用灭火机或水雾灭火（泡沫灭火机、1211灭火器或水雾等均可）。

（4）眼睛沾染：用清水冲洗或专用清洗液清洗后送医院治疗。

（5）吸入粉末：伤者移至新鲜空气处，松开衣扣，重症者呼吸困难应立即送医院治疗。

（6）咽入粉末：立即送入医院治疗，切勿自行诱发呕吐。

#### 10.1.7.2 安全操作规程编制案例

喷塑线安全操作规程

1 范围

本规程分析了静电喷涂设备在操作过程中的危险因素，规定了安全操作要领及应急措施等技术要求。

本规程适用于公司静电喷涂设备实际操作过程中的安全作业。

2 危险因素分析

2.1 静电粉末喷涂作业中事故最为严重的是粉末喷涂引起的燃烧和爆炸，发生的原因有3种：一是粉末涂料为可燃物质，具有燃烧爆炸的可能性；二是正常喷涂时，如果喷涂器电极与工件（或其他物体）的间距不当，就有可能发生放电打火现象，如果恒流源控制失效，这一打火的能量就可能超过悬浮粉末燃爆的最小点火能量，操作者没有穿戴防静电工作服，也易被静电引起火灾和爆炸；三是喷粉舱内粉末与空气的混合，若回收风量不足以将粉末与空气混合浓度降低到允许浓度下，则容易达到爆炸浓度下限，当静电打火能量超过粉末最小点火能量，就可能引发爆炸事故。

2.2 电气故障，静电粉末喷涂电气故障事故发生较多，其中喷室、喷枪装置发生故障率都较高。喷涂装置静电高压引起的电击，往往由电气线路短路故障引起；静电、电器接地混乱、误接或接地不良都会造成器具带电伤人；电源电缆绝缘层磨损漏电引发事故等。

2.3 塑粉为可燃物质，本公司以天然气为燃料，如天然气泄漏，烘道进排风不当，极易引发火灾事故。

2.4 机械事故，静电粉末喷涂机械性事故的危害不容忽视，喷粉设备、固化炉、空压机站、输送装置等设备设施管理不当都容易造成事故。工件搬运、上挂、下线均可能掉落造成工伤事故。

2.5 操作者没有戴上口罩，喷粉过程中吸入粉尘微粒，损害身体健康。

3 作业前准备

3.1 操作者必须经过安全技术培训，熟悉和掌握本机的性能、结构和技术规范，熟练掌握本安全操作规程，并持证上岗。

3.2 操作者必须穿戴劳动防护用品。

3.3 工作场地严禁烟火，不准进行电焊、切割等明火作业，严禁存放易燃、易爆物品。

3.4 熟悉灭火器材的放置位置和使用方法，并检查灭火器材的合格证，是否在有效期内。

3.5 喷房内各系统，包括高压静电发生器、喷粉和回收系统、气路控制器、喷枪、挂具等必须有良好接地，不得用零线代替。并检查电源线是否有破损，防止电机打火引起火灾。

3.6 开机前应仔细检查设备的电器装置、机械传动部分、安全防护装置、悬挂输送链轨系统、天然气供给和燃烧系统、烘道等是否正常，将真实情况记入设备点检表，发现问题应及时填写维修通知单报修。

3.7 吊挂用工装/工具要有足够的机械强度，其安全性能必须符合国家标准及有关安全规定，并经验证（如试吊），凡是无法确定安全可靠性的工装/工具，一律不得投入使用。可用工装/工具与不得使用的工装工具必须分别码放，加以区别，以防误用。

3.8 仔细检查喷粉房、烘道和其他工件流经道口有无障碍物，所生产的工件是否能顺利通过。

3.9 查对塑粉型号是否依据生产计划单批次号，与《表面标准配置表》相符，并查对塑粉的有效期和受潮情况（必要时用180目的筛子过筛）。

3.10 检查喷房和烘房是否清理干净，喷枪、粉管、粉泵是否清理干净，不允许有残留粉末，并清理工作场地。

4 作业规程

4.1 设备开启、检查、调整

4.1.1 开启静电发生器电源：

（1）检查静电发生器电源是否正常，电压输出是否正常。根据工件大小形状，调整好静电电压，静电电压按工艺要求应为30～70kV。

（2）检查粉桶粉末是否处于悬浮状态。

4.1.2 检查压缩机、冷冻干燥机工作是否正常，空气压力是否满足要求，并检查排油、排水装置是否正常工作，开动设备前排放1min以上至压缩空气干净为止，接通压缩空气源，检查并确认压缩空气洁净度。检查方法：将喷枪或气管对准新的干燥A4打印纸吹气2min，观察纸表面有无油渍、水渍、污物或受潮现象，并按工艺要求调整空气压力，且无漏气现象。

4.1.3 根据工件尺寸形状调整好喷枪升降幅度以及与工件的距离和角度，调整输出粉量，开动自动喷枪并检查其是否工作正常。手工喷枪调试，打开静电发生器，对出粉进气调节。气压从零开始，逐渐调大，观察出粉量是否均匀。

4.1.4 开启悬挂链输送电机，将速度调到工艺规定值，检查输送链是否有故障。

4.1.5 开启天然气进气管阀门，根据所生产的产品及塑粉性能，设定好温控仪的温度，打开燃烧器开关，燃气机工作，此时烘房开始升温，并自动控温，烘道应保持气流畅通，温度均匀。

4.2　生产作业

4.2.1　悬挂工件：

（1）悬挂前应确定烘道温度达到工艺要求才能挂钩；

（2）悬挂时注意检查工件表面有无打磨干净、凹痕、刮伤、变形不平等缺陷，不合格的工件不得喷塑；

（3）悬挂间距应合理，不得相互碰撞，确保工件挂牢，不得发生掉件现象；

（4）非同一批次、使用不同塑粉的工件，挂钩时应相隔4~6个空钩；

（5）门面、门架要配套组织生产；

（6）严禁人体倾斜或单腿负重向过岗挂架实施吊挂工件。

4.2.2　喷塑前工件表面应进行吹灰处理，必须保证工件清洁喷涂；不需喷塑部位要遮盖处理。

4.2.3　喷涂：

（1）自动喷塑，按《喷塑工段自动喷涂系统作业指导书》进行，作业时应对喷粉效果进行首检和定时检查，必要时应予以补喷。

（2）手工喷，喷枪与零部件距离10~20cm。喷焊道及不易上粉的部位时喷枪距零部件可以近一点。喷涂时，喷枪对零部件表面作水平或垂直方向来回运动4~6次，速度要均匀，并检查无积粉、无漏喷现象，隐蔽部位或焊道处喷粉厚度应稍厚一些。

（3）机器运行中要定时加粉，以保证工作过程中供粉的连续和均匀，加粉量不得超过粉桶的2/3。

（4）定时清理供粉桶、文丘里管、粉管接头，检查是否有结块及异物，必须保证文丘里与粉管至喷枪出口的畅通。

（5）定时清理回收粉桶，当塑粉颜色变换时，清理供粉桶时必须同时清理回收粉桶。

（6）经常检查油水分离器工作状况，经常排放油水分离器的排放阀，以保证压缩空气清洁干燥。

（7）操作人员需要良好的接地，不得穿戴绝缘手套或绝缘橡胶鞋，不得佩戴金属首饰。通电后喷枪不得对人。

（8）工作中若出现喷枪静电起火，应立即切断电源。

（9）工作中要经常检查是否有跑、冒、滴、漏现象，并及时予以处理。

4.2.4　塑粉固化要求：

（1）调整烘道温度和工件在烘道内的流转速度，要求保温时间为15~20min（以链条传送速度进行控制，不同门型的链条传送速度和温控见《作业指导书》）。

（2）定时检查，如发现显示数字紊乱，要检查温控仪探头是否损坏、接线是否松动。

4.2.5　取件，自然冷却或风扇冷却至35℃以下方可取件。卸下工件按批次堆放，不得混淆和妨碍搬运。

4.2.6　外观检查，目视喷塑表面均匀，流平良好，无流挂、颗粒、气泡、杂质、露底等缺陷，同一批次门扇与门架无明显色差，发现质量问题要及时报告、处理。

4.2.7 流水线调试时各参数已设定，进入正常运转时，不得任意进行调整和修整，如工作过程中发现机器出现故障或不正常现象，应立即按急停开关停机，通知有关部门修理。

4.2.8 非操作人员不得进行操作。

5 作业后结束工作

5.1 作业结束后，关闭电源、压缩空气源和燃气阀门。

5.2 润滑保养清洁设备，存好工具，清扫工作场地。

6 设备维修和保养

6.1 设备维修和保养时，必须先关断电源、气源，等设备完全停稳后才能进行。

6.2 喷塑线各个环节每次调整后，都必须以点运动检查各运动机构是否协调，确认没有问题后才能转入自动运转。

6.3 每半年对总线进行1次二级保养，并记录。

6.4 定期清洁喷室内壁、电磁脉冲阀，检查滤芯及防漏是否良好。各类橡胶密封要定期更换。

6.5 定期清理烘道（每周至少1次），保持风道清洁。

6.6 定期检查流水线各紧固件的情况，调整输送链条的张紧装置，更换或加注润滑油，清理挂具。

7 应急措施

7.1 喷涂过程中如发生异常情况，操作人员应立即报告工段长，联系设备科相关人员进行抢修。

7.2 一旦发生设备安全事故，应立即切断电源、气源，同时保护好事故现场，并逐级向上报告，紧急时可越级向上报告。

7.3 喷漆工应熟知公司应急预案，必须参加公司组织的演练。

7.4 本岗位一旦发现火灾、爆炸，应立即报警，同时使用现场配备的灭火器材扑救。

编制：××× 审核：××× 批准：××× 日期：×××

### 10.1.8 喷塑常见品质异常及对策

**1. 异常分布**

喷塑常见品质异常据部分企业统计，其分布情况为：前处理49.5%，涂层厚度（涂装道数）19.1%，涂料品种4.9%，其他（施工与管理等）26.5%。

**2. 常见异常原因和对策**

喷塑常见异常的原因和对策见表10-2所列。

**喷塑常见异常的原因和对策** **表 10－2**

<table>
<tr><th>序号</th><th>异常现象</th><th colspan="2">异常原因</th><th>改善对策</th></tr>
<tr><td rowspan="9">1</td><td rowspan="9">固化后涂膜光泽不足或褪色</td><td colspan="2">工件预处理不当（有锈、油或磷化不好）</td><td>检查表面处理工序，重新进行处理</td></tr>
<tr><td colspan="2">工件表面粗糙</td><td>重新处理，打磨、刮腻子，或采用厚涂层</td></tr>
<tr><td colspan="2">烘烤时间过长</td><td>提高输送带速度或缩短固化时间</td></tr>
<tr><td colspan="2">固化温度过高</td><td>调整固化烘道温度</td></tr>
<tr><td colspan="2">受其他粉末涂料污染</td><td>清洗设备，用新的粉末涂料</td></tr>
<tr><td colspan="2">外部污染气体逸进固化烘道内</td><td>清除外部气源或隔断</td></tr>
<tr><td rowspan="3">其他</td><td>粉末耐热性能差，喷粉与固化工序时间间隔太长</td><td>加强对原材料的检验，根据实际情况适当调整工艺参数</td></tr>
<tr><td>返工件返工次数过多</td><td>多次返工（超过 3 次）工件报废</td></tr>
<tr><td>粉末光泽度性能不佳</td><td>改善粉末</td></tr>
<tr><td>2</td><td>固化后的涂膜过亮</td><td colspan="2">固化烘道内温度过低或固化时间太短</td><td>检查、调整烘道温度</td></tr>
<tr><td rowspan="9">3</td><td rowspan="9">固化的涂膜上有异物</td><td colspan="2">喷枪，喷涂室或回收系统清洁不良</td><td>检查气源，粉末过筛或换新粉</td></tr>
<tr><td colspan="2">涂装车间卫生不良</td><td>清洁车间环境卫生</td></tr>
<tr><td colspan="2">工件预处理不当（有锈、磷化不当）</td><td>重新预处理</td></tr>
<tr><td colspan="2">固化炉内杂质</td><td>用湿布和吸尘器彻底清洁固化炉的内壁，重点是悬挂链和风管缝隙处，如果是黑色大颗粒杂质，需要检查送风管滤网是否有破损处，有则及时更换</td></tr>
<tr><td colspan="2">喷粉室内杂质。主要是灰尘、衣物纤维、设备磨粒、喷粉系统结垢</td><td>每天开工前使用压缩空气吹扫喷粉系统，用湿布和吸尘器彻底清洁喷粉设备和喷粉室</td></tr>
<tr><td colspan="2">粉末杂质。主要是粉末添加剂过多，颜料分散不均，粉末受挤压造成的粉点等</td><td>提高粉末质量，改进粉末储运方式</td></tr>
<tr><td colspan="2">悬挂链杂质。主要是悬挂链挡油板、吊具、接水盘（材质为热镀锌板）被前处理酸、碱蒸气腐蚀后的产物</td><td>定期清理这些设施</td></tr>
<tr><td colspan="2">前处理杂质。主要是磷化渣引起的大颗粒杂质和磷化膜黄锈引起的成片小杂质</td><td>及时清理磷化槽和喷淋管路内积渣，控制好磷化槽液浓度和比例</td></tr>
<tr><td colspan="2">水质杂质。主要是前处理所使用的水中含砂量、含盐量过大引起的杂质</td><td>增加水过滤器，使用纯水作为最后两级清洗水</td></tr>
<tr><td rowspan="7">4</td><td rowspan="7">固化后的涂膜有缩孔、针孔</td><td colspan="2">前处理除油不净或者除油后水洗不净造成表面活性剂残留而引起的缩孔</td><td>检查工件表面处理工序并纠正，使之干燥清洁。如控制好预脱脂槽、脱脂槽液的浓度和比例，减少工件带油量以及强化水洗效果</td></tr>
<tr><td colspan="2">压缩空气源有水和油</td><td>及时排放油水分离器里的水，检查精密过滤器，清理或更换滤芯</td></tr>
<tr><td colspan="2">磷化处理不当</td><td>控制磷化膜的附着力</td></tr>
<tr><td colspan="2">受其他粉末污染</td><td>清洁整个喷涂系统，使用新粉末</td></tr>
<tr><td colspan="2">附近有尘源等</td><td>清除污染源，更换粉末涂料</td></tr>
<tr><td colspan="2">工件本身有严重缺陷</td><td>检查、更换或刮导电腻子</td></tr>
<tr><td colspan="2">粉末受潮引起的缩孔</td><td>改善粉末储运条件，增加除湿机以保证回收粉末及时使用</td></tr>
</table>

续表

<table>
<tr><th>序号</th><th>异常现象</th><th colspan="2">异常原因</th><th>改善对策</th></tr>
<tr><td rowspan="3">4</td><td rowspan="3">固化后的涂膜有缩孔、针孔</td><td rowspan="3">其他</td><td>涂层过厚，造成静电排斥；喷枪距工件太近，造成打火击穿，或工件本身有针孔</td><td>按工艺要求生产，注意提高技能</td></tr>
<tr><td>水质含油量过大而引起的缩孔</td><td>增加进水过滤器，防止供水泵漏油</td></tr>
<tr><td>悬挂链上油污被空调风吹落到工件上而引起的缩孔</td><td>改变空调送风口位置和方向</td></tr>
<tr><td rowspan="12">5</td><td rowspan="12">固化的涂膜抗脱离性和机械强度不足</td><td colspan="2">固化温度不足、固化时间过短，粉末固化成膜后降温过快</td><td>检查、调整烘道实际温度。延长固化时间(注意工件大小)，避免工件固化工序后骤然降温，保证自然冷却</td></tr>
<tr><td colspan="2">工件表面处理不当</td><td>检查原因，并于纠正</td></tr>
<tr><td colspan="2">固化后的涂膜太厚</td><td>减少上粉量</td></tr>
<tr><td colspan="2">严重固化过度（老化）</td><td>严格控制固化工艺（温度、时间）</td></tr>
<tr><td colspan="2">工件不适宜粉末涂料喷涂</td><td>重新考虑涂装材料和工艺</td></tr>
<tr><td colspan="2">前处理水洗不彻底造成工件上残留脱脂剂、磷化渣或者水洗槽被碱液污染而引起的抗脱离性差</td><td>加强水洗，调整好脱脂工艺参数以及防止脱脂液进入磷化后的水洗槽</td></tr>
<tr><td colspan="2">磷化膜发黄、发花或者局部无磷化膜而引起的抗脱离性差</td><td>调整好磷化槽液浓度和比例，提高磷化温度</td></tr>
<tr><td colspan="2">工件边角水分烘干不净而引起的抗脱离性差</td><td>提高烘干温度</td></tr>
<tr><td colspan="2">深井水含油量、含盐量过大而引起的抗脱离性差</td><td>增加进水过滤器，使用纯水作为最后2道清洗水</td></tr>
<tr><td rowspan="3">其他</td><td>板材锌层微量元素含量失调</td><td>改善板材</td></tr>
<tr><td>板材锌层抗脱离性不佳</td><td>改善板材</td></tr>
<tr><td>粉末中填料含量高</td><td>改善粉末</td></tr>
<tr><td rowspan="3">6</td><td rowspan="3">涂层色差</td><td colspan="2">粉末颜料分布不均匀引起的色差</td><td>提高粉末质量</td></tr>
<tr><td colspan="2">固化温度不同引起的色差</td><td>控制好设定温度，以保持工件固化温度和时间的一致性和稳定性</td></tr>
<tr><td colspan="2">涂层厚薄不均引起的色差</td><td>调整好喷粉工艺参数和保证喷粉设备运行良好，以确保涂层厚度均匀一致</td></tr>
<tr><td rowspan="15">7</td><td>涂层中有气泡</td><td colspan="2">粉末中含有挥发性的物质和水，工件表面有水、压缩空气中有油或水</td><td>加强粉末的保管、防潮，烘干工件的表面水分，对压缩空气进行除油除水</td></tr>
<tr><td>流平性不好、橘皮</td><td colspan="2">反向电离作用</td><td>调低喷粉量、增大枪距；静电电压调整至工艺要求</td></tr>
<tr><td rowspan="2">粉末雾化程度不佳、喷枪上有积粉</td><td colspan="2">送粉气、雾化空气压力不合适</td><td>注意调整送粉气、雾化空气压力</td></tr>
<tr><td colspan="2">喷枪上有积粉</td><td>清理喷枪上的积粉</td></tr>
<tr><td rowspan="2">变色（均匀）</td><td colspan="2">工件固化时间太短</td><td>降低传送链速度至工艺要求</td></tr>
<tr><td colspan="2">固化温度太高</td><td>用炉温检测仪检测工件温度后，调整固化温度</td></tr>
<tr><td rowspan="3">变色（局部）</td><td colspan="2">工件表面有其他物质</td><td>调整前处理条件，喷粉前清除工件上的油污或有色污染物</td></tr>
<tr><td colspan="2">工件反复被烘烤</td><td>多次返工（超过3次）工件报废</td></tr>
<tr><td colspan="2">固化炉内有有害气体</td><td>清理固化炉环境</td></tr>
<tr><td rowspan="4">出现积粉、麻点</td><td colspan="2">操作者不熟练，走枪不匀</td><td>提高操作者技能和责任心</td></tr>
<tr><td colspan="2">气流不匀或供粉不均</td><td>稳定气压，调整供粉量</td></tr>
<tr><td colspan="2">喷枪流通不畅</td><td>清理喷枪</td></tr>
<tr><td colspan="2">工件有油</td><td>处理工件</td></tr>
<tr><td rowspan="2">水眼</td><td colspan="2">压缩空气中有水分</td><td>经常放水</td></tr>
<tr><td colspan="2">前处理水分烘干不彻底</td><td>提高烘干温度，或者调整烘干时间</td></tr>
</table>

续表

| 序号 | 异常现象 | 异常原因 | 改善对策 |
|---|---|---|---|
| 8 | 涂层厚度不均 | 粉末喷涂速度不均，压缩空气不稳定，供粉装置流化效果不好，粉末雾化不好，粉末受潮结团 | |
| | | 喷枪喷头有阻塞 | 清理喷头 |
| | | 枪距太近 | 调整枪距至工艺要求 |
| | | 操作者不熟练，走枪不均匀 | 提高操作作者技能 |
| 9 | 涂膜返锈 | 工件着粉量不足或涂层太薄，涂层有缩孔或针孔，涂膜上有杂质 | 按工艺要求生产，加强技能和责任心 |
| 10 | 机器出粉不均 | 粉泵出粉系统有堵塞，设备的一次气出粉量、二次气出粉均匀度、雾化度不合适，粉桶内的粉末不足、有粉块杂质 | 清理粉泵出粉系统，检查有无堵塞，检查粉桶内粉末有无粉块杂质，随时调整机器上的一次气出粉量、二次气出粉均匀度、雾化度 |
| 11 | 涂层流挂 | 涂层太厚或涂层不均匀 | 按工艺要求生产，加强技能和责任心 |
| | | 升温太快，固化温度太高 | |
| 12 | 工件不沾粉末 | 喷枪无高压或工件接地不良（打火、电人） | 检查清洗喷枪，调整电压，清理所有接地点，工件夹具清理等 |
| | | 工件夹具或传送链接地不良 | 清理所有接地点 |
| | | 喷枪距工件过远， | 要调整喷枪位置 |
| | | 气压过高 | 要调整压缩空气、气压 |
| | | 工件处理不净（有油、灰尘、浮锈） | 重新对工件进行处理（清除油污、灰尘、浮锈） |
| | | 工件表面有绝缘层 | 热喷涂或去除绝缘层 |
| | | 夹具设计不周，使局部受屏蔽 | 重新设计夹具 |
| | | 喷涂室抽风量过大 | 减少抽风量 |
| | | 粉末涂料质量差 | 更换粉末涂料 |
| 13 | 工件上粉量不足 | 喷枪出粉量不足，供粉管道受阻 | 调整气压、调整或清理供粉系统，疏通管道 |
| | | 喷涂时间过短 | 降低传送带速度、增加输粉量 |
| | | 工件外形与喷涂室不适应 | 重新设计和安装喷涂室 |
| | | 夹具或挂钩上固化的粉末过厚 | 清理夹具和挂钩 |
| | | 喷枪距工件过远 | 调整喷枪位置 |
| | | 静电高压过低 | 调整高压静电电压 |
| 14 | 工件上粉量过多 | 喷枪出粉量过大 | 减少输粉量、调整气压 |
| | | 喷粉枪距工件过近 | 调整喷枪位置 |
| | | 工件停留时间过长 | 加快输送带速度 |
| | | 喷枪数量过多 | 减少喷枪教量 |
| | | 静电电压过高 | 调整静电电压 |
| 15 | 工件挂灰 | 磷化槽沉渣过多 | 除去磷化渣 |
| | | 磷化后水洗水质污染 | 更换符合要求的水 |
| | | 磷化温度过高 | 降低磷化温度 |
| | | 磷化喷淋压力太低 | 提高磷化压力 |
| | | 磷化游离酸度过高 | 降低游离酸度 |
| | | 促进剂浓度过高 | 降低促进剂浓度 |
| | | 磷化时间过长 | 调快线速，或者关闭部分磷化泵 |
| 16 | 磷化膜疏松 | 磷化前水洗效果不好 | 更换符合要求的水 |
| | | 磷化喷嘴有阻塞 | 清理磷化工序喷嘴 |
| | | 磷化液游离酸度过高 | 调低游离酸度 |
| | | 表面调整液失效或者老化 | 改善表面调整液 |

续表

| 序号 | 异常现象 | 异常原因 | 改善对策 |
| --- | --- | --- | --- |
| 17 | 磷化工序漏磷 | 板材材料不当，使用了钝化板 | 更换非钝化板材 |
| | | 表面调整液失效或者老化 | 更换表面调整槽液 |
| | | 磷化温度低 | 调高磷化温度 |
| | | 磷化液总酸度低 | 调高磷总酸度 |
| | | 促进剂浓度低 | 调高促进剂浓度 |
| | | 链条有油滴落在工件表面 | 改善链条轨道下的接油装置 |
| | | 脱脂不彻底 | 改善脱脂效果 |
| 16 | 磷化后有液迹 | 工序间停留时间太长 | 调整链速或者间距 |
| | | 磷化入口有酸性物质滴落 | 检查原因并消除 |
| | | 挂具有碱性物质滴落 | 检查原因并消除 |
| 17 | 磷化后有泥渣附着 | 表面调整液老化 | 清除、更换表面调整液 |
| | | 磷化槽内沉渣多 | 清理磷化槽 |
| | | 磷化液总酸、游离酸不合要求 | 调整槽液参数 |
| | | 促进剂浓度高 | 调整促进剂浓度 |
| | | 磷化后水洗压力低 | 调高磷化后水洗压力 |
| 18 | 磷化膜不均匀 | 磷化槽加药剂后未充分扩散 | 添加药剂时注意缓慢添加 |
| | | 磷化管道、喷嘴部分阻塞 | 清理相应的管道、喷嘴 |
| | | 磷化工序压力偏低 | 调整设备提高喷淋压力 |
| 19 | 磷化膜过厚 | 磷化时间太长 | 调快前处理线速 |
| | | 槽液游离酸度过高 | 降低游离酸参数 |

## 10.2 转印

### 10.2.1 概述

**1. 转印的定义**

顾名思义即转移印花，即把转印纸上的木纹、图案按照产品颜色层次及纹路搭配要求转移到承印物即钢质户门表面的过程。

**2. 转印技术的特点**

主要特点是转印图像色彩鲜艳，层次丰富，效果可与印刷媲美，与印刷不同之处在于转印油墨中的染料受热升华，渗入物体表面，凝华后即形成色彩亮丽的图像，使钢质户门表面图案经久耐用，图像不易脱落、龟裂和褪色。

**3. 转印工艺在生产过程中的地位及作用**

目前国内大多数企业普遍采用冷轧钢板或镀锌板、锌铁合金板，在做表面涂层处理之前，板材都是呈现材料本身颜色，给人以冰凉、暗哑之感觉，毫无生气、活力可言，板材前处理后的塑粉涂层让钢质户门有了颜色，但由于塑粉的同质性和单一性，整个层面就一种颜色，毫无层次感可言，转印工艺的出现即为解决这一难题提供了技术依据。

（1）让单一的塑粉底色表面印上木纹、山水、卡通等图案，应有尽有，活力尽显，可以说是赋予了钢质户门一种鲜活的生命语言。

（2）图案处理按照门扇花型的变化，横竖搭配、深浅结合、层次分明，入木三分，栩栩如生。

（3）让冰冷的板材有了暖色概念，使钢质户门产品不只是防盗、防火、隔声、保温等安全功能，更为终端使用者对钢质户门产品颜色的个性化需求提供了直观上媒介载体。

**4. 热转印与冷膜转印的区别**

热转印是通过热溶胶受热转印或者热转印涂层吸收热升华墨水实现转印；冷膜转印是引自印刷工艺，利用分子扩散的原理将图案（转印膜）转移到承印物上。可见，热转印需要加热承印工件实现，而冷膜转印仅需借助水。同时，热转印需要的转印图案一般是左右镜像反转的，而冷膜转印则是正图。二者的本质区别还在于热转印必须通过在工件表面喷涂转印涂层处理才能实现图案的转移，能一并解决产品的防锈防腐功能与图案的完美结合；而冷膜转印则无需限制，尽管只能局限于材质本身具有防锈防腐功能的产品，但只需要将图案印上作为装饰即可。故从钢质户门产品选用的原材料材质看，选择热转印技术为钢质户门生产厂家的不二选择。

## 10.2.2 转印工艺涉及的原辅材料

### 10.2.2.1 塑粉

钢质户门生产所采用的粉末涂料应符合 HG/T 2006—2006《热固性粉末涂料》的规定，其行业评价编号是 GZ26410201 热固性粉末涂 100-2009①，其主要技术指标见表 10－3 所列。

**热固性粉末涂料（塑粉）技术参数** **表 10－3**

| 项目 | | 标准要求 |
|---|---|---|
| 在容器中状态 | | 色泽均匀，无异物，呈松散粉末状 |
| 筛余物（125μm） | | 全部通过 |
| 涂膜外观 | | 涂膜外观正常 |
| 硬度（擦伤） | | ≥F |
| 附着力（级） | | ≤1 |
| 耐冲击性（cm） | 光泽（60°）≤60 | ≥40 |
| | 光泽（60°）>60 | 50 |
| 弯曲试验（mm） | 光泽（60°）≤60 | ≤4 |
| | 光泽（60°）>60 | 2 |

① 该评价是我国钢质户门主产地浙江省质量技术监督局对省内热固性粉末涂料的评价规则。

续表

| 项目 | | 标准要求 |
|---|---|---|
| 杯突（mm） | 光泽（60°）≤60 | ≥4 |
| | 光泽（60°）>60 | ≥6 |
| 光泽（60°） | | 商定 |
| 耐碱性（5% NaOH） | | 168h 无异常 |
| 耐酸性（5% HCl） | | 240h 无异常 |
| 耐湿热性 | | 500h 无异常 |
| 耐盐雾性 500h | | 划线处，单向锈蚀≤2.0mm；未划线区，无异常 |

粉末涂料（塑粉）有害物质限量应符合 GB 18581—2009《室内装饰装修材料　溶剂型木器涂料中有害物质限量》的规定，其主要指标见表 10-4 所列。

**粉末涂料（塑粉）有害物质限量　　表 10-4**

| 项目 | | 限量值 |
|---|---|---|
| 挥发性有机化合物（VOC）含量（g/L） | ≤ | 光泽（60°）≥80，580 |
| | | 光泽（60°）<80，670 |
| 苯含量（%） | ≤ | 0.3 |
| 甲苯、二甲苯、乙苯含量总和/% | ≤ | 30 |
| 游离二异氰酸酯（TDI、HDD）含量总和/% | ≤ | 0.4 |

### 10.2.2.2　转印胶水

户门转印用胶水通常采用水基型胶粘剂，常称水性胶粘剂，溶于水。通用配比标准水胶比例 1∶1。转印胶水的技术指标见表 10-5 所列。

**转印胶水的技术指标　　表 10-5**

| 项目 | 标准要求 |
|---|---|
| 外观 | 淡黄色透明液体 |
| 固含量 | 50% ±2% |
| PH 值 | 7~8 |
| 黏度 | 3000mPa·s，稀释使用 |

转印胶水（水基型胶粘剂）有害物质限量值应符合 HJ 2514—2016《环境标志产品技术要求　胶粘剂》的要求，其主要指标见表 10-6 所列。

**转印胶水有害物质限量值　　表 10-6**

| 项目 | 限量值 |
|---|---|
| 游离甲醛（g/kg） | ≤0.05 |
| 苯（g/kg） | 不得检出 |
| 甲苯+二甲苯（mg/kg） | 不得检出 |
| 总挥发性有机物（g/L） | ≤40 |
| 卤代烃（mg/kg） | ≤不得检出 |

### 10.2.2.3 美工刀片

转印用美工刀片应符合 QB/T 2961—2017《美工刀》的规定，其技术参数见表 10－7 所列。

美工刀片部分主要技术参数　　表 10－7

| 项目 | 标准要求 |
|---|---|
| 外观 | 刀片表面不应有锈蚀、崩刃、钝口、毛刺、退火等缺陷 |
| 硬度 | 600HV～825HV |
| 锋利度 | 刀刃应锋利，可同时切开不低于 4 层铜版纸 |
| 刀片分段 | 折断清脆、手感轻松、断口整齐，沿原有割痕的方向无毛刺、错位、起皱等缺陷。逐联折断率应为 100% |

### 10.2.2.4 耐水砂纸

水磨砂纸（耐水砂纸）应符合 JB/T 7499—2006《涂附磨具　耐水砂纸》的规定，其工作面不允许有砂团、缺砂、胶斑、折印、破裂等缺陷。

**1. 基材分类**

水磨砂纸的基材分类和代号见表 10－8 所列。

基材分类及代号　　表 10－8

| 定量（$g/m^2$） | ≥70 | ≥100 | ≥120 | ≥150 |
|---|---|---|---|---|
| 代号 | A | B | C | D |

**2. 磨料分类**

水磨砂纸的磨料分类按 GB/T 2476—2016《普通磨料　代号》的规定，其常见分类和代号见表 10－9 所列。

普通研料代号　　表 10－9

| 类别 | | 名称 | 代号 |
|---|---|---|---|
| 天然类 | | 天然刚玉 | NC |
| | | 金刚砂 | E |
| | | 石榴石 | G |
| 人造类 | 刚玉系列 | 棕刚玉 | A |
| | | 白刚玉 | WA |
| | | 单晶刚玉 | SA |
| | | 微晶刚玉 | MA |
| | | 铬刚玉 | PA |
| | | 锆刚玉 | ZA |
| | | 黑刚玉 | BA |
| | | 烧结刚玉 | SA |
| | | 陶瓷刚玉 | CA |

续表

| 类别 | | 名称 | 代号 |
| --- | --- | --- | --- |
| 人造类 | 碳化物系列 | 黑碳化硅 | C |
| | | 绿碳化硅 | GC |
| | | 立方碳化硅 | SC |
| | | 碳化硼 | BC |

**3. 磨料粒度**

水磨砂纸的磨料粒度分为：粗粒度（直径3.35～0.053mm）磨粒，共15个粒度号（P12～P220）；微粉（直径为58.5～8.4μm）磨粒，共13个粒度号（P240～P2500）详见GB/T 9258.1《涂附磨具用磨料 粒度分析 第1部分 粒度组成》，门业用砂纸粒度见表10－10所列。

**磨料粒度** **表10－10**

| 粒度标记 | 磨粒直径（μm） | 粒度标记 | 磨粒直径（μm） |
| --- | --- | --- | --- |
| P240 | 58.5～44.5 | P500 | 30.2～21.5 |
| P280 | 52.2～39.5 | P600 | 28.5～18.0 |
| P320 | 36.2～34.2 | P800 | 21.8～15.1 |
| P360 | 40.5～29.6 | P1000 | 18.3～12.4 |
| P400 | 35.0～25.2 | P1200 | 15.3～10.2 |

### 10.2.2.5 工业百洁布

工业百洁布分类及型号参数见表10－11所列。

**工业百洁布分类及型号参数** **表10－11**

| 型号 | 粒度（目） |
| --- | --- |
| 7740、氧化铝7746、碳化硅 | 150 |
| 8668C、6444 | 240 |
| 氧化铝8447、8698 | 320 |
| 7447C、7447B | 400 |
| 7521C | 500 |
| 7521 | 600 |
| 6448 | 800 |
| 碳化硅7448、7522、7522C | 1000 |

### 10.2.2.6 滚筒刷

分类：长毛、中毛、短毛。刷毛通常分为羊毛和化纤类两种。

长毛滚筒会涂刷出一些细小的纹理，有凹凸感，类似于肌理效果。短毛滚筒涂刷后比较均匀，平滑，没有凹凸感，中毛介于两者之间。

型号规格按滚筒长度分为4英寸（100mm）、6英寸（150mm）、8英寸（200mm）、9英寸（225mm）、10英寸（250mm），直径以40mm与20mm为主。

#### 10.2.2.7 毛刷

分类：羊毛刷、猪鬃刷、弹力丝刷、滚筒刷、混鬃刷。

规格型号（按宽度）：1 英寸（25mm）、2 英寸（50mm）、3 英寸（75mm）、4 英寸（100mm）、5 英寸（125mm）。

#### 10.2.2.8 热转纸

用特殊的热转印油墨把各种图案印刷在涂布纸上面。

**1. 一般应用**

热转纸在以下几个方面有应用：

（1）服装饰布、窗帘布、沙发布、雨伞布、手袋、地毯布、玩具用布等热转移印花；

（2）耐高温的塑料材料或经喷涂、烤漆、电泳等处理后的塑料材料表面热转印装饰；

（3）经喷涂、烤漆、电泳等处理后的金属装饰板、钢质户门、金属模压门、铝型材、金属天花板、窗帘导轨、金属圆管、工艺品、五金家具等金属表面热转印装饰；

（4）各种天然皮革的正面和反面；

（5）PU 或 PVC 表面，如涂复 PU 或 PVC 的织物等。

**2. 门业应用**

门业用热转纸的技术要求见表 10－12 所列。

门业用热转纸的技术要求　　表 10－12

| 项目 | 技术要求 |
|---|---|
| 外观 | 纸面无杂质、斑点，花纹无错位，油墨深浅一致 |
| 转移率 | 良好 |

### 10.2.3 转印的作业步骤及工艺参数

**1. 转印前喷涂工序概述**

综上对塑粉性质的描述（详见本书 10.2.2 节中关于塑粉的内容），转印纸上的油墨图案需要与塑粉通过高温加热反应，从而达到木纹、图案转移印花的目的。因此，转印纸对塑粉涂层的颜色、厚度、表面流平度、整洁度以及附着力有极高的要求。

（1）钢质户门转印出来的套色效果，完全是靠塑粉的颜色与转印纸的墨色、花纹图案的有机结合，例如：某些门扇花型外围平坦、边框带凹槽、中间压有弧形或圆珠型的压型图案，如果转印效果要突出中间这部分的色彩层次，让其与边上的颜色有较大的区别，就需要边上的转印纸跟中间的套色转印纸在木纹的深浅及油墨色调都随之变化方能达到目的。

（2）塑粉的厚度一是解决涂层在后期使用的防锈防腐能力，二是适当的塑粉厚度能确保木纹及图案的颜色效果是否具有入木三分的直观效果，关于塑粉厚度的硬性规定，一般不同产品会有不同的要求，行业会根据产品的若干特性做出通用的规定，就钢质户门而言，转印颜色的塑粉厚度一般规定在（70～90）μm之间。

（3）塑粉表面流平度、整洁度是确保转印木纹、图案效果的关键因素，由塑粉的性质、塑粉使用过程中喷房的环境、喷涂操作的规范化程度、塑粉回收系统的严格筛滤以及钢质户门原材料平整度、前处理的整洁度决定。

（4）塑粉附着力是指塑粉喷涂经过高温固化后附着在板材表面的吸附力度，是两种不同物质接触部分的相互吸引力，分子力的一种表现，只有当两种物质的分子接近时才能显现出来。钢质户门塑粉的附着力是指塑粉与冷轧钢板表面结合在一起的坚牢程度而言的。这种结合力是由塑粉中的聚合物的极性基团与经过前处理的冷轧钢板的极性相互作用而形成的，聚合物在固化过程总是相互交联而使极性基的数量减少等，塑粉的附着力只能以间接的手段来测定。目前专门测定塑粉附着力的方法有百格实验、凹陷冲压、90°折弯以及用溶剂和软化剂配合使用的测试法，还有专门实验室设置特定环境的承受时间等等。

**2. 转印纸的裁剪**

钢质户门转印纸厂商目前通用的纸张规格为一般为宽1200mm，长度1000m/卷，而钢质户门的规格尺寸及门扇压型大小宽窄不一，套色要求对转印纸的尺寸也不尽相同，就需要将同一规格的转印纸裁剪成与门扇花型相匹配的尺寸，目前普遍采用裁纸机进行裁剪，长度按照图案有无固定的切断面确定，一般花纹结构无具体要求，宽度裁剪注意事项如下。

（1）按照转印纸木纹、图案结构，结合门扇花型尺寸大小，结合贴纸后大小花纹搭配，左右对称的基本要求选择架刀位置。

（2）如花型尺寸对转印纸的木纹、图案没有特殊要求，则转印纸尺寸必须以门的规格及花型尺寸定位。

**3. 涂层的辨识及塑粉颜色甄别**

涂层的辨识及颜色的甄别是指转印从业人员必须具备识别塑粉的表面流平度、整洁度及固化要求的基础知识，对颜色搭配的一些基本规律能做出直观上的判断，从而排除不稳定、不确定和不适合转印的若干因素，确保转印操作的有效性。

**4. 涂层粗糙化处理（打磨）**

塑粉流平固化后一是表面光滑、呈镜面般光洁度，还具有硬度，根据塑粉性质还有高光、亚光之分，转印纸是靠转印胶水对纸及产品涂层表面进行有效粘贴，因此，需要对钢质户门表面塑粉涂层进行粗糙化处理，即打磨，本操作主要解决的还是附着力问题，只不过这种附着力是转印纸与塑粉表面的附着力，使转印纸烘烤时能有效吸附在塑粉表面，达到木纹、图案全部转移到钢质户门上的要求，不出现漏印不良。

**5. 涂刷转印胶水**

（1）转印胶水的调配比例：如果转印胶水的浓稠度达到上述（详见本书10.2.2.2节关于转印胶水的内容）的技术标准要求，钢质户门转印中对转印胶水调制的一般配比为：

夏天（胶水与水的配比1∶1.2）；冬天（胶水与水的配比1∶1）；如操作环境中温度和湿度有较大变化时可根据实际情况进行酌情增减，幅度控制在0.1～0.2（配比单位按胶水和水的实际用量）之间，一般以滚筒方便滚动上胶及转印纸贴好后表面不浸湿、好割刀为基本原则。

（2）转印胶水的涂刷操作要求：一是涂刷到位，不漏刷；二是厚薄均匀，不堆积；三是即涂即贴，不能长时间涂刷胶水后不贴纸；四是套色割刀取纸时要补刷胶水，但要执行刷薄、交接面窄的原则。

**6. 套色（贴纸、割刀）**

贴纸作业是整个转印过程中的核心操作内容，贴纸作业的规范性直接决定钢质户门转印木纹、图案的立体效果。一是目前还没有完全成熟的替代工艺，完全靠纯手工操作，从业人员的技术熟练程度直接决定转印的效率和作业品质；二是转印纸张力分解处理即割刀具有双重的作业价值取向，割刀的精细化、规范化能促进产品档次及品质的提升，反之则是操作不良，会演变成刀痕等产品品质问题，基于此，各钢质户门厂家均从以下几个方面对转印套色作业进行了严格规范。

（1）转印作业人员的规范化操作培训及合理的技术力量储备：一个转印工人从进厂到技术熟练至少需要3个月时间，而且是越老的工人越有价值，我们以转印套色过程中割刀的“直刀”和“弧形刀”为例，一个新工人可能只能完成50cm以内的直刀操作，一个1年以上的老工人则能在确保划刀走向基本在压型部位的情况下达到1m以上，而要完成弧形刀走向，比如圆形图案等操作不致出现多余的刀痕，则要3年以上且责任心及技术熟练程度都达到一定境界的老转印工才能确保。

（2）照前论述，胶水涂刷的厚薄必须要以转印纸贴上去后表面没有浸湿和好划刀为判定依据，因此，套色操作的基础就来自于刷胶作业的手法规范，当一扇门放在转印工作台上并胶水涂刷均匀，转印工人可通过自己的规范化作业手法达成以下任务操作要求：一是转印纸平铺部位平整、不起皱、无气泡、边角取纸整齐；二是套色木纹横竖交接有序，不漏缝，相邻花型套色转印纸搭接严格控制在1mm以内；三是花型部位粘贴转印纸擦平擦实，花型边缘及角落不出现转印纸褶皱。

（3）不管门扇、门架割刀均应严格按照花型边缘走向，走刀偏离应控制在0.5mm以内，割刀力度一是确保转印纸割断，二是不能破坏塑粉的完整性，允许的刀痕深度必须控制在5μm以内；三是所有割刀部位均须擦拭平整，割刀后刀缝宽度不应大于0.5mm；四是根据门扇压型的花型宽度尺寸，凹槽部位带平底的，花型两边一边一刀；凹槽部位带弧形底且总宽度不小于15mm的，花型两边及凹槽中间各一刀，共3刀；凹槽部位带弧形底且总宽度小于15mm的，花型中间部位割一刀。

### 10.2.4 转印烤纸参数要求

转印纸烘烤是确保贴纸作业有效性的最后一道关键工序，其核心控制内容为“钢质户门进入烘箱后在烘道恒定温度下的有效保温时间”，目前大多数钢质户门企业均采取流水线悬挂加流动式恒温烘箱烘烤的方式完成此作业要求，控制点如下：

**1. 参数总要求**

采用封闭式烘箱烘烤的有效温度保温时间为180°/15min；采用流水线烘道烘烤的有效温度保温时间为180°/18min。

**2. 设备有效性评估及测试要求**

一是测量烘道长度以及流水线在烘道内的长度，从而按照设定时速计算出钢质户门在烘道内的净时间；二是利用专业测温设备测试烘道内各区域段的温度变化曲线值，计算预热及有效温度时间；三是设定相应的流水线驱动参数，实测并计算出有效温度保温时长和距离。

**3. 设备参数调整**

转印烤纸的设备参数并非一成不变，因为钢质户门的填充物以及填充物的含水率、板材的厚度、气候冷暖变化均会对烤纸效果产生影响，特别是使用流水线烘道烤纸的企业，转印烤纸的实际效果一是需要执行通用的参数要求，二是要根据实际气候条件下以及不同类型的填充物进行实践试验，其判定方法及标准如下。

（1）钢质户门流出烘道口后可在门扇的中间部位（按照花型取平面部分）将转印纸撕开一点，检查转印纸木纹、图案的转移情况以及钢质户门涂层表面的木纹清晰度，如转印纸发白且纸上无木纹及胶水印残留，门扇上木纹清晰、无明显条状胶水印，即可判定烤纸无异常。

（2）门扇侧面台阶未划刀部位轻轻撕开一小段，如台阶内木纹清晰，直角漏印缝隙小于1mm，亦可判定烤纸无异常。

## 10.2.5 转印后工序操作规范及注意事项

**1. 打水磨**

用粒度标记为P1000～P1200的耐水砂纸，对转印后的钢质户门表面进行打磨，一是将吸附在表面的转印胶水、贴纸割刀时的细微刀痕、塑粉残留的细小颗粒打磨干净、平整；二是打磨要注意门扇花型棱角，力度适中，不能打磨漏铁；三是打磨后经水冲洗，保持表面涂层干净，转印纸的油墨及塑粉硬度进行打磨软化后，更容易让罩光光油流平，增加油漆附着力。

**2. 罩光（喷面漆）**

转印后经洗纸、打水磨、表面擦拭工序，在钢质户门表面喷上罩光光油（面漆），增加钢质户门表面亮度，使木纹、图案更加清晰，更显档次，呈现入木三分的视觉冲击力。

## 10.2.6 转印的不良类型及解决方案

**1. 漏印**

漏印是指转印后钢质户门表面局部花纹缺失露出塑粉底色的现象，主要原因如下：

（1）板材表面不平整，有凹陷或凸出，转印纸烘烤时纸张拉平后凹陷部位木纹、图案不清晰，解决方案为前工序确保门扇表面平整，小范围轻微凹陷的可对凹陷部位适当加大打磨力度，转印纸擦平后可割一个十字刀。

（2）钢质户门花型部位贴纸前百洁布打磨不到位，使转印纸与塑粉不能有效贴合，解决方案为贴纸前确保花型及凹槽用百洁布打磨到位。

（3）花型部位割刀走偏或未割断，造成转印纸烘烤张力分解不够，解决方案为加强操作工人技能培训，确保每一次割刀都按花型凹槽的形状或中心部位走刀。

（4）转印纸未完全擦平，留下气泡部位漏印，解决方案为贴纸后对气泡及时擦平，如没法往边上放气，可用刀片将气泡戳破，擦平即可。

（5）塑粉成分致固化后塑粉的硬度增加，转印按照常规打磨手法贴纸，烤纸时在木纹、图案未完全转移的情况下转印纸即从塑粉表面脱离，致木纹、图案漏印或模糊不良，解决方案为塑粉供应厂家确保塑粉的成分配比硬度适合转印烤纸通用要求。

（6）门扇内部填充物进水致塑粉局部未完全固化，异常发亮，转印烤纸时木纹、图案未能有效转移，且发亮部位转印纸吸附在塑粉表面，洗纸困难，勉强洗掉后无木纹。解决方案为确保门扇内部填充物干燥，洗门后需要返喷塑的门扇要将填充物内的水分充分烘干，方可进行喷塑操作，表面判定为塑粉固化均匀，没有局部发亮现象。

**2. 木纹图案未转移或不清晰**

这种情况基本为烘箱烤纸参数异常导致，一是烤纸参数过高致木纹、图案浑浊不清；二是烤纸温度过低致木纹、图案未有效转移。解决方案为严格执行烘箱烤纸参数，对烘烤后的钢质户门烤纸有效性及时进行跟踪监控。

**3. 刀痕**

钢质户门转印工艺中刀痕的存在与刀痕不良是一对矛盾体，在实际操作中，如果洗纸后出现花型部位漏印不良，且塑粉表层未见刀痕，则是贴纸操作时割刀未割断所致，但如果洗纸后刀痕明显，塑粉已划破，甚至漏铁，则是贴纸操作时割刀力度过大导致刀痕破坏塑粉覆盖层，造成表面视觉不良，破坏钢质户门的防锈防蚀能力。解决方案为企业自身对贴纸操作人员的技能培训及工人对割刀力度的熟练掌握程度，割刀深度一定要控制在5μm以内，另外就是如上所述的企业在岗人员培训及后备人员的合理储备，切忌等到青黄不接时再临时抱佛脚，那样是要以牺牲产品质量作为培训员工代价的。

**4. 转印纸重贴**

转印纸重贴是指花型木纹、图案需要套色取纸时，相邻转印纸搭接宽度大于2mm的情况，主要原因是贴纸操作时取纸不规范造成，特别是横纹竖纹相交的部位能明显看到重影，影响视觉审美；解决方案为严格要求贴纸操作执行相邻转印纸搭接必须满足不大于1mm的技术标准要求。

**5. 色差**

色差是指同一樘钢质户门，喷塑同一型号塑粉，使用同一型号转印纸，烤纸后出现以下色差不良：一般色差有三种，即双开门、多开门大小扇色差、单开门门扇、门框色差以及同门扇上部和下部明显的颜色相差。发生原因：一是大扇、小扇、门框塑粉厚度不一致，二是大扇、小扇填充物含水率有差别，三是大扇、小扇、门框转印纸烤纸时由于设备温度波动导致受热程度不一致；四是产品下部距供热烟管太低致门扇下角受高热炙烤造成木纹褪色。解决方案为确保大扇、小扇、门框塑粉厚度、填充物含水率以及设备状况确保产品各部位烤纸受热程度一致。

## 10.2.7 转印技术的几个难点

**1. 存在甲醛超标的危险**

中国国家标准《居室空气中甲醛的卫生标准》规定：居室空气中甲醛的最高容许浓度为0.08mg/m$^3$。转印门表面要喷罩光漆，罩光漆需要用稀料稀释，稀料中往往含有甲醛成分，存在甲醛超标的危险。转印门在生产过程中应加强对工作人员的保护，应加强对成品甲醛含量都的监测。

**2. 提高涂层附着力的障碍多**

贴转印纸时需要用刀划开，划轻了烘烤后花型凹槽部位要漏印，划深了容易损伤涂层，造成刀痕不良。转印门制作过程中要经过几次的烘烤，并且要经过水冲洗。钢板与塑粉的热膨胀系数不一样，会影响涂层接合性。

**3. 转印门木纹纹路缺乏立体感**

转印门的木纹来自转印纸，转印纸的色彩颜料很完全渗入塑粉涂层中。热转印后需要有一次水磨去胶的过程，也会损伤涂层表面。转印门的木纹纹理很难达到覆膜钢板、彩钢板等材料木纹的效果。

**4. 易褪色与掉漆问题**

目前，转印门工艺的普遍流程都是：聚醚型环氧塑粉喷涂→烘烤→转印→烘烤→撕纸、打磨→除尘→罩光→烘烤，使用一段时间后，容易发生褪色、掉漆现象。转印门一般都有木纹，发生褪色、掉漆问题后往往比单色的喷漆门、粉末静电喷门显得问题更严重。

发生褪色、掉漆问题的原因主要有以下三个方面：

（1）由于转印工艺采用成本较低的聚醚型环氧塑粉，所以容易产生塑粉粉化现象。

（2）转印纸是在以纸作为载体，用油墨印刷上去，再通过其易迁移的特点在特定温度下转移到塑粉底色上面，其油墨的好坏直接关系到花纹的褪色快慢速度。

（3）转印门上使用的普通罩光漆没有耐紫外线功能。

综上所述，环氧塑粉底→转印纸→罩光漆的不合理搭配是造成易掉漆、易褪色的主要原因。罩光漆没吸收紫外线或反射紫外线的作用，所以紫外线可以直接穿透罩光漆到达塑粉表面造成塑粉粉化、转印效果褪色，塑粉粉化后上面的罩光漆无法有效附着，故会产生褪色现象。

**5. 转印门内部易生锈**

因为转印门制作过程会要经过水反复冲洗的，并且板材为普通冷轧板，没有经过镀锌处理，所以板材接触水后，容易氧化生锈。特别是渗入转印门内部的水长时间不能干燥，会出现从门体内部向外锈蚀的现象。

**6. 转印门局部无木纹纹路**

由于某些部位如：门框竖框与横框连接处、门框气密槽处、门扇 H 料处、封边处、铰链缺口处等贴纸时无法做到有效黏合，所以转印后会存在局部的小面积木纹纹路缺失现象。

**7. 转印门不能生产复杂的压花花型**

由于贴转印纸时一个最基本的要求是转印纸必须对承印物的任何部位、角落全部贴实，不能看到拉空、起泡或裂缝，但由于某些特殊花型的门扇和门架花型复杂（比如动物造型、植物造型以及一些立体感很强的造型），压型深且凹槽纵横交错、凹凸有致且结构多元，这时候，用传统的转印工艺进行表面处理在贴纸操作时就没法操作，无从下刀，而且没法突出花型部位的立体效果，用转印纸上的油墨图案难以达到让特殊花型栩栩如生的感觉。目前，绝大部分厂家在生产此类花型时要么采用彩钢板，要么做仿铜、蚀刻工艺，要么直接采用喷塑进行表面处理，有很大的局限性。

## 10.2.8 转印技术新尝试——纳米纯手工木纹

为了进一步提高转印门的质量，钢质门行业许多企业都在尝试使用新的转印技术，纳米纯手工木纹就是其中之一。该项技术的出现成功解决了行业中关于甲醛超标、复杂款式的难操作性、木纹的清晰度、木纹的持久耐晒性、门扇内部进水后的腐蚀性、木纹变化受转印纸的局限性、刀痕对涂层的破坏性等等一系列问题，其核心理念为“环保健康纳米技术、入木三分栩栩如生、雕龙刻凤随心所欲、稳定安全经久耐用”。手工木纹系列产品问世后，产品销量连年提升，市场反响及产品质量满意度调查都取得了很好的效果。现就该工艺的一些技术要点及工艺特色做个简单的介绍。

### 10.2.8.1 工艺流程

领取产品→检查产品→打磨→木纹制作→油漆→完工检验→覆膜下线。

#### 10.2.8.2　部分工艺参数

（1）色浆与稳定剂配比：夏天1∶1.5～1∶2；冬天：1∶2～1∶2.5。

（2）原材料耗用量：色浆0.04kg/套，稳定剂0.1kg/套。

（3）色浆干燥要求：空气湿度小于65%。

（4）色浆干燥烘烤温度：50～60℃（空气湿度大于65%时）。

（5）油漆自干时间：不少于8h。

（6）木纹厚度20～35μm，油漆厚度：40～45μm。

#### 10.2.8.3　产品加工流程及要求

**1. 检查项目**

将产品放在操作台上，检查以下项目：

（1）门面平整度。

（2）是否有凹凸点。

（3）表面涂层是否流平、有无露底、吐粉、橘皮。

（4）颗粒是否多于5个粒点/$m^2$。

**2. 打磨**

（1）用600目砂纸和百洁布顺着木纹加工方向打磨，不能用粗于600目的砂纸，不能无程序地打磨。

（2）将塑粉表面的反光蜡膜层打掉。

（3）打磨时用力要均衡，不能打得太重露出底层钢板。

（4）对产品表面的凹槽和拐角处要认真仔细地打磨，以增强产品表面色浆附着力。

（5）产品花型凸出部位严禁用砂纸打磨，只能用百洁布将塑粉表面反光蜡膜层打掉即可。

（6）打磨后的产品表面无露底、无反光点、无颗粒。

（7）打磨完毕用气枪先将产品表面粉尘吹干净，再用抹布擦拭一遍，经检验合格才能转入木纹制作工序。

（8）在门面衬档及门架从上至下的第二只铰链罩上标注自己的工号标识，确保产品品质的可追溯性。

（9）打磨过程中如发现前工序质量瑕疵应立即停止生产并报告车间管理人员，判定是否返工。

**3. 上色及纹理制作**

1）纳米色浆的调制：

（1）检查色浆的颜色是否与生产的产品要求一致，每使用一组都要核对批号和颜色，防止用错或产生色差，同时要关注保质期。

（2）原浆和稳定剂的调配比例：根据气候和操作人员作业速度的快慢要进行适当的调节，气温由低到高、速度由快到慢原浆和稳定剂的配比一般为1:1.5~1:2或1:2~1:2.5，二者之间要充分搅拌，使之完全溶解到一起，颜色要求较浅时可适当增加稳定剂。

（3）调配好的色浆必须用200目左右的过滤网进行过滤后方可用于生产。

2）木纹制作：

（1）各种工艺款式的木纹，设计、颜色及模具的选用按样品标准或客户指定标准执行。

（2）将海绵在色浆中充分的浸泡、抓捏，保证海绵中的色浆饱满均匀、含量一致（每次用同等的力量捏海绵，以色浆没有自动滴落和渗出为好）。

（3）上色的顺序为先中间后边框，先凹槽后凸处，先横后竖的顺序进行，同一纹理的可以同时进行。

（4）上色后根据色浆干燥速度的快慢，掌握制作木纹的最佳时间。

（5）木纹制作后同样要根据色浆干燥速度的快慢，掌握刷丝的最佳时间，颜色浓时要滚花后适当干燥1~2min后再刷丝，要求纹理有一丝丝的感觉，要有入木三分的效果。

**4. 油漆**

（1）首先确认纳米色浆是否干燥，如空气中湿度大于65%时要以50~60℃的温度加以烘烤，完全干燥后方可喷面漆。

（2）喷漆前先用除尘布将整个工件擦拭一遍，确保表面无灰尘、污物再抬上喷台。

（3）调漆时稀料和固化剂的添加按气候及表面质量，色精的添加按样品或客户指定标准。

（4）走枪手法要一致，压枪均匀，产品凹槽、拐角处要喷到位，不能出现喷薄、流漆。

（5）喷房环境及喷漆设备要定期定时清理和保养，油漆后主锁以上部位不能有颗粒，主锁以下要控制在2个粒点/$m^2$。

（6）喷漆后自干时间不能少于8h。

#### 10.2.8.4 完工检验及覆膜下线

（1）检验项目：产品表面平整度、是否人为损坏、凹凸点、油漆固化程度、木纹清晰度是否符合纹理要求、色浆厚度、面漆厚度、表面颗粒、颜色的样品一致性、同批次是否色差等。

（2）合格品覆膜下线，不合格品进入不良品的判定及处理程序。

#### 10.2.8.5 色浆的使用及木纹制作过程中的若干注意事项

（1）使用时一定要保持色浆的清洁，容器及工具要每天清洗干净。

（2）工具、用品的存放要合理、工作场地无粉尘，以防止将杂物带入色浆里影响产品表面质量。

（3）工具、用品已经损坏或开始腐烂时要及时更换。

（4）每天用不完的色浆要装桶封闭保管，第二天过滤后再用，尽量按生产用量进行调配，以免造成浪费。

（5）更换产品或色浆时，加工用的工具、用品、模具、容器等必须清洗干净，洗到清水为止才能使用，也可以将常用工具按颜色进行区分，分开使用。

（6）色浆和稳定剂要在保质期内使用，超出保质期的不能再使用。

（7）所有加工和存放纳米木纹产品的场地一定要达到防尘、防水的要求，更要注意的是房顶一定不能有雨水漏下。

（8）搬运时不能直接用手接触已加工好表面的地方，色浆干燥后可以戴干燥、干净的手套进行搬运，周转用的推车上不能有铁锈和污物，以免落到门面及门框上。

（9）打磨场地与纳米木纹加工场地要严格区分开，打磨后的产品表面要清理干净才能进入纳米木纹加工场地，木纹制作车间必须做到无尘封闭明亮通风。

### 10.2.8.6　纳米纯手工木纹参照执行的部分标准

**1. 产品的纹理结构标准**

手工木纹产品的纹理结构分为两种标准，一种是按样品的规定图案进行加工的产品叫样品标准；另一种是按客户指定原有的产品样品标准进行加工的产品叫指定标准。

样品标准是设计人员根据产品造型，依照木材的纹理结构及颜色配色来进行设计的产品，这种产品的纹理结构更为合理，对产品本身来讲附加值更高，设计的标准更遵循设计的意向和意义，最大程度反映产品仿木的逼真性、艺术性和价值性。

指定标准是按照客户指定的实物或图片的样子进行模仿加工，即按照指定的样板进行仿制，仿真程度达到95%以上，经客户确认封存作为加工和验收标准。

不管是哪一种加工标准，都要做到结构合理并满足客户的要求，符合验收的标准，在每批产品的生产前必须由车间管理者和检验员确定符合本标准的样品，生产加工人员一律按照样板进行制作。

纹理结构、木纹、花纹的大小多少和形状，还包括纹理的粗细，树芯多少及位置等等都要按标准进行加工，因为这些因素都可以影响到颜色的变化，所以要严格按照样品对照生产，人工因素较多不能保持100%的一致，但要达到95%的一致就可以通过验收。

**2. 木纹的清晰度标准**

木纹清晰度的标准是根据树木的品种而定的，水曲柳树芯有很明显的粗糙感且木纹连续不断，在3m以外甚至更远都能看见；红木的纹理只有在1m以内才能模糊看见，走近抚摸仔细观看时才知纹理的结构和图形，且越看越清晰；椴木、樱桃木、榉木等与红木相同，橡木、胡桃木、花梨木、红松木这些树种花纹在2m左右可见但不清晰；对木纹的清晰度要求不是越清晰越好，而是要错乱有序，雾里看花，朦胧可见，纹理之间有丝丝相连且有入木三分的感觉才是最好的效果，整体版面横竖搭口线要直而细，转折处线条分明，树芯纹自然，木质纤维丝丝清晰可见，层次分明，错落有致，纹理清晰，色泽均匀，自然典雅，仿木逼真。

**3. 颜色的标准**

颜色的标准主要是色浆涂刷分布要均匀，每一套门表面颜色无色差，正反面无色差，同一批产品中保持门面、门框色泽一致，达到不是一个人加工的门面、门框可以互换的程度就好，允许有较小的色差，直观上肉眼看去一致就为符合验收标准。

**4. 板面的清洁标准**

板面不能残留肉眼可见的沙粒、纤维、海绵、毛发等，用手触摸时不能感觉到有明显凸凹和残留的颗粒。

**5. 纳米木纹厚度的标准**

纳米木纹在制作中，色浆在板面固化后的厚度不能超过35μm，但也不能低于20μm，超过35μm的厚度，影响附着力，会产生碰撞时掉落，低于20μm时影响可见度，一般按照理论计算每组色浆加工标准门为100套最好，这样可以保持表面厚度为32～35μm。

**6. 漆膜的标准**

表面油漆必须做到分布均匀、全面覆盖、流平光滑、手感丰满、无橘皮、无颗粒、无流挂，漆膜厚度为40～45μm，油漆40%～50%的固含量的标准门用纯油漆0.55～0.6kg（不包括稀释剂和固化剂），门板的两侧面漆膜厚度与大版面必须一致。

总之，本标准在满足客户要求的基础上，同一批纳米木纹产品的表面颜色和花纹的大小、位置等等要达到95%以上，并同样品保持一致性，装配时门面、门框可以互换，表面清洁无残留物。

## 10.3 喷漆

### 10.3.1 概述

**1. 分类**

涂漆是金属制品最基础的饰面处理手段。常见的涂漆方式有三种：喷涂、滚涂、刷涂，其中喷涂钢质门生产最常用的方式。喷漆种类很多，效果多样。

按喷涂方法分类，喷漆可分为普通气喷与静电喷漆；

按固化方式分类，喷漆可分为自干、烘干、光固；

按涂料性质分类，喷漆可分为油性涂料与水性涂料；

按涂料成膜物质分类，喷漆可分为环氧、聚酯、丙烯酸、氟碳、聚氨酯漆等；

按添加料分类，喷漆可分为金属漆、珠光漆、普通色漆，其中金属漆细分还有多种，如仿铜漆、水纹漆、珐琅漆、裂纹漆等；

按使用位置分类，喷漆可分为底漆、面漆、罩光漆；

按光亮度分类，喷漆可分为平光、高光、亚光等。

**2. 静电喷涂**

静电喷涂是以被涂物体为正电极，涂料雾化装置为负电极。被涂物体接地，涂料雾化装置通电后形成了两个电极，再利用同性相斥，异性相吸的原理，使涂料由雾化装置处喷出，最后形成了一层平均且牢固的薄膜。这就是静电喷涂的原理。

静电喷涂相对于原来的手工喷涂，其最大的优点就是施工效率高。纯粹的手工喷涂一般不适合比较大面积的操作。对于大面积的作业，可以使用静电喷涂。静电喷涂可以安装多台静电喷枪同时作业。这样能够有效地缩短喷涂时间，提高喷涂效率。钢质门行业使用静电喷涂技术主要不是因为其生产效率高，而是因为静电喷涂的漆膜附着力比手工喷涂的更好，而油漆利用率更高，漆膜更均匀丰满。

静电喷涂也存在一定的缺点，当为形状复杂的工件喷漆时，易出现漆膜不均匀的现象，需要人工的修补。另外，相对于纯粹的人工喷漆，静电喷漆的投资较大；有发生电击的风险，需要采取更严格的防火措施。

**3. 门业的应用**

喷漆在钢质门行业的应用主要有三个方面：第一，是用于纯粹的涂漆门。相对其他品种，纯粹的涂漆门在室外使用时往往效果更好；第二，是用于转印门的底漆喷涂；第三，是用于转印门的罩光漆喷涂。

## 10.3.2　喷漆作业

**1. 操作流程**

喷漆作业的基本操作流程是，对待喷漆的半成品进行检查，将工件挂到流水线上，除去工件的上尘土，进行水分烘干，喷涂油漆，进行固化烘烤，对涂漆成品进行检验，将工件从生产流水线上摘下来，如图10－2所示。

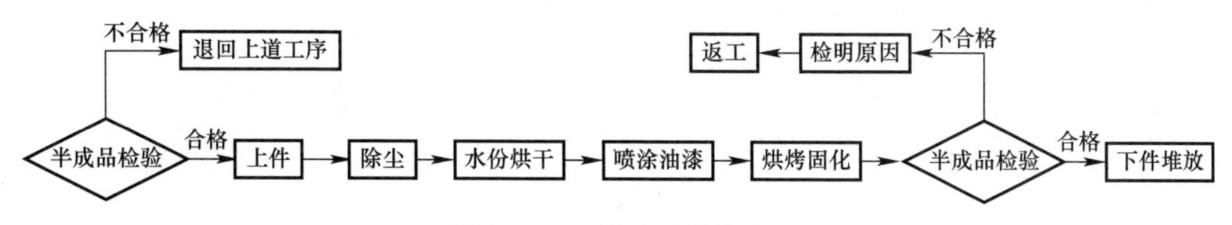


图10－2　喷漆作业操作流程

进行喷漆作业前应做好生产前准备，根据生产任务单在库房领取油漆和其他辅料；检查生产设备各部位是否正常、气压是否正常。进行喷漆作业前应对待喷涂工件进行检查，并不合格的工件应退回。工件在进入烤箱前，应把烤箱温度升到设定温度。上件、除尘、水分烘干、喷漆、烘烤固化、下件堆放等各项操作应符合相应的作业指导书的规定。工件喷涂油漆后固化后应对工件喷漆质量进行检验，合格品转入下道工序，出现不合格产品应查明原因，并进行返工。下班前应做好现场5S①，并做交接班记录。

**2. 工具、物料准备**

开展喷涂工作前应准备好以下物料：油漆、稀释剂、百洁布、除尘布、1000目砂纸、除漆剂，如图10－3所示。

稀释剂 油漆
（罩光漆45°金油、60°金油、黑线条漆在标识上有区别）

百洁布、1000目砂纸、除尘布、水瓢

除漆剂的A剂、B剂

图10－3　应准备的物料示意

开展喷涂工作前应准备好以下工具：喷枪、隔膜泵、调漆桶、门框挂钩、门扇挂钩、水瓢，如图10－4所示。

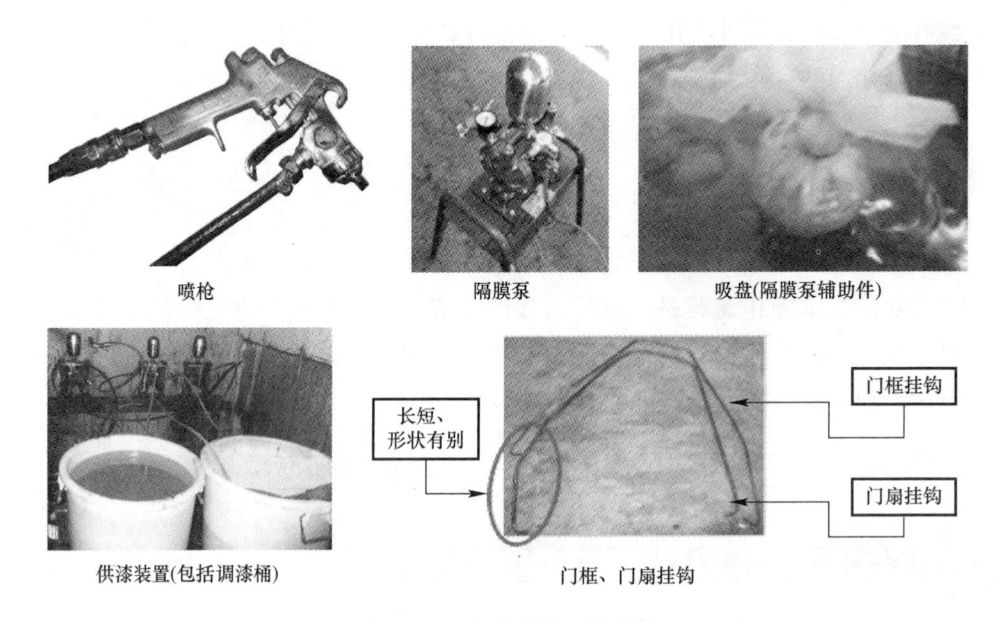


图10－4　应准备的工具示意

① 5S，是以整理、整顿、清扫、清洁和素养为内容的活动。

### 3. 上件

应在工件的上方安装挂钩，与件挂孔（钩挂部位）应牢固，如图 10－5、图 10－6 所示。注意：应将表面质量不合格的工件，如有大量纸屑、变形、漏转印的工件，退上工序。

图 10－5　门框上件示意

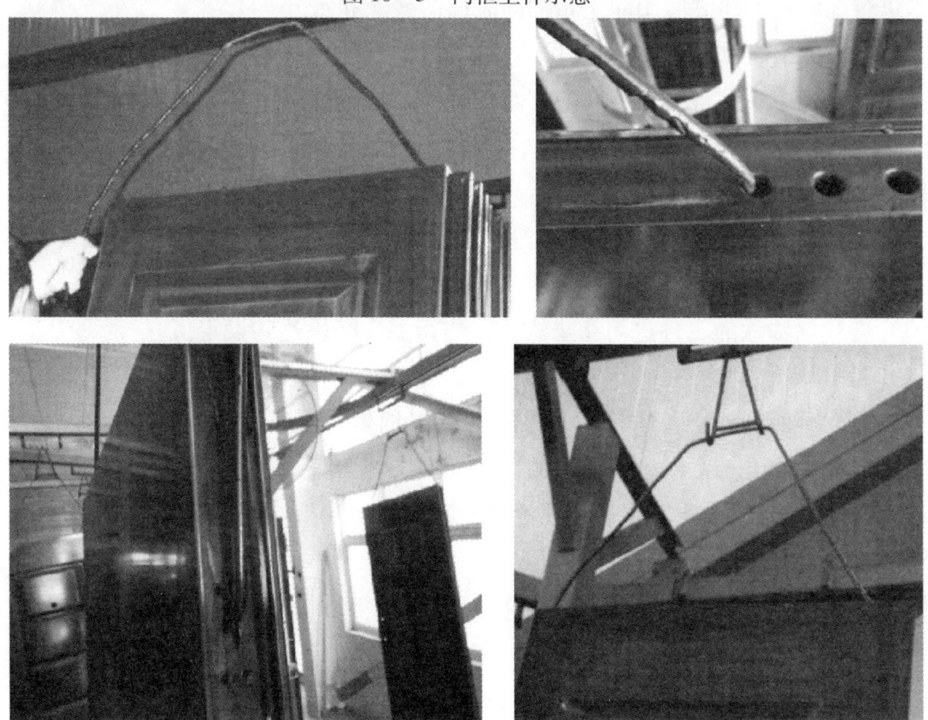

图 10－6　门扇上件示意

**4. 打磨、除尘**

打磨、除尘的目的是去除工件表面的纸屑、灰尘和打磨细小颗粒，如图 10－7 所示。

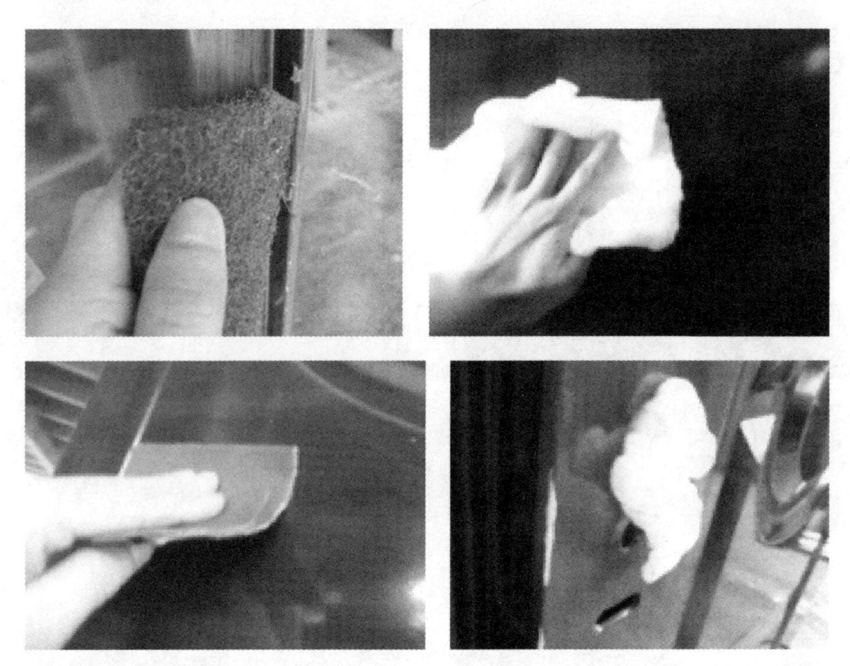

图 10－7　打磨、除尘示意

用百洁布擦除工件表面的纸屑。当纸屑比较难以去除时，用百洁布在水瓢中蘸取适量的水进行擦除。擦净之后用除尘布擦净表面的残渣和水分。

工件表面的细小颗粒，用 1000 目的砂纸进行轻轻打磨，直至打磨部位手感比较光滑为止。在此过程中不可将工件表面的纹路打磨掉。打磨后用除尘布擦净表面的灰尘。

**5. 喷漆**

1）喷漆前应做好如下准备：

（1）根据生产任务，按比例调配好油漆，并将油漆搅拌均匀。

（2）给烤箱升温、开启流水线。

（3）在喷涂油漆的工件进烤箱烘烤前，烤箱温度必须达到设定值。

（4）检查风机、水帘是否正常。

（5）开启气源，检查各喷枪，观察喷枪的出油量、气压、喷幅是否正常，并调整好喷枪的出油量、气压、喷幅；启动风机、水帘。

2）工件刚进入喷涂室时，启动喷枪开始喷涂。

3）喷漆应达到如下要求：

（1）喷枪运行的方向要始终与被涂物面平行，与喷幅与喷涂扇面垂直，如图 10－8（a）所示。

（2）必须以相同的喷幅和喷涂速度喷涂工件的每一处外表面（含侧边），如图 10－8（b）所示。

（3）在喷涂门框的转角处时，行枪速度稍微放慢，如图10-8（c）所示。

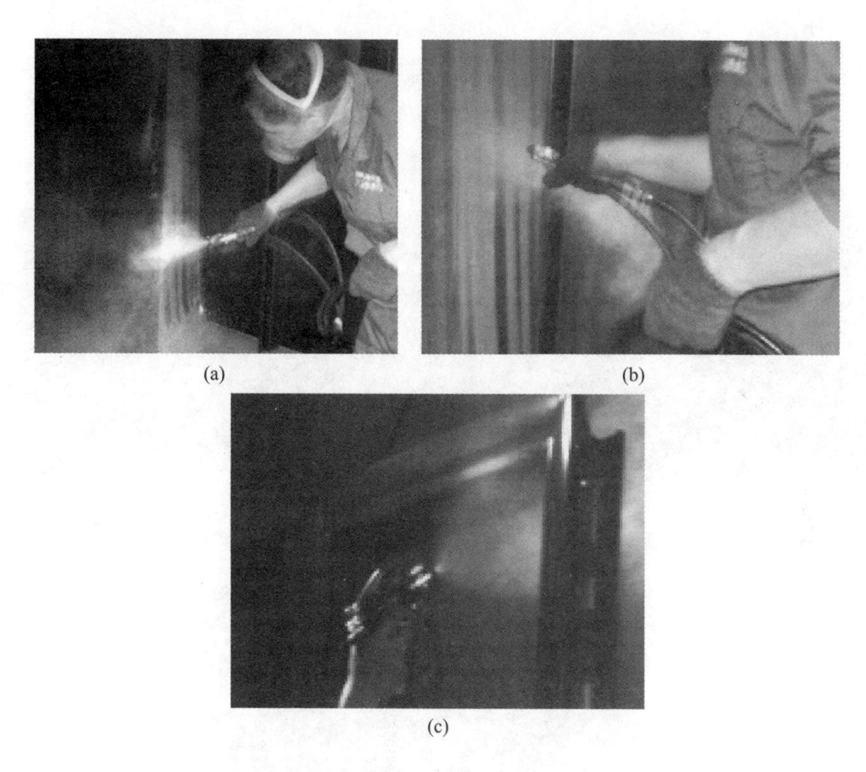

(a)　(b)　(c)

图10-8　喷漆示意1

（4）喷枪必须走过工件边缘位置再回枪或停枪，如图10-9（a）所示。

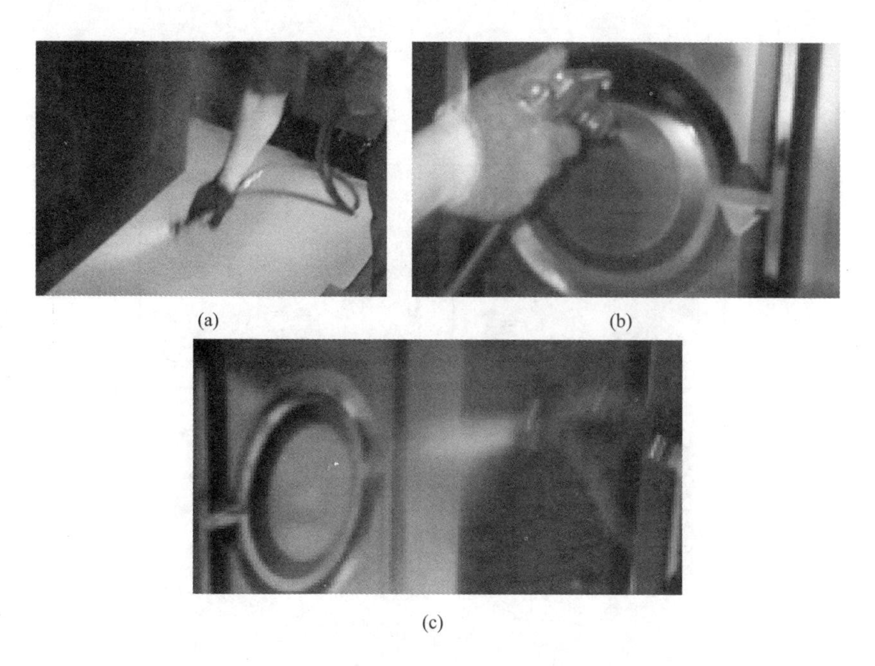

(a)　(b)　(c)

图10-9　喷漆示意2

（5）花型槽喷涂黑线条漆的门扇，先喷涂黑线条漆再喷涂罩光油漆，如图 10－9（b）、（c）所示。

① 喷涂后的工件要求表面喷涂均匀、无流挂、无橘皮、无颗粒，如图 10－10（a）、（b）所示；

② 喷涂室内操作人员，必须戴好防毒面具，如图 10－10（c）所示。

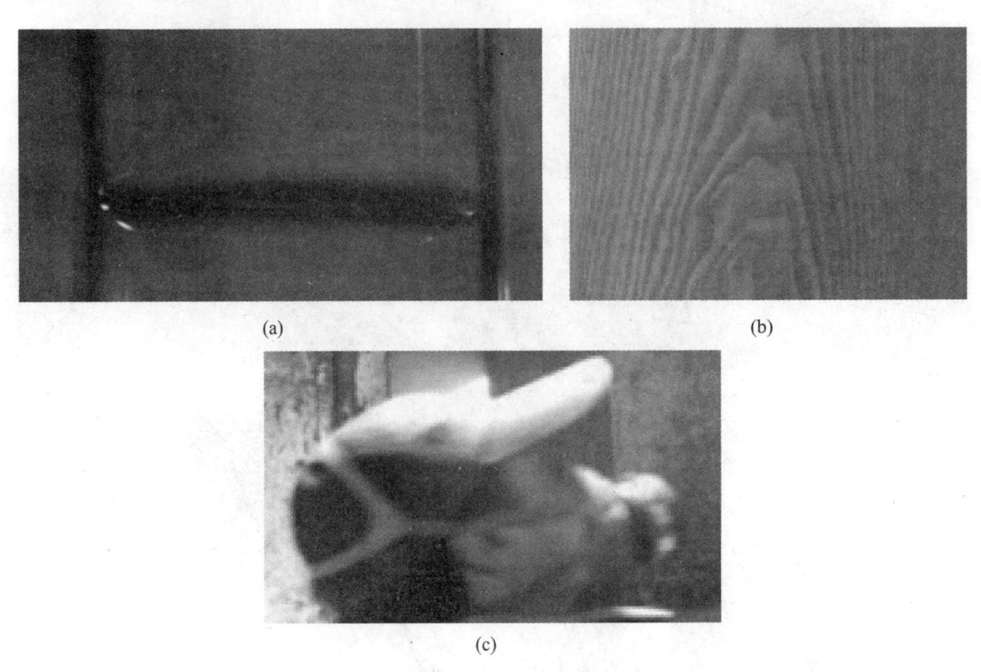

(a) (b) (c)

图 10－10 喷漆示意 3

4）喷漆操作应注意以下事项：

（1）枪距：喷枪口与被涂物面的距离称为枪距，一般为 15～25cm，如图 10－11 所示。

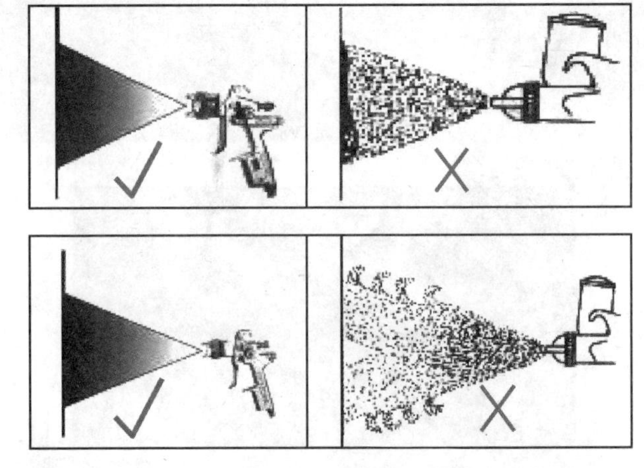

图 10－11 喷漆枪距示意

（2）喷涂角度：喷涂角度与被喷件永远保持 90°角，如图 10－12 所示。

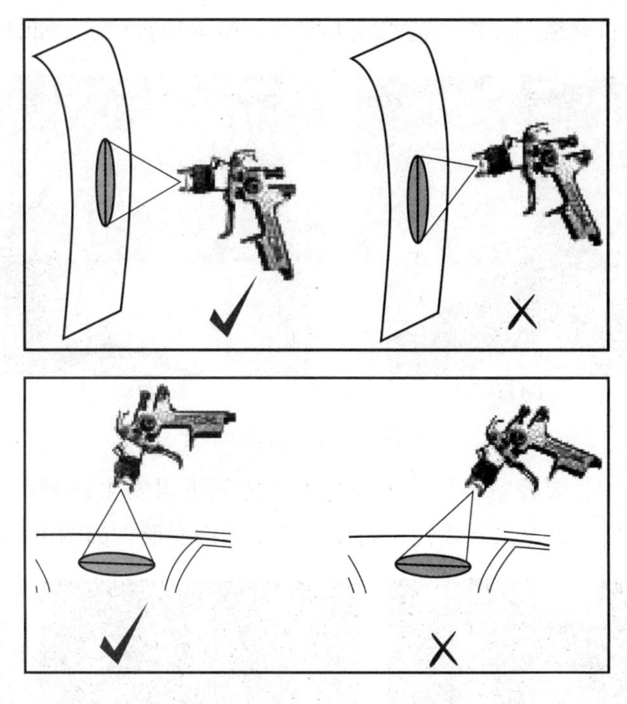

图 10－12　喷漆角度示意

（3）喷幅：一般喷枪要求喷幅宽度 25～30cm，重叠 25%～50%，如图 10－13 所示。

（4）轨道式喷涂：喷枪与被涂物面保持一定的垂直距离，匀速往复喷涂。在喷涂第二道时应与前道涂膜纵横交叉，即若第一道采用纵向喷涂，第二道就应采用横向喷涂。

（5）行枪速度：喷枪移动要保持平稳匀速，喷涂速度为 0.3～0.6m/s。

（6）行枪方向：喷枪运行的方向要始终与被涂物面平行，与喷涂扇面垂直，以保证涂层的均匀性，如图 10－14 所示。

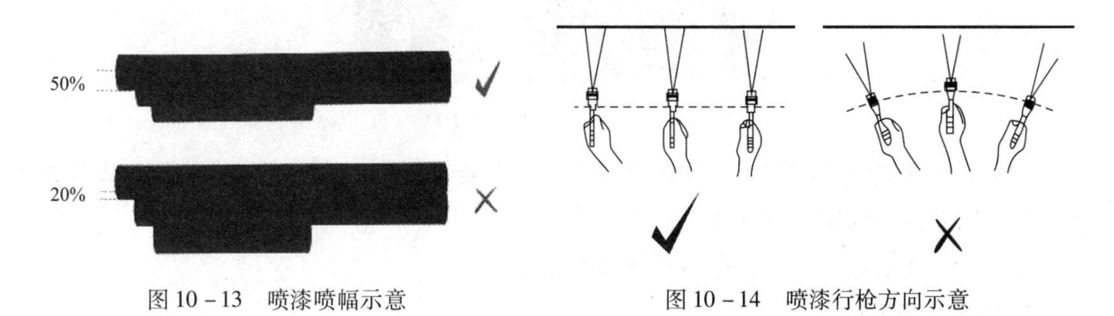


图 10－13　喷漆喷幅示意　　图 10－14　喷漆行枪方向示意

（7）出漆扳手控制：出漆的扳手分两档：1 档，预喷空气，也可作吹尘使用；2 档，流经喷嘴的油漆被预喷空气同时雾化。

**6. 下件、堆放**

（1）下件前检验人员应对工件进行检验，工件不得出现漏转印、流挂、橘皮、颗粒、色差、凹陷、撞坑、压痕、划痕、异物、脏污、针孔、鱼眼等现象。

（2）下件人员将合格的工件从流水线上取下，搬运到暂存区，如图 10－15 所示。

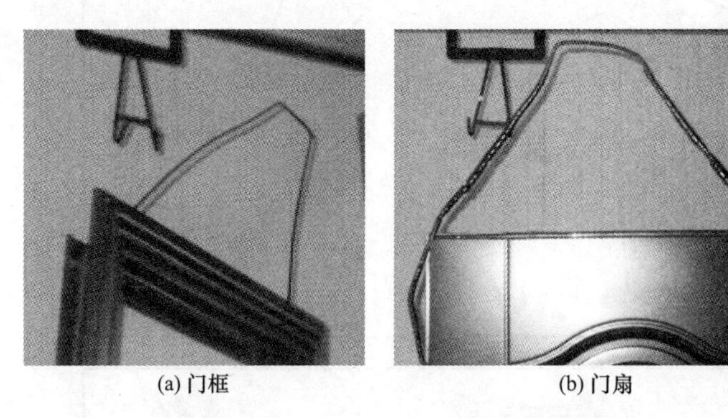

(a) 门框　　(b) 门扇

图 10－15　门框、门扇下件示意

（3）搬运过程中，要轻拿轻放，工件与工件之间不得发生碰撞、工件与地面发生碰撞，地面宜安装护垫，防止出现装坑、划痕，以及工件变形，如图 10－16 所示。

图 10－16　下件防碰撞示意

（4）取下工件上的挂钩，把挂钩放置在挂钩周转车上，应注意门框挂钩与门扇挂钩不一样，需要分别码放，如图 10－17 所示。

（5）对于不合格的工件，查明原因后进行返工。

**7. 安全注意事项**

（1）挂钩必须安全可靠，防止挂钩脱落。

（2）油漆，稀释剂不要溅到眼睛。

**8. 喷漆质量检验**

不同的企业、不同的产品、不同的工程、不同的工艺，其喷漆质量标准不一样，其基本要求一般包括以下几个方面：

图 10－17　下件挂钩分别码放示意

（1）工件表面纸屑、转印胶水残留。

（2）工件比较有大量颗粒。

（3）工件表面漏转印。

（4）工件表面油漆喷涂不均、流挂、橘皮、颗粒、针孔、气泡等。

质量缺陷：流挂、橘皮、针孔、缩孔、喷涂不均、气泡、脱漆、颗粒、色差、漏转印、划痕、凹陷、纸屑残留等，如图 10－18 所示。

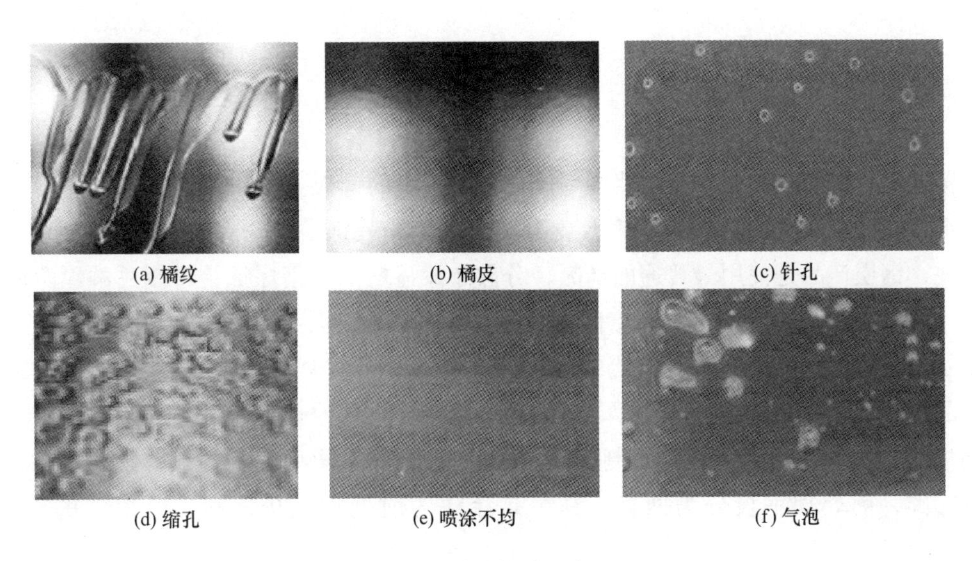


图 10－18　喷漆缺陷示意（一）

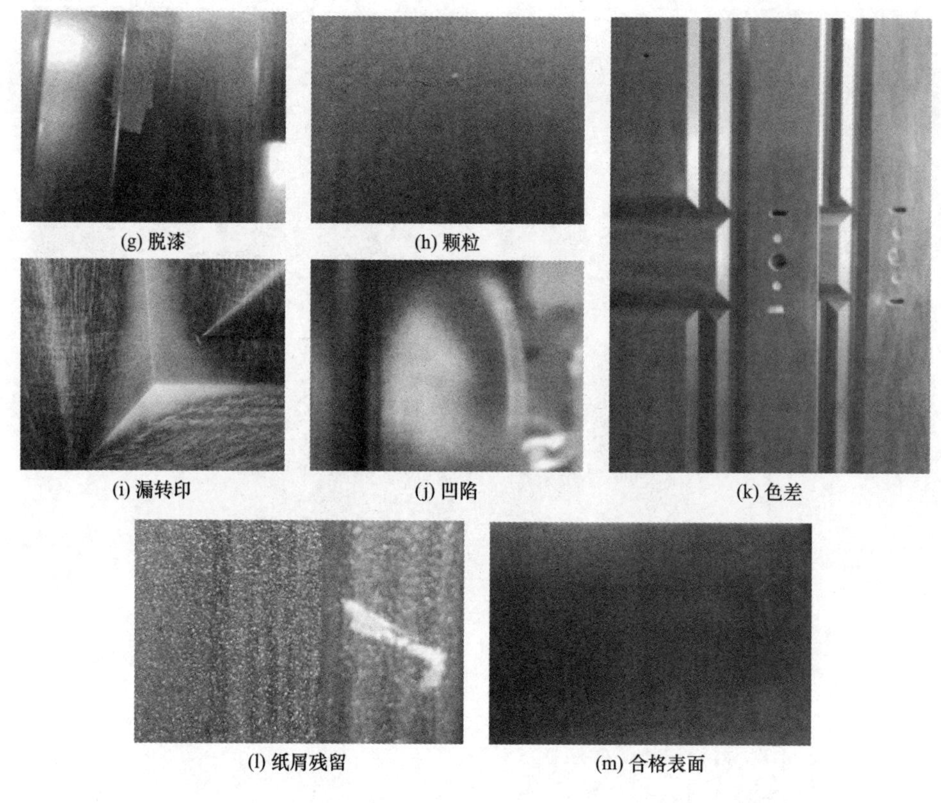


图 10－18　喷漆缺陷示意（二）

# 10.4 覆膜简介

## 10.4.1　覆膜钢板

覆膜钢板是通过高温热压，将塑料膜贴在钢板上的钢板。

钢材制品一般都要通过涂漆来改善其防腐性能、装饰性能。涂漆质量与涂漆工艺密切相关，钢质产品是使用最普遍的产品，分散涂漆显然不利于保证钢材制品的涂漆质量，不仅容易造成油漆的浪费，对环境保护也十分不利。彩色涂层钢板的诞生为钢材的应用提供了新的途径。20 世纪 80 年代中国从国外引进了彩色涂层钢板生产技术，如果对引进产品所依据的国外标准进行直译，彩色涂层钢板的名称也可译为前处理钢板。前处理钢板的含义可理解为，在加工制作产品之前已进行涂漆处理的钢板。实际上依据国外的标准，前处理钢板分为两类，其一是涂漆的前处理钢板，其二是覆膜的前处理钢板。

## 10.4.2 覆膜钢板的特点

**1. 覆膜钢板具有良好的使用性能**

（1）覆膜钢板的表面有塑料薄膜，可具有良好耐腐蚀、抗锈蚀性能。

（2）覆膜钢板外观光洁、爽滑、装饰性好、手感好。

（3）覆膜钢板化学稳定性好、耐候性能好、耐老化，可以适应恶劣的环境而不会发生脱落和锈蚀。

（4）覆膜钢板加工性能优良，具有耐深冲、耐磨，在加工中不易破损。

**2. 覆膜钢板的材料成本相对较低**

（1）由于覆膜钢板是一种兼有塑料薄膜和金属板材双重特点的金属材料，发挥塑料薄膜优点，过去一些需要使用镀锌钢板的产品，可以改用冷轧板，其成本优势是显而易见的。

（2）覆膜钢板的生产工艺，由于印刷塑料膜和覆膜均可一次完成，因此与传统印铁工艺相比，具有能耗低、速度快、用料少的特点。

（3）金属板覆膜设备操作简单、维护方便。

（4）覆膜设备占地面积更小，使用工人少，可节省投资和人力成本。

**3. 环保、节能和卫生**

（1）覆膜钢板的生产是无溶剂和废气排出的，也不需要涂料烘干，对环境的污染少，节能效果明显。

（2）由于覆膜钢板不采用化学涂料和油墨，而是采用塑料薄膜进行热覆合，所以覆膜钢板不含对人体有害的各种化学物质。不使用胶粘剂、溶剂，确保了人体健康、安全，解决了环境激素、挥发性有机化合物的问题。

（3）不含酞酸、苯二甲酸酯类等有害物质，能以再生资源充分使用。在制造时减少二氧化碳的产生，资源再生时不产生二噁英。

**4. 主要缺点**

按钢质门的使用要求，使用覆膜钢板制作钢质门存在以下不足：

（1）覆膜钢板膜是塑料制品，较容易出现老化问题，膜的使用寿命很难满足门的使用需要；

（2）覆膜钢板外层包覆的膜，在改善钢板表面手感的同时也留下了一些质量隐患，表面比较软，覆膜易损坏，且坏后不易修复。

## 10.4.3 金属板覆膜工艺

**1. 覆膜钢板的材料**

（1）可用作覆膜钢板的基材非常广泛，有镀锡薄钢板、镀铬薄钢板、冷轧薄钢板、铝板、不锈钢板、铜板等。

（2）覆合薄膜的材料也非常广泛，有 PP、PE、PET、尼龙、布、激光膜和纸等，门业使用最多的是有印木纹的 PVC 薄膜。

**2. 覆膜方法**

金属板覆膜方法，就是把金属薄板先经过表面预处理后，在覆合机上与塑料薄膜进行热压覆合而成。

（1）为了覆合薄膜与金属板复合牢固，必须先对金属板表面进行预处理，即除去表面的油污和杂物。对于马口铁，由于表面比较清洁，一般采用吸尘的方法即可处理干净。

（2）金属板在表面处理前要把卷板展开，表面处理完后要将金属板送入覆合设备中进行覆合。

（3）覆合膜可以根据用户的需要，预先进行印刷，塑料薄膜的印刷当前已经是非常成熟的工艺，可以印出多种色彩的图案。印刷好的薄膜卷成卷，便于使用。

（4）将塑料覆合膜与金属板同时送入上下覆合辊中间，上下辊在热覆合装置的加热系统供热下，产生 250℃ 的高温，使塑料薄膜在上下辊的压力和高温作用下，热熔在一起。

（5）在覆合结束应立即进行质量监测，检查覆合板表面有无起泡、分离、变色等问题，如有问题立即反馈并调节有关参数，改进质量。

（6）将覆膜后周边的废膜进行裁剪，并直接把废膜送入废膜回收装置中。

（7）将修剪后的覆膜钢板进行整理或收卷，送入下道工序备用。

### 10.4.4 覆膜钢板的应用

目前覆膜钢板已在各行业取得了广泛的应用。如食品行业的食品罐、饮料罐、四旋盖、糖果罐、茶叶罐等，化工罐行业的化工罐、油漆罐、涂料罐、二片气雾罐及各种顶底盖等，礼品、装饰行业的装饰罐、礼品罐、便携烟灰盒、文具盒、首饰盒、烟盒、酒盒等等，建筑行业的墙壁板、吊顶板、地板、遮阳棚等等。

覆膜技术在建筑门窗行业的应用十分广泛。

在铝门窗、塑料门窗行业（实际上以窗户为主，门多为框架结构、镶玻璃的窗式门），使用覆膜技术企业很多。因为铝门窗、塑料门窗行业门，型材生产企业提供给门窗组装企业的型材，一般情况下只有白色的塑料型材和本色的铝型材。门窗组装企业通过给型材覆膜，使白色的塑料型材及本色的铝型材的表面变成用户需要的颜色，非常受市场欢迎。

在钢门窗行业（主要也是指窗），也有部分企业在尝试在钢门窗型材的覆膜。

在木门行业（主要指板式结构的室内门），覆膜技术应用也十分普遍。覆膜门是市场占有率最高的产品之一，特别是在中、低端市场，市场点有率非常高。木质覆膜门，其覆膜工序一般在门扇组装完成之后。

钢质门行业，覆膜钢质门是四大钢质门品种之一。与钢、铝、塑窗和木门行业不同的是，覆膜钢质门的生产完全体现了“前处理”的概念，也就是钢质门一般是使用覆膜钢板制作产品，产品的整个加工过程都处于“带漆”加工的状态。覆膜钢板在钢木门（门扇内部有木骨架，表面包覆钢板的室内门）行业应用最多，在钢质防火门、钢质户门行业应用也十分普遍。

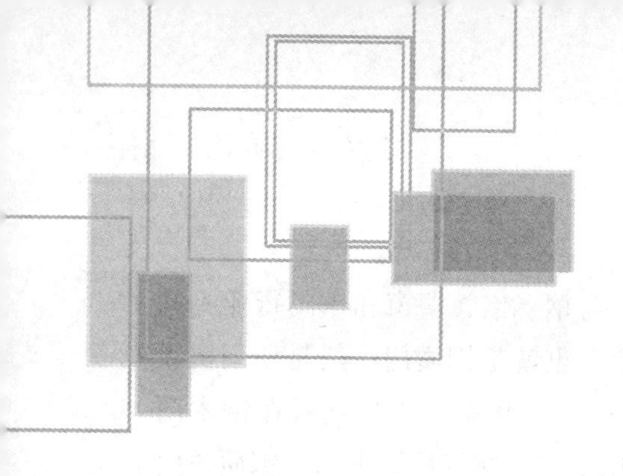

第11章

# 包装、运输、贮存

## 11.1 包装

### 11.1.1 总体要求

对钢质户门进行包装有以下两个基本目的：①为产品提供保护；②方便运输。为此，钢质户门的包装方法应与该产品的运输、贮存、安装方式相适应，确保产品在运输、贮存过程中不产生损坏。

### 11.1.2 常用包装方法

**1. 贴膜**

目前我国的绝大多数钢质户门，在出厂前已彻底完成了饰面加工，出现损坏后在工地很难实现完美的修复。防止饰面划伤，是包装工作的重要任务之一。最常见的防饰面划伤措施是贴膜，如图 11 -1 所示。在门上贴膜是最简单、最有效的包装方式，不仅可以有效降低贮存、搬运过程中小磕、小碰对户门造成的损坏，在安装过程中对户门也有很好的保护作用。常用的贴膜大多是 PE（聚乙烯）膜，厚度在 0.03 ~0.1mm 之间，颜色多为透明、乳白、浅蓝色，剥度强度在 50N/m 左右，易撕易贴，不残胶。

图 11－1　钢质门的覆膜包装

**2. 软膜包裹**

用气泡垫防震膜、EPE 珍珠棉白色塑料膜对钢质户门进行包裹，也是常用的包装措施，如图 11－2～图 11－4 所示。用软膜对钢质户门进行包裹的主要目的是为了防止户门在储运过程中产生划伤。因软膜包裹所用的软膜厚度比贴膜所用的 PE 膜厚，所以软膜包裹与贴膜相比，其防划伤作用相对更好一些。软膜包裹的缺点是户门安装必须拆除门的软膜包装，后续的建筑施工很容易对户门造成损毁。为此，现在许多工地在施工过程中都给户门“穿件衣服”，对减少划伤也起到了很好的作用，如图 11－5、图 11－6 所示。

图 11－2　气泡垫防震膜

图 11－3　EPE 珍珠棉塑料膜

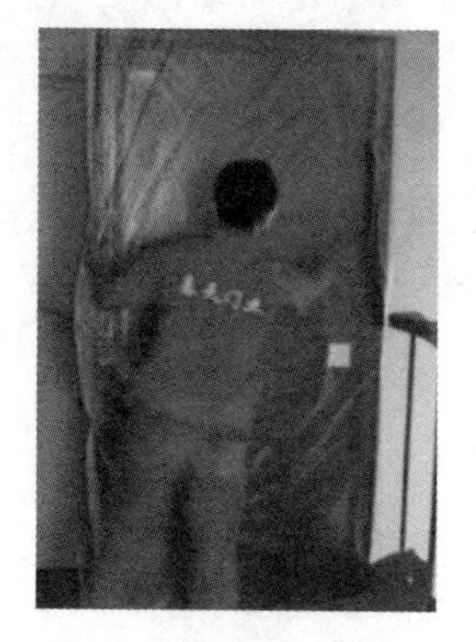

图 11－4　软膜包裹的户门

图 11－5　无纺布门套

**3. 纸盒包装**

在我国钢门行业，纸盒包装是最常用的方式，如图 11－7 所示。

图 11－6　套了门套的户门　　　图 11－7　纸盒包装的钢质户门

纸盒包装的优点比较多：第一，纸包装盒便于印刷，可轻易将产品名称、生产单位名称、广告语、产品标识等统一印在包装上，显眼、整齐；第二，在工地包装盒打开后可当地垫使用，可减少尘土对钢质户门的污染、减少划伤；第三，纸盒不污染环境，便于回收；第四，纸盒强度较好，不仅能抗划伤，还有一定的支撑、减振作用，抗门体变形作用也很明显；第五是使用灵活。从图 11－8 中可以看到，门上部、下部包装只使用了部分纸盒，甚至就是一些硬纸板，属于简易包装。与图 11－8 相比，图 11－9 所示的包装就复杂多了，不仅使用了完整的纸盒，门上还贴了 PE 膜，在钢质户门纸盒包装内还加装聚苯乙烯泡沫板。显然这样做会增加产品的包装成本，然而在一般情况下成本与产品品质是相呼应的，舍得在包装上花钱，产品质量才能得到保证。

图 11－8　钢质户门的简易包装

**4. 木箱包装**

木箱包装是比纸盒包装更稳妥的包装方式，如图 11－10 所示。

图 11－9　在钢质户门纸盒包装内加装聚苯乙烯泡沫板

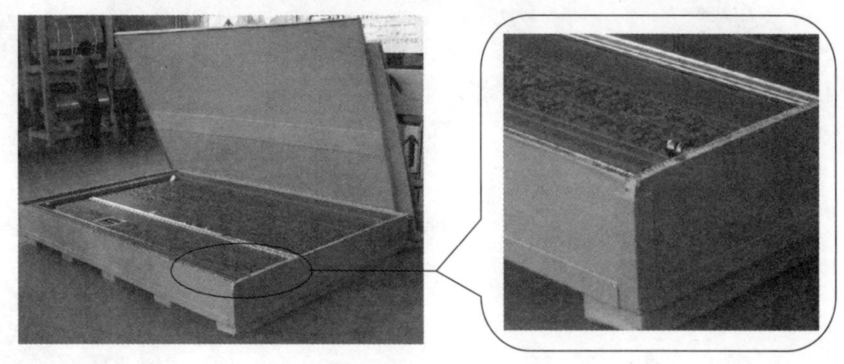

图 11－10　木箱包装钢质户门

使用木箱对钢质门进行包装，需要投入的成本虽然比较多，但其好处也显而易见。使用木箱包装，基本上可以完全避免钢质门在储运过程中产生划伤；由于木箱有较强的支撑作用，还可有效防止户门出现挤压变形。

提到木包装箱，人们首先想到的可能是木架包装。木架包装使用的材料一般只是经过锯加工的木板条，表面很粗糙，直接装运有漆饰的钢质户门很容易造成油漆饰面损坏，还必须有纸盒等软物包装，如图 11－11 所示。实际上现在普遍使用的木箱包装，木箱的各面都是人造板，如图 11－12 所示的蜂窝人造板，表面很光滑，防划伤能力已明显提高。有些户门企业根据实际需要还选用了纯粹的蜂窝纸板包装箱，防划伤、防变形效果也很好。

图 11－11　木架包装钢质户门

图 11－12　蜂窝纸板包装箱

**5. 包边、包角**

与其他材质的建筑门窗相比钢质门的强度非常好，但是钢质产品的重量大、惯性大，不合理的包装方式、搬运也很容易引起产品变形。比如，捆扎的时候包装带、绳索有可能会把钢质户门的边角处勒变形。现比如，钢质户门在抬运过程中门框很容易与周边物体发生剐蹭。再比如，钢质户门从高处往低处放时（如卸车时）门的下角很容易被墩变形。因此钢质户门包装应特别加强对门的边、角的保护，宜根据实际需要使用包边、包角。常用的包边、包角如图 11－13 所示。

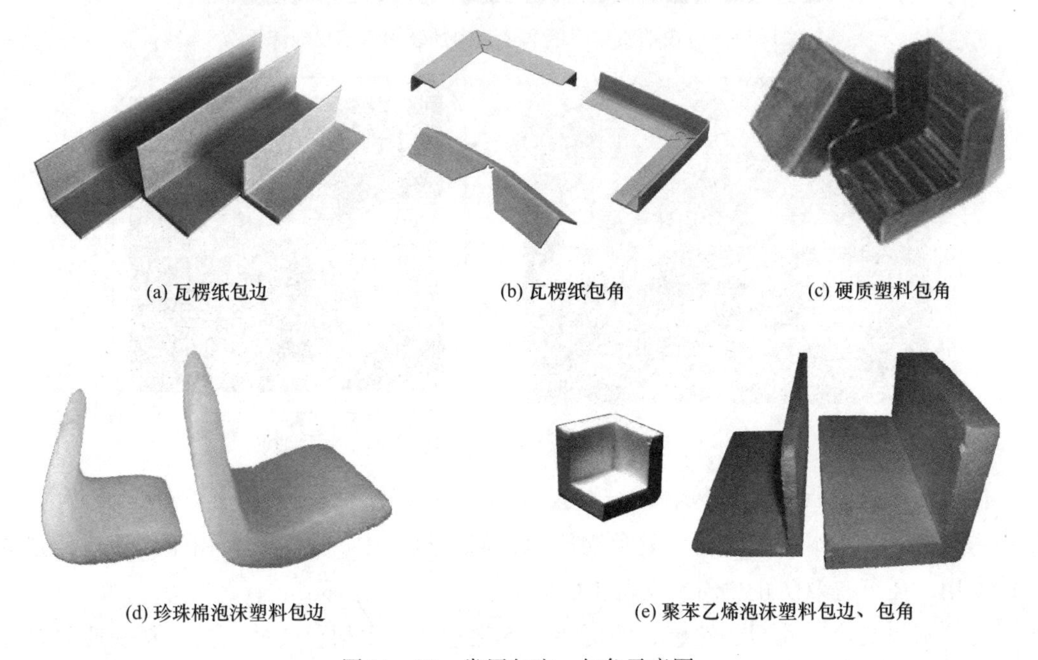

(a) 瓦楞纸包边　(b) 瓦楞纸包角　(c) 硬质塑料包角

(d) 珍珠棉泡沫塑料包边　(e) 聚苯乙烯泡沫塑料包边、包角

图 11－13　常用包边、包角示意图

**6. 捆扎**

除贴膜外，钢质户门的各种包装几乎都需要另外使用打包带再次固定。比如包边、包角、软物包装，没有打包带各种包装物都难以固定。再比如，纸盒包装，没有包装带搬运人员难以抓持，不方便搬运。

1）常用的打包带有三种：

（1）PP 打包带，PP 打包带的主要材料是聚丙烯拉丝级树脂；

（2）PET 打包带，PET 打包带的主要原料是聚对苯二甲酸乙二醇酯（英文简称 PET）；

（3）钢带，一般为普通低碳钢。

常用打包带材质和外观特点见表 11－1 所列。

常用打包带材质和外观特点 **表11－1**

| 项目 | 产品 | | |
|---|---|---|---|
| | PET打包带 | PP打包带 | 钢带 |
| 材质 | 聚酯树脂 | 聚丙烯 | 碳钢 |
| 外观 | 透明，用手撕不开 | 不透明，可用手撕开 | 不透明，用手撕不开 |

2）三种常用打包带在同样环境下所表现的性能不一样，详见表11－2所列。

常用打包的性能 **表11－2**

| 项目 | 产品 | | |
|---|---|---|---|
| | PET打包带 | PP打包带 | 钢带 |
| 断裂强度 | 强 | 强 | 强 |
| 抗冲击性能 | 强 | 中 | 中 |
| 反复弯曲性能 | 强 | 中 | 弱 |
| 拉紧保持能力 | 强 | 弱 | 弱 |
| 是否有可能污染捆绑扎物 | 无 | 无 | 有 |
| 捆好后是否会松弛 | 不会 | 会 | 不会 |
| 捆好包好长期稳定性 | 强 | 弱 | 中 |
| | 长期保持稳定，牢固 | 易松弛，会散包 | 生锈后易断裂 |

3）三种常用打包带的使用成本与安全性不一样，详见表11－3所列。

常用打包带的使用成本与安全性 **表11－3**

| 项目 | | 产品 | | |
|---|---|---|---|---|
| | | PET打包带 | PP打包带 | 钢带 |
| 使用成本 | | 低（宽16mm、厚0.6mm的打包带，75m/kg） | — | 高（宽16mm、厚0.6mm的打包带，13m/kg） |
| 环保性能 | | 绿色环保可回收使用 | 非环保 | 总体属于环保，但钢带包装出口有限制 |
| 安全性 | 剪断时是否易伤人 | 不容易 | 不容易 | 容易 |
| 与外界相融性 | 耐温性 | 强 | 强 | 强 |
| | 耐化学 | 强 | 强 | 强 |
| | 耐湿性 | 强（不易生锈） | 强（不易生锈） | 弱（易生锈） |

4）用途：

PET打包带、PP打包带、钢带在钢质户门包装过程中都有应用。PET打包带、PP打包带都可用于钢质户门打包，但PET打包带适用性能更好。用PET打包带、PP打包带打包，应注意打包带的松紧程度，既要防止过松脱落，也要防止因过紧产生变形。一般的钢质门都要打包6道：横向上套2道，横向下套2道，竖向2道。钢带一般仅在部分木箱包装中有应用（可以钉在木箱木架的转角处，防止木箱开裂）。

**7. 其他措施**

（1）平开钢质户门的门框与门扇是通过合页（铰链）连接在一起的，门框比开启扇大，框扇之间有间隙。钢质户门在运输过程中有两种码放方法：一种是立放，一种是平放。立放还可细分为垂直立放和水平立放。钢质户门立放，门扇的重量通过合页（铰链）传递到门框上，在运输过程中车辆会上下颠簸，通过合页（铰链）传递的力有时会很大。钢质户门在出厂前，门扇四周与门框之间的间隙已经调节好，遭受过大的力，合页（铰链）会发生变形，框扇间的间隙也会发生变化。因此，立放运输的钢质户门在包装时宜在门的框扇间隙处加装专门的卡块（门在安装时此卡块还要拆下来），限制门框间的相对运动，减少合页在运输过程中的受力。

（2）产品应用无腐蚀作用的软质材料进行包装。

（3）为方便运输，几乎所有的钢质户门的门锁、执手等五金配件都需要在工地，而且是在门上墙后安装。门锁、执手等五金配件应单独包装。

### 11.1.3 包装标识及随行文件

**1. 包装标识**

产品外包装必须印刷相应的标识，标识内容必须包括以下内容：

（1）产品注册商标、生产厂家名称；

（2）产品的名称、规格型号（尺寸、开启方向、饰面种类等）；

（3）产品的生产日期或编号；

（4）生产厂家地址、联系方式，

（5）产品防护要求，如防雨、放置方向等。

**2. 随行文件**

每批产品包装后，其包装内应附有以下文件：

（1）产品清单；

（2）产品质量合格证；

（3）安装使用说明书。

## 11.2 运输

### 11.2.1 前期准备

#### 11.2.1.1 确定运输方案

钢质户门运输方案对产品成本、产品质量、服务质量都有重大影响。运输成本过高会影响企业的经济利益；运输方式不合理，产品在运输过程中会出现质量问题；货物过早送达工地会增加成品存储成本，货物过晚送达工地会影响工程进度，影响企业的信誉。有关企业应尽早落实钢质门运输方案，留足选择、准备、调整空间，争取最佳运输效果。

**1. 常用的运输方式**

钢质户门常用的运输方式有以下几种：公路运输、铁路运输、海运和航空运输。在这四种运输方式中，公路运输是最主要的运输方式，也是最基础的运输方式。因为建筑工地一般不在已经启用的机场、火车站和海运码头上，所以铁路运输、海运和航空运输也都需要公路运输配合，即公路铁路联运、公路海运联运、公路航空联运。

**2. 不同的运输方式的特点**

1）铁路运输的优、缺点。

从技术性能上看，铁路运输的优点有：

（1）运行速度快。时速一般在 80～120km；

（2）运输能力大。一般每列客车可载旅客 1800 人左右，一列货车可装 2000～3500t 货物，重载列车可装 20000 多吨货物。单线单向年最大货物运输能力达 1800 万 t，复线达 5500 万 t。运行组织较好的国家，单线单向年最大货物运输能力达 4000 万 t，复线单向年最大货物运输能力超过 1 亿 t；

（3）铁路运输过程受自然条件限制较小，连续性强，能保证全年运行；

（4）通用性能好，既可运客又可运各类不同的货物；

（5）火车客货运输到发时间准确性较高；

（6）火车运行比较平稳，安全可靠；

（7）平均运距分别为公路运输的 25 倍，但不足水路运输的一半，不到民航运输的 1/3。

从经济指标上看，铁路运输的优点有：

（1）铁路运输成本较低，分别是汽车运输成本的 1/11～1/17，民航运输成本的 1/97～1/267；

（2）能耗较低，每千吨公里耗标准燃料为汽车运输的 1/11～1/15，为民航运输的 1/174，但是这两种指标都高于沿海和内河运输。

铁路运输的缺点是：

（1）投资太高，单线铁路每公里造价为 100 万～300 万元之间，复线造价在 400 万～500 万元之间；

（2）建设周期长，一条干线要建设 5～10 年，而且占地多，随着人口的增长，将给社会增加更多的负担。

综合考虑，铁路适于在内陆地区运送中、长距离、大运量，时间性强、可靠性要求高的一般货物；从投资效果看，在运输量比较大的地区之间建设铁路比较合理。近些年来我国国内公路运输发展非常快，钢质门选用铁路运输情况越来越少，但是，铁路运输是钢质门长距离运输的重要选项。比如内地企业承接新疆、西藏的门窗工程，国内企业承接西亚、欧洲的门窗工程，铁路运输就是最佳方式。

2）水路运输的优、缺点。

从技术性能看，水陆运输的优点有：

（1）运输能力大。在各种运输方式中，水路运输能力最大，在长江干线，一支拖驳或顶推驳船队的载运能力已超过万吨，国外最大的顶推驳船队的载运能力达3万~4万t，世界上最大的油船已超过50万t。

（2）在运输条件良好的航道，通过能力几乎不受限制。

（3）水陆运输通用性能也不错，既可运客，也可运货，可以运送各种货物，尤其是大件货物。

从经济技术指标上看，水陆运输的优点有：

（1）水运建设投资省，水路运输只需利用江河湖海等自然水利资源，除必须投资购买船舶，建设港口之外，沿海航道几乎不需投资，整治航道也仅仅只有铁路建设费用的1/3~1/5。

（2）运输成本低，我国沿海运输成本只有铁路的40%，美国沿海运输成本只有铁路运输的1/8，长江干线运输成本只有铁路运输的84%，而美国密西西比河干流的运输成本只有铁路运输的1/3~1/4。

（3）劳动生产率高，沿海运输劳动生产率是铁路运输的6.4倍，长江干线运输劳动生产率是铁路运输的1.26倍。

（4）平均运距长，水陆运输平均运距分别是铁路运输的2.3倍，公路运输的59倍，民航运输的68%。

（5）远洋运输在我国对外经济贸易方面占独特重要地位，我国有超过90%的外贸货物采用远洋运输，是发展国际贸易的强大支柱，战时又可以增强国防能力，这是其他任何运输方式都无法代替的。

水路运输的主要缺点是：

（1）受自然条件影响较大，内河航道和某些港口受季节影响较大，冬季结冰，枯水期水位变低，难以保证全年通航。

（2）运送速度慢，在途中的货物多，会增加货主的流动资金占有量。

总之，水路运输综合优势较为突出，适宜于运距长，运量大，时间性不太强的各种大宗物资运输。目前在我国国内依靠水路运送钢质户门的情况非常少见，只有部分出口产品采用海运。

3）公路运输的优、缺点。

公路运输的优点是：

（1）机动灵活，货物损耗少，运送速度快，可以实现门到门运输。

（2）投资少，修建公路的材料和技术比较容易解决，易在全社会广泛发展，可以说是公路运输的最大优点。

公路运输的主要缺点在于：

（1）运输能力小，每辆普通载重汽车每次只能运送5t货物，长途客车可送50位旅客，仅相当于一列普通客车的1/30~1/36。

（2）运输能耗很高，分别是铁路运输能耗的10.6~15.1倍，是沿海运输能耗的11.2~15.9倍，是内河运输的113.5~19.1倍，但比民航运输能耗低，只有民航运输的6%~87%。

（3）运输成本高，分别是铁路运输的11.1~17.5倍，是沿海运输的27.7~43.6倍，但比民航运输成本低，只有民航运输的6.1%~9.6%。

（4）劳动生产率低，只有铁路运输的10.6%，是沿海运输的1.5%，是内河运输的7.5%，但比民航运输劳动生产率高，是民航运输的3倍；此外，由于汽车体积小，无法运送大件物资，不适宜运输大宗和长距离货物，公路建设占地多，随着人口的增长，占地多的矛盾将表现得更为突出。

总之，公路运输比较适宜在内陆地区运输短途旅客、货物，可以与铁路、水路联运，为铁路、港口运输旅客和物资，可以深入山区及偏僻的农村进行旅客和货物运输；在远离铁路的区域从事干线运输。在我国公路运输是钢质户门最主要的运输方式。

4）民航运输的优缺点。

民航运输的优点是：

（1）运行速度快，一般在800~900km/h左右，大大缩短了两地之间的距离。

（2）机动性能好，几乎可以飞越各种天然障碍，可以到达其他运输方式难以到达的地方。

民航运输的缺点是：飞机造价高、能耗大、运输能力小、成本很高、技术复杂。

一般情况下，航空运输只适宜长途旅客运输和体积小、价值高的物资，鲜活产品及邮件等货物运输。对于普通的钢质户门，使用航空运输成本过于昂贵，通常只有小量的高档户门会选用航空运输。

总之，钢质户门的运输方案应根据合同要求、工程的实际需要确定，生产、销售、运输各方面的人员必须加强协调，综合各方面的情况，找到最佳的运输方案。

#### 11.2.1.2 查验货物、资料

运输方案一旦开始实施，运输方案中的错误很难在其实施过程中得到纠正，且往往会给门窗企业造成很大的损失。运送的货物品种、数量不对，工地施工进度会受到影响；货物包装与运输方式不匹配，过度包装会造成浪费，包装不足会造成钢质户门损坏；甚至对运送货物地址、联系方式等不做深入研究都可能出现不能按时完成运输任务的情况。查验货物、资料时应重点做好以下几方面的工作。

**1. 复核收送货信息**

（1）再次确认收货地址。地址中有八里庄、十里堡、半壁店等重名率高的地名时应特别注意。

（2）再次确认联系方式。复核收送货信息不仅是收集、查看收送货的文字资料，更重要的是要根据已有的资料收集相关信息，其中包括与收货人建立联系，了解有关情况。

（3）了解道路情况，选择合适的行车路线。了解道路情况需要做的工作很多，比如路程长短、路况、对车辆行驶有何限制等等。这个工作并不好做，比如远离城镇的地区GPS信号弱无法使用导航、道路施工汽车无法通行等等，很难了解真实情况，研究具体行车路线时应同时制定备用调整方案。

（4）确认协作方法。铁路运输、海运一般都会使用集装箱，从车站、码头送往工地的货物存在使用吊装机械卸车问题；钢质户门送到工地后存在寻找存放场地、组织人工卸车、搬运等问题。

**2. 查验货物**

货物查验包括以下几方面的内容：

（1）以送货单据为准，查验货物的品种、数量。对于钢质门运输而言，门的品种数量很多，很容易出错，特别是门的五金配件及安装时使用的零配件，应特别引起有关人员的注意。

（2）钢质门送达工地或交付用户后，出现质量问题很难采取补救措施，对企业的名誉有很大影响。严把质量关是钢质门运输工作的一项重要责任，尽可能把问题留在工厂。

（3）不同的包装适用于不同的运输方式，钢质门的包装方式应根据运输方式的变化或都说是运输的需求进行调整。查验货物时应特别关注货物的包装，对不符合运输要求的产品应及时进行改进。

## 11.2.2 基本要求

**1. 搬运**

（1）搬运钢质户门要轻拿、缓放。

钢质户门自重较大，在局部施加过大的力量，极易使门产生变形。比如平抬双扇户门时，四个人分别抬四角比较好。两个人分别抬门框对顶的两角也能把门抬起来，但受力不均，门框很容易产生扭曲，如图11－14所示。所以，抬门的时候要轻拿。

同样是因为钢质户门自重较大，抬起的门落地时也应缓慢下放。大家都知道力等于质量与加速度的乘积，即$F=m\cdot a$。显然，门的质量越大，门落地的速度越快（由运动变停的速度越快），门落地时的受力越大。门落地速度过快，会引起门的局部变形。另外，抬起的门落地，不可能完全做到左右两下角同时着地，门落地的速度过快，会引起门的整体变形（对角线变形），如图11－15所示。

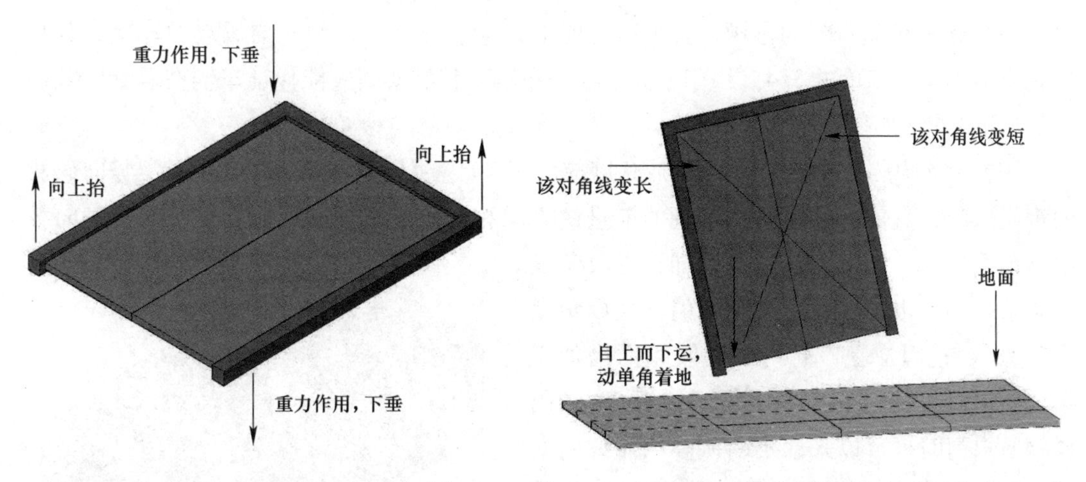


图 11－14　受力不均可能引起变形示意　　　图 11－15　落地速度过快可能引起门框整体变形示意

（2）搬运时要防碰撞。

在搬运过程中，钢质户门与其他物体发生碰撞，是门发生损坏的重要原因，也是最常见的原因。搬运钢质户门应特别小心与其他物体发生碰撞。

（3）搬运过程禁止拖拽。

在搬运过程中，禁止拖拽钢质户门在地面行进，特别是搬运钢质门越过高大障碍物时，应在障碍物上铺垫毛毡，并尽可能将钢质户门抬高。图 11－16 是钢质户门装卸车时的受力示意图。从图 11－16（b）中可以看到，在卸车的过程中，有时门的重心距车厢板的边缘（或台阶等物的边角）非常近。这时，搬运钢质户门的人员将门放在车厢边缘拖拽非常省力，但门受力集中，门也非常容易损坏。

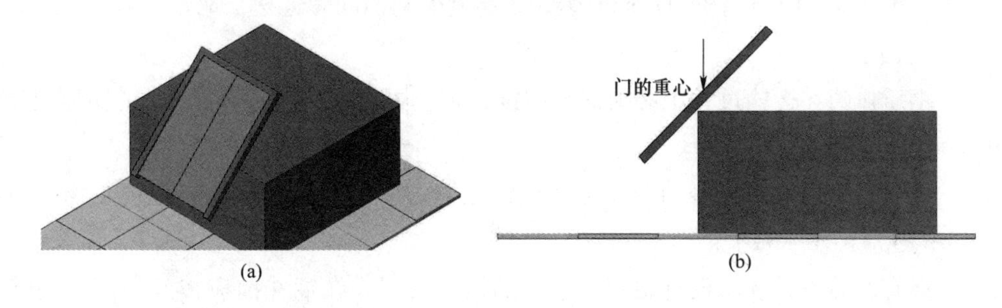


图 11－16　钢质户门装卸车时的受力示意

**2. 码放**

（1）在运输过程中，钢质户门的码放方向应与包装上的方向标识一致。包装上无明确方向标识时，放置方式应以产品安装时相同，也就是竖向挨个叠放。确需平向叠放时，叠放的产品一般不宜超过 5 个（不同的包装，不同重量的门，可叠放的高度不一样）。

（2）运输钢质户门的车辆、集装箱，其地面应平整，码放钢质户门前应清杂物。地面不平的部位应垫平，确保竖向码放的钢质户门两下角均可着地，确保平向叠放的钢质户门，门框四角及竖向门框的中部，共 6 个部位均可着地受力。

（3）运输钢质户门的车辆，其车箱（前部）应有靠架。户门竖向码放的车辆，其靠架高应不小于门高度的3/4。户门平向叠放的车辆，其靠架高应能保证车辆在遇到紧急刹车等情况时货物不会前冲跌落。

（4）竖向码放的钢质户门，立放角度应大于70°，并尽可能接近90°。通常竖向码放的钢质户门，其依靠方向应与车辆的前进的方向相同。当车辆或集装箱较长时，竖向叠放的钢质户门，伴随着数量的增加，立放角度会越来越小，很难保证后装车的门其立放角度大于70°。这时应在车箱内或集装箱内增加靠架，使钢质户门立放角度恢复到接近90°。码放钢质户门时也可以采取不断调整依靠方向的办法，让门的立放角度保持在较接近90°的状态——部分产品的依靠方向与车辆前进方向相同，部分产品的依靠方向与车辆前进放向垂直，一摞门与另一摞门相互依靠，如图11－17所示。

图11－17　钢质户门装车、装箱码放方法示意

（5）钢质户门在装车或装箱码放时要按到货的前后次序码放，按尺寸大小码放。同一车或同一集装箱的钢质户门，如果不在同一地点卸车，先卸车的货物要后装，后卸车的货物要先装。同一车或同一集装箱的钢质户门，如果在同一地点卸车，尺寸偏大的货物要先装，尺寸偏小的货物要后装。

（6）门锁、执手、闭门器、门镜等钢质户门五金件，密封胶、膨胀螺栓等钢质户门安装零配件和材料，应与钢质门户同时装车，并确保与门同时运达工地。

**3. 捆扎固定**

（1）钢质户门在运输过程中必须捆扎固定，防止因刹车、转弯等原因出现倒垛现象，防止因颠簸钢质户门相互碰撞。

（2）凡是与钢质户门接触的捆扎点，绳索之下均应铺垫毛毯、纸壳等包装物，明显的受力部位还应铺垫木板。

（3）没有产品外包装、仅有贴膜外包装的钢质户门，在捆扎前应在门与门之间铺垫毛毯，防止因颠簸产生划伤。

（4）车内或集准箱内装货完毕后，货物间有较大的空余空间时，可使用防震充气袋（图11－18）填塞，防止货物相对运动产生损伤。

（5）在解除捆扎及卸车的过程中，应特别注意车或箱内的钢质户门是否稳定，应逐步解除绳索的固定装置，防止砸伤人员、防止摔坏货物。较大的危险如图11－19所示。

**4. 其他防护措施**

（1）钢质户门在运输过程必须有防雨水的措施。

（2）采用铁路运输、海运时，钢质门产品宜装在集装箱内。

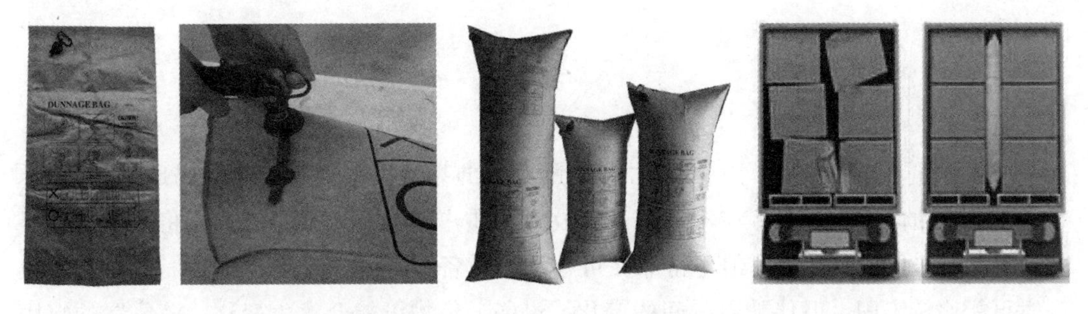

图 11－18 防震充气袋及其作用示意

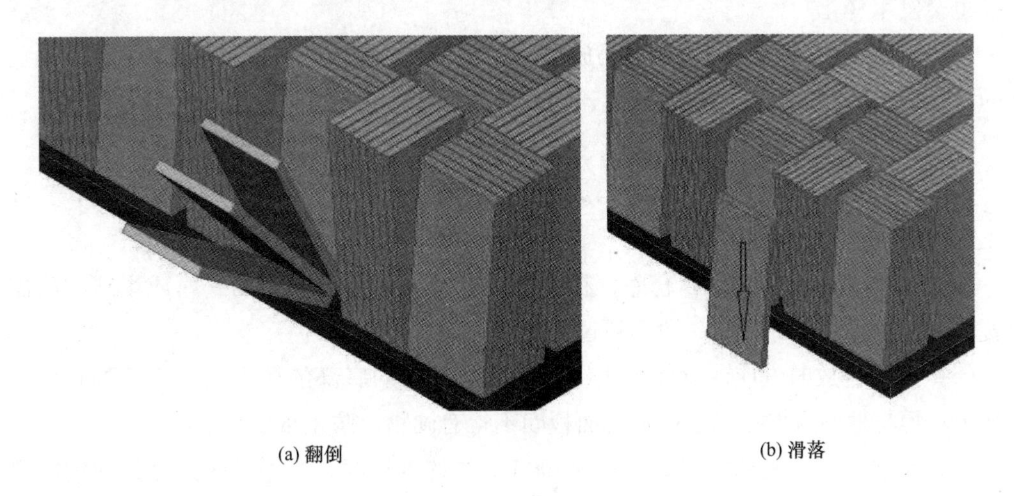


图 11－19 卸车时的危险示意

## 11.3 贮存

### 11.3.1 场地要求

（1）钢质户门应存放在专门的室内仓库。送往工地的钢质户门，不具备室内存放条件时，可短期存放在露天场地，并根据实际情况加强管护。

（2）钢质户门存放场地应清洁、平整，可防尘。

（3）钢质户门存放场地应防雨、防潮，不能选择下雨时有可能积水的低洼地。

（4）钢质户门存放场地环境温度以－10～40℃为宜。

（5）钢质户门存放场地不得同时存放酸、碱等对金属有腐蚀的物品。（在仓库中存放酸、碱会对环境产生影响，特别是易发挥的盐酸、硝酸等，即使包装类容器有密封盖，空气中也会有少量的酸蒸汽，并对使金属产生腐蚀），有良好的通风条件。

（6）钢质户门存放场地应有良好的防火、防盗条件。

### 11.3.2 码放要求

（1）竖向码放钢质户门，码放时应使用专门的靠架，竖直叠放靠立码放钢质户门。在非专业钢质门存放仓库，在不设立专门放置钢质户门的仓库或场地，可将钢质户门靠立在墙体等坚固的物体上，但不得靠在可移动的设备、货物上（有些设备、货物在码放门时可能比较牢固，但伴随着时间的变化，设备、货物可能会发生变化，该位置的牢固程度也会发生变化）。

（2）竖向码放钢质户门，最先码放的门，其竖放角度应尽可能接近90°。伴随码放数量的增加，门的立放角度会越来越小，当立放角度接近70°时，应停止增加叠放数量，防止垛中的户门产生变形。

（3）竖向码放钢质户门，最后码放的门（可能是几樘门），其竖放角度应小于80°，防止竖向叠靠在一起的户门倾倒。

（4）在非专业钢质门存放仓库，在不设立专门放置钢质户门的仓库或场地，确需平向叠放时，每垛叠放的产品一般不超过5个。

（5）平向叠放时，应注意保护边缘和板面。户门的底部的枕木应大于门的宽度，户门面板不得与地面直接接触，面板与面板间不得有硬物，防止重压变形。

（6）钢质户门的底部宜用200mm×200mm的枕木垫起，特别是露天存放的钢质户门不应直接放在地面之上。

### 11.3.3 其他保护措施

（1）露天存放的钢质户门，须用苫布等物遮盖，避免风吹、日晒和雨淋。

（2）距离热源1m以内，禁止存放钢质户门。通常仓库内禁止使用明火，所谓热源主要是指有可能产生热量的用电设备。比如，电线有可能过载发热。再如，白炽灯大约90%以上的电能都会转化为热能损耗掉，所以堆放的户门要远离白炽灯，否则有可能引燃门的包装。

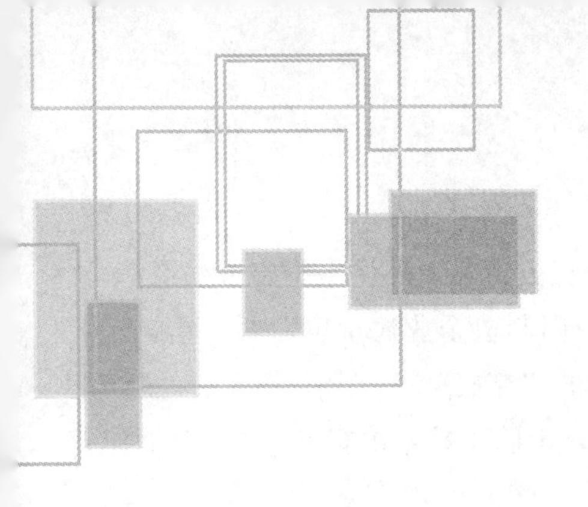

第12章

# 钢质户门安装

就目前的实际情况而言，在我国，以前安装的钢质户门很难说是一个完整的商品。首先，大多数企业制造的钢质户门在出厂时并没有安装全部五金配件。其次，钢质户门在安装前不稳固，根本就无法完成最终的调试，很难达到实际的使用状态。从某种程度上说，安装是钢质户门制造的最后一道工序，而且是最重要的工序，认真做好安装工作对于提高钢质户门的质量具有重要作用。

## 12.1 钢质户门安装的安全规定

钢质户门制造的主要工作都是在工厂进行，有专门的人员，在专门的场地、使用专门的设备，从事特定的工作。钢质户门安装，其主要工作在工地，安装人员流动性大，工作环境不断变化，特别容易出现安全事故。所有从事钢质户门安装工作的人员，包括主要在工厂工作的工人、技术人员、产品销售人员，参加岗位培训学员、临时招聘的辅助工等，在进入钢质户门安装工地前都必须进行安全教育。因为钢质户门的品种很多，建筑设计有多种多样，建筑的施工方法也有多种多样，所以不同的钢质户门安装工程其安全教育的内容和重点并不会一样，有关人员应根据实际工作的需要确定、调整安全培训的内容。

### 12.1.1 钢质户门安装工程安全操作交底

“交底”在建筑行业，在建筑门窗行业是一个常用词。所谓“交底”就是建筑建设方（业主或开发商）、建筑施工方（施工总承包）、工程承包方（如钢质户门企业）、建筑设计、建筑监理等部门，为协作完成建筑建设任务，通报有关情况、确认一些要求或指标，相互交流的活动。在建筑钢质户门安装工程中，钢质户门制造企业通常也需要与建筑建设方、建筑施工方，甚至某项工程的分包方，进行所谓的“交底”。

在日常工作中我们常将其称之为“技术交底”，实际上除了技术内容外，“安全操作交底”也是必须严格落实的内容。

在钢质户门安装公司（安装队、安装小组）内部，每天上班前也应进行安全交底，根据之前的工作情况，根据工程的变化，提出新的明确要求。

## 12.1.2 常见的钢质户门安装工安全操作规定

### 12.1.2.1 人员

（1）钢质户门安装工及进入工作现场的有关人员，必须严格遵守钢质户门安装安全操作的各项规定。

（2）钢质户门安装工及进入工作现场的有关人员必须参加安全教育培训。未参加安全教育培训的人员不得进入工作现场；参加安全教育培训的人员，考试不合格不得参加钢质户门安装工作。进入工作现场的有关人员应可识别以下安全标识。

**1. 禁止标志**

施工现场禁止系列安全标志，为红色标志。

常见的有：禁止吸烟、禁止烟火、禁带火种、禁止用水灭火、禁止放易燃物、禁止启动、禁止合闸、修理时禁止转动、禁止触摸、禁止跨越、禁止攀登、禁止跳下、禁止入内、禁止停留、禁止靠近、禁止通行、禁止靠近、禁止吊篮乘人、禁止堆放、禁止抛物、禁止戴手套、禁止穿化纤服装、禁止穿带钉鞋、禁止饮用、禁止倚靠等，如图 12－1 所示。

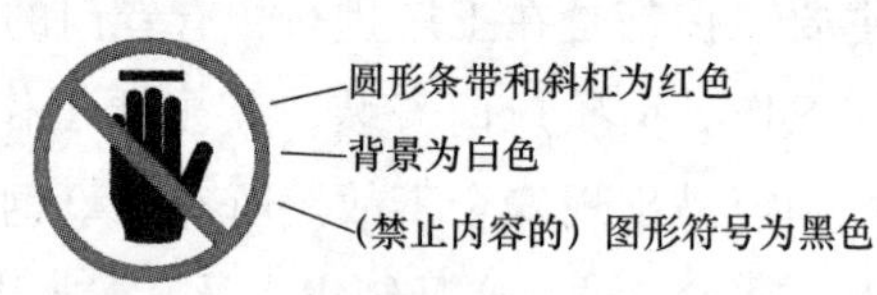

图 12－1　常见的禁止系列安全标志

**2. 警告标志**

施工现场警告系列安全标志，为黄色标志。

常见的有：注意安全、当心火灾、当心吊物、当心中毒、当心触电、当心电缆、当心坑洞、当心坠落等，如图12－2所示。

图12－2　常见的警告系列安全标志

**3. 指令标志**

施工现场指令系列安全标志，为蓝色标志。

常见的有：必须戴安全帽、必须系安全带、必须戴防护手套、必须穿防护靴、必须接地线、必须戴防护眼镜、必须穿防护服、必须戴防毒面具等，如图12－3所示。

**4. 提示标志**

施工现场提示系列安全标志，为绿色标志。

常见的有：紧急出口、可动火区、应急电话等，如图12－4所示。

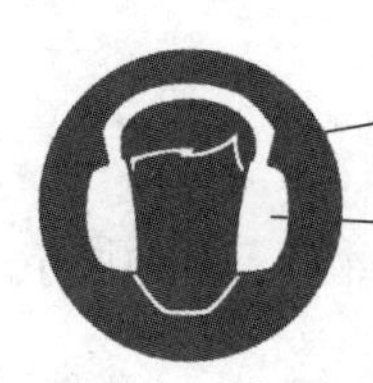


必须佩戴护耳器

必须穿戴防护用品　必须保持清洁　必须戴安全帽　必须系安全带　必须戴防毒面具

必须戴防尘口罩　必须戴防护帽　必须戴防护耳器　必须佩戴防护眼镜　必须用防护屏

必须穿防护服　必须戴防护手套　必须穿防护鞋　必须加锁　必须用防护装置

必须戴矿工帽　必须戴自救器　必须桥上通过　行人走道　鸣笛

图12－3　常见的指令系列安全标志

可动火区

急救点　击碎面板　避险处　应急电话　紧急医疗站　紧急出口

图12－4　常见的提示系列安全标志

（3）钢质户门安装工应持证上岗，并从事与之等级相适应的工作。钢质户门安装工作涉及电焊，涉及电力、电器设备维护改造等工作，涉及车辆及起重设备使用时，还应持有相关的专业证书。

（4）未成年人或者患有心脏病、高血压、低血压、贫血、癫痫病及其他不适于高空作业的人不得从事高处作业。

（5）钢质户门安装工从事钢质户门安装工作期间，非工作时间不宜过量饮酒，工作时间酒后不应进入施工工地。钢质户门安装工从事钢质户门安装工作期间，应保持良好的身体和精神状态，因疾病等原因出现明显不适时应根据实际情况调整工作岗位，直至停止工作。

（6）不得擅自使用非本岗位专用设备，特别是非本单位专用设备。

#### 12.1.2.2　劳动保护

**1. 安全帽**

当有东西落到安全帽壳上时，帽衬可起到缓冲作用，保护头部和颈椎，进入施工现场必须戴安全帽。正确佩戴安全帽要注意以下两点：

（1）帽衬和帽壳不能紧贴，不使用无帽衬安全帽。帽衬与帽壳的间隙，顶部间隙为20～50mm，四周为5～20mm。

（2）佩戴安全帽必须系紧帽带。事故中人员有可能遭受多次打击，佩戴安全帽时系紧帽带，是保证发挥安全帽作用的重要措施。

**2. 工作服**

进入施工现场的所有人员，其服装应符合以下规定：

（1）操作人员应穿本公司指定的工作服、工作鞋；

（2）严禁穿高跟鞋、半高跟鞋、拖鞋或光脚进入施工现场。

**3. 安全带**

在建筑行业，作业高度在2m以上（含2m）时，称为高处作业。

高处作业分级：一级，2～5m；二级，5～15m；三级，15～30m；特级，30m以上。

常见的钢质户门，其高度一般在2.4m以内，但部分特殊的门，其仍有可能达到5m以上。平常没有高处作业，偶尔出现高处作业，其安全问题更应引起有关人员的重视。高处作业人员在无可靠安全防护设施时，必须系好安全带。

**4. 其他防护用品**

（1）使用电动砂轮等磨削设备的人员应戴眼镜，应戴绝缘手套；

（2）使用射钉枪时，有关人员应戴眼镜（注意：射钉枪是限制使用设备，许多工程已禁止使用）；

（3）使用电焊、气焊设备时有关人员应戴墨镜；

（4）使用电钻应戴绝缘手套。

### 12.1.2.3 工具

钢质户门安装工在开始工作前应认真对所用机械、仪表、工具进行检查，不允许带病使用。

（1）手锤、錾子、扁铲有卷边或裂纹，应及时修复（用砂轮磨去卷边），不得带病使用。

（2）手锤、錾子、扁铲、锉有油污时，应及时清除，避免锤击时侧滑伤手。

（3）锤子的锤头安装牢固，无松动。

（4）电钻、电锤、角磨机、砂轮机等电动工具外观良好无破损，其转动、活动部位不缺油。

（5）电焊机、各种电动工具、电源接电板（闸箱）的电源线无破损，零线、地线、漏电保护设施完好。

（6）砂轮件托架安装牢固，托架平面平整。砂轮不圆应修复，砂轮有裂纹、磨损剩余部分不足25mm应更换。

### 12.1.2.4 物料搬运

（1）上、下楼时必须走专用通道、马道，不准攀爬架子及临时设施。

（2）搬运时要抓牢钢质户门，严防脱落。

（3）搬运钢质户门应小心慢行，防止挤压碰伤。

（4）两人或多人共同抬一个大件物品时应注意相互交流和配合，在注意本人情况的同时，还要注意对方（其他人）的情况，防止出现挤压碰伤，防止将搬运人员挤出安全道路。

（5）垂直运输材料，应将材料严格固定后再运输，运输时应有专人负责监督，严禁人员在物料下方行走、站立。

（6）上下传递材料、工具，或在高处水平传递材料、工具等，禁止抛掷。

（7）物料搬运过程中，禁止拆卸外架封闭立网，如需传递材料，开口后应及时挂好。

（8）物料搬运过程中，不得擅自拆卸施工现场的脚手架、防护设施、安全标志和警告牌，如需拆卸，应经工地施工负责人同意。

### 12.1.2.5 物料的临时存放

（1）运送到工地的钢质户门，在安装前应参照本书11.3节贮存标准集中存放。运送到门洞口的钢质户门，宜在当日之内安装完毕，尽可能减少在洞口附近散放无人看管的时间。

（2）钢质户门运送到工地后，应在安装前再拆除包装。拆除包装的户门可平放也可立放。

平放的钢质户门，在门下（在地面上）应铺垫毛毯、纸壳等物品，防止户门出现划伤。平放的钢质户门还应注意防止划伤地面，还应注意方便人员通行。在同一时间、同一地点，可能还有其他人员施工人员作业，应注意相互关照，防止出现人员冲突。

立放的钢质户门码放应平稳，靠放地点应牢固，防止出现门倒伤人或摔坏户门的情况。未安装的钢质户门，将门扇开启到90°，让户门的框、扇同时着地，户门也可自行站立，如图12－5所示。临时存放钢质户门，禁止采用这种立放方式。在安装过程中，采用这种方式临时立放钢质户门时，应有人用手扶住户门，禁止安装人员长时间离开户门。立放的钢质户门，应在门与靠放物之间铺垫毛毯、纸壳等物品，防止户门出现划伤，防止已施工完毕的墙面等出现划伤。

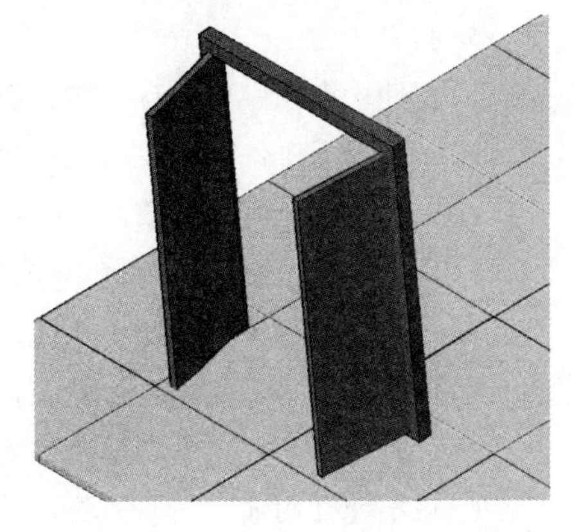

图12－5　开启门扇立放钢质户门示意

（3）各类油漆和其他易燃、有毒材料，应存放在专用库房内，不得与其他材料混放。挥发性油料应装入密闭容器内，妥善保管。

#### 12.1.2.6　安装操作

**1. 电焊**

（1）在施工现场使用电焊机，必须经工地批准，不得擅自使用。施焊场地周围应清除易燃易爆物品，或进行覆盖、隔离。

（2）电焊机电源的装拆应由电工进行。使用有插头的小功率便携式手提电焊机，连接电源时也应有电工的指导。电焊机外壳，必须接地良好。

（3）把线、地线，禁止与钢丝绳接触，更不得用钢丝绳或机电设备代替零线。所有地线接头，必须连接牢固。

（4）焊钳与把线必须绝缘良好，连接牢固，更换焊条应戴手套。在潮湿地点工作，应站在绝缘胶板或木板上。

（5）多台焊机在一起集中施焊时，焊接平台或焊件必须接地，并应有隔光板。

（6）雷雨时，应停止露天焊接作业。

（7）电焊机要设单独的开关，开关应放在防雨的闸箱内，拉合时应戴手套侧向操作。

（8）更换场地移动把线时，应切断电源。

（9）不得手持把线爬梯登高。

（10）工作结束，应切断焊机电源，并检查操作地点，确认无起火危险后，方可离开。

**2. 磨平**

（1）砂轮机不准安装正反转开关，砂轮旋转方向禁止对着主要通道。

（2）操作时，应站在砂轮侧面。不准两人同时使用一个砂轮。

（3）使用手提电动砂轮时应注意电源线位置，防止磨破线皮漏电。使用时要戴绝缘手套。先启动，后接触工件。

**3. 打孔**

（1）使用电钻、电锤打孔时，应先启动设备空转，然后钻头再接触工件打孔。

（2）钻薄壁工件时，要将工件垫平、垫实，钻头部分钻穿透后要减小压力。

（3）斜孔时宜先用钻眼冲点孔定位，防止滑钻。

（4）在小件上钻时，应将小件夹在台钳，防止小件随钻头转动伤人。

（5）不准用身体直接加压钻孔，特别是在高处用电锤打孔时不能全力加压（墙内可能有钢筋等异物，极易发生卡钻。全力加压，卡钻时的反作用力有可能使人失去平衡）。

（6）打孔时应注意墙内是否有水管、电线。

（7）不允许用嘴吹钻屑，防止异物进入眼睛。

**4. 锯切**

（1）使用钢锯等手工锯时，工件要夹牢，不得在膝盖上操作。

（2）使用钢锯等手工锯时，用力要均匀，用力不要过猛，以免锯伤。

（3）工件将锯断时，要用手或支架托住被锯断的工件。

**5. 射钉枪使用（射钉枪已经不让使用了）**

（1）射钉枪应指派专人使用，严格按照有关规定操作。

（2）正确使用防护罩，避免射钉反弹伤人，并注意反作用力过大伤人或震伤耳膜。

（3）严禁在薄木板、加气混凝土墙等易穿透材料上使用射钉枪，射钉枪枪口严禁对人，以防发生事故。

**6. 手锤、大锤使用**

（1）使用手锤、大锤，不准戴手套。

（2）打大锤时，甩转方向不得有人。

（3）使用中随时注意锤子的锤头是否松动。

**7. 扳手、锉刀、錾子、扁铲等使用**

（1）使用活扳手，扳手规格应与螺帽尺寸相符，扳手开口要适当，特别是不能在大力使用时将开口开到最大，不应在手柄上加套管，使用时宜正向用力，反向不应大力使用（正反如图12－6所示），大力使用时1m内不宜有其他人（单人使用）。

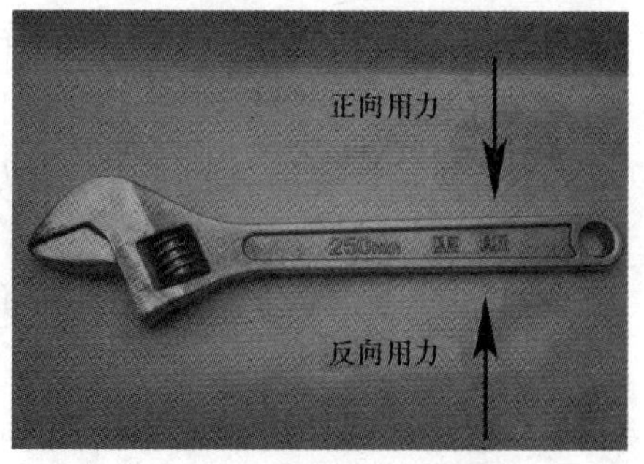

图12－6　活扳手用力方向示意

（2）推荐使用统一规格的螺栓，使用死扳手（开口扳手、梅花扳手等，工作效率高、安全）。特别是在高处作业时，应使用死扳手。如用活扳手时，要用绳子拴牢，人要系好安全带。

（3）錾子、扁铲等工具，不可用力过猛。在高处作业时，要防錾子、扁铲飞出坠落伤人。用錾子剔钢件时，截断前应减力，防钢屑飞出伤人（如迷眼）。

（4）禁止使用无把儿锉刀，锉削加工时应先清除工件及锉刀上的油。

（5）使用台虎钳，钳把儿不得用套管加力锁紧，锁紧钳把儿时不得用手锤敲打，所夹工件不得超过钳口最大行程的2/3。

**8. 梯子、脚手架使用**

（1）梯子不得缺档，不得垫高使用。梯子横档间距以30cm为宜。单面梯与地面夹角以60°~70°为宜，禁止二人同时在梯上作业。如需接长使用，应绑扎牢固。人字梯底脚要拉牢。在通道处使用梯子，应有人监护或设置围栏。梯子必须坚实，梯脚要有防滑措施。

（2）高处作业的脚手架、其跨度不得大于2m，每跨内不准超过两人操作（荷载不超过150kg）。

（3）高处作业所用材料要堆放平稳，工具应随手放入工具袋（套）内。上下传递物件禁止抛掷。

**9. 钢质户门（安装）固定**

（1）钢质户门（安装）固定作业，门送入洞口后，应有专人扶，防止倾倒伤人，不得1人独立操作。

（2）门框没有贴脸花边的钢质户门（在洞口内墙中间安装的钢质户门），门送入洞口后，除有人扶外，还应用木楔临时塞牢。

（3）钢质户门安装牢固后，安装人员方可离开安装现场。不准将未固定的门或门框立在洞口内，不准将未固定的门扇立在框内，避免因碰撞、震动，无人看管的门倒下伤人。

（4）钢质户门安装位置如处于正在使用的人员通道，在作业地区应悬挂“危险”或“禁止通行”牌，并设有专人负责安全工作。

（5）安装过程如需安装玻璃，搬运玻璃的人员必须戴手套。

（6）在高处安装玻璃，垂直下方禁止通行，安装人员应正确佩戴安全带、安全帽、防滑鞋。

（7）安装过程如有喷漆作业，作业周围不准有火种。在室内喷涂，要保持良好通风。

（8）安装过程在操作地点产生的杂物，工作完毕后须清理干净，并将杂物运至指定地点集中堆放。

（9）现场施工时必须走安全通道，不准从正在起吊、运吊的物件下通过。

（10）不准触摸非本人操作的设备。

（11）不准站在小推车等不稳定的物体上进行作业。

（12）严禁在工地打闹。

### 12.1.3 外伤处理

施工现场外伤事故，应积极采取以下救治措施：

（1）出现可自行处理的轻微外伤，有关人员应认真清洗、上药、包扎，防止小伤变大伤；安装工出现影响操作的轻微外伤后，应根据实际情况调整工作岗位或暂时停止工作。

（2）出现不可自行处理的外伤（包括无法判定是否是可自行处理的轻微外伤的情况），伤员应主动去医院治疗，伤员行动不便时有关人员应积极协助其就医。

（3）发生高处坠落等较大外伤事故，伤员自身无法活动，未经过专业培训的普通人员不得随意抬移伤员，应根据专业医生的诊断和指导采取急救措施（可拨打 120、999 急救电话），以免由于不正确的抬运，使骨折错位造成二次伤害。

### 12.1.4 安全用电与触电处理

**1. 安全用电规定**

（1）电气设备和线路必须绝缘良好，严禁电源线与金属构件接触，电线不得与金属的材料绑在一起。

（2）不准在电线上搭晒衣服，不准在电线上栓拉麻绳、蚊帐。

（3）配电箱、开关箱中的导线进出线口必须设置在箱体下面，严禁设置在箱体的上顶面、侧面、后面或箱门处。

（4）配电箱、开关箱中的电动工具用插座应配漏电保护器。

（5）电工在停电维修时，必须在闸刀处挂上“正在检修、不得合闸”警示牌。

（6）遇有临时停电或停工休息时，配电箱、开关箱必须拉闸加锁。

（7）保护零线应使用绿黄双色线，并与工作零线分开设置。

（8）各种电动机具必须按规定接零接地，并设置单一开关。

（9）电动机具需要维修时必须切断电源，包括更换锯片、砂轮片、钻头。

（10）电动工具的接线插头必须完好，不得将电线直接插入插座取电。

**2. 触电处理**

应该尽快切断电源。用干燥的木棍、竹竿、绳索、衣服、塑料制品等把触电者与电源线隔开，或者插入触电者身下，使触电者与大地绝缘。抢救者绝对不能站在地上直接接触触电者。还要注意防止触电者脱离电源后可能造成的摔伤。触电者脱离电源后，应尽快在现场不间断地做人工呼吸，并挤压心脏，不要只等医务人员，更不要不经抢救直接送医院。

### 12.1.5 防火与火灾处理

**1. 防火规定**

（1）施工现场动火作业必须办理动火许可证。

（2）电气装置附近禁止存放易燃、易爆物品，并配备消防器材。

（3）电气火患，严禁使用泡沫灭火器。

（4）氧气瓶和乙炔瓶工作距离不少于5m，与明火作业距离不少于10m。

（5）进行焊割时要事先清理现场周围可燃物体；在外架上焊割要采取屏隔措施。

（6）仓库、易燃易爆生产场地、木工房等处需配置灭火装置；吸烟需到指定场所。

（7）灭火器的挂放位置要醒目，灭火器顶端离地面应为1.5~1.8m。

（8）工地禁用的“三炉”，即电炉、煤油炉、液化气炉。使用电褥子需做到人走电断，严禁长时间通电。

（9）氧气瓶不能露天曝晒，不能倒置平放。氧气瓶用红色胶管，乙炔瓶用黑色胶管。

（10）照明灯泡禁用纸或布遮盖，以免温度升高引起火灾；不准躺在床上吸烟。

（11）存放各类油漆和其他易燃材料的库房应通风良好，不准住人，并设置消防器材，“严禁烟火”明显标志。库房与其他建筑物应保持一定的安全距离。

（12）使用煤油、汽油、松香水、丙酮等调配油料，戴好防护用品，严禁吸烟。

（13）沾染油漆的棉纱、破布、油纸等废物，应收集存放在有盖的金属容器内，及时处理。

**2. 火灾处理**

一般的火灾可以用消防器材，用水灭火。电火、油火是有区分的，如果是电火，先要切断电源，然后赶紧用沙土、二氧化碳或干粉灭火器进行灭火。火势较大无法控制时，需同时拨打“119”火灾急救电话求救。求救时要注意准确的说明出事的地点。火灾发生时千万不要惊慌失措，要在现场紧急处理的同时，向外求援，尽量把火灾的损失降到最低。

## 12.2 钢质户门（门框）安装

### 12.2.1 与钢质户门安装有关的基本概念

#### 12.2.1.1 湿法作业与干法作业

**1. 湿法作业**

在建筑行业，将砌墙、抹灰、贴砖、混凝土浇筑等，在施工中用水、用泥的作业方法称为湿法作业。

在建筑门窗行业，将安装门窗先将门窗固定在表面未装修的墙面上，在后续墙面装修过程中采用抹灰、贴砖等用水的方法，并利于包裹在门窗框周边的装修层封闭门窗与墙体间的间隙、进步固定门窗的方法，也称为湿法作业。

湿法做业是传统的钢质户门安装法，在实际工程中应用很多。其主要优点是对建筑门窗洞口的尺寸精度、对钢质户门的尺寸精度要求不高。采用湿法作业安装钢质户门，确定门的外形尺寸时，可按未进行墙面装修的洞口尺寸减去20mm的公式进行计算。门框与墙之间的间隙很大（理论上一般在10mm左右），钢质户门安装后还有抹灰工序，“齐不齐一把泥”，更为放松门的规格尺寸、门的洞口尺寸创造了条件。但是，采用湿法作业安装钢质户门也存在许多缺陷，比如：由于抹灰、贴砖作业可能会碰坏钢质户门的表面、水泥砂浆也可能会腐蚀钢质户门、由于热胀冷缩等原因，门与墙体相连处易出现缝隙等。随着社会的进步以及人们对建筑品质要求的提高，湿法作业安装钢质户门所带来的问题，让用户越来越难以接受。

**2. 干法作业**

与湿法作业相对应，在建筑行业，将在施工中不用水、不用泥的作业方法称为干法作业。

在建筑门窗行业，门窗安装的干法作业有两种：①在已完成墙面装修（包括门窗洞口周边的装修）的洞口内安装门窗，安装过程不用水、不用泥。这种门窗安装方法可称为干法作业；②在未进行墙面装修的洞口内安装门窗，门窗安装过程不用水、不用泥，门窗安装后的墙面装修施工也不再用水、不用泥。这种门窗安装方法也可称为干法作业。在一般情况下，建筑门窗行业所说的门窗安装干法作业，是指在已全面完成装修工作的墙面上安装门窗，也就是前面说过的第一种干法作业。

采用干法作业安装钢质户门的好处主要表现在三个方面：①门表面因湿法作业造成的表现损害明显减少；②用打胶等工艺代替了抹灰，门与墙体间多了一个可伸缩的弹性体，因门与墙热胀冷缩不同步出现的缝隙明显减少；③湿法作业户门企业负责门与墙体的初步机械连接，土建方面负责抹灰并最后固定了门的安装位置。由谁来负责门的最终安装位置，责任很难分清。改成干法作业后，户门企业完全负责门的安装，责任明确。

干法作业给钢质户门的安装也带来了新要求，更准确地说是很大的困难。采用干法作业时墙面装修工作已经结束，洞口尺寸已无法调整。门的外形尺寸比洞口尺寸大，门就不能送进门洞口，无法完成安装工作；门的外形尺寸比洞口尺寸小，而且相差较多，门至墙体的缝隙就会很大，不方便打胶作业，也不美观。目前我国各户门企业，在绝大多数工程中，为门至墙体的预留间隙都在2mm左右，也就是说门与洞口的理论尺寸差，只有4mm，门与洞口的总加工误差不能超过4mm！相对而言，把门的外形尺寸控制在±1mm之内还比较容易，想把装修后的洞口尺寸控制在±3mm之内很难。门的加工精度小幅度提高没有意义，大幅度提高在经济上不可行，只能是±1mm。在短期内，在全国大范围地，把抹灰、贴砖等手工湿法作业精度提高到 ±3mm 之内，也很难做到。这就是采用干法作业安装钢质户门的难点。

### 12.2.1.2　与墙体的连接方式

GB/T 5824《建筑门窗洞口尺寸系列》将建筑门窗与墙的连接方式归纳成了 3 类：平接、槽接、搭接。在实际工作中，钢质户门的安装一般都是平接，偶尔会用到搭接，槽接则极其罕见。

**1. 平接**

所谓“平接”，有两个特点：①门装在墙内（洞口内），没装在墙的表面。这点与“搭接”有明显的区别。②装门的洞口，墙的截面是平的，没有台阶，没有槽。这点与“槽接”有明显的区别。就钢质户门安装而言，有内装平接、外装平接、普通平接三种。

1）普通的平接。

普通的平接安装钢质户门，就是将门装在墙的洞口之内，门与墙的截面相对，如图 12－7 所示。

在一般情况下，墙的厚度要比门的厚度大很多。这样，平装钢质户门就存在将门安装在墙厚方向什么位置的问题。如果建筑设计对此没有明确要求、用户对此也没有明确的要求，在一般情况安装人员会把钢质户门安装在墙的中心。如果建筑设计对此有要求或用户对此有要求，安装人员可按其要求安装钢质户门。

2）贴脸与贴脸花边。

前面说过，平接安装钢质户门，在墙厚方向，门的安装位置可以靠里一些，也可以靠外一些。过去装修房屋的人较少，大多数房屋的门都装在墙的中间，装修时门套要分成两部分，室内侧一半，定外侧一半。门套由两部分组成，一部分叫筒子板，一部分叫贴脸，如图 12－8 所示。

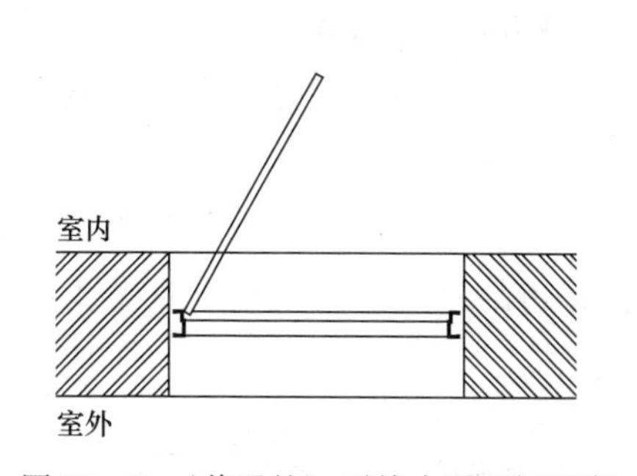


图 12－7　（普通的）平接内平开门示意

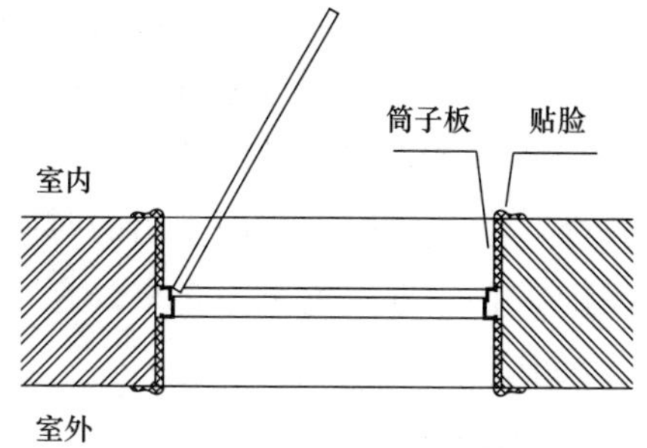


图 12－8　筒子板、贴脸示意

门套这个词好理解，给门洞做一个套，对门进行装饰。

筒子板这个词也好理解，洞口是个四方的洞，四面都包上就是个筒子，组成筒子的各个面就是筒子板。

完全理解贴脸这个词则有些难度。在洞口内装筒子板，洞口内没装门处的墙面得到了装饰或者说是得到了遮盖。然而，在洞口内加装筒子板之后，从室内（或室外）墙面方向看，筒子板与墙体间有一个明显的缝隙。为了解决这个问题，人们在墙面，沿洞口周边，加一圈盖缝板。这个盖缝板就是贴脸。

称盖缝板为贴脸，是一种有中国特色的说法。

中国的传统建筑是木架构建筑，有几千年的历史。贴脸这个词在我国建筑行业以及与木材加工应用的行业应用非常广。贴字含义基本上粘的意思，那么贴脸就应是粘上去的，实际上许多贴脸的安装工艺确实属于粘结工艺。贴也好，粘也好，实际上都有后补上去的意思，所以贴脸也不一定是用粘办法安装，比如钉上去。在中国文化中，脸对于人十分重要。在中国文化中，门也很重要。所以，中国人称一家一户的大门为门脸，将门周边的盖缝板称之为贴脸。将门周边的盖缝板称之为贴脸，很有中国的文化特点。

近十几年来，中国绝大多数居民都明显提高了住宅建筑的装修水平，装修门洞几乎成了各家各户都必须做的事情。我国的门洞口装修普遍具有以下特点：①将内开门改外开门，不让开启的门扇占用自家的空间。②将户门外移到与墙的外墙面齐平的位置，扩大了室内空间，只在门的一侧装门套节省了装修成本，如图 12－8、图 12－9 所示。

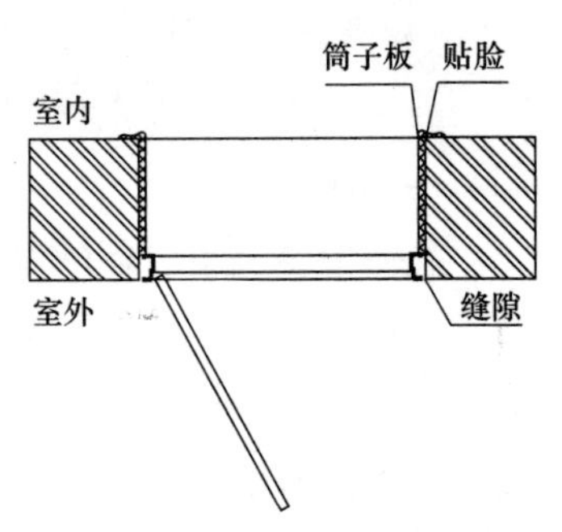

图 12－9　近十几年来的门套做法示意

从图 12－9 中可以看到，当门框与外墙面（或内墙面）齐平时，门与墙之间总会有一条明显的缝隙。门周边与墙之间有条缝隙，既不美观也影响户门的防盗性能。该缝隙虽然在室外，但也是不可忽略的缺陷，需要通过装修解决这个问题，就是在门的外墙面上也装上门贴脸。

开始的时候是在门外加木质贴脸，效果很不好。首先，因为在墙与钢质户门间加一圈木质贴脸不协调、不好看；其次，木质贴脸的防盗效果不好。

后来有些钢质户门企业专门生产过一种钢质贴脸，使用效果也不太好。首先，钢贴脸的安装牢固度难以达到用户需求，不能彻底消除门与墙体间缝隙引发的安全隐患。其次，贴脸周边的缝隙太多，显得很凌乱。

木质贴脸、钢质贴脸在我国使用的时间很短，因为很快就有门业企业设计出了有贴脸花边的钢质户门门框。近十多年来，有贴脸花边的钢质户门门框一直是我国钢质户门主流产品，如图 12－10 所示。

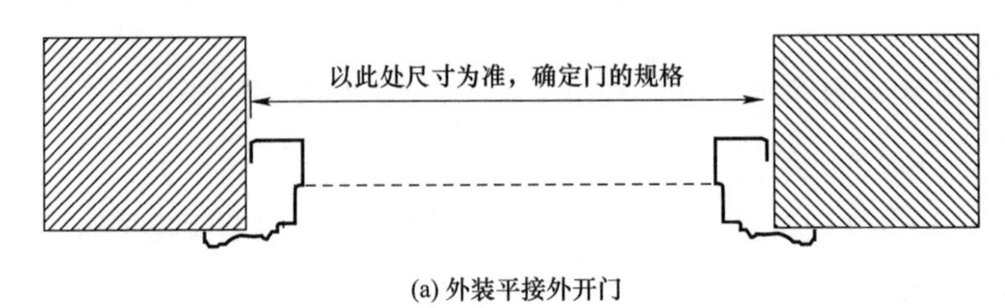

(a) 外装平接外开门

图 12－10　门框有贴脸花边的钢质户门示意 1（一）

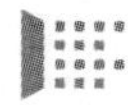

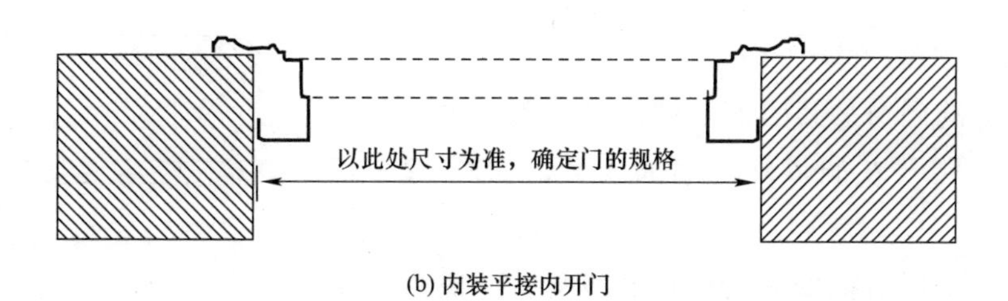


(b) 内装平接内开门

图 12－10　门框有贴脸花边的钢质户门示意 1（二）

3）外装平接与内装平接。

从图 12－10 可以看出，钢质户门门框增加了贴脸花边后，门的洞口尺寸及其结构并没有发生变化，确定门的规格的测量基准并没有变，该门还是一个平接安装的门。

从图 12－10 还可以看出，钢质户门门框增加了贴脸花边后，该门的最大构造（轮廓）尺寸大于洞口构造尺寸。如果想将该门装在与墙外侧齐平的位置，如图 12－10（a）所示，该门只能从室外装，即外装平接。同理，如果想将该门装在与墙内侧齐平的位置，如图 12－10（b）所示，该门只能从室内装，即内装平接。

进一步对图 12－10 进行分析可以发现，同种结构的门（同一种门框的门），内装平接只能是内开门，而外装平接只能是外开门。这样就出现了一个问题，用户如果想把门装在与墙室外侧齐平的位置（最大限度扩大室内空间），同时由于建筑结构等原因又只能安装内开门时，门业企业不能满足用户的要求。同样，用户如果想把门装在与墙室内侧齐平的位置，同时又想使用外开门时，门业企业也不能满足用户的要求。为此需要设计出一种新的门框，如图 12－11 所示。注意，图 12－10 的门框与图 12－11 的门框不一样！两个图用了两种门框，一种只能做外装外开或内装内开的门，另一种只能做外装内开或内装外开的门。

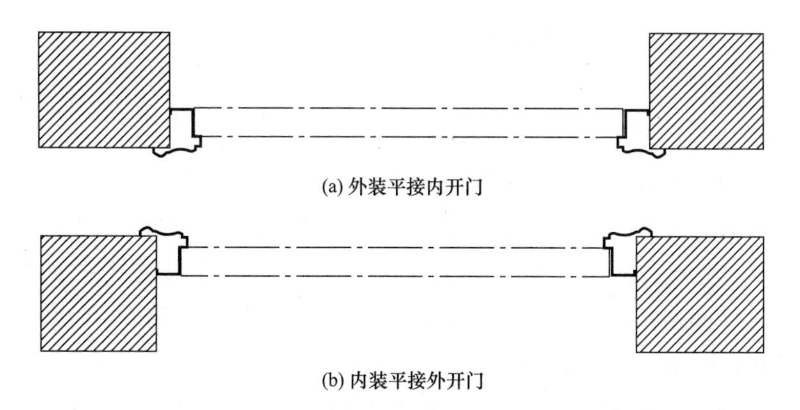

(a) 外装平接内开门

(b) 内装平接外开门

图 12－11　门框有贴脸花边的钢质户门示意 2

在实际工作中，外装平接钢质户门比内装平接钢质户门多得多，且外装平接的外开门比外装平接的内开门多，甚至一些小的企业就没考虑投资生产外装平接的内开门，当然也包括内装平接的外开门。

**2. 搭接**

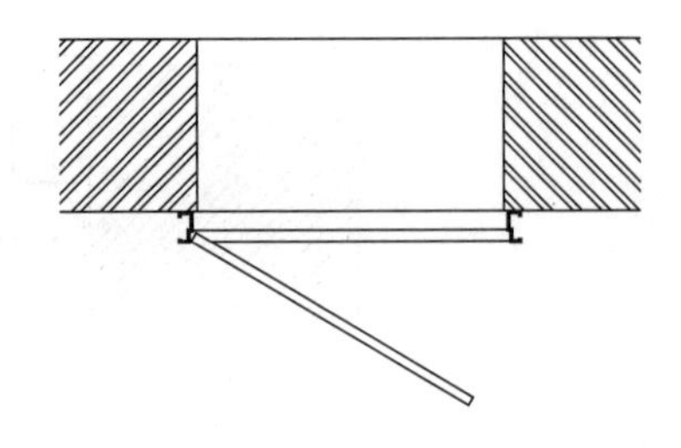

图 12－12　搭接安装钢质户门示意

搭接安装的门窗，其门窗的构造尺寸明显大于洞口的构造尺寸，需要在洞口外的墙面安装，如图 12－12 所示。

钢质户门采用搭接安装情况比较少见，一般都是用于既有建筑的改造。比如既有建筑的某间办公室改为财务室，原来的门不防盗也不方便拆除，并且在原洞口内不方便再装一个门。在这种情况下有时会用到搭接安装钢质户门办法。

搭接安装需要注意以下几个问题：

（1）目前我国常见的钢质户门，都是按平接安装设计的产品，其门框都是开口料，改为搭接安装后，影响门的防盗性能也不美观。

（2）洞口原来装的是外开门，只能在室内侧加装内开门；洞口原来装的是内开门，只能在室外侧加装外开门。

（3）就目前的情况看，我国绝大多数钢质门生产企业都没有达到标准化设计水平的搭接安装钢质户门，只能根据用户需求、实际工程条件、企业自身条件进行个性化设计。企业在承接这类工程时应加强与用户的交流，价格、安装方案［门的具体构造尺寸（搭接量），开启方式（除了内开、外开问题外，还有左开、右开问题），连接固定方法（焊接、螺接、射钉），开口是否封堵，有无附加框，涂漆的方法、效果，防雨措施等］，得到确认后再施工。

**3. 槽接**

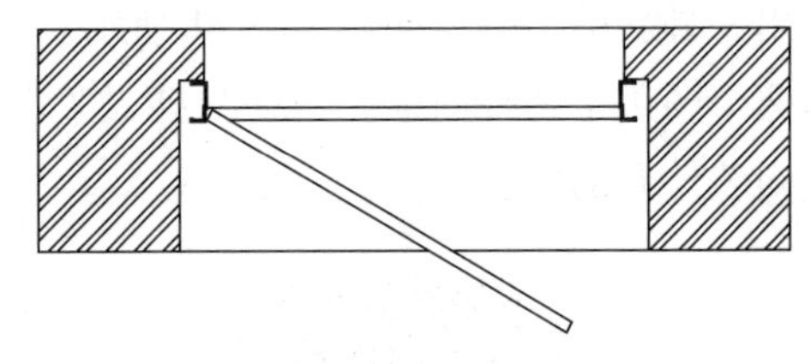

图 12－13　槽接安装钢质户门示意

槽接安装，门窗安装在洞口内。由于洞口内有一个台阶，门窗的构造尺寸大于洞口的台阶下部位的构造尺寸，同时还要小于洞口台阶上部位的构造尺寸，如图 12－13 所示。

槽接安装钢质户门在实际工程中极其少见，只有在个别具有较高防盗、防爆、防暴性能要求的工程中有应用。

承接槽接安装钢质户门任务的单位应加强与建筑设计方、建筑土建施工方、建设方的联系，最好在建筑设计阶段就参与到有关工作中去。采用槽接方式安装的钢质户门往往是高价格、高性能的产品，应深入工地现场了解情况，并在得到有关方面的确认后现生产。在工作中应特别注意以下几个方面的问题：

（1）门与墙体的连接固定方法（可能比常规的连接固定点多）。

（2）注意高度方向的搭接量。采用槽接安装，高度方向的调节量往往很小，要特别注意实际工程地面的装修方法，实际地面高度稍有变化，就可能影响门的开启。

（3）注意宽度方向的搭接量。采用槽接安装，墙体会占用一部分门的空间，确定搭接量时应给后续的装修留有一定的空间，否则有可能出现门不能开启 90°的情况。

（4）因为洞口内有台阶，可能会涉及排水问题。

### 12.2.1.3　墙体材料与固定方法

1）混凝土墙洞口：采取最基础、最通用的方法，使用膨胀螺栓固定。

2）砖墙洞口：采取最基础、最通用的方法，使用膨胀螺栓固定，但不得固定在砖缝处。

3）加气混凝土及各种轻体砌块洞口：有混凝土抱柱、预埋的混凝土砌块、黏土砖墙垛时，采取最通用的使用膨胀螺栓固定方法。有已预埋木块时，使用六角木螺钉固定。墙体预埋件与门安装点位置不符时，在门的安装点上安装连接板（在连接板上打孔攻丝，用螺栓固定在门的适当位置，不得使用自攻螺钉），再用膨胀螺栓将连接板固定在墙体预埋件上。没有过梁、没有混凝土抱柱或预埋的混凝土砌块、黏土砖墙垛的轻体砌块墙不宜安装钢质户门。有两个原因：①这样的洞口安装钢质户门后很难符合防盗要求；②这样的洞口安装包括钢质户门在内的各种门窗后都很容易开裂（洞口的左右上角，特别是在楼房的首层和顶层）。用户坚持在这样的洞口内安装钢质户门，可按砖墙洞口处理，但要向用户说明可能出现的问题，并请其签字确认。

4）设有预埋铁件的洞口：先在门的安装点上安装连接板（在连接板上打孔攻丝，用螺栓固定在门的适当位置，不得使用自攻螺钉），再采用焊接的方法将连接板固定在预埋铁件上。钢质门采用1.5mm厚镀锌连接件固定。焊接时除应符合有关防火规定外，还应对门的装饰表面进行遮挡。也可在预埋铁件上打孔攻丝，用螺栓固定。

5）钢结构洞口：可在预埋铁件上打孔攻丝，用螺栓固定。也可在门上安装连接板（在连接板上打孔攻丝，用螺栓固定在门的适当位置，不得使用自攻螺钉），再采用焊接的方法将连接板固定在钢结构件上。焊接时除应符合有关防火规定外，还应对门的装饰表面进行遮挡，更不能在门的装饰表面焊接。

6）木结构洞口：使用六角木螺钉固定。部分木结构洞口，其厚度（从室内到室外的方向）可能小于门的厚度。如平房建筑更换门窗，钢质户门装在原有的木门框上，原来的木框厚度一般都比钢质户门的厚度小。处理这样的问题可考虑通过为该门另配木贴脸的办法解决。

7）其他：

（1）在钢附框的洞口安装钢质户门可根据实际情况，按混凝土墙洞口、砖墙洞口、设有预埋铁件的洞口处理。使用膨胀螺栓固定时，应使用加长膨胀螺栓。

（2）使用连接板安装时，连接板应有足够的强度。连接板较长影响门的安装强度时，宜设法增加连接板与墙体的连接点。

### 12.2.1.4　转角墙、丁字墙、筒子墙洞口的处理

在一般情况下，建筑的四面有墙，四墙相交形成四个转角，此处的洞口常被称为转

角墙洞口；室内有隔断，横竖墙就形成了丁字，此处的洞口常被称之为丁字墙洞口；当洞口左右两侧都是丁字墙时，在行业内一般将其称为筒子墙洞口，如图 12－14 所示。

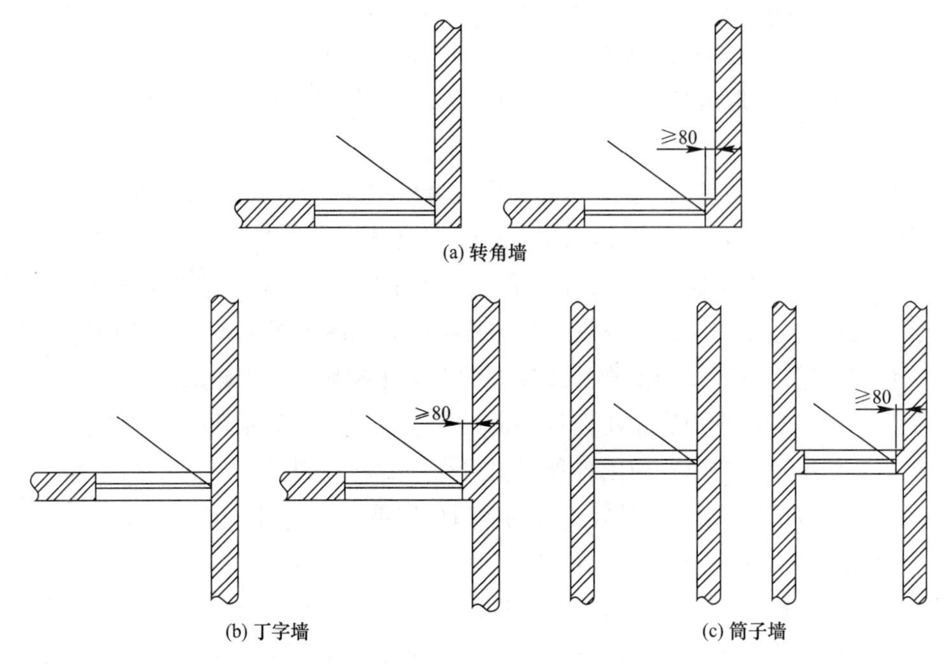


图 12－14　转角墙、丁字墙、筒子墙洞口示意

从图 12－14 可以看出，在转角墙、丁字墙洞口装门，其洞口装修有麻烦——无法安装门贴脸，或者说是洞口装修很不好看——门贴脸左右不对称。要想避免出现这种装修缺陷，建筑设计、建造时就应门洞避开墙角。就目前情况看，门洞距墙角的实际距离最少也应大于 80mm，当贴脸宽度大时这个尺寸还应加大。

目前普遍使用的钢质户门都是有贴脸花边的户门，安装钢质户门遇到转角墙、丁字墙、筒子墙洞口，也需要进行一些特别的处理。一般有以下几个办法：

（1）签订钢质户门合同时，直接按需求订购，直接在合同上标明门框的上边、左边、右边是否有贴脸花边。

（2）订购了有贴脸花边的门，到现场发现是转角墙、丁字墙、筒子墙洞口时，可以用角磨机等将多余的贴脸花边切去。安装人员在切贴脸花边前应告诉用户，切去花边后，门的左右不对称、切割处也不会十分平整，对门外观有一定影响，得到确认后再安装。

（3）订购了有贴脸花边的门，到现场发现是转角墙、丁字墙、筒子墙洞口时，可通知用户修改洞口。

## 12.2.2　工程技术交底

钢质户门只有安装完毕才能发挥其功能，因此安装可作为钢质户门制造的最后一道工序。然而，该工序与钢质户门制造过程中的其他工序相比还具有显著的不同：分散工作在各个施工工地，独立面对用户，甚至要根据用户的需求调整其工作方法和验收标准，还要与建筑及装饰装修工程的其他施工相互配合，进行交叉作业。因此，钢质户门安装工程的技术交底非常重要，内容务求具体、全面、简洁、清晰。如一次交底很难彻底涵盖所有技术要求，安装负责人在安装过程中还需要随时与施工现场各方管理负责人及时沟通协调。

#### 12.2.2.1　钢质户门安装工程技术交底注意事项

（1）技术交底要在进入施工现场前进行，避免进入现场后不具备施工条件，影响施工顺利进行。

（2）技术交底表达的内容要全面、明确，条理应清晰。技术交底表的结果应由相关负责人签字确认，并存档保存。

（3）在施工过程中，出现各种问题和矛盾后，应积极联系有关负责人进行协调，处理结果应有各方负责人签字、盖章，并存档，以便作为工程验收的依据。

#### 12.2.2.2　钢质户门安装工程常见的技术交底内容

**1. 执行标准**

确定执行标准时，要标明钢质户门安装施工过程中所选用的产品标准、相关辅助材料、安装作业标准的名称编号（包括年代号）和内容，避免因为与工程项目管理机构所使用的标准版本不同而造成的返工重做。

**2. 安装方案**

首先，要建立健全各项规章制度，确定各项组织机构，保证质量安全责任落实到班组、落实到人。其次，确定施工时间计划，包括施工的起点流向、验收时间等。比如分段施工或按楼层施工，每栋楼的施工顺序等。

钢质户门安装工作多为手工作业，不像制作过程中的其他工序机械化程度较高，因此在门窗施工过程中所选用的材料、安装方法、施工程序、施工中所要注意的事项一定要表述清楚，如电源位置，物品存放方法，门的固定方式和固定顺序，门与墙交界的接合方式、门周边填充材料及质量要求，与地面及门套的配合等。遇有特殊安装要求时，一定要加强与施工现场技术负责人的联系，共同研究特殊安装方案，必要时请设计单位提供安装节点详图等书面资料。

**3. 安装基准**

安装钢质户门，首先要正确选择洞口的位置，或者说是钢质户门的安装位置，包括：在墙面的左右位置、在墙面的高度位置，对于钢质户门而言，还有在墙面的前后位，即在墙厚方向的位置。

1）左右位置的基准

洞口左右位置的基准是建筑墙体、立柱的轴线。建筑轴线在建筑平面图中表现得最为明显，如图 12－15 中①、②、③、④、⑤、⑥、Ⓐ、Ⓑ、Ⓒ所示的轴线。

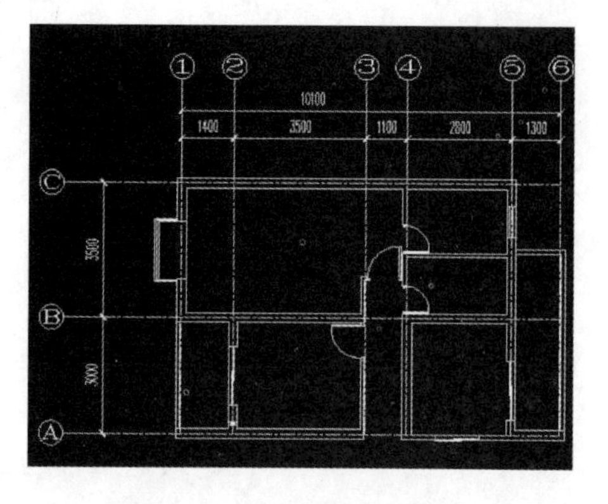


图 12－15　建筑轴线示意

门一般都安装在（同一层的）地面上，上下没有其他的门（在不同的层该位置有门，上下一般也不可见），不存在上下对齐对正的问题。钢质户门安装对左右位置的要求并不高，在一般情况下只要预留洞口与建筑设计没有大的出入直接安装即可。在技术交底过程中，建筑方、承建方如果对钢质户门的左右位置提出了要求，可根据建筑上的轴线标记（如图 12－15 中的虚线）测量确定门的安装位置。建筑上没有现成的中线，可从最高层向下用线坠垂吊，找出各洞口的中心线。在安装时将门窗框的中心线与之重合即可。

2）前后（墙厚方向）位置的基准

钢质户门的安装，其前后（墙厚方向）位置的定位基准是墙面，分为三种情况：与内墙面对齐安装、与外墙面对齐安装、在洞口中安装。与内墙面对齐安装、与外墙面对齐安装的钢质户门一般都有贴脸花边，将门直接靠在洞口，贴脸下无明显间隙即可。在洞口中安装的户门都是没有贴脸花边的门，无特别约定时可安装在墙的中间，用户对其位置有要求时，按约定位置安装。不论钢质户门最后确认安装在哪个位置，门业企业都有必要向用户提供钢质户门实际安装后的结构尺寸，以便用户确定过门石的尺寸，为后续装修做准备。

3）高度位置的基准

钢质户门的安装，其高度位置的定位基准是 50 线。

什么是 50 线？50 线是建筑物在建造过程中，为确定建筑各部位高度尺寸，在建筑物各处画出的水平线，是一条测量基线。该线在距地面（可能是首层的地面，也可能是某一层的地面）上方 50cm 处。有些建筑工程嫌测量基线 500mm 高太低，使用时要经常弯腰，在建筑上不画 50 线，而是画 80 线、1m 线等，其作用与 50 线的作用一样，如图 12－16 所示。

安装钢质户门，确定门的安装高度，应尽可能使用建筑上已有的高度定位基准。建筑上没有现成的高度定位基准线，可根据建筑设计图样，重新确定高度定位基准。钢质户门安装，尽可能不重新进行高度基准定位，因为测量、划线会有误差，重新定位的基准，很有可能与原基准不一致。

建筑设计图，建筑的标高方法如图 12－17、图 12－18 所示。

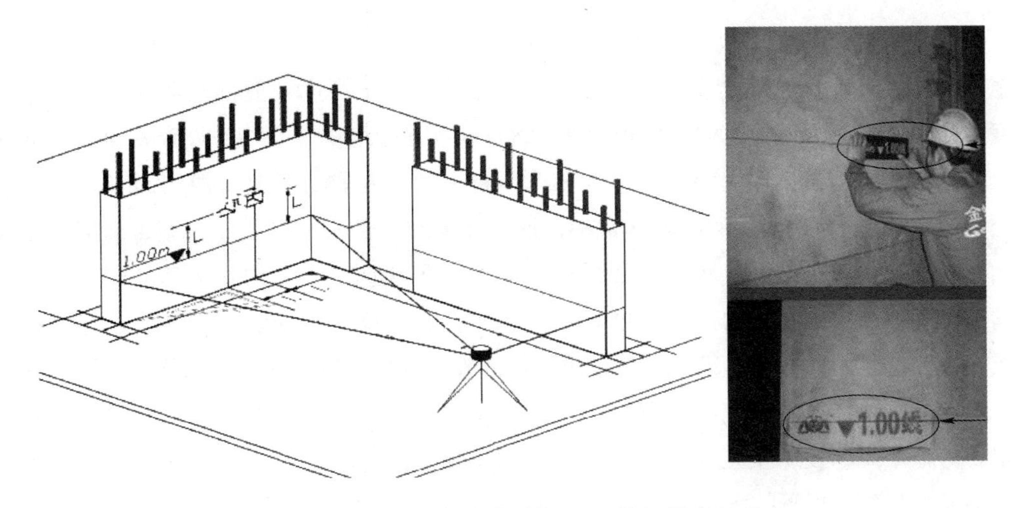


图 12－16　施工标准水平线（1m 线）示意示意

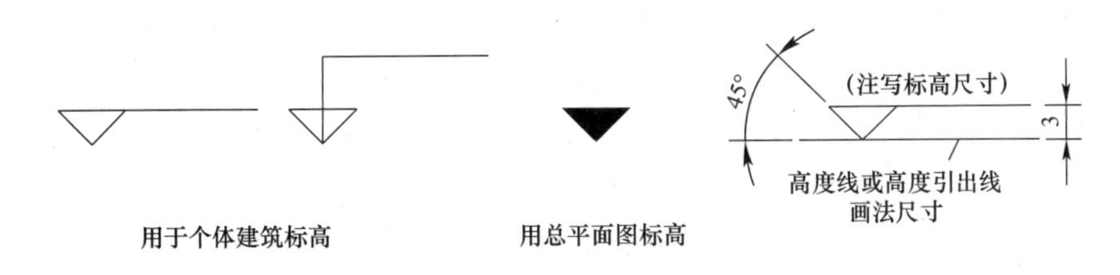


图 12－17　建筑标高方法示意 1

图 12－18　建筑标高方法示意 2

在一般情况下，建筑设计给出的钢质户门高度安装位置，门的下框都在与地面齐平的位置。这里所说的地面，有可能是首层的地面，也可能是各层的地面，如图 12－17 所示，三层楼房的地面高度分别在 ±0. 000m、3. 300m、6. 50mm 的位置。这些高度应是建筑完工后的高度，即装修后的高度。

从理论上讲，钢质户门安装，根据建筑设计进行定位即可，一般门需要安装在与地面齐平的位置，即下框要安装在从 50 线向下量取 500mm 的位置。然而在实际工作中，完全按设计规定工作并不能保证不出问题。因为在同一个建筑内，不同部位的实际使用人并不一样，对装修的要求也不一样，依据同样的建筑设计，其最终地面高度并不一样，甚至门的安装高度也要随之变化。比如，地面粘石材，其厚度一般都要明显大于木地板厚度。同样是安装木地板，实木地板一般1.8cm，实木复合有1.2cm、1.5cm和1.8cm多种，而复合地板、强化地板则有0.9cm和1.2cm多种。特别是没有门槛的门（门框没有下框的门），门扇与地面间的间隙非常小，地面高度或门的安装高度不协调，门很难正常使用。在安装钢质户门的过程中，如果地面高度已无法调节，门的安装高度则应根据实际情况调整。因为调整门的安装高度相对成本较低，钢质户门安装高度如果不符合设计要求，往往也是门业企业返工。但是，更改门的安装高度也需签字确认备案。

确定安装基准是技术交底的重要内容。门业企业进入安装现场，确定门的安装基准一定要与施工现场技术负责人共同协商，共同确认。除此之外，门业企业进入安装现场后还要随时与施工现场技术负责人协调。

**4. 质量保证**

（1）钢质户门进场后，应及时报请监理工程师对门的外观、品种、规格及附件等进行检查验收，对质量证明文件进行核查，如产品合格证、性能检测报告、环保标识证书等。

（2）样板门安装完毕，待监理工程师确认后方可进行批量安装。每阶段安装完毕后进行自检，在自检合格基础上报监理工程师进行阶段检查验收。

（3）隐蔽工程，如附框安装、门框内填保温材料、门框内填混凝土砂浆等项目，施工完毕后进行自检，在自检合格后上报监理工程师检查验收，通过检查验收后方可进行下道工序施工。

（4）确定交叉作业方案。在钢质户门安装过程中，交叉施工不可避免，很容易对钢质户门安装质量造成影响。常见的问题有：抹灰引起门的安装位置变动、抹灰对门饰面造成破坏、运输物料过程中的磕碰造成钢质户门变形等。常见的解决办法有：建立协调机制，尽量推迟安装，尽可能减少因交叉作业产生的相互影响；加强宣传教育，提高有关人员技术水平和责任心；建立巡检制度发现问题及时修理等。

**5. 协商成品保护问题**

建筑施工多为多方交叉作业，钢质户门安装不是被安排在最后的建筑施工项目。在钢质户门安装过程中，以及工程验收前，应采取防护措施，避免钢质户门出现损坏、污染、丢失等现象。钢质户门在安装时，只应撕去安装完毕后不方便去除的保护膜，余下部分在施工完毕后进行去除，最大程度发挥保护膜的作用。除此之外，可根据工程的实际需要，采取为门扇加保护套、在门扇上贴纸壳等措施等。

### 12.2.3 门在墙体上的安装

**1. 工艺流程简介**

建筑是多样的，人们的需求是多样的，所以钢质户门也是多样的，其安装方法也是多样的。本部分内容只针对最常见的普通居民住宅用钢质户门在洞口中的安装固定做一个简单介绍。

常见钢质户门安装工艺流程如下：弹线定位→门洞口处理→钢质户门就位→检查、调整门的安装位置→门框固定与调整→五金配件安装→框扇间隙调整→门框灌浆及缝隙处理→清理→质量检验。

**2. 弹线定位**

按设计要求以及钢质户门安装进行的技术交底提出的要求，在洞口上画出门的高、宽两个方向的位置标记，在洞口内安装的门还要画出在墙内的安装位置标记。

弹线定位，水平线、垂直线都需要从建筑上给定的高度、宽度标记点引出。过去弹线定位是件很麻烦的事，比如，弹高度定位线，需要在水管中灌水，水管的一端放在已有的高度标记点附近，水管的另一端放在施工点附近，参照水管两端的水平面，确定门的高度定位线。现在用钢卷尺配合激光水平仪（图 12－19）可以很方便地在洞口上确定门的安装定位线。

**3. 门洞口处理**

安装钢质户门前，应检查门洞口尺寸，尺寸偏差大、偏位、不垂直、不方正的洞口要进行剔凿或抹灰处理。

门洞口尺寸应比门的尺寸大，门放入洞口内应还有一定的调节量，否则安装门时很难找正。通常“裸墙”或者说是“毛坯墙”的洞口尺寸应大于门的尺寸 25～50mm，装修后的洞口尺寸应大于门的尺寸 10～20mm。

剔凿修复洞口时可以使用手锤、凿子等纯手工工具，也可以使用电镐（图 12－20）等电动工具。

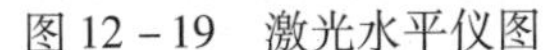

图 12－19 激光水平仪图

图 12－20 电镐

检查门洞口时还应注意门的安装要求。部分钢质户门要求门的部分下框、部分竖框的下部，埋在地面之下。比如要求无槛门（无下框的门）的左右门框下部埋进地面 20mm。再比如要求有槛门（有下框的门）的下框要埋进地面 10～20mm。安装这样的门往往需要在门洞口的下方地面开槽。

**4. 钢质户门就位**

钢质户门的安装就位，需要做的工作较多，主要有以下几项：

（1）将门运送到门洞口附近，立放。运送钢质户门时，单扇门可使用背带（图 12－21）。单人背运可提高效率，也有利于控制减少磕碰。靠墙立放时，如靠在装修过的墙面，应注意不要划伤墙面，污物不要涂抹到墙面。

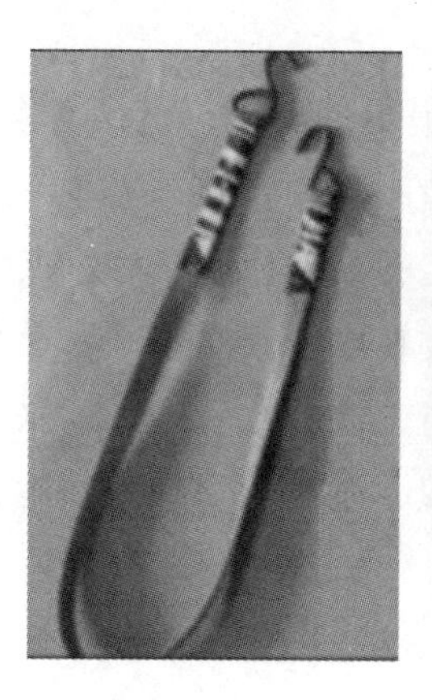

图 12－21　运送钢质户门的背带

（2）拆除门的包装前，应先核对该门型号规格是否与该洞口相符。拆除包装时应保留门上的保护膜，去除门安装后不易撕除的部分，能保留的全部保留。拆除包装后应首先检查门的外观，发现外观存在问题且无法在现场修复时，应立即停止安装恢复包装。安装过程中钢质户门需要平放时，可将拆除的硬纸壳包装全部打开平铺在地面上。

（3）先将门锁装在门上，将钥匙插入锁芯，将需要使用的连接板安装在门框上。

（4）在门扇开启 90°的位置，在地面铺垫一块木方，在木方下方垫一块砖（用于调节木方的高度），如图 12－22（a）所示。根据前面弹线定位所做的洞口安装位置标记，在洞口的左、右两下角铺垫门下支撑物，如图 12－22（b）所示。要求是：左右一样高，且高度与“技术交底”规定的高度大致相等（一般在地面下 10mm 位置）。

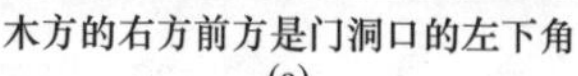

木方的右方前方是门洞口的左下角

(a)

(b)

图 12－22　在洞口下及附近设置门的支撑物

（5）将门移入洞口内，使其落在事前铺垫洞口左右下角的支撑物上；向墙面方推门，使其完全贴在墙面上；打开门扇，并调整事先铺垫在此处的木方和砖块，使门框可临时固定在洞口内，如图 12－23 所示。

### 5. 检查、调整门的安装位置

图 12－23　钢质户门安装在洞口临时固定示意

1）检查、调整门的安装位置，其工作内容和标准是：

（1）门框的贴脸花边与墙面的间隙应小于3mm，间隙大于3mm时检查出现间隙的原因，门框有问题修门框，墙面不平等原因询问用户是否继续安装。

（2）门的安装高度与“技术交底”约定的安装高度一致。

（3）门框的框口尺寸，上下口相同、左右相同，误差小于2mm。

（4）门框对角线之差小于2mm。

（5）门框的垂直度误差（包括左右和室内外两个方向）小于2mm。

（6）门框的左右位置，符合“技术交底”的约定，无明确要求时门两侧与墙的间隙应基本相等。

2）检查、调整门的安装位置，其方法是：

（1）使用撬棍在门的下角附近拨，调节门两侧的缝隙，如图12－24、图12－25所示。

图 12－24　用撬棍拨，调节门左右位置示意

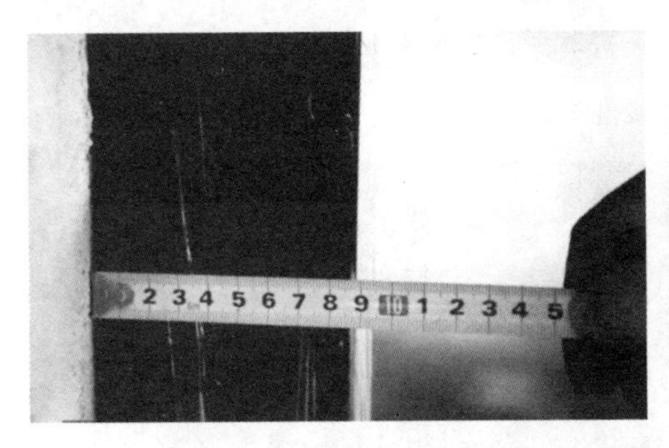

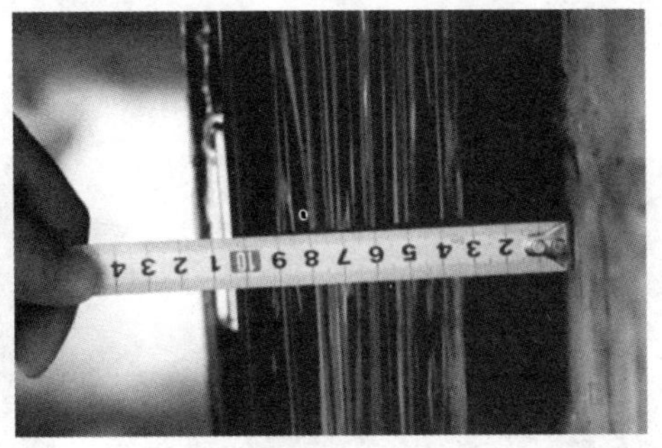

图 12－25　用钢卷尺测量门在洞口内的左右位置

（2）通过加减或更换材料，调整门下支撑物的高度，保证门的安装高度符合要求。调整门的高度时，应以建筑工地的施工标准水平线（50线、1m线等）为准，可在门洞口

的墙面上拉水平线（画出水平线），或直接用水平仪打出水平线，用钢卷尺测量门的高度，如图 12－26 所示。调整门的高度时可使用撬棍，如图 12－27 所示。

图 12－26　门安装高度测量示意

（3）门的贴脸花边有变形、墙面平度误差过大，都可致使门贴脸与墙的间隙过大。当门贴脸与墙的间隙过大（大于 3mm）时，可使用榔头敲击门框矫正变形。敲击门框时应使用木榔头，使用铁榔头时要垫木块，如图 12－28 所示。

（4）将磁力线坠贴在门的上部，用钢卷尺在门的下部检查门的垂直度，如图 12－29（a）所示；或将激光水平仪的垂直射线打在门的适当位置，用钢卷尺测量，如图 12－29（b）所示。

图 12－27　增减门下支撑物，调整门的安装高度

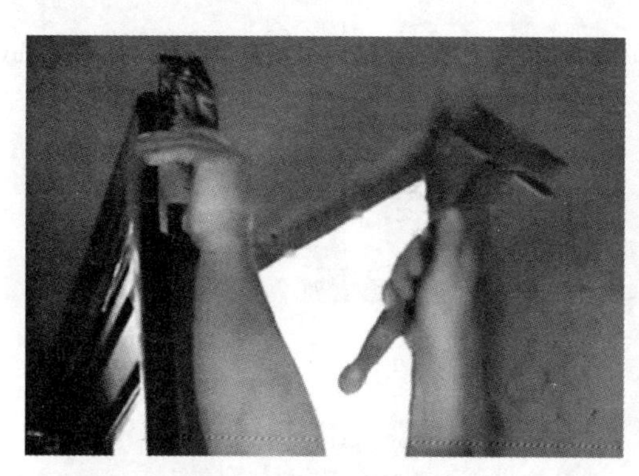
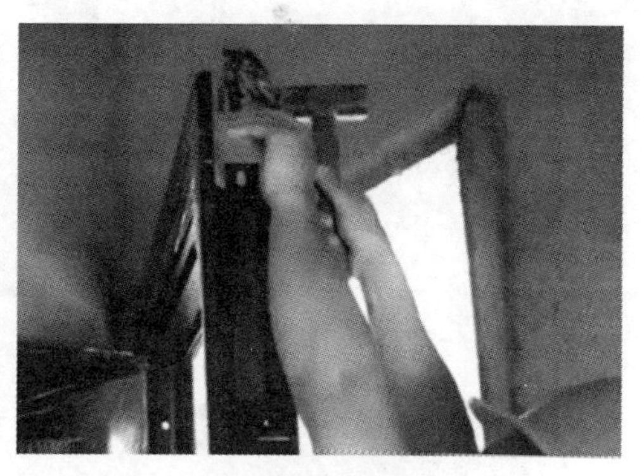

图 12－28　用榔头敲击的办法矫正变形

图 12－29　门垂直度测量示意

（5）调整对角线。制作完成后的钢质户门，其门扇对角线一般不会再有大的变化，也无法对门扇的两对角线之差进行调整。在钢质户门的安装过程中，当发现门的对角线有问题时，一般只能对门框两对角线的长度差进行调整，方法是在洞口内，在对角线的长边楔木楔子，加以校正。当两对角线之差较大时，可将门从洞口内取出，关闭门扇，将门向上抬起100～200mm，向地面墩，让对角线较长的门下角先着地。

（6）用敲击的办法调整门框直度。采用敲击的办法调直难度很大，很容易产生明显变形，应慎重使用。敲击时要击打型材的折弯处，被击打点表面要垫木块。

**6. 门框固定与调整**

钢质户门安装，门与墙体的连接固定方式很多，本部分内容主要介绍使用膨胀螺栓在混凝土墙、砖墙上固定的方法。使用其他方法固定钢质户门时也可参考。

1）基本程序：

（1）首先固定门框有门扇一侧最上端的固定点。

（2）在门框有门扇一侧最上端的固定点安装膨胀螺栓后，拆除门扇下的支撑物，观察门扇开启、关闭情况，发现门的安装位置有问题及时进行调整。

（3）检查确定门的安装位置不存在大的问题后，逐个在门的其他固定点安装膨胀螺栓。

2）膨胀螺栓安装方法：

（1）根据墙体特点，选用电锤、冲击钻打孔。

（2）钻头的大小应与膨胀螺栓相适应，以膨胀螺栓可插入孔内（可适当敲击），插入孔后不得松动为准。

（3）打孔深度除满足膨胀螺栓安装需要，还要再多加深40mm左右，为拆卸钢质户门提供方便。

（4）在墙上打出的孔，应与门上的过孔对正（位置不偏），应与墙表面垂直（钻要端平）。

（5）打孔后向孔内插膨胀螺栓时，螺栓上应有平垫圈和防松动的弹簧垫圈。插入时可用手锤向里砸，但用力要适当，不得损毁螺栓、螺母的丝扣。用手锤向里砸膨胀螺栓时，宜垫铜棒（也可以使用铁棒，但要选择硬度低的材料），如图12－30所示。

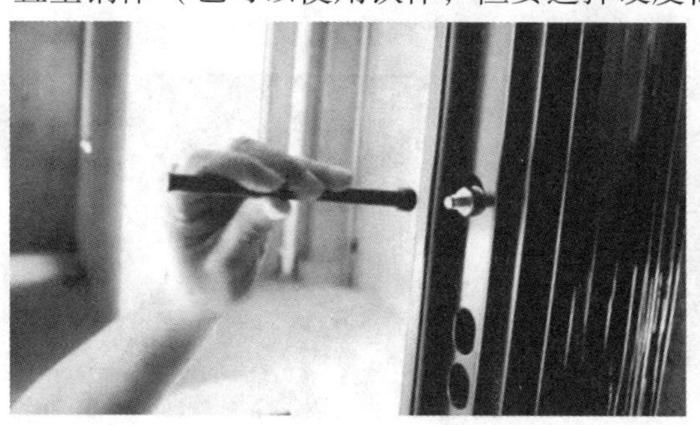

图12－30　安装孔内装膨胀螺栓示意（一）

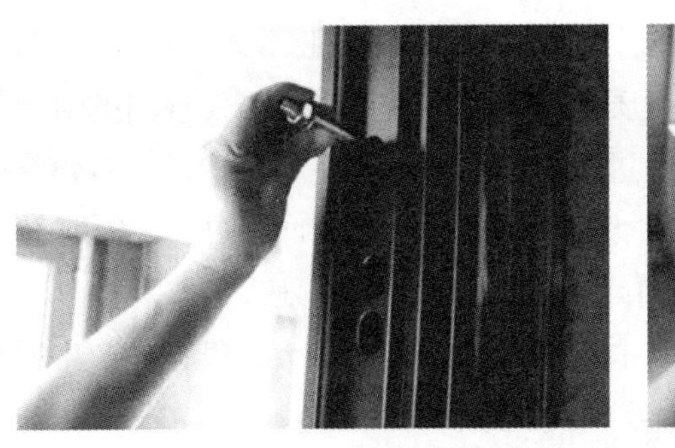

图 12－30　安装孔内装膨胀螺栓示意（二）

（6）膨胀螺栓结构，如图 12－31 所示。膨胀螺栓长度 $L$ 一般在 100mm 左右，当门与墙体间有明显间隙时，可选用加长膨胀螺栓，长度 $L$ 等于 150mm 的螺栓。当门框与墙体间有缝隙时，应用木块将螺栓下的间隙垫实垫平。锁紧膨胀螺栓螺母时，应注意膨胀螺栓的套管是否可顶在门框上，套管如没有顶在门框上，锁紧膨胀螺栓螺母时则应注意锁紧力度，大力锁紧螺母可能会引起门框变形。

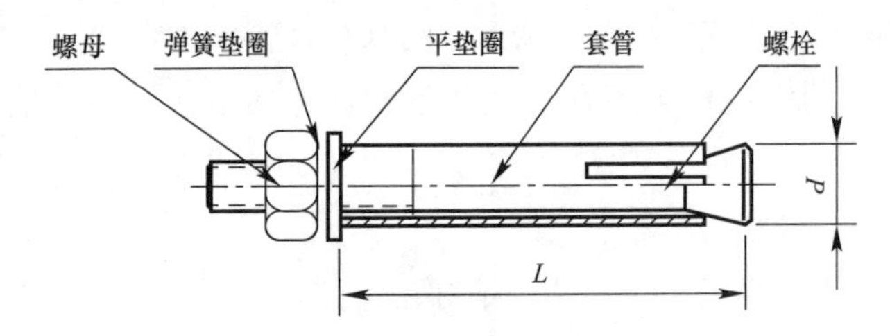


图 12－31　膨胀螺栓结构

锁紧膨胀螺栓螺母宜使用 T 形外六角套筒扳手，如图 12－32 所示，有利于提高工作效率，也有利于控制锁紧力度。螺母锁紧后用孔盖将螺栓孔盖住，如图 12－33 所示。

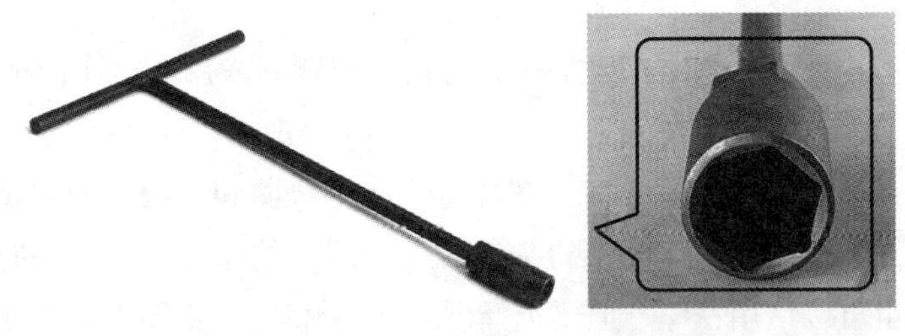

图 12－32　T 形外六角套筒扳手

图 12－33　户门安装孔盖示意

3）观察门扇开启、关闭情况的方法：

（1）观察门扇是否有自动开启、自动关闭的情况。有自动开启或自动关闭的现象，说明门垂直度可能有问题。门框上部向开启方向倾斜时，门扇会自动开启；门框上部向关闭方向倾斜时，门扇会自动关闭。

（2）开启、关闭过程，门扇上部开启侧（有锁的一侧）与框有剐蹭，有可能是门框该角的对角线偏短或门扇该角的对角线偏长（也有可能是其他问题，如框、扇的外形尺寸误差过大等）。在一般情况下，只有门框对角线尺寸可调，而门扇的对角线尺寸不可调，所以出现对角线问题，即便不是门框引起的问题，也只能调整门框对角线，但这种调整不能超出公差许可的范围。调试时可用手锤适当敲击剐蹭处，特别是剐蹭处有毛刺时。

（3）门扇关闭后有顺翘或倒翘现象，主要是因为门框、扇存在扭曲变形，如图12－34所示。

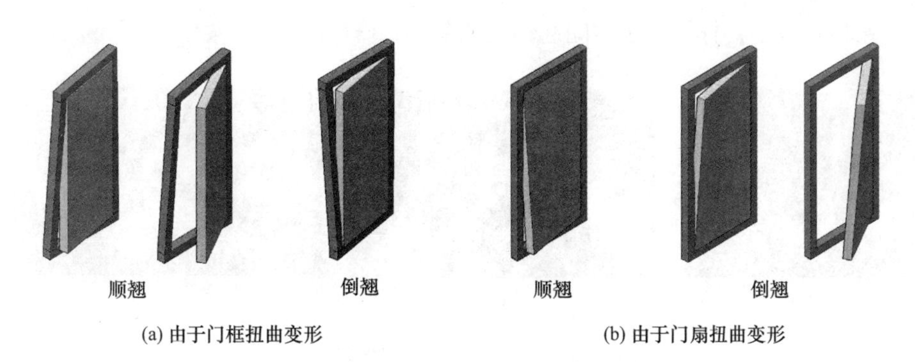


图12－34　顺翘、倒翘示意

为了表达清楚，图12－34所示的顺翘、倒翘画得比较夸张，扭曲度达到了10°。在实际工程中，扭曲度都在2°之内，且一般不是完全由于单纯的门框扭曲变形，或由于单纯的门扇扭曲变形，从而引起顺翘、倒翘。一般，倒翘在各种工程中都不允许存在；有的工程允许顺翘存在，但要求顺翘在5mm之内（扭曲变形在0.2°~0.3°之内）。

由于门框扭曲变形引起的顺翘、倒翘，门框的垂直度会存在问题，可以通过改变门框安装固定位置进行调整。调整门框安装固定位置时应注意：由于门框扭曲变形引起的顺翘、倒翘可能与墙面的平度有关，调整门框垂直度后，门框贴脸花边与墙面的间隙可能会有变化。

调整由于门扇扭曲变形引起的顺翘，可在门扇的上部，在门的框扇间垫上适当的物料，用适当的外力强制关门，使门扇产生塑性变形减少门扇的扭曲度；调整由于门扇扭曲变形引起的倒翘，可在门扇的下部，在门的框扇间垫上适当的物料，用适当的外力强制关门，使门扇产生塑性变形减少门扇的扭曲度。

**7. 五金配件安装**

钢质户门与五金配件安装有关的内容很多，包括：门锁的锁芯、执手、门镜、防火门的闭门器和顺序器、门铃、防盗链、门吸、插销等的安装。本部分内容的重点是门框的安装。需要在此说明的是，钢质户门门框固定在墙上之后，或者说是固定在洞口之内后，应进行门五金件的安装，具体内容在本书12.3节。

**8. 框扇间隙调整**

钢质户门的门扇一般有上、中、下3个合页，如果3个合页的合页轴不在同一直线上，门扇在开启、关闭过程中可能会发出异响。钢质户门在制作和组装过程中会有一定的误差，门扇装到门框上后，门框扇间隙不合适框扇间可能会有摩擦，门锁在启闭过程中可能会有阻滞。这些问题可能与合页的安装有关。不同的合页具有的调节功能不一样，高级的钢质户门合页具有上下、左右、前后三维度的调节功能。不同合页的调节方法不一样，本教材在此仅介绍常用的隐形合页的左右调节。

（1）用六角扳手，拧松合页四角起连接、固定合页框片、扇片作用的4只螺钉，如图12－35（a）所示。

（2）用梅花扳手，拧松合页中间起锁紧调节螺钉作用的螺母，如图12－35（b）所示。

(a)

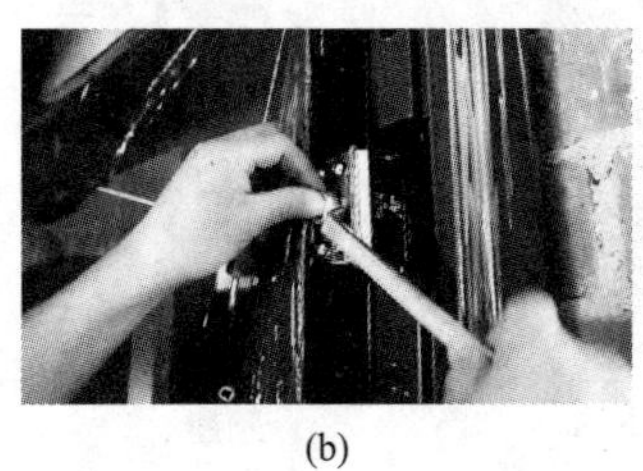
(b)

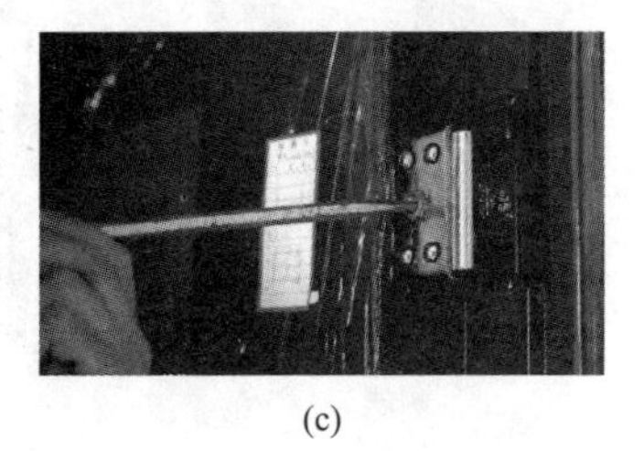
(c)

图12－35　隐形合页的左右调节示意

（3）用（一字）螺丝刀，调节合页中间有锁紧螺母的螺钉（转动螺钉后合页的框片与扇片的相对位置会发生变化），如图12－35（c）所示。

（4）调节结束后，拧紧调节螺钉外的锁紧螺母，拧紧合页四角起连接、固定合页框片、扇片作用的4只螺钉。

**9. 门框灌浆及缝隙处理**

1）门框填充混凝土砂浆。

（1）有防火功能要求的钢质户门。

对于绝大多数有防火功能要求的钢质户门而言，在门框内填充水泥素浆或C20细石混凝土，是一项必须要做的工作。

防火门的重要指标之一是防火隔热性能，简单地说就是门一侧发生火灾时，门另一侧在规定的时间内不会超过规定的温度。热传递有三个途径：热传导、热对流、热辐射。钢质户门的门框是钢质材料，产生热传导不可避免，但是在其型材的型腔内填充混凝土砂浆，可有效减少热对流、热辐射的热传递。因此，绝大多数有防火功能要求的钢质户门，在进行产品设计时就已规定需要在门框内填充混凝土砂浆，而且在进行防火检测时绝大多数有防火功能要求的钢质户门门框也确实填充了混凝土砂浆。安装有防火功能要求的钢质户门，不在门框内填充混凝土砂浆（包括在现场私自改为填充岩棉），会造成设计、检测、制造的不统一，是一种严重违规行为。

防火门的另一个重要指标是防火完整性能，简单地说就是门在发生火灾中不倒、不垮，保持完好的能力。钢材加热到一定温度后会发生软化，用混凝土砂浆填充钢质户门门框，有利于提高门的防火完整性能。

填充前应先把门关好，将门扇开启面的门框与门扇之间的防漏孔塞上塑料盖后，方可进行填充。填充水泥不能过量，防止门框变形影响开启。

（2）普通的钢质户门。

因为相关的国家标准、行业标准没有明确规定，对于普通的钢质户门而言，在门框内填充水泥素浆或C20细石混凝土，只是一项推荐性项目。

在门框内填混凝土砂浆有许多好处，除了防火功能外，还有以下两项好处：①可使门安装得更加牢固；②有利于减少门在关闭过程中产生的噪声。门框内原本是空心的，门框与墙体的实际接触面一般都很小，填充混凝土砂浆后可增大门框与墙体的实际接触面，有利于进行填缝处理。门在日常使用过程中，每次关闭门扇都会与门框产生撞击。在门框内填充了混凝土砂浆，增加了门框的质量（重量），可减少门扇关闭使门框产生的震动。门框震动减小后，门框产生的噪声也会明显减小。不灌浆，关门声音会很脆。

（3）混凝土砂浆的填充方法。

常见的在门框中填充混凝土砂浆的方法有两种：第一种，先将门安装在洞口内，在填墙缝的同时向门框内填充混凝土砂浆；第二种，先向门框内填充混凝土砂浆，待混凝土固定后再将门安装在洞口内。相对而言，普通的钢质户门采用第一种灌浆办法，也就是先安装门再灌浆的办法比较方便；而对于具有防火功能要求的钢质户门，采用第二种灌浆办法，也就是先灌浆再安装门的办法比较稳妥。

采用先将门安装在洞口内，然后再向门框内填充混凝土砂浆的办法，施工比较灵活，可以用腻子刀［图12－36（a）］、填缝抹泥刀［图12－36（b）］手工向门框内灌浆，也可以用灌浆器［图12－36（c）］向门框内灌浆。采用腻子刀、填缝抹泥刀，手工向门框内灌浆的效率最低，但比较容易控制。砂浆可以和得比较硬（用手能攥成团），不容易因灌浆引起质量问题。采用灌浆器向门框内灌浆的效率相对要高一些，但对施工人员的操作技巧要求也高。砂浆和得比较硬，灌浆器、灌浆机挤出困难；砂浆和得比较软，灌浆

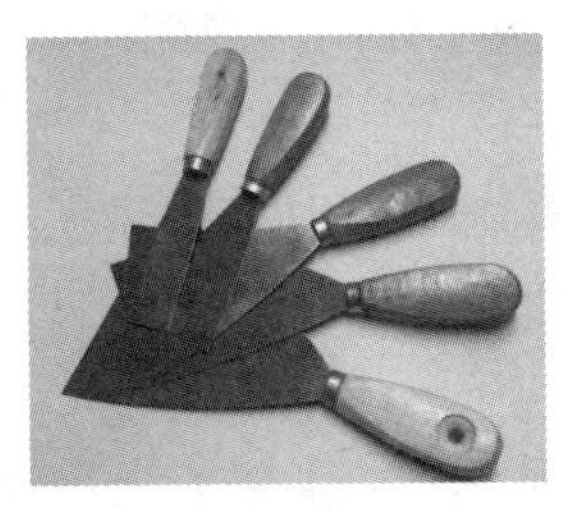

(a) 腻子刀

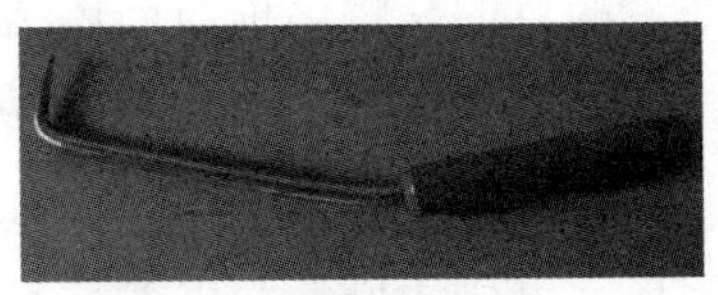

(b) 填缝抹泥刀

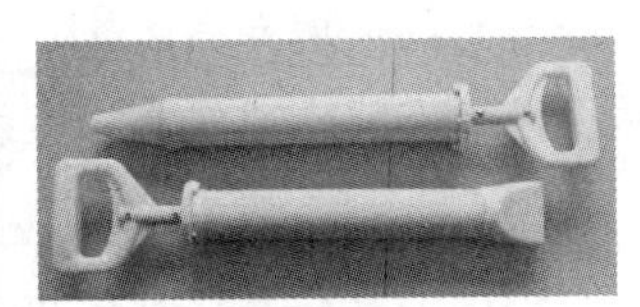

(c) 灌浆器

图12－36　常用灌浆工具示意

器挤出方便了，但砂浆易流淌，砂浆流淌到不应填充砂浆的地方会引起质量问题；用灌浆器向门框内灌浆的速度快，不熟悉门的结构的人员，很容易出现在不该灌浆的地方灌浆的错误。不管使用什么工具，采用先将门安装在洞口内，然后再灌浆的办法，易出现的通病是，门框内砂浆不易填满，不方便检查门框的灌浆质量。

先向门框内填充混凝土砂浆，然后再将门安装在洞口内的办法，其优点和缺点都十分明显。优点是稳妥。在门安装以前，可以直观地看到混凝土砂浆的填充情况，非常有利于控制产品质量。防火关系到人的生命安全，所以具有防火功能要求的防火门，先向门框内填充混凝土砂浆，再将门安装在洞口内，是一种最佳选择。缺点是用时长、效率低。钢质户门的门框上、下、左、右开口面都需要填充混凝土砂浆，四个面不能同时施工，将一面填充并固化后，才能将该面倒到下面或侧面，再开始其他面的填充。

门框填充混凝土砂浆后，固化需要一定的时间，应注意做好保护工作。使用普通的水泥，天气好的情况下，一两天可以固化，梅雨天可能需要三天时间。

已决定在门框内填充混凝土砂浆的钢质户门，在填充砂浆前（先在洞口内装门，后灌浆的门，在门送入洞口前）应对门框内的有关孔洞、缝隙进行封闭，防止砂浆流到不应填充砂浆的地方。

门框填充砂浆工作结束时，应使用干净的湿棉布将遗撒在门表面的混凝土砂浆擦干净。擦拭时用力要适当，防止砂子划伤门的装饰表面。使用过的棉布，也就是黏附有混凝土砂浆的棉布，应用水洗净后再用。

2）填充发泡剂。

有保温要求的钢质户门可在门框内填充聚氨酯发泡剂。在门框内填充聚氨酯除了可增强门的保温作用，还可增强门的安装牢固性（没有填充混凝土砂浆效果好）。在向门框内填充聚氨酯发泡剂之前，应先清除掉墙体、门框上的表层浮尘。聚氨酯发泡剂的填充量要适当。聚氨酯的发泡需要一定的时间，用量过多，发泡后的聚氨酯会逐渐从墙缝中挤出，甚至会滴落到门上，造成污染。对于膨胀出门框与墙体间缝隙表面的聚氨酯，应等其固化后再用壁纸刀切除。

3）门框与墙体间隙的嵌缝处理。

门框内未填充混凝土砂浆和聚氨酯发泡剂的钢质户门，安装后应对门框与墙体周边的缝隙进行嵌缝处理。具体做法是，用填缝抹泥刀，向门框与墙体间的缝隙手工填充1∶2的水泥砂浆或强度不低于C20的细石混凝土。

嵌缝与门框填充有区别：嵌缝的目的是将门框与墙体结成整体，门框填充的主要目的是将门框型材变成实心；嵌缝的用灰量少，门框填充的用灰量大。

4）打密封胶。

钢质户门（包括已在门框内填充混凝土砂浆、聚氨酯发泡剂的钢质户门，以及已用混凝土砂浆嵌缝的钢质户门）安装后，应在门框与墙体连接处打建筑密封胶。门框与墙体连接处的胶线要饱满，防止因建筑密封胶干缩出现缝隙。

**10. 清理与检查等**

1）自检。

钢质户门安装后，安装人员对门进行最后的检查，在有条件的情况下，不仅要自检，还要互检。检验标准应符合“技术交底”的约定，其中包括约定使用的国标、行标、企标，以及用户对门的安装的特殊要求。

2）现场清理。

钢质户门安装后，应对施工现场进行清理。清理的内容包括三个方面：

（1）对门的清理。撕除门上所有没有保留必要的贴膜，将门擦拭干净。

（2）环境清理。将施工现场清扫干净，将包装纸箱等可回收物品放到指定的位置，将垃圾集中到指定位置。严禁从楼上向下抛投垃圾。

（3）工具、用具清理。工作结束后要对各种自备工具进行清理，按规定收纳。工作结束后，要及时归还在施工现场借用的各种工具、用具，拆除临时电源线。

3）成品保护。

（1）在门正式投入使用前应保留的贴膜均应保留，有脱落现象时应用胶带粘贴好。按“技术交底”要求，为门加装保护套，或粘贴某种附加的保护罩、保护性标识等。

（2）在正式验收之前，安装人员应对门钥匙的保管负责。安装人员撤离（某樘）门的安装现场时，按事先的约定处理是否锁门的问题，不管是否锁门，均应将门钥匙带走，并为钥匙做好房号标记。门锁如是AB钥匙，安装人员不得随意打开“主人钥匙”（B钥匙）的包装。

## 12.3 钢质户门五金配件安装

### 12.3.1 锁体安装

#### 12.3.1.1 机械锁锁体

人们对锁的理解有两种理解：第一理解是，门锁是一套完整的控制门开启、关闭的装置，至少应包括钥匙。比如，我们在市场上买锁，必然是买有钥匙的门锁。第二理解是，锁是锁，钥匙是钥匙，正如人们常说的一把钥匙开一把锁。钢质户门出厂时安装的门锁，是没有锁芯及钥匙的门锁，在门业行业许多人将其称之为锁体。

在一般情况下，钢质户门安装不会牵扯到锁体的安装问题，因为绝大多数钢质户门在出厂时已完成了锁体的安装工作。然而伴随着中国社会的进步、中国门业的进步，近年来钢质户门涉及锁体安装工作越来越多。首先，在门的安装过程中，门锁也有出现质量问题的风险，有时会出现不更换锁体无法达到质量要求的问题。其次，现在门锁的品种很多，用户对此了解并不十分清楚，订货后又提出了更改要求。比如要求使用快锁、要求使用指纹锁等等。最后，有大量的老式钢质户门已使用了十几年，门框扇整体情况还不错，但门锁质量已出现了问题，需要更换。

**1. 更换同型号的锁体**

在安装阶段，处理因锁质量出现的问题，相对比较容易。在一般情况下，钢质户门的安装企业就是钢质户门生产企业，或者是钢质户门生产企业的合作伙伴，通过已有的供货渠道再订购一把同型号的锁，更换有质量缺陷的门锁，问题便可得到解决。

常用的机械锁如图 12－37 所示。拆卸锁体时，用十字螺丝刀将图 12－37（c）中所圈出的 4 只螺钉拆除，锁体便可从门扇上摘下来。往下摘锁体时，锁体上的天、地插销抓钩（图 12－37（b）圈出的部分），与门扇内天、地插销抓钩孔（图 12－37（a）、（b）用圆圈标出的部分），相互摩擦会有一些阻滞。个别钢质户门用这样的办法拆不下来，因为门锁与天地插销的连接不是依靠抓钩，而是销子（图 12－36（c），该图虽然是横竖锁叉的连接，但与锁叉和锁体的连接是一个意思），不拔除销子锁体拿不下来。

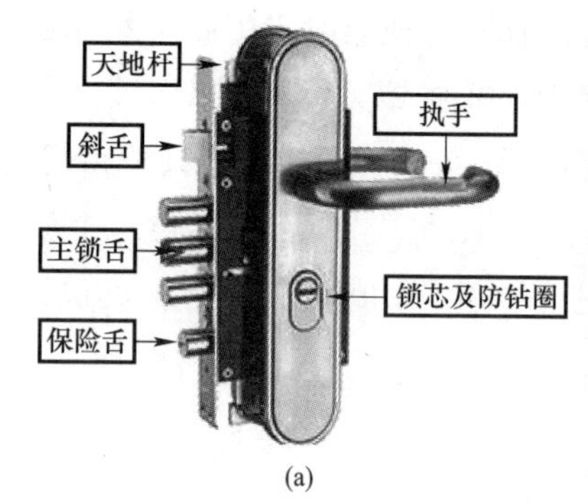

(a)

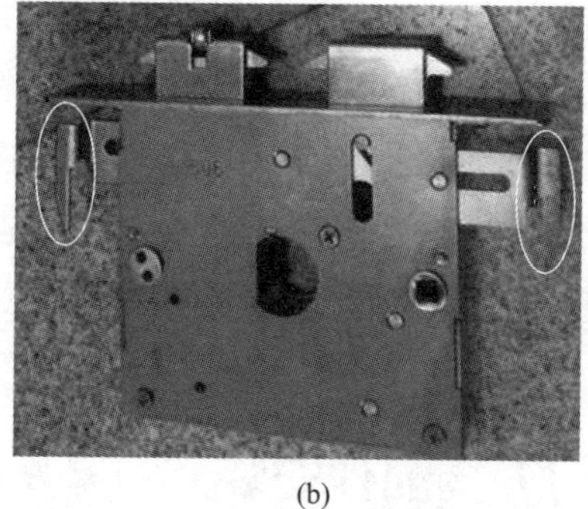
(b)

(c)

图 12－37　机械门锁示意

安装锁体的过程与拆卸锁体的过程相反。先将锁体上的天地插销抓钩插入门扇上的天地插销抓钩孔，然后再安装固定锁体的 4 只螺钉。更换锁体的难点是将锁体上的天地插销抓钩插入门扇上的天地插销抓钩孔（空间有限，不方便观察，不方便操作）。安装时宜先装地插销（下插销），然后再安装天插销（上插销）。安装时可用电筒向门体内部照射，为观察提供方便。安装时还可把手指从锁孔伸入门体内，依靠触摸协助安装。

(a)

(b)

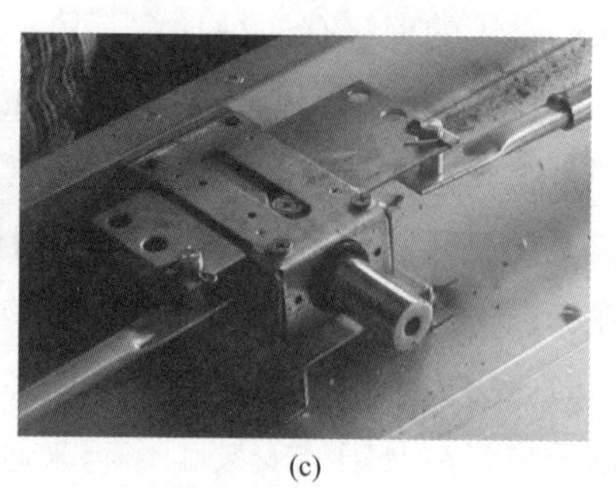
(c)

图 12－38　门扇内天、地插销抓钩孔示意

**2. 更换不同型号的锁体**

若用户订货后提出更改门锁要求，或为老式钢质户门更换锁体等，是十分麻烦的工作，对安装人员的技术要求很高。这其中包括操作技术，也包括对钢质户门结构的了解，对常用各种门锁的了解。

在一般情况下，更换门锁都需对原有的门扇进行改造（现场不具备对门扇进行大改造的条件，改造后的门扇也很难达到质量要求）。更换不同型号的锁体，新锁（新型号的锁）除功能外，其结构、尺寸等都应与旧锁（原有型号的锁）一样。需要确定的参数很多。

1）需要确定的规格、功能类参数

（1）内开、外开，如图 12－39 所示。

目前我国多数钢质户门的门锁全都内外开通用，也就是斜锁舌可翻转 180°很方便，几乎所有人都能操作；有的门锁斜锁舌虽可翻转 180°，但很麻烦，需要把锁体拆开，动手能力差的人很难操作，也就是内外开不通用。

（2）左开、右开，如图 12－39 所示。

目前在我国，左右通用的门锁，也就是锁体的室内面与室外面一样，左面的锁体水平 180°后，与右面的锁体一样的门锁，在钢质户门使用的比较少。

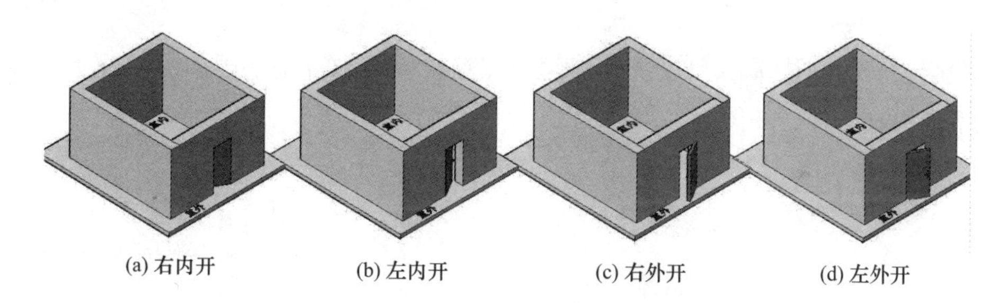

(a) 右内开　(b) 左内开　(c) 右外开　(d) 左外开

图 12－39　左开右开、内开外开示意

（3）双钩门锁，如图 12－40（a）所示。

目前我国大多数钢质户门的门锁都没有钩，主锁舌有方形、圆形、椭圆形多种。双钩门锁锁闭后，锁舌能钩住门框上的护口，更有利于防盗。类似的措施还有在圆形主锁舌的前端附近开一圈宽 2～3mm、深 2～3mm 左右的沟。图 12－40（b）、（c）是一个横向锁叉图，与前述的门锁锁舌有相似的结构。

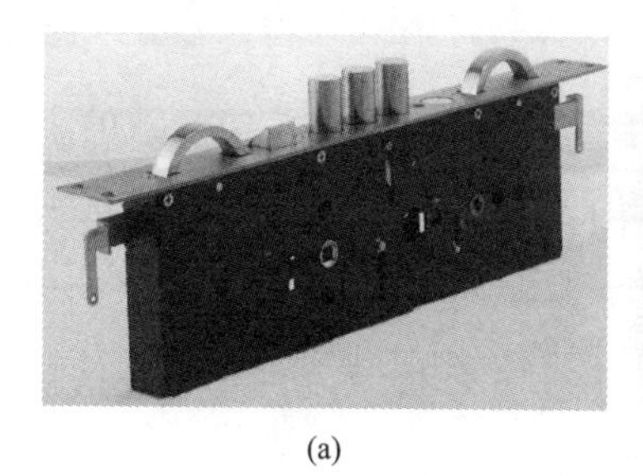

(a)

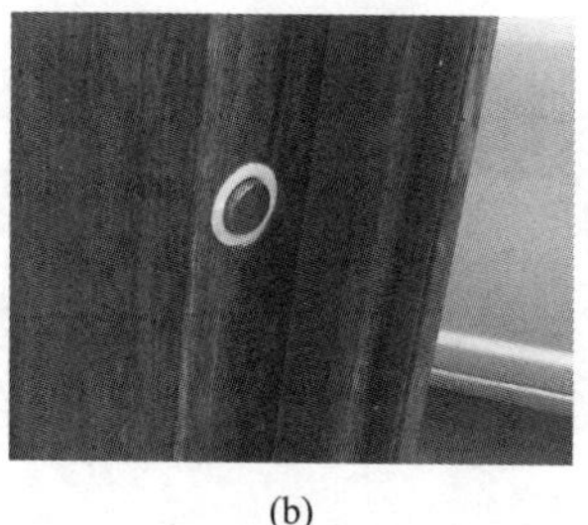

(b)

(c)

图 12－40　双钩门锁、横向插销（锁叉）示意

（4）双活、单活。

双活、单活都是说执手的活动能力。单活是指门的室内执手可活动，而室外执手不可活动。双活是指门的室内执手和室外执手均可活动。在主锁舌、保险锁舌没处于锁闭的情况下，关闭钢质户门的门扇后，门扇不会自动打开。因为这时门上的斜锁舌，也就是日常生活中常说的门上的风钩，会阻止门的开启。一般的住宅用户安装的钢质户门，多为单活户门，在室内可操控执手开启门扇，在室外则不可操控执手开启门扇，当然在室内外均可使用钥匙开启门扇。进出人员较频繁建筑上安装钢质户门常选用双活户门，在室内外均可操控执手开启门扇。目前我国的单活钢质户门，大多数是通过安装单活执手实现的，但通过安装单活锁体来实现的门也不少见。常见的钢质户门，其门锁及室内外执手穿有一方钢，如图 12－41 所示，并依靠其实现联动。单活锁体用来穿方钢的孔是盲孔，门的室外没有方钢。

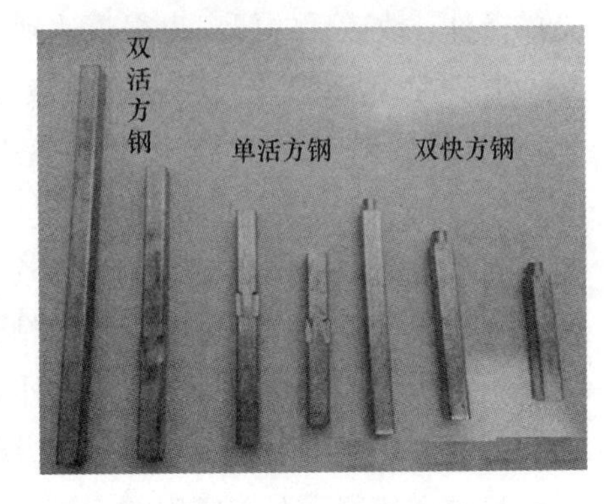


图 12－41　门锁、执手用方钢示意

（5）双快门锁。

双快门锁分为双快单活和双快外固两种，双快单活和双快外固的室外面不一样，双快门锁室内面都一样，如图 12－42 所示。

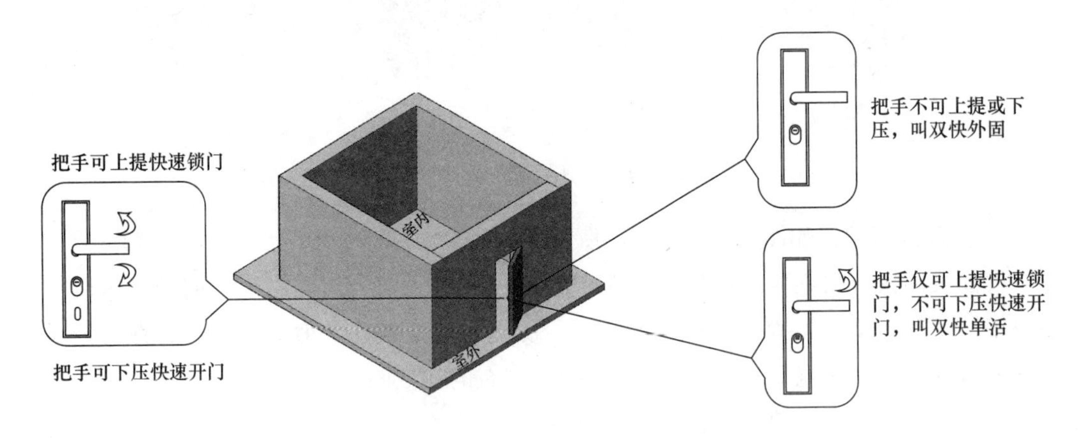


图 12－42　双快锁示意

所谓双快是指快开、快锁。开锁时，向下压执手（把手），处在关闭状态的主锁舌可快速变成开启状态，叫快开。关锁时，向上提执手（把手），处在开启状态的主锁舌可快速变成关闭状态，叫快锁。之所以用快字，是因为一般的钢质户门用锁，启闭门锁或者说是改变主锁舌的启闭状态，需要用钥匙，且需要转两圈，用时相对较长。

（6）防风锁舌。

绝大多数用户在使用单活钢质户门时都有一个不太好的习惯，进门后不会随手把主锁舌或保险锁舌锁上。这种习惯在白天的时候还好一些，在夜晚则有较大的问题，特别是使用内开单活钢质户门的用户。内开钢质户门斜锁舌的斜面朝向室外，门关闭后门的框扇间有缝隙，使用弹性、硬度、形状适当的薄钢片、薄塑料片即可拨动斜锁舌，打开门扇。图 12－43（a）所示是一种可防插片拨动的钢质户门门锁。该锁的斜锁舌（风钩）分成三个叉，两个外面的叉斜面一样，中间叉的斜面与前两个叉相反。这样用薄钢片、薄塑料片拨动斜锁舌不会将力作用在斜面之上，不会拨动斜锁舌。另外，这种斜舌一般都采用了三叉式静音设计，在打开或闭房门时噪声非常低。有效地避免了用户在开门或者闭门时打扰到正在休息的其他人。除了图 12－43（a）所示的门锁，市场上还有一种图 12－43（b）所示的门锁，作用与图 12－43（a）所示的门锁相差不大，

(a) 三叉斜锁舌(风钩)

(b) 双向斜锁舌(风钩)

图 12－43　防插片门锁示意

2）需要确定的尺寸有：

（1）锁体外壳的外形尺寸；

（2）锁体外壳侧饰板的外形尺寸；

（3）锁体外壳侧饰板上的安装孔位置；

（4）锁芯的样式和位置；

（5）执手的安装位置；

（6）执手面板的安装位置；

（7）斜舌（风钩）位置；

（8）保险舌位置；

（9）天地插销的安装位置等。

**3. 根据锁体特点粘贴警示标志**

目前绝大多数用户在选择钢质户门时都会对其提出防盗的要求，门业企业销售的产品防盗性能不好，用户就不会选用。不管用户的使用方法是否正确，钢质户门一旦出现被破坏，用户人身、财产遭受损失的情况，门业企业的声誉都会受到影响，甚至门业企业还会因此受到经济上的连带损失。

目前许多钢质户门用户使用门锁的方法不正确，主要表现有以下两种：第一种是主

人外出时锁门的方法不正确，没有把主锁舌扭出来或者没有把主锁舌全部扭出来。第二种是主人进屋后锁门的方法不正确，进屋后只是把门关上了，没有把主锁舌扭出来，或没把保险舌扭出来。两种错误的方法有一个共同的特点，没有用主锁舌锁门，根本就不能让门锁发挥出全部防盗功能。更严重的问题是，有些型号的门锁处于这种状态时十分好撬，在门外的执手上加一支小套管，用力一压门就可以打开，声音很小、速度很快。许多住宅小区都统一安装了同型号的钢质户门，极易出现多家同时被盗的情况。

锁的防盗等级，是在主锁舌处于锁闭状态下，也就是主锁舌全部扭出（向外伸出，共有两档）的状态下，进行试验得出的结果。斜舌的锁闭功能并不是防盗等级的考核项目。用户没使用门锁防盗功能，被盗后不应指责门的生产厂家，理应自负其责。但是，门业企业没有告知用户不锁主锁舌不能发挥锁的防盗作用，就没尽到其告知义务，发生被盗事件后，门业企业则可能被要求承担连带责任。在门上贴出门锁使用警示，对门用户、对门业企业都有好处。

#### 12.3.1.2 电子锁

**1. 电子锁定义**

这里所说的电子锁是指在钢质户门上使用的电子防盗锁，其定义是：以电子方式识别、处理相关信息并控制机械执行机构实施启闭且具有一定防破坏能力的锁。

**2. 电子锁分类**

电子防盗锁的种类很多，有按键式、拨盘式、磁卡式、IC 卡式、生物识别式（人的指纹、掌纹、面孔、发音、虹膜、视网膜等），还有可通过手机微信、短信、APP、蓝牙等遥控的无线锁具。

**3. 电子锁的优点**

电子防盗锁可为人们带来许多便利：

（1）用户可以省去携带钥匙的烦恼。

（2）突破依靠锁具提供单一防盗保障的局面，借助互联网、物联网为用户提供包括更有效防盗的多种安全保障和更多的生活工作便利。从长远的观点看，电子门锁是钢质户门的智能化的基础，产品智能化可催生出许多新的服务和市场，是社会的发展方向。

（3）摆脱了机械锁从普通级→A 级→B 级→超 B 级……技术开启与技术防范 3 ~ 5 年一升级，用户利益无法保证的旧的发展路径。

正是因为使用电子防盗锁有许多好处，在钢质户门行业电子防盗锁应用会越来越多。在我国善于使用电子防盗门锁的企业和人员很多，但从整体上看，目前善于使用电子防盗门锁的企业和人员，在钢质户门行业还属于少数。电子门锁在我国有很大的发展空间，在不远的将来，安装调试电子防盗门锁必将成为有关从业人员的基本技能。

**4. 对电子门锁安装人员的要求**

安装、调试电子防盗门锁，需要较高、较全面的技能。

（1）安装人员应具有安装调试机械门锁的全部技能。具有安装、调试机械门锁所需的钳工技能和扎实的门业基础知识，是从事电子门锁安装的先决条件。门锁安装不正确，门扇打不开、关不上，门锁安装不牢固、不美观，电子门锁有再好的功能用户也不会满意。

（2）安装人员需要较强的电工学、电子学等技术。这是从事电子门窗安装的根本。电子门锁以电子方式识别、处理相关信息并控制机械执行机构实施启闭，其控制系统的种类很多，涉及多种载体的数字密码、电子电路和传输方式，每一项都是一种专门的学问。电子门锁涉及的电子元件很多，其中任何一件出现了问题，整樘门都有可能瘫痪。各种电工、电子元件都存在老化问题，都有可能出现质量问题。所以目前我们见到的绝大多数电子门锁都有两套以上的电子系统，比如有指纹识别门锁，也可能有手机APP控制系统、按键式数码控制系统，包括用传统的钥匙打开门锁。目前我国锁业、门业向用户提供的服务，有许多都是订单式服务。电子锁安装人员需要根据钢质户门用户的订单要求提供服务，在安装过程中要对各种电路和元件进行测试，需要掌握的知识很多。

**5. 在已有的钢质户门上安装电子锁的难点**

（1）安装固定锁体很困难。旧的机械锁锁体与新的电子锁锁体，在外形尺寸上可能不太一样。当两种锁的差异不太大时，可以通过对旧锁孔进行修改、调整，以适应新锁的安装需要。但是，当两种锁的差异比较大时，小规模的修改、调整可能根本不能满足新锁的安装需要，强行修改后即使在表面上看不出什么问题，也可能会留下安全隐患。图12－44是一个没装面板的半成品门扇。从图12－44中可以看到，锁体的加强防护装置上有许多孔，任意变更锁体，很可能使门扇上的防护装置失去其应有的防护作用。

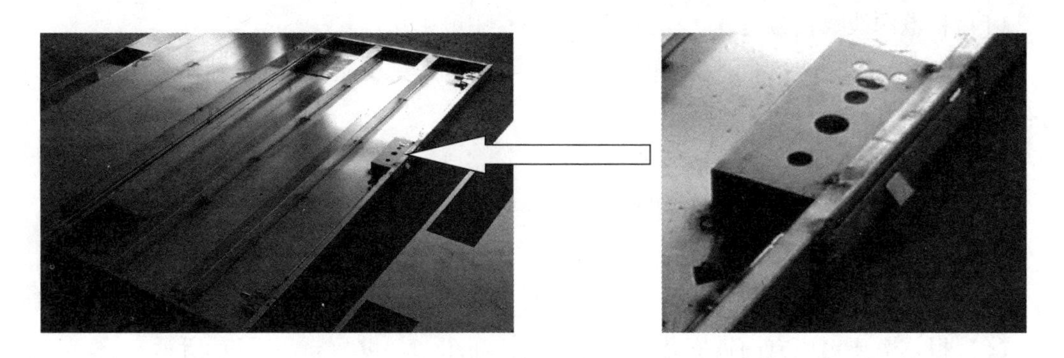

图12－44　门扇内门锁处的加强防护措施示意

（2）在已有的钢质户门的门框、门扇内铺设电缆很困难。安装机械锁的钢质户门一般都不用电，而安装电子锁的钢质户门一般都会有外接电源，有时还会用到通信电缆，如图12－45（a）所示。门锁在门扇的开启一侧，但锁中的导线则不可能从门扇开启侧引出，甚至上侧、下侧也不行。锁中的导线只能从门的合页一侧引出，因为在门的开启、关闭过程中，合页侧门框扇相对位移量小。图12－45是一个安装在门框扇间弹簧导线套管。电源线、通信缆等导管内穿过，可以根据实际使用情况轻松调节长度，可以有效防止因框扇的相对运动而碾压导线。这种工作说起来容易，真做起来有时很难。

如图 12 – 45（b）所示，显示的是一樘在组装过程中的门扇，从中可以看到，门扇内有一个竖向的 U 形加强筋，导线如果想从合页侧（画面左侧）引出，必须在加强筋上打过孔。问题是在一樘还没装面板的门扇的加强筋上打个过孔问题还不大，但在实际工作中，绝大多数已有的旧门，其门扇面板很难打开，想在门扇加工一个过孔，其难度可想而知。

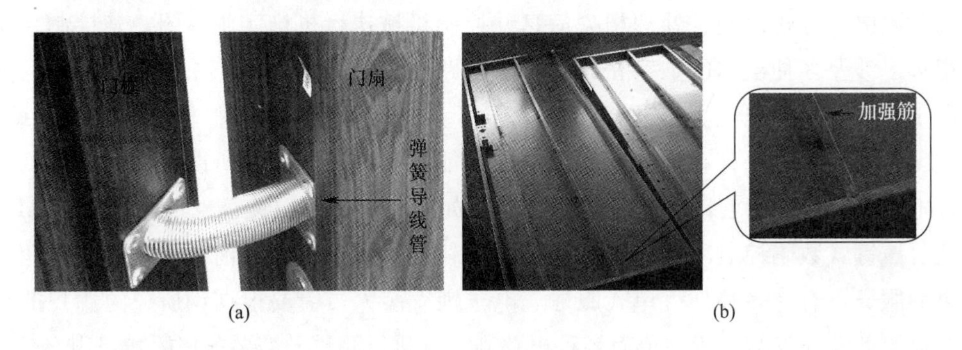


图 12 – 45　门扇内的电缆导线示意

**6. 电子门锁安装步骤**

包括电子门锁在内，绝大多数钢质户门在制造过程中已完成锁体安装工作，可以认为钢质户门安装部分的内容，不包括锁体的安装。然而，门锁在使用过程中会出现质量问题，用户在订货后也可能提出更换门锁的要求。鉴于更换有质量问题的电子门锁，其过程和步骤与更换有质量问题的机械门锁，并没有太大的差异，所以本部分的内容重点讲述在已有的钢质户门上将机械门锁更换电子门锁的问题，具体步骤如下：

（1）将电源线、信号电缆，引到门附近的专用电闸箱内。

最好将门附近的导线都埋在墙内，相对于明线这样更美观、安全，但应留有接线盒，方便安装维修。

（2）在门框合页侧，打安装弹簧导线套管所需要的过孔。

（3）铺设电闸箱到门框安装弹簧导线套管处的电源导线、信号导线。

（4）拆除旧的机械锁。

（5）核对原有门锁安装孔与新的电子锁的差异，如图 12 – 46（a）所示。

（6）根据需要对原有门锁安装孔进行修改，如图 12 – 46（b）~（d）所示。

无修改必要时不修改。修改量较大时应与用户协商共同确定修改方案，直至停止安装恢复原状。

（7）在门扇适当位置打铺设电源线、信号线的过孔。

（8）铺设门扇上的电源线、信号线，包括安装与门框相通的弹簧导线管。

（9）安装新的电子锁体。

（10）进行相关测试、调试、设置。

**7. 解决门扇穿线困难的办法**

在上述安装步骤中，铺设门扇上的电源线、信号线是一项项看起来简单，实际操作时却很难办的工作。在钢质户门的制造过程中，锁体安装工作被安排在安装门扇面板安装之前。此时铺设门扇内的电源线、信号线，确实比较简单，即便遇到如图 12－46 所处的状况，在加强筋上打个过孔，也不会有太大的难度。问题是为已有的使用机械锁的钢质户门改装电子门锁，门扇面板打不开，门扇内有加强筋、保温材料时，在门扇内穿线将变成一项很难办的工作。

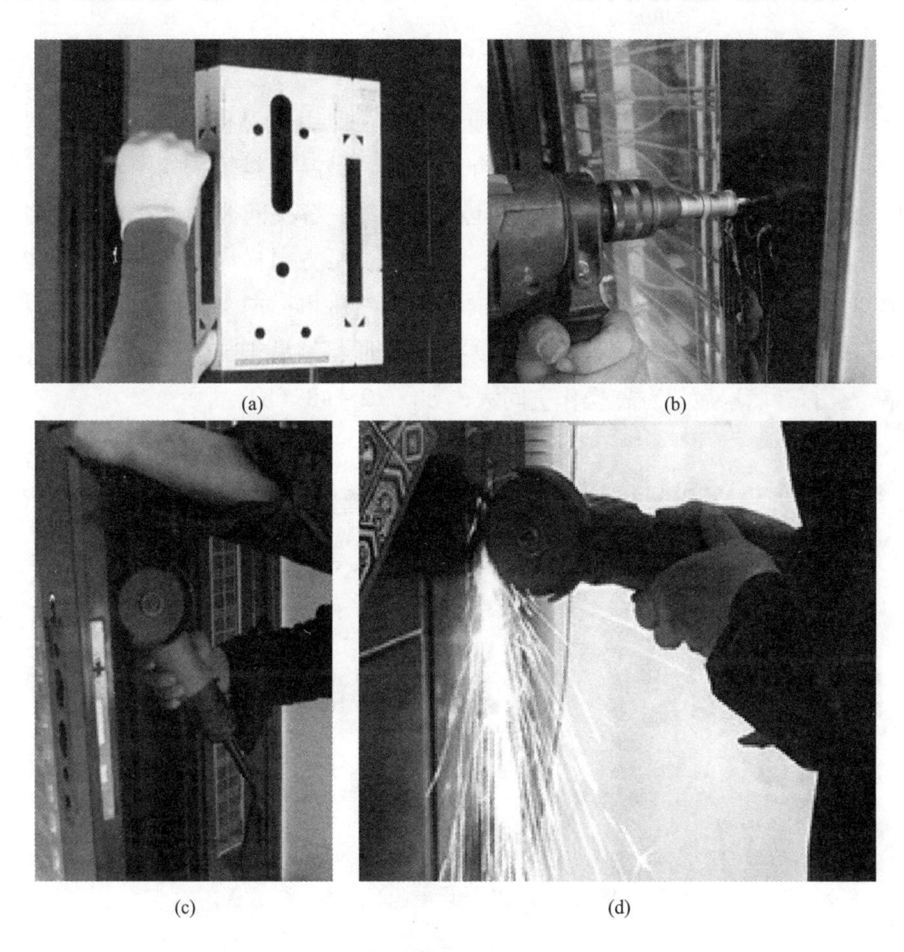

(a) (b) (c) (d)

图 12－46 核对修改门扇锁具安装孔示意

图 12－44 所示的门扇实际上有办法解决，因为该门是一种档次较高的门，使用中的门的门扇面板可以拆开，甚至还可以更换门扇面板，如图 12－47 所示。

图 12－47 可更换面板的钢质户门示意（一）

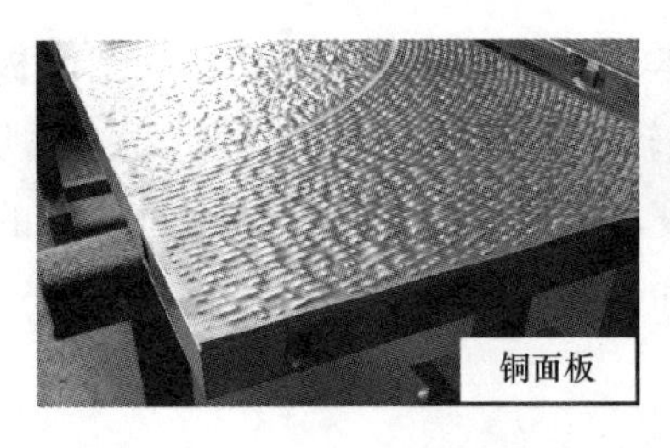


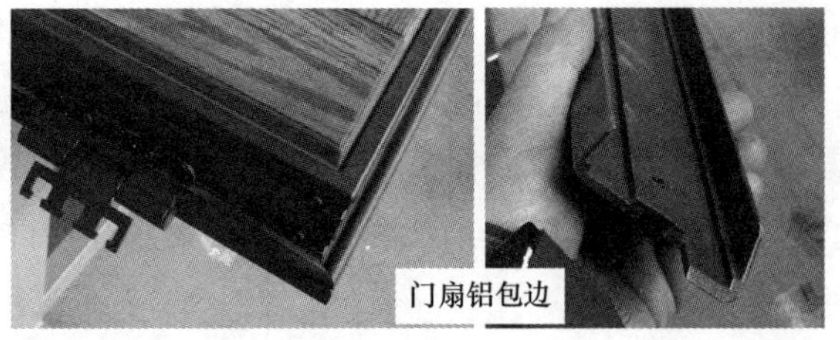


图 12－47　可更换面板的钢质户门示意（二）

对于绝大多数纯粹使用钢板制作的钢质户门，在使用过程和安装过程中，其门扇面板打不开（打开会有损毁），门扇内如果有加强筋、保温填料等，如图 12－48（a）所示，在门扇的侧面打了穿线孔，在门扇内也无法穿线。解决问题的办法是由门锁部位向上穿线，一直将电缆穿到门扇的上角附近，然后在合页方向横向穿线，最后将电缆从门扇合页侧弹簧导管引出。之所以要将导线向上穿，然后再横向穿，因为在一般情况下人们看不到门扇的上侧边，该封口料是一个倒扣的 U 形料，易于加工用于穿线的槽口，也易于封堵，且打开门扇后该位置操作空间大，如图 12－48（b）所示。

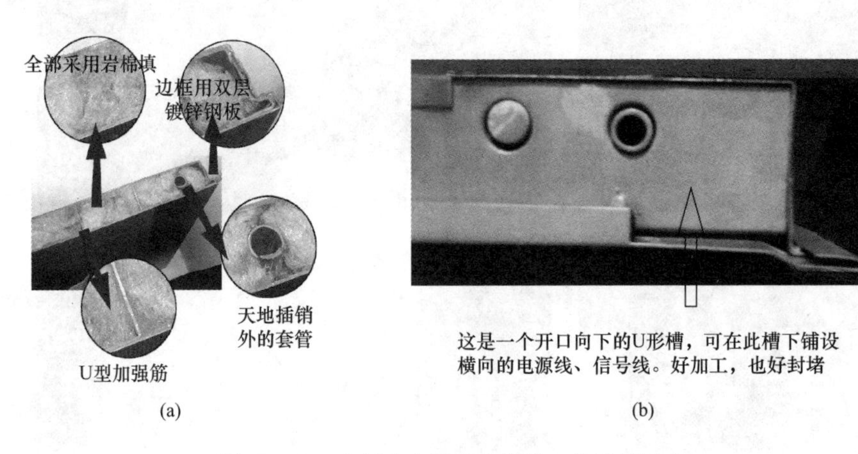


图 12－48　在门扇内铺设电源线、信号线示意

## 12.3.2　锁芯安装

绝大多数钢质户门在出厂时都不安装锁芯。为钢质户门安装锁芯是安装工必不可少的工作。另外，经过二十多年的发展，钢质户门在我国的应用已非常普遍，随之出现了两个问题：①早期安装使用的钢质户门已进入维修期，有许多锁具需要更换；②这些年来盗窃与反盗窃一直在博弈中共同发展，过去市场占有率非常高且完全符合国家标准的 A 级防盗锁，在目前的实际生活中则根本不能满足人们的需要，亟须更换。为现有的钢质户门更换门锁，也是钢质户门安装工的重要工作。

### 12.3.2.1　安装操作

锁芯的安装和更换，在操作层面一般不存在很大的难度。锁芯固定只有一个螺钉，将其拆掉锁芯便可卸掉，反之则可将其固定。图 12 - 49（a）下方的螺钉就是固定螺钉，图 12 - 49（a）上方圈出的孔就是固定锁芯的螺孔，12 - 49（b）、12 - 49（c）则是拆除锁芯固定螺钉并拔出锁芯的示意。

(a) 锁芯和固定螺钉

(b) 拆下与锁芯对应的螺丝

(c) 将锁芯拔出

图 12 - 49　更换锁芯示意

### 12.3.2.2　锁芯种类

相对于锁芯的安装操作，了解、表述锁芯的种类、等级、规格等显得更为重要。

**1. 锁芯形状**

钢质户门在我国快速发展了二十余年，其间使用过的门锁很多。在初始阶段，选用的门锁并没有统一标准，设计人员感觉什么锁结实、什么锁合适，就用什么锁。后来有了统一的防盗锁标准，其锁与普通的门锁并没有太大的差异，都是圆形螺纹锁芯门锁（行业内也有许多人称其为美式锁芯门锁），如图 12 - 50（a）所示。目前我国使用数量最大的钢质户门门锁，是葫芦胆形锁芯门锁（行业内也有许多人称其为欧式锁芯门锁），如图 12 - 50（b）所示。除葫芦胆形锁芯门锁外，我国许多知名的门业企业如王力、美心、盼盼等都有自己的异形锁芯，如图 12 - 50（c）所示。

**2. 锁芯截面尺寸**

钢质户门的种类很多，常用的葫芦胆形锁芯（欧式锁芯）尺寸如图 12 - 51（a）所示。

截面尺寸：图 12 - 51（a）中的尺寸 17mm、33mm，代表了锁芯截面的主要特征。葫芦胆形锁芯还有其他规格，如 15.5mm、30mm，木质室内门常用该规格锁芯。

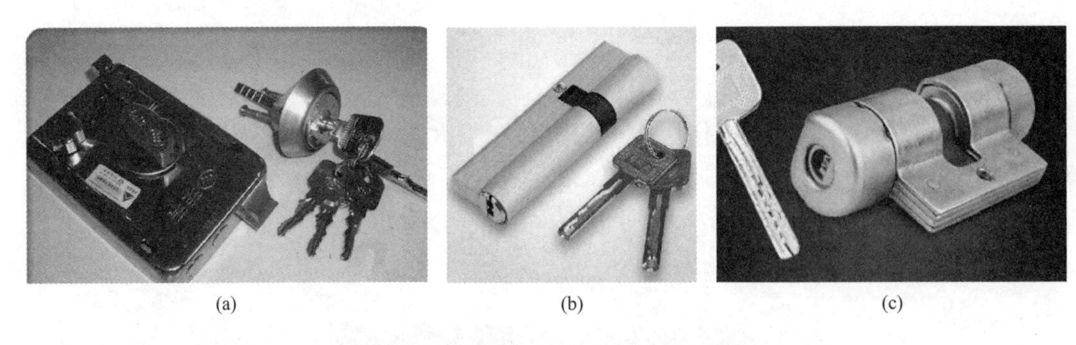


图 12－50 美式、欧式、异形锁芯示意

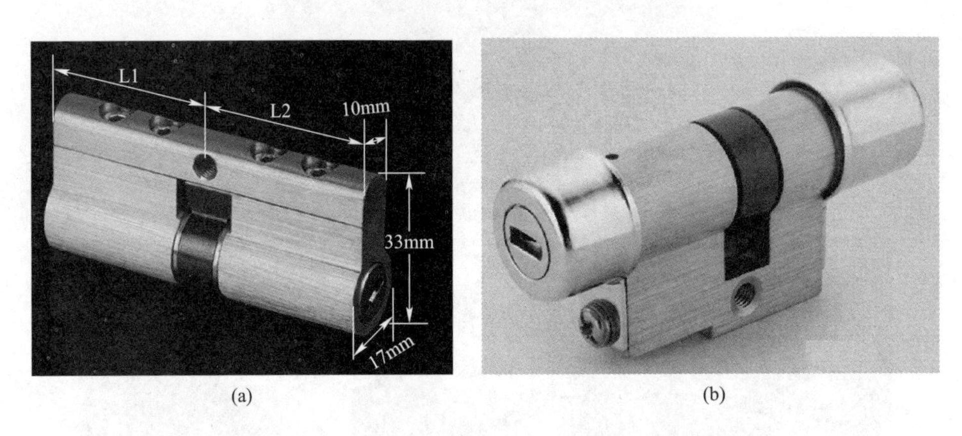


图 12－51 葫芦胆形锁芯（欧式锁芯）尺寸示意

**3. 中心、偏心**

中心、偏心是指锁芯拨头或锁芯安装固定的螺孔的位置，如图 12－51（a）所示，尺寸 $L_1$ 等于 $L_2$ 时为中心锁芯，$L_1$ 不等于 $L_2$ 时为偏心锁芯。常用锁芯总长度，也就是 $L_1$ 加 $L_2$，一般在 70mm 左右，门扇厚时锁芯总长度可达到 110mm 左右。

**4. 欧式圆头**

大多葫芦胆形锁芯室内外两端都是葫芦胆状，但室内外两端改为圆形的也不少见，如图 12－51（b）所示（需要与锁帽、执手面板配套）。

**5. 弹子锁、叶片锁**

锁芯的内部结构与门锁的性能有很大关系。弹子锁和叶片锁锁芯的差别是：单排弹子锁如图 12－52（a）所示，防盗性能最多只能达到 A 级；双排弹子锁如图 12－52（b）所示，有蛇形插槽，防盗性能一般可达到 B 级。叶片锁如图 12－52（c）所示，一般可空转（不是该锁的钥匙插该锁后，锁荡可空转，但打不开锁），防盗性能可超过 B 级。

**6. 锁芯的拨头**

常见的锁芯拨头有两种：一种是单齿拨头，参见图 12－51 和图 12－52；另一种是齿轮拨头，如图 12－53 所示。注意：①不同品牌锁芯的齿轮拨头齿数不一样，齿数不一样锁芯不具有互换性；②不同企业生产的门锁，或不同型号的门锁，其拨头的形状和大小也有可能不一样，新锁与旧锁的差异过大也不具有互换性。

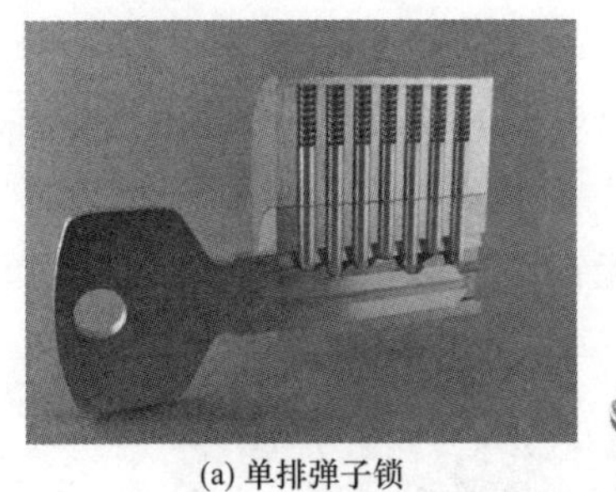

(a) 单排弹子锁

(b) 双排弹子锁

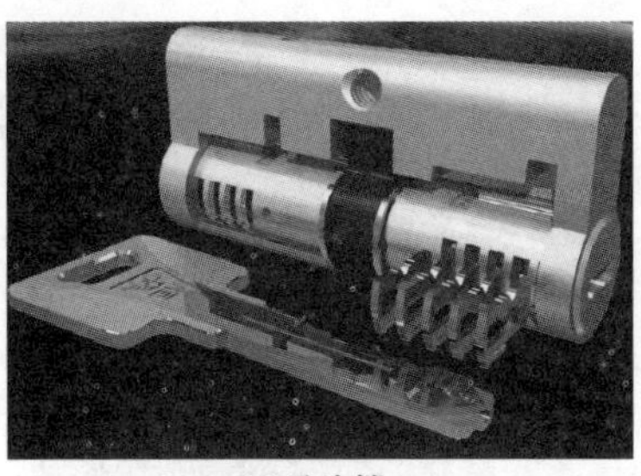

(c) 叶片锁

图 12－52 弹子锁、叶片锁结构示意

**7. 锁帽**

锁帽也叫防钻套。锁帽需要与锁芯、执手面板配套使用。常用的锁帽如图 12－54（a）和（b）所示，其规格常用图中的尺寸 $L$ 和 $N$ 表示，大号与小号锁帽能相差大约 3mm。锁帽上的钥匙插孔一般在其可旋转部分的中间，如图 12－54（c）所示。当钥匙为月牙钥匙时，有些锁帽上的钥匙插孔是偏心的，在其可旋转部分的中心偏上或偏下的位置，如图 12－54（d）和（e）所示。

图 12－53 齿轮拨头示意

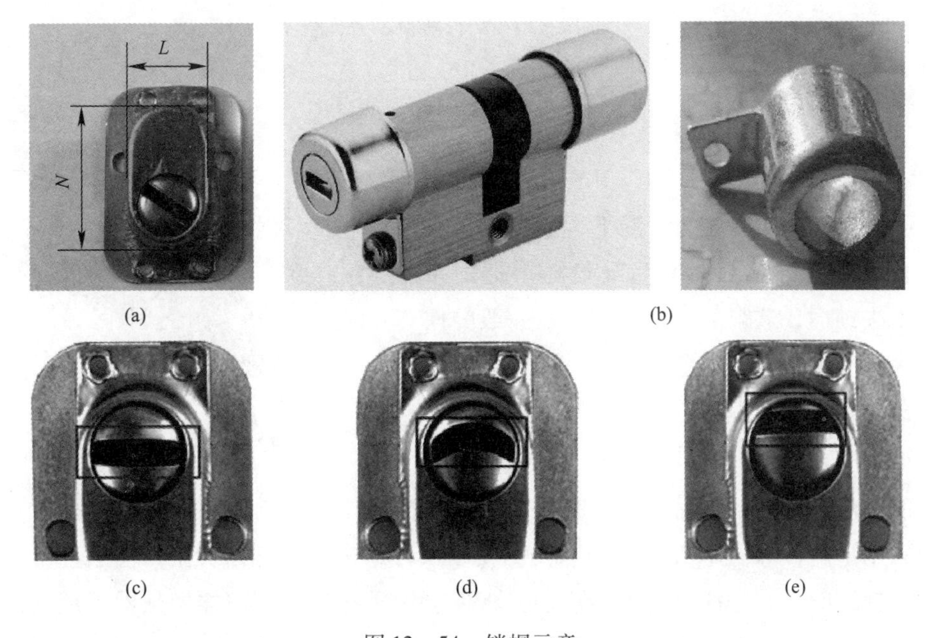


(a)

(b)

(c)

(d)

(e)

图 12－54 锁帽示意

**8. 防打断锁芯**

常用的葫芦胆形锁芯安装后如图 12－55（a）所示，锁芯与执手面板基本齐平，如果拆除执手面，锁芯则会高出门扇表面很多，如图 12－55（b）所示。葫芦胆形锁芯的主体一般都是铜质材料，特别是在锁芯中部，由于有拨头，锁芯的截面很小。显然用锤子击打铜质葫芦胆形锁芯，有可能将其打断。为了增强葫芦胆形锁芯的强度，现在许多企业都生产防打断锁芯，如图 12－55（c）所示。用钢质材料取代部分铜材，锁芯的防盗性能会有很大提高。图 12－55（d）和（e）分别显示了无钢梁、有钢梁锁芯打断后的结果。

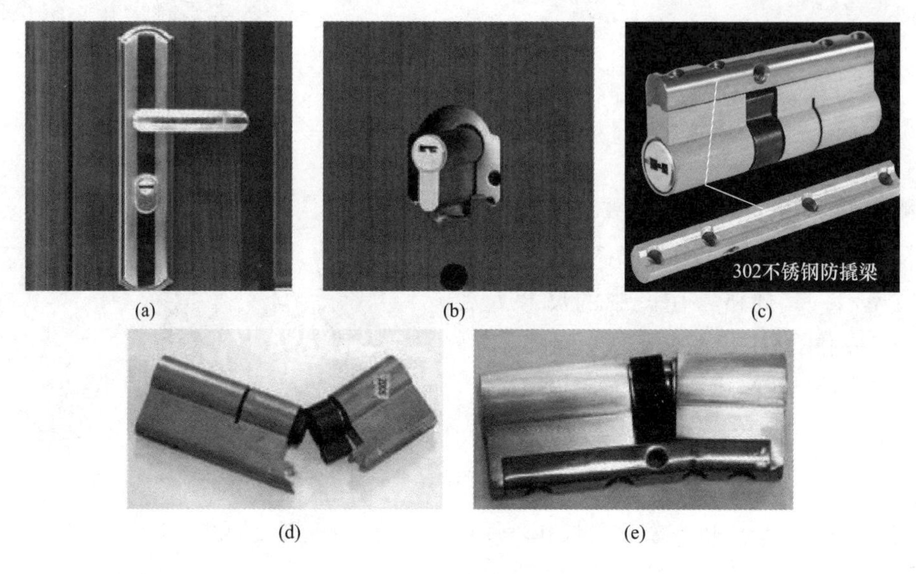


(a) (b) (c)

(d) (e)

图 12－55 防打断锁芯示意

**9. 带旋钮锁芯**

带旋钮锁芯钥匙，如图 12－56 所示。

图 12－56 带旋钮锁芯示意

具有防盗功能的钢质户门，只有在主锁锁闭（主锁舌向外旋出两档）的情况下，才能发挥其防盗功能。现在许多人回家后只是随手把门带上，并不去锁门，这很危险。因为现在一般的住宅建筑大约有 100m$^2$，夜晚客厅、门厅一般都没有人，此时如果有人撬门，只要不发出太大的声音，卧室内的人很有可能发现不了。正确使用钢质户门的方法是进门后用钥匙把门锁上，但是这显然让人们觉得很麻烦。为此常见的钢质户门采用了两种办法解决这个问题：①安装快锁，进门后把门关上，然后向上抬门执手，让主锁锁闭。②拧锁上的保险旋钮，将保险锁舌拧出来。这样做虽然不能让门锁发挥全部防盗功能，但在夜晚如果有人撬门，室内的人也能听到。然而许多用户对这两种办法并不满意：有人认为，快锁不安全；有人觉得使用保险锁舌不符合他们的使用环境，因为保险锁舌拧出后，在室外用钥匙也打不开门。这样在锁芯的室内安装一个旋钮就十分必要，在室内不用钥匙可以把门的主锁锁上，在室外可以用钥匙把门打开。

### 12.3.2.3　钥匙

钢质户门门锁的防盗性能与锁芯有很大的关系，在钥匙上有所反映，也就是说我们可以通过钥匙了解锁的防盗性能。常见的钥匙有以下几种：

**1. 十字钥匙**

十字钥匙，如图12－57所示，常用于圆形锁芯。普通的钥匙只有一面有齿，十字钥匙四面有齿，防盗性能当然要比普通钥匙门锁好得多，但最高只能达到A级，再升级很困难。

图12－57　十字钥匙示意

**2. 一字钥匙**

一字钥匙，如图12－58所示。普通的一字钥匙，钥匙齿在钥匙侧面，只有钥匙齿对准弹子时才能插入锁孔。具有防盗性能的钥匙是双面钥匙，钥匙的正反两个面一样，各有一排钥匙齿，防盗性能可达到A级。钥匙的两个面，任何一个面的钥匙齿，对准锁芯中的弹子，都能插入锁孔。伴随着社会和市场的变化，一字钥匙经历了多次升级，单排齿变成双排齿，在单排齿、双排齿的基础上加蛇形槽，使一字锁的防盗性能出现了超A级、B级、超B级（市场上常称之为C级）等。

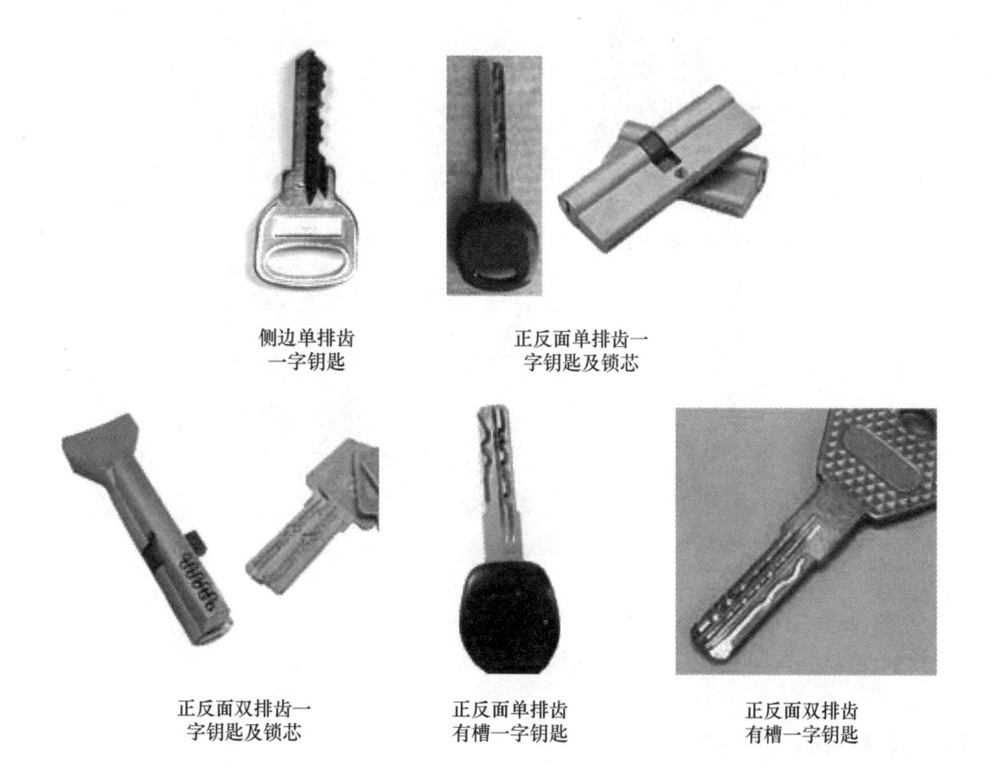


图12－58　一字钥匙示意

**3. 月牙钥匙**

月牙钥匙，如图 12－59 所示。与一字钥匙相比，月牙钥匙有一定弯曲，增加了技术开启的难度。月牙锁的发展历程与一字锁的发展历程相似，也经历了由单排齿向双排齿、多排齿变化的过程，防盗性能也由 A 级提升到 B 级和超 B 级。

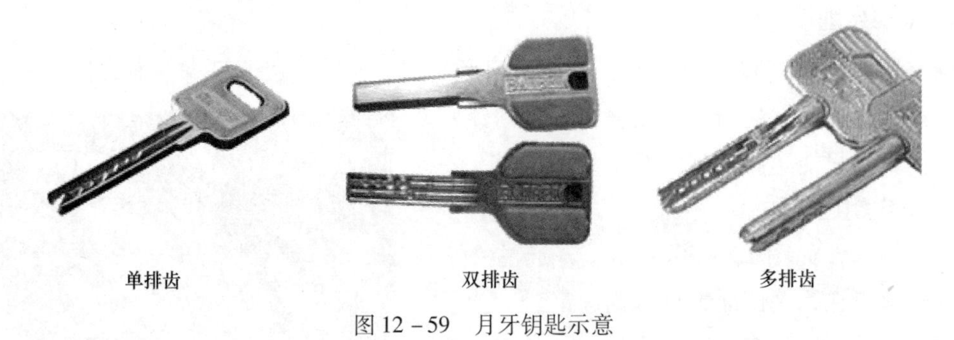


图 12－59　月牙钥匙示意

**4. 其他钥匙**

近年来我国钢质户门门锁的种类越来越多，除前面提到的三种常用钥匙外，各种异形钥匙也越来越多，如图 12－60 所示，特别是叶片锁有逐渐变为常用高端门锁的趋势。

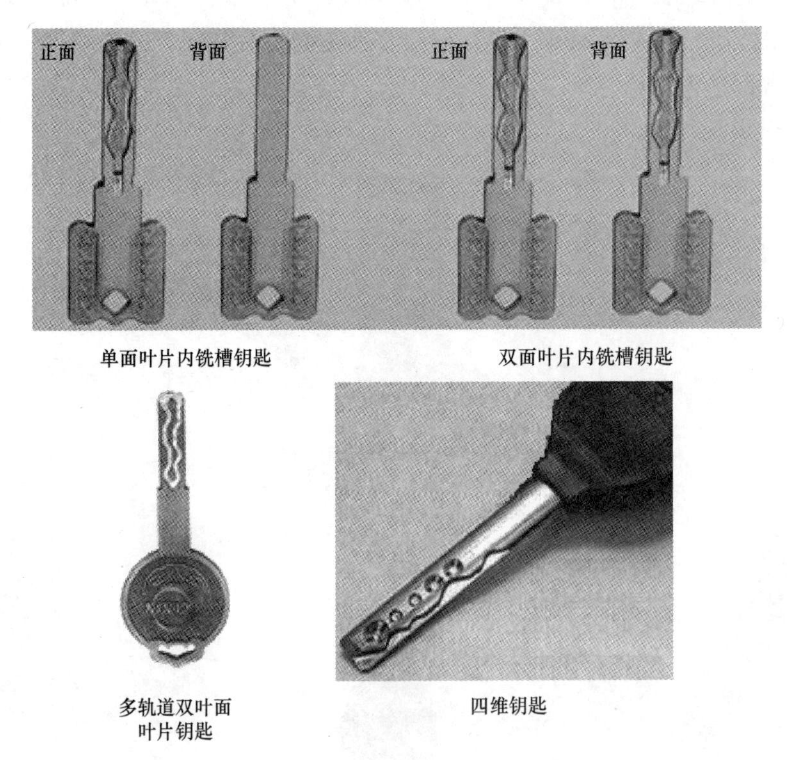


图 12－60　几种防盗性能超过 B 级的钥匙

### 12.3.2.4　锁芯的选择

对于住宅而言，防盗非常重要。目前在我国居民住宅内，普遍都存有大量的财产，包括现金、首饰、票证、电器、衣物等，出现盗窃案件居民将遭受重大损失，还有可能出现人身安全问题。住宅的防盗重点之一是户门，钢质户门的防盗重点之一是门锁，门锁的防盗重点是锁芯。

根据国家的有关规定，钢质户门的门锁，防技术开启超过1min，防暴力开启超过15min，其防盗性能达到A级；防技术开启超过5min，防暴力开启超过30min，其防盗性能达到B级。市场上常说的防盗性能超过B级的门锁，实际上都缺少充分的分类依据，因为目前还没有国家标准、行业标准依据。行业普遍认为，防技术开启的时间超过270min，其防盗性能为C级。

目前，许多人并不重视钢质户门的门锁问题，或根本就不知道钢质户的门锁存在问题。过去我国生产的钢质户门门锁一般选用的都是（防盗性能）A级门锁，只是在近一两年才普遍选用B级门锁。伴随着中国门业的进步，盗贼的技术也在进步，许多盗贼使用从网上购买的专用工具，可以在几秒钟之内打开A级门锁。具有A级防盗性能的，看似十分牢固的钢质户门，在许多小偷面前如同虚设！当然，现在已有许多人发现钢质户门门锁存在问题，十分重视，并更换了高质量门锁锁芯。

更换锁芯时考虑的因素主要有两个，一个是性能，一个是价格。

根据犯罪心理学研究，小偷溜门撬锁时心理也要承受一定的压力，时长超过15min，一般的小偷都会产生放弃的念头。所以钢质户门选择B级以上的防盗门锁十分必要。

过去，A级防盗锁芯与B级防盗锁芯在价格上的差异比较大，窃贼的撬锁技术也比较低，A级防盗锁能起到较好的防盗作用，所以绝大多数钢质户门生产企业为用户提供的默认门锁配置，都是A级门锁。现在，A级防盗锁芯与B级防盗锁芯在价格上的差异已很小，窃贼破坏A级防盗锁的技术明显提高，A级防盗锁已不能起到应有的防盗作用，所以目前绝大多数钢质户门生产企业为用户提供的默认门锁配置，都是B级门锁、超B级门锁。在钢质门专业市场上，防盗性能达到B级锁芯大约为20元，防盗性超过B级锁芯大约为30元左右，花四五十元甚至可以买到号称防盗450min的锁。在一般的建材市场，买防盗性能达到B级或B级以上的锁芯大约要一二百元，买进口的高档门锁可能会超过1000元。对于动手能力强、熟悉行业情况的人，DIY更换锁芯并不麻烦。对于动手能力较弱又熟悉行业情况的人而言，请别人上门更换锁芯大约需要三四百元。当然，这些价格说的都是更换机械锁的价格，更换智能门锁花三四千元也很正常。不同的用户有不同的需求，应根据实际情况确定。

#### 12.3.2.5 装修钥匙的处理

房屋装修时，房主一般都不能做到天天在家。房主不在，工人需要进入施工现场，房主就要把门锁钥匙交给施工的工人。把自己家的钥匙交给了别人，房主就会觉得不安全，在装修结束后就会更换锁芯，很麻烦。

近些年来我国钢质户门使用的门锁大多是AB锁，也称ABC锁。这种锁配有A、B、

C 三种钥匙：

A 钥匙，也称为装修钥匙、工程钥匙，是给装修工人用的钥匙，一般有两把；

B 钥匙，也称为主人钥匙，即装修完成后房主使用的钥匙，5 把到 8 把不等；

C 钥匙，是一种可废除 A 钥匙使用功能的钥匙。将该钥匙插进锁孔旋转一定的角度，A 钥匙将失去使用功能。在日常生活中，C 钥匙可以当 B 钥匙用。有些锁没有专门的 C 钥匙，B 钥匙就有 C 钥匙的功能。

AB 锁的最大好处就是装修完后，不用换锁芯，只要用 C 钥匙废掉装修工人手中的 A 钥匙就行了。问题是，使用 AB 锁或 ABC 锁安全吗？答案是，使用 AB 锁基本上可保证安全，但存在安全漏洞，用户并不能完全放心。

图 12－61 是一种门锁的 A 钥匙和 B 钥匙的照片。认真观察图 12－61，从中可以看到，A 钥匙与 B 钥匙不一样的地方只有一处。在箭头所指位置，左侧的装修钥匙（A 钥匙）有一个直径 2mm 左右的圆锥坑，右侧的主人钥匙（B 钥匙）在此也有一个坑，但明显小，也明显浅。

图 12－61　A 钥匙与 B 钥匙的差异示意

许多人在启用 C 钥匙后，随手就把已不可开锁的 A 钥匙扔了；也有许多人在住宅装修工程结束后并不把 A 钥匙收回来。这实际上存在着一定的安全隐患。有人做过调查，在市场上的修锁配钥匙加工点，问能否用 A 钥匙配 B 钥匙，大约有 1/3 配钥匙的师傅回答可以，并根据 A 钥匙配出了 B 钥匙。

## 12.3.3　执手及锁帽安装

### 12.3.3.1　执手的基本概念

**1. 执手的作用**

门窗执手是指可专门用于控制门窗启闭的装置，其可拉、可握部分，俗称拉手、搬把儿。执手一词的本意是握手、拉手，是中国古代北方少数民族相见时的一种礼节。显然，门窗执手除了具有控制门窗启闭的基本功能外，还应具备一定的装饰作用。对于钢质户门的执手而言，防盗或者说是防暴力破坏，也应是其基本特性。

**2. 执手的室内面板与室外面板**

钢质户门的执手，应与用户要求的功能协调，并与锁体、锁芯、防钻套配套。在介绍钢质户门门锁安装过程中，本教材已介绍了门锁的左开、右开、内开、外开、单活、双活、外固、双快等概念，对于执手分类仍然适用。钢质户门执手安装将用到一个新的概念，内面和外面，但这并不是钢质户门执手的分类方法，因为几乎所有的钢质户门执手都是由内面和外面两部分组成的，内面是一套执手的室内部分，外面则是该套执手的室外部分，如图 12－62 所示。

**3. 执手的左右**

常见的钢质户门执手如图 12－63 所示。

钢质户门执手有左右之分，区分时以室外面为准。市场上的绝大多钢质户门左执手与右执手的组装零件完全一样，只是由于组装方法不一样才变成了两种执手，甚至有些企业生产的执手不分左右，用户可根据需要自行调整。

执手的室内面板和室外面板不一样（图 12－64）：室内面板上有保险锁舌的旋钮、有固定执手面板的螺栓过孔；室外面板上则有两个用于连接室内外面板、有内螺纹的托。室外面板上用于连接室内外面板、有内螺纹的托，其样式有多种，一般采用焊接工艺固定。

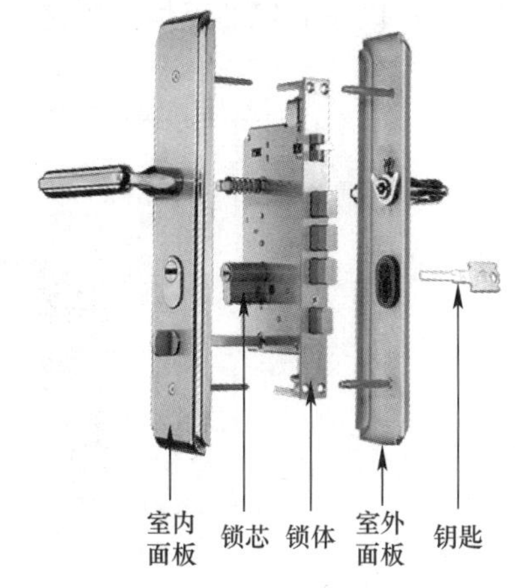


图 12－62　执手的室内面板、室外面板示意

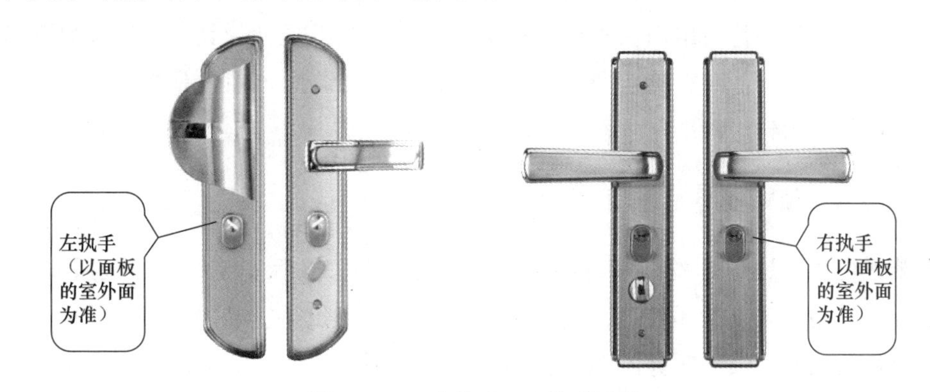


图 12－63　左执手、右执手示意

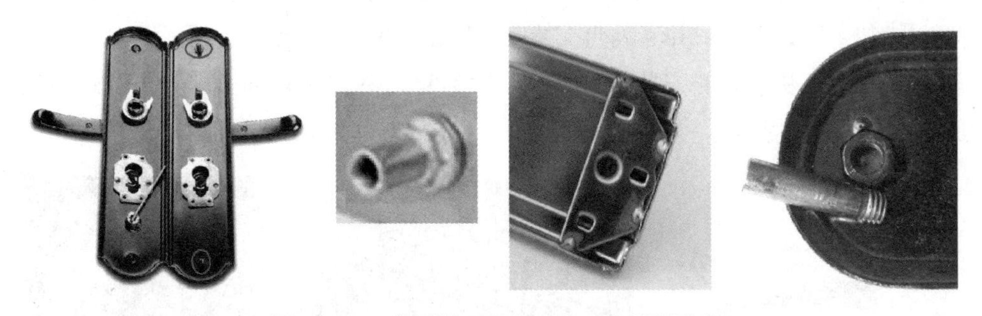

图 12－64　执手外面板背面的安装螺孔示意

**4. 执手的规格**

钢质户门执手常用的规格尺寸如图 12－65 所示。

钢质户门执手的品种很多，规格尺寸各异。图 12－65（a）中表示孔间距、轴间距的尺寸 235mm、78mm、68mm、55mm 是使用最多的规格。图 12－65 中表示外形的尺寸

329mm、66mm，也属于常用的规格尺寸，但由于执手的外形变化对安装没有太明显的影响，所以不同厂商提供的规格尺寸变化相对比较多。

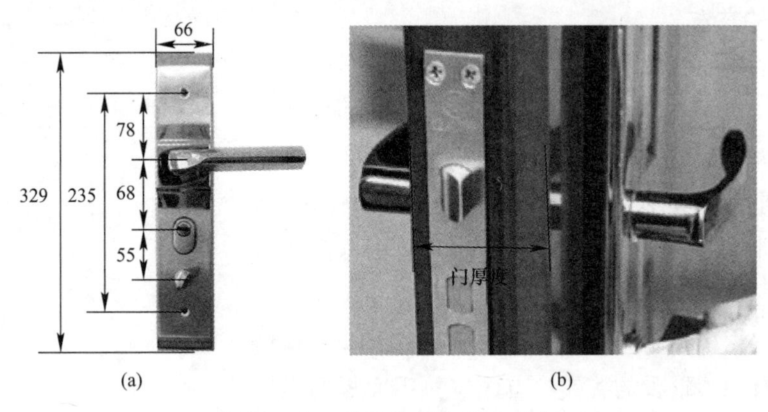


图 12－65　执手的规格尺寸示意

门扇厚度尺寸的测量位置如图 12－65（b）所示。测量门扇厚度时，首先应注意避让执手面板（以门扇面板为准进行测量，不包括执手面板）；其次应注意应把门扇厚度尺寸分为两个尺寸，其一是门扇内面板至锁体侧面板中心线的尺寸，其二是锁体侧面板中心线到门扇外面板的尺寸。在确定快锁的方钢长度时，在判断该门锁是中心锁芯还是偏心锁芯时，可能会用到这两个尺寸。

### 12.3.3.2　锁帽安装

安装或更换门锁锁芯的一般程序是：先安装锁芯，然后安装锁帽，最后安装执手。严格地说，锁帽安装是执手安装之前的工作，并不属于执手安装的内容。然而，目前有许多钢质户门在安装锁帽时并不用螺栓固定，而是用执手面板夹在门扇上，锁帽安装只能与执手安装同步进行，所以现在许多人认为锁帽安装属于执手安装的一部分。本教材将锁帽归入执手安装之内，并不表明支持安装锁帽不使用螺栓固定。

安装锁帽时要从室内侧安装，先将竹节螺钉穿过室内锁帽的过孔，再穿过门扇锁体上的过孔，最后将其拧在室外锁帽的螺孔上，如图 12－66 所示。

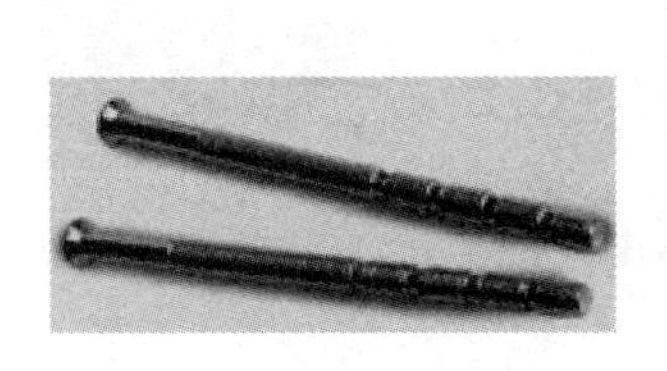

(a) 竹节螺钉

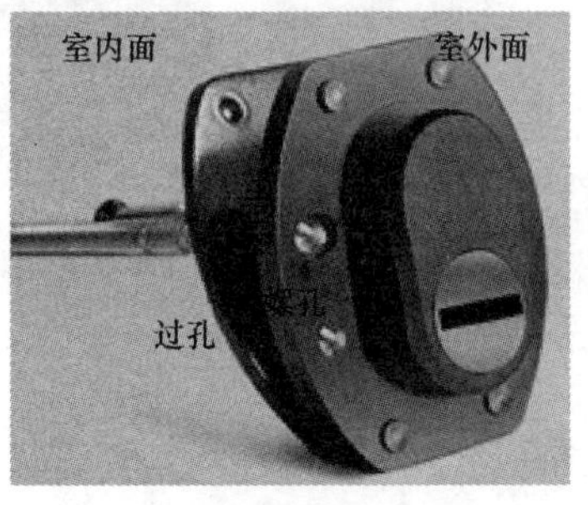


(b) 室内锁帽与室外锁帽

(c) 安装好的室内面锁帽

图 12－66　锁帽安装示意

安装锁帽选用竹节螺钉，是为了便于调节螺钉的长度。固定锁帽的螺钉过长，会影响室外执手的安装，使用竹节螺钉后，可用钳子剪去过长的部分，比较方便。

安装锁帽从室内侧开始，是因为这样安装螺栓的启口可留在室内。户门需要防止来自室外侧的暴力开启，螺栓启口留在室外会给暴力开启户门提供方便。除使用竹节螺钉固定锁帽之外，为了获得更好的防盗性能，还可在锁帽的四角增加拉铆钉固定。

#### 12.3.3.3　执手安装过程

钢质户门执手安装的大致过程是：室外面板安装连接管柱→室外面板安装密封垫→室内面板安装把手方钢→室内面板安装密封垫→室内面板室外面板就位→安装执手面板固定螺栓，如图12-67所示。

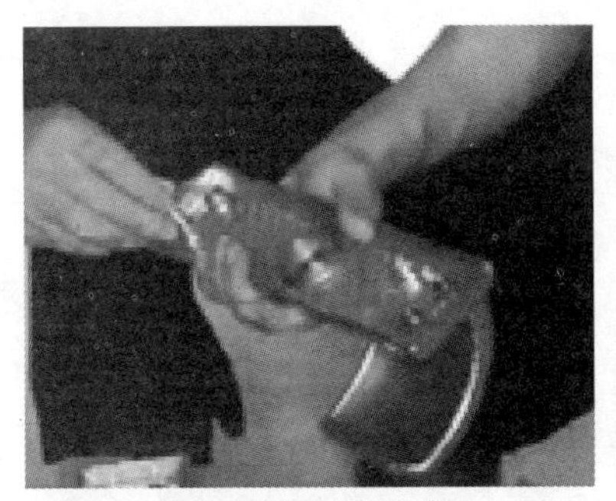

室外面板安装连接管柱1

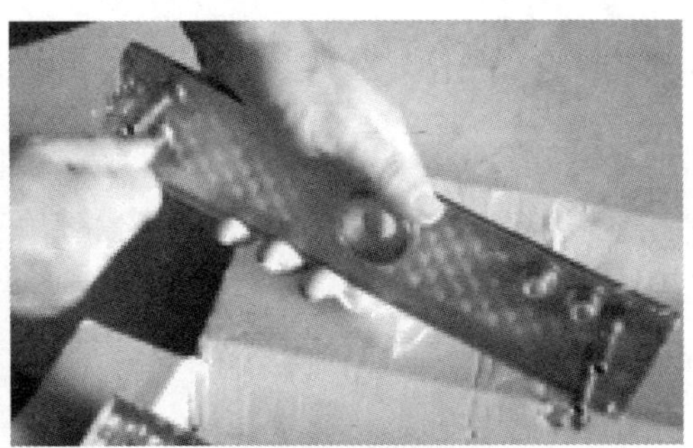

室外面板安装连接管柱2

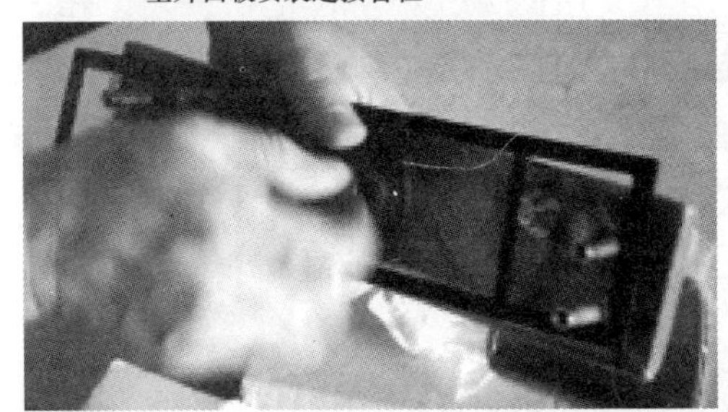

室外面板安装密封垫

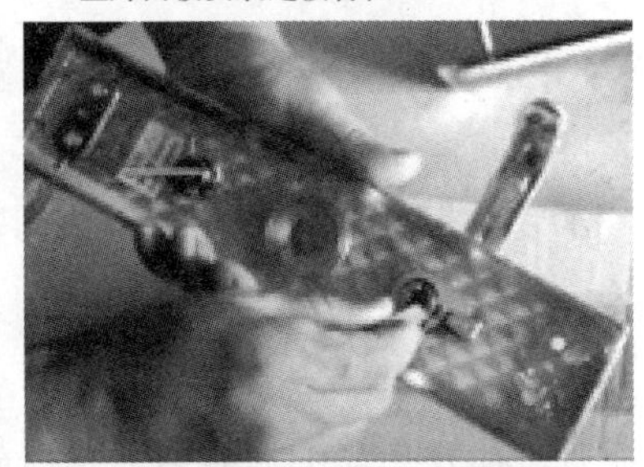

室内面板安装把手方钢1

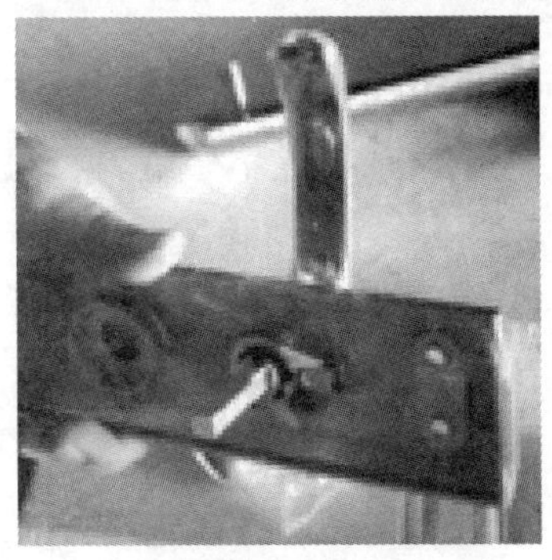

安装室外面板把手方钢2

室内面板安装密封垫

图12-67　执手安装过程示意（一）

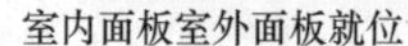

室内面板室外面板就位

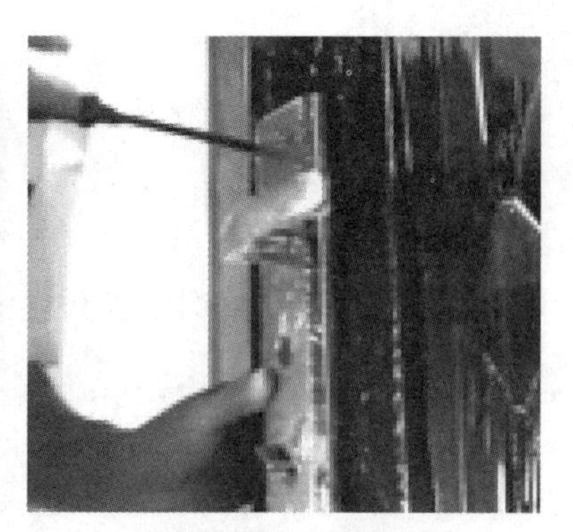

安装执手面板固定螺栓

图 12－67　执手安装过程示意（二）

### 12.3.3.4　双快锁执手安装注意事项：

（1）双快锁的把手方钢是 2 根，要分别从室内面和室外面插入锁体的把手方孔内，只有保证把手方钢确实插入锁体把手方孔内，门锁才能正常发挥双快作用。由于门扇的厚度不一样，执手生产企业又不能事先准备好各种长度的把手方钢，所以双快锁需要对把手方钢安装进行专门的设计。不同品牌的门锁、门锁执手结构不一样，其安装方法也不一样，更换、安装执手时应仔细阅读说明书。

（2）执手的门把手上有一个安装把手方钢用的方孔。从理论上讲，该孔的深度有 10mm 就足够，为了便于把手方钢的安装，一般的执手方孔深度都在 30mm 左右。这样，在方钢长度一定的条件下，方钢可以多伸出一些，也可以多缩回去一些，可以适应多种门扇厚度的安装需求。但是这样做也存在一个新的问题，方钢在把手内可活动，不能保证方钢稳定地插入锁体的把手方孔之内，从而使把手失去应有的作用。在实际工作中常用以下两种方法解决这个问题：

第一种方法：在把手上加顶丝，调整好把手方钢长度后，将其固定。图 12－68（a）和（b）所示的执手，其门把手上有一个内六角螺钉，就是锁定把手方钢位置时用的顶丝。安装时，首先把手方钢插入锁体把手方孔，然后将执手面板套在把手方钢上，再然后用内六角扳手拧紧把手根部的内六角螺钉（当然，在此之前要先把该螺钉拧松，否则执手面板不能套在把手方钢上）。此时可以把执手面板摘下来，最先插入锁体把手方孔的把手方钢也会随着执手面板同时摘下来，用内六角扳手将其进一步拧紧，保证在使用过程中不会松动。

第二种方法：用弹簧固定把手方钢的位置。图 12－68（d）所示的把手方钢，其外部有弹簧。安装时，将图中手指所指的方向插入锁体上的方孔，将方钢的另一端插入把手的方孔内。注意，图中手指所指的方钢，上端没有弹簧的部分相对较长，是室内面用的方钢，另一根则是室外面用方钢。

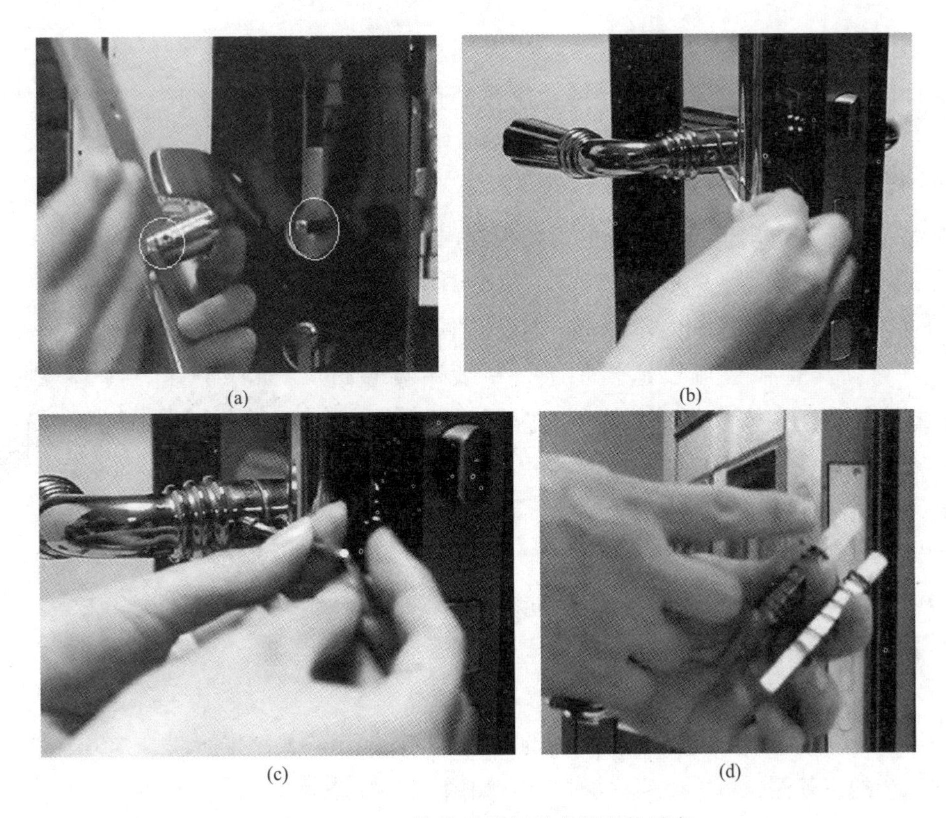
(a) (b) (c) (d)

图 12－68 双快执手的把手方钢安装示意

（3）安装、拆卸采用弹簧固定把手方钢的位置执手，最好有两个人配合操作。由于把手内有弹簧，在没有固定执手面板螺钉的情况下，执手面板很容易自动脱落，把手方钢、弹簧、锁帽等可能会因此落入门扇内部，给安装工作带来麻烦。

## 12.3.4 门镜安装

门镜，也称观察镜，俗称猫眼，是一种安装在钢质户门上，不开门的情况下，在室内观察室外情况的装置。一般情况下，钢质户门在出厂以前已安装门镜。部分用户订货时未选，在使用过程中有可能要求增加门镜。门镜在使用中损坏有时也需要更换。

**1. 更换门镜**

拆除旧有门镜，按原有门镜的直径购买新的门镜，按图 12－69 所示步骤安装。

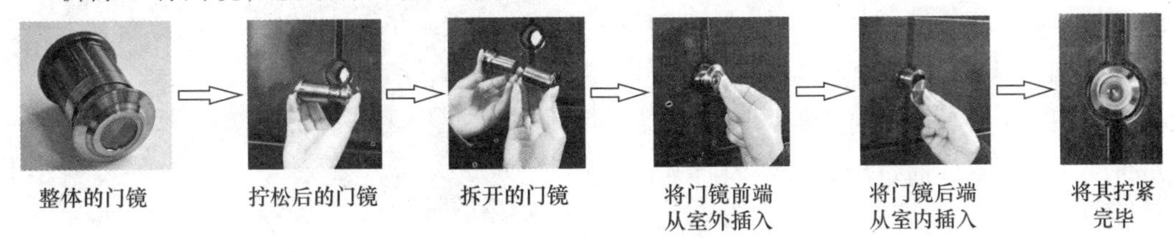


图 12－69 门镜安装步骤示意

**2. 加装门镜**

加装门镜首先需要选购门镜。站在防盗的角度，宜选择直径较小，后端（室内端）有盖的门镜；站在综合利用的角度可选择有门铃的门镜。除此之外，还要根据用户的审美观和门镜的坚固程度确定。

加装门镜需在门扇上打孔。孔的直径根据门镜的直径及打孔工具的情况确定。一般情况下，打孔的直径只要比门镜的直径稍大即可，比如大0.5mm。打孔工具与需要的孔径不符时，其孔径也可以适当加大，一般不要超过5mm。打孔前要选定安装位置，该位置应便于用户使用。打孔时要先打小孔，然后再扩孔。当孔径不太大时，可直接用较大的钻头扩孔；当孔径较大时，可使用扩孔器扩孔，如图12－70所示。

图12－70　扩孔器示意

门镜的具体安装步骤与门镜更换相同。

**3. 改进门镜安全性能的措施**

1）安装门镜可能存在的危险：

（1）因门镜存在，住宅内有被窥探的危险。现在网上有人出售所谓的“反猫眼”，将其放在门镜的室外侧，可看到室内的情况，如图12－71所示。

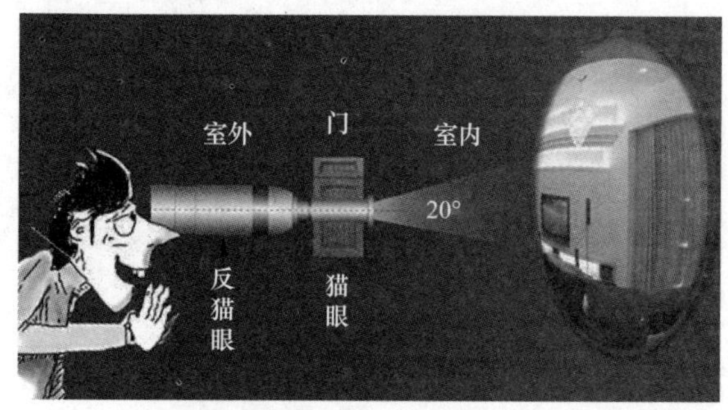

图12－71　“反猫眼”示意

（2）在室外可通过门镜从室内打开门锁。门镜是通过旋拧安装到门扇的一种配件，那么通过旋拧也可以把门镜从门扇上拆卸下来。一般的门镜都无防止从室外拆卸的装置，即便是有，由于门镜大多是使用铜、铝制造的零件，其强度也不太高，很难有效抵抗暴力拆卸。门扇上常见的安装门镜的孔洞，较大直径约有30mm，这为在室外通过门镜从室内打开门锁提供了极大的方便。网上出售的门镜开锁工具，可以很方便地打开门锁，如图12－72所示。

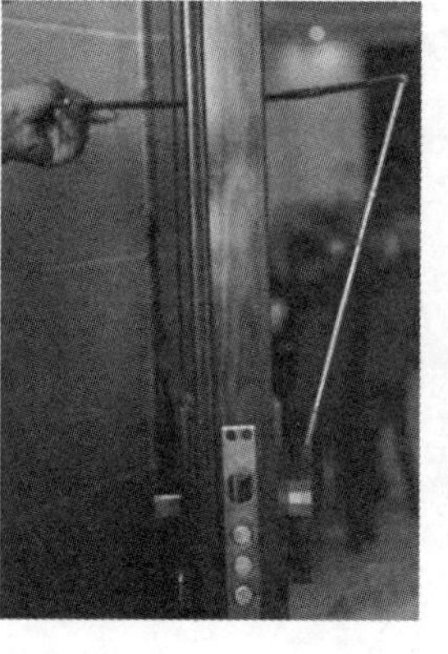

图12－72　“猫眼”开锁工具示意

日常生活中，有许多人回家后都不习惯用钥匙锁门，不习惯用保险锁舌锁门，实际上这是一种很危险的习惯。有这种不好习惯的人，大多数都知道不锁主锁、不锁保险锁舌，防盗门锁不能充分发挥其防盗性能，但他们认为家里有人，小偷根本不敢来偷。特别是青壮年男性，他们认为“我”在家，谁也不敢来偷！实际上不管是男人还是女人，在夜晚睡着之后，其防偷盗的能力都很差，有时男人可能还不如女人。我国绝大多数住宅建筑，进入户门后都是客厅，卧室距户门都有一定的距离。暴力拆除门只要方法得当，可以不发出太大的声响；没有用钥匙锁闭的门、没有用保险锁舌锁闭门，用“猫眼”开锁工具向下一压门把手门就开了，也不会发出太大的声响。人们回家后不用钥匙锁门，不用保险锁舌锁门，实在是非常危险。另外，现在有许多户门安装的门锁都是双快门锁，具有所谓的逃生功能，在主锁舌锁闭的情况下，在室内向下一压门把手，门就打开了。双快锁锁闭了主锁也不能防“猫眼”开锁工具！

2）改进方法之一。

改进门镜防盗性能差的根本措施是改用电子门镜。使用电子门镜，不必在门扇上打通孔，可以彻底解决“反猫眼”偷窥问题和“猫眼”开锁工具开锁问题。按照目前我国的国情（市场承受能力、电子产品的发展水平），只要广大用户了解传统门镜存在的问题，推广使用电子门镜不应存在太大的问题。

3）改进方法之二。

为传统的门镜加装保护装置也是一个较好的办法。图12－73是一个门镜保护器。该保护器安装在室内，使用时按保护器上的按钮，闸板向下滑开后可正常发挥门镜的观察功能，使用完毕后向上推闸板，可完全将门镜包裹住。这种保护器可基本上解决“反猫眼”偷窥问题，在解决“猫眼”开锁工具开锁问题方面可以发挥很大作用，但效果并不能完全令人满意。

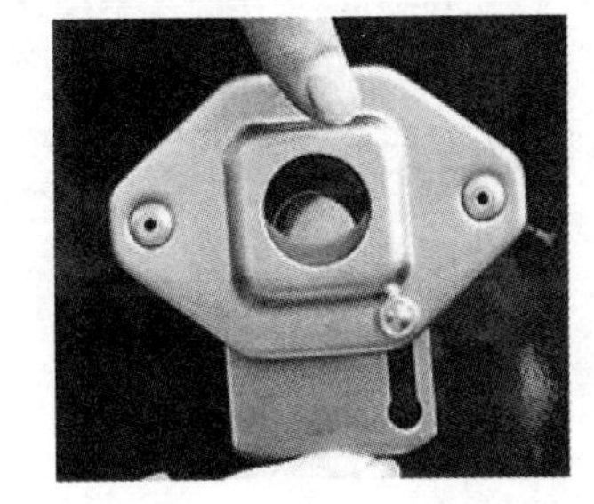

图12－73　“猫眼”保护器示意

## 12.3.5　顺位器安装

**1. 顺位器的作用**

在一般情况下，双扇门两个扇的启闭必须按顺序进行：两个扇其中必须是一个先开，一个扇后开；先开扇要后关，后开扇要先关。需要经常开启又要保持常闭状态的双扇门，有时需要顺位器，自动引导门扇的关闭顺序。特别是有防火功能的双扇门，绝大多数都必须安装顺位器。顺位器的样式如图12－74所示。

**2. 顺位器的工作原理**

顺位器的工作原理如图12－75所示。

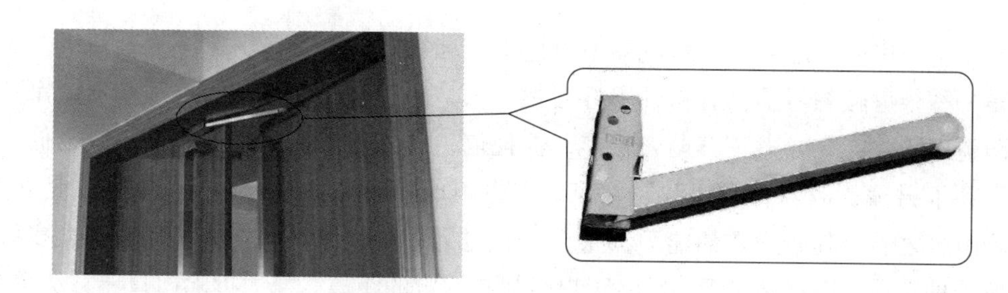

图 12－74　顺位器示意

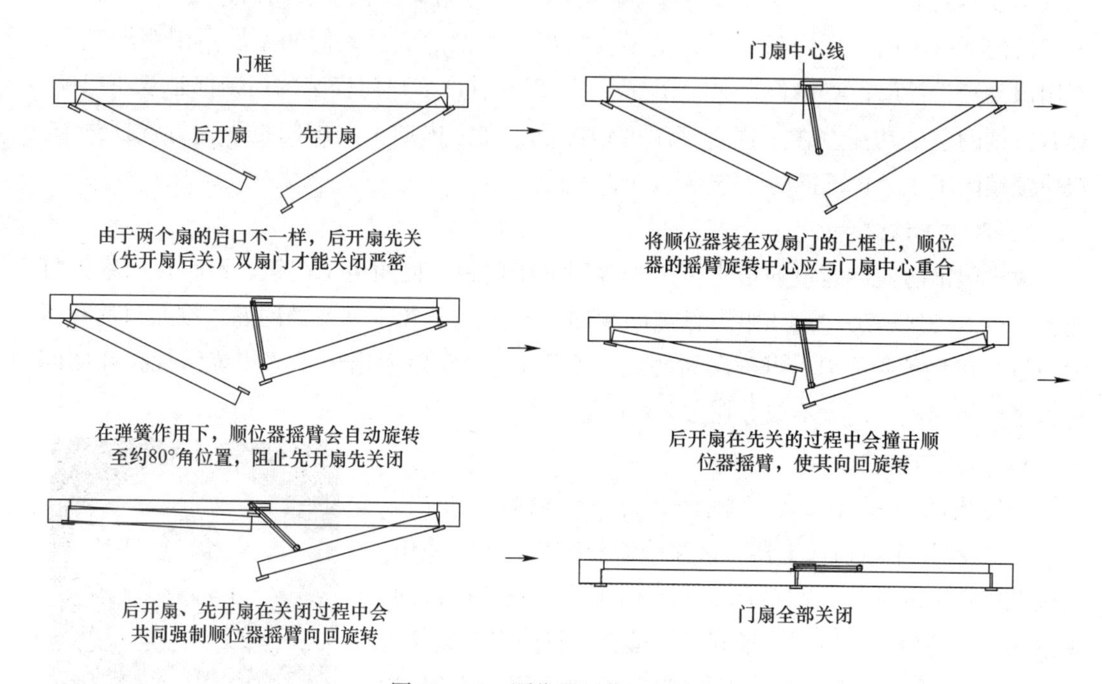


图 12－75　顺位器工作原理示意

**3. 顺位器安装注意事项**

顺位器在使用中受力很大，使用频次很高，使用时间很长。为了保证顺位器安装牢固，宜在门框上部的型材内增加钢衬，确保长期使用后顺位器安装位置的门框不出现损坏现象。

## 12.3.6　闭门器安装

### 12.3.6.1　闭门器及其工作原理

**1. 闭门器**

闭门器，顾名思义就是用于关闭门扇的装置。按照这样的理解，在门框扇间适当位置装一个拉簧或者其他有一定回弹作用的物体，可让开启的门扇自动关闭的装置，都可

称之为闭门器。本教材所说的闭门器仅指由摇臂和油缸组成（油缸内有弹簧、齿轮装置），可调节门扇关闭过程的现代液压闭门器，如图12－76所示。

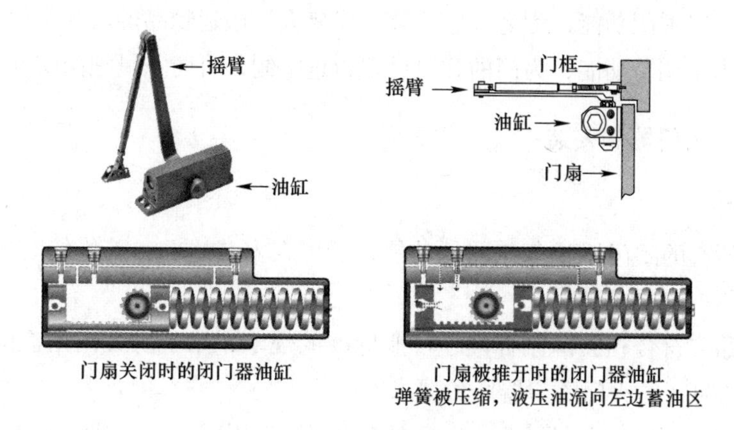


图12－76　闭门器工作原理示意

**2. 闭门器的工作原理**

当开门时，门体带动连杆动作，并使传动齿轮转动，驱动齿条柱塞向右方移动。在柱塞右移的过程中弹簧受到压缩，右腔中的液压油也受压。柱塞左侧的单向阀球体在油压的作用下开启，右腔内的液压油经单向阀流到左腔中。当开门过程完成后，由于弹簧在开启过程中受到压缩，所积蓄的弹性势能被释放，将柱塞往左侧推，带动传动齿轮和闭门器连杆转动，使门关闭。

在弹簧释放过程中，由于闭门器左腔的液压油受到压缩，单向阀被关闭，液压油只能通过壳体与柱塞之间的缝隙流出，并经过柱塞上的小孔以及2条装有节流阀芯的流道回流到右腔。因此液压油对弹簧释放构成了阻力，即通过节流达到了缓冲的效果，使门关闭的速度得到了控制。阀体上的节流阀可以调节，可控制不同行程段的、可变化的闭门速度。

目前市场上的闭门器品种很多，尽管不同品牌的闭门器结构、尺寸有差异，但原理基本上是相同的。

### 12.3.6.2　闭门器的作用

闭门器作用主要表现在几个方面：

（1）利用门的自行关闭功能，让门保持常闭状态，在可能出现的火灾中，限制烟、火的蔓延。

（2）利用门的自行关闭功能，让门保持常闭状态，提高建筑物节能水平（可减少建筑物冷热空气的流失）。

（3）开门后的自动停门功能（部分产品当门开到一定角度后可保持常开状态）。

（4）利用阻尼缓冲功能，防止过快开门或关门产生破坏性冲击（如开门过快门扇可能会撞墙，关门过快可能产生噪声，可防止应急逃生人员在快速开门后失重前倾倒地。到一定位置后产生阻尼缓冲，而且该阻尼缓冲力量与范围可以根据使用要求自行调节）。

（5）利用延时关闭功能，为老人、儿童、残疾人、搬运物品的人提供便利。

（6）利用力量调节功能，为门的开启设定力量限制，可防止风把门吹开。

#### 12.3.6.3 闭门器的安装

**1. 核对要求**

因为不是所有的闭门器具备相同的功能，所以在安装之前，首先核对准备安装的闭门器是否符合用户的要求。

闭门器产品应符合相关国家标准、行业标准的规定，用于防火门用途的闭门器还应符合 GA 93—2004《防火门闭门器》的要求。

闭门器对使用环境温度有要求，应根据使用环境选用闭门器及其液压油。

根据门扇宽度、门扇重量及需要调节的启闭力范围，选择参数适宜的闭门器。

**2. 闭门器的安装方式**

钢质户门闭门器，通常是外装式闭门器，常见的安装方式有以下三种：

1）标准安装法。

标准安装法是最常见的安装方法。将闭门器的油缸安装在门扇开启面，靠近合页（铰链）侧的上角；将闭门器的摇臂安装在门框开面的上框上，如图 12－77 所示。这样安装，闭门器的摇臂朝外突出，与门框成大约 90°。

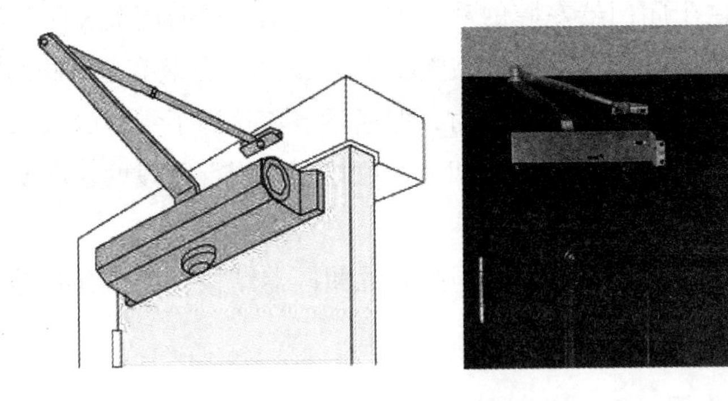

图 12－77 闭门器的标准安装法示意

2）平行安装法。

平行安装法也是一种常见的安装方法。闭门器的油缸安装在门扇的关面靠近合页侧的上角。通常在采购的闭门器中，会有一个随闭门器一起出售的额外的支架。借助此支架，将闭门器摇臂安装到门关面的上框上，如图 12－78 所示。这样安装，闭门器的摇臂与门框基本平行。这种安装方法多用于不愿意将闭门器安装在建筑物之外的外开门。

3）反向安装法。

反向安装法也常被称之为上框安装法。闭门器油缸安装在门框关面靠近合页（铰链）

侧的上角，摇臂装在门扇关面上。这种方法用于门扇空间无法容纳闭门器机身的那些门，如图 12－79 所示。

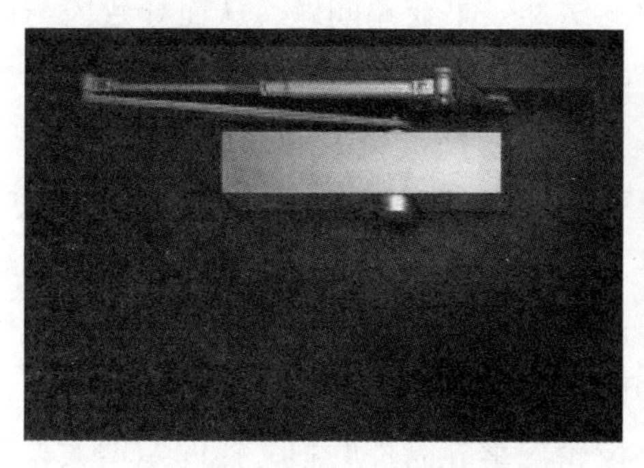

图 12－78　闭门器的平行安装法示意

**3. 闭门器的安装步骤**

1）确定闭门器安装位置。

图 12－79　闭门器的反向安装法示意

通常在闭门器包装中会有闭门器的使用说明书和安装样板。在安装闭门器前应认真阅读说明书，根据开门方向、关门力量的大小及闭门器机身、连接座与门铰链间的安装尺寸、闭门器应安装在室内或室外等，确定闭门器安装位置。根据关门力量大小的要求，通过将连接座反转 180°或改变连接杆与连接座间的连接位置，可改变关门力量。连接杆与门铰链中心线的距离越大，则闭门器的关闭力量越小，反之力量越大。

2）闭门器标准安装法安装步骤。

按安装样板上的位置指示，确定安装螺钉的位置→钻孔、攻丝，用螺钉安装闭门器机身→安装固定连接座→用螺钉安装驱动板→将调整杆调节到与门框成 90°，然后把连接杆与驱动板连接在一起→安装上塑料盖，它可以用来接住闭门器漏出的液压油→安装完毕后，检查各固定螺钉是否紧固，不得有松动或不牢固的现象→将门开启至最大开门位置，检查闭门器的铰接转臂是否与门或门框相碰或摩擦→调试闭门器的关门速度。

3）闭门器速度调整方法。

通常闭门器有 2 个调速（节流阀芯）螺钉。上方的调节螺钉为第一段关门速度调节螺丝，下方的调节螺丝为第 2 段关门速度调节螺丝。根据实际情况调整有关螺钉即可。

4）闭门器的使用与维护、修理。

（1）日常检查与维护。

新安装的闭门器使用 7 ~ 10 天左右后，应检查所有的螺钉，并重新紧固一遍。

使用厂家推荐的液压油，寒冷地区应使用低凝点的液压油。

安装螺钉松动或丢失、闭门器未处在正确的安装位置上，有可能导致闭门器摇臂等零件损坏。闭门器在投入使用后应定期检查安装螺钉是否松动和丢失，连接臂是否与门体或门框擦碰，门体是否有变形与松动，发现问题应及时处理。

闭门器使用一段时间后常出现闭门器关闭时的缓冲效果变差问题，从而导致门与门框之间撞击，门体变形。闭门器在使用过程中应定期检查其关门缓冲效果，检查支承导向件是否漏油，发现问题及时处理。

（2）闭门器漏油的原因及维护。

闭门器是一个封闭的整体，从外形基本看不出其质量好坏。闭门器是依靠液压系统来实现门关闭过程的控制，闭门器是否漏油与闭门器的质量密切相关。漏油意味着液压系统的失效，液压系统是否完好，与闭门器的使用寿命密切相关。

闭门器常见的漏油原因有三种：第一种是小齿轮支承导向件磨损，使间隙增大；第二种是密封圈磨损，引起密封效果下降；第三种是在调节缓冲效果过程中，调节节流阀芯时，逆时针旋拧过多，使阀芯转离阀体。

闭门器缓冲效果的降低是由于漏油导致空气的进入或齿条柱塞导向柱面与阀体间的配合（节流）间隙增大引起。因此，小齿轮、支承导向件的材质，热处理和机加工的质量与精度就非常重要。

缓冲效果差的闭门器，单纯调整节流阀芯往往无法解决问题，支承导向件处如果有漏油现象，需拆下支承导向件，检查支承导向件、密封圈的状况，并更换有问题的零件。如果是齿条柱塞导向柱面磨损，可拆下齿条柱塞，用表面镀铬的方法来修复。另外，在保证闭门器缓冲效果的情况下，改用较软的弹簧，也可改善缓冲效果变差问题，减少门对门框撞击。

## 12.3.7 门铃安装

如同门镜一样，门铃只是钢质户门的一个可选配件，凡是用户在订货时已确认需要门铃的钢质户门，在出厂前一般已安装过门铃，户门安装并不包含门铃安装工作。然而用在钢质户门的使用过程中门铃有可能损坏，用户还有可能要求为已投入使用的户门增加门铃功能，为此对门铃做一些简单介绍。

**1. 门镜式门铃**

有的门镜上带有门铃，门铃声不响有可能是需要更电池。门镜式门铃安装可参照本教材门镜安装有关内容。门镜式门铃更换电池如图 12－80 所示。

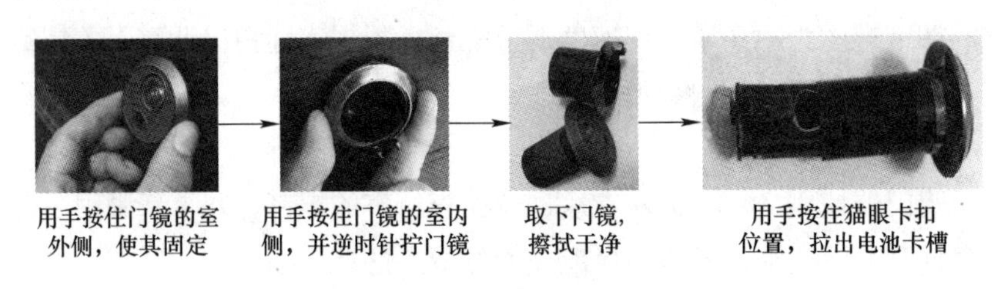


图 12－80　门镜式门铃拆装示意（一）

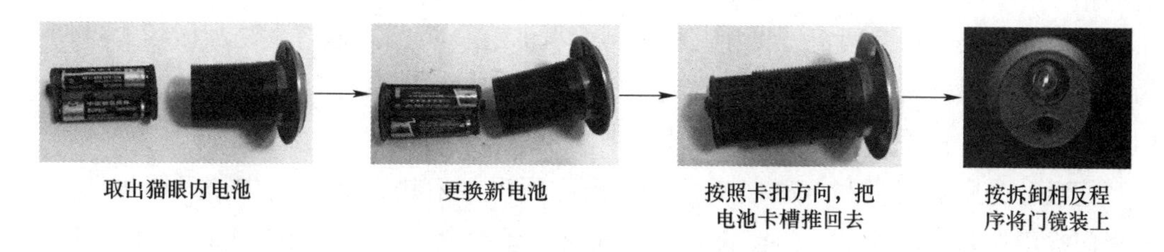


图 12－80 门镜式门铃拆装示意（二）

**2. 专用门铃**

钢质户门的专用门铃样式很多，图 12－81 所示门铃是其中一种。目前我国钢质户门使用的专用门铃大多都是电子门铃，其结构很简单，只有一个按钮和一个电池盒（蜂鸟器也在电池盒上），如图 12－81（a）所示。

绝大多数门铃的按钮都是圆形的，安装时在门扇外表面适当位置打一个孔将其固定即可，如图 12－81（b）所示，门铃按钮装在了门扇右侧。

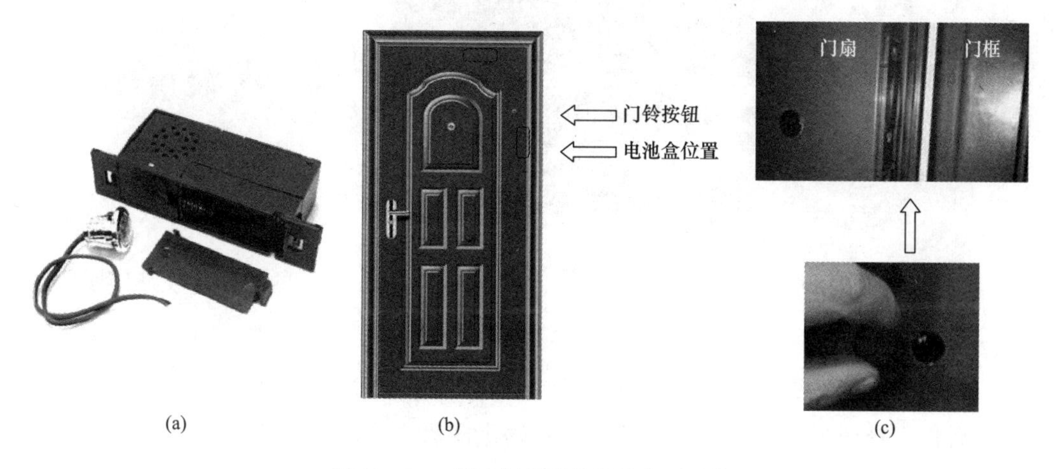


图 12－81 标准门铃及其安装位置示意

门铃的电池盒装在门扇的侧面，一般在合页侧，也可装在门扇的上侧，如图 12－81（b）所示。门扇侧面，位置比较隐蔽，门扇关闭时在室内室外都看不见，特别是门扇上侧，门扇开启时不登高观察都发现不了电池盒的位置。

门铃的电池盒装在门扇的侧面，门扇面板会阻碍门铃蜂鸟音的传播，为此需要在门扇面板的室内侧，打一个用于传声的孔，并在孔上装装饰盖，如图 12－81（c）所示。

## 12.3.8 门吸安装简介

门吸不是钢质户门的标准配置，用户需要安装此类五金配件时，可自行在建材市场上购买。

门吸俗称门碰，也有人称之为地吸（装在地上）、墙吸（装在墙上）。

门吸的主要作用有两个：①让门扇保持全开状态，为行人通行、物品搬运提供便利，为通风换气提供便利。②防碰撞。在门扇开启侧有墙等异物，当门扇开启角超过90°时，门扇特别是门扇执手有可能与异物发生碰撞。

门吸分为永磁门吸和电磁门吸两种。永磁门吸一般用在普通门中，只能手动控制；电磁门吸用在防火门等电控门窗设备上，兼有手动控制和自动控制功能。由于用于防火门的电磁门吸与防火报警控制系统有关，需要专门的安装资质，本教材仅介绍与永磁门吸有关的内容。

常见的门吸如图12－82所示。图12－82（a）和（b）所示的门吸，在样式上有一些差别，但实际上属于一种门吸。这种门吸分为地面或墙面固定端和门端两部分。图12－82（a）的左上部分是门端，右下部分是地面固定端。图12－82（b）的左前部分是门端，右后部分是墙面固定端。

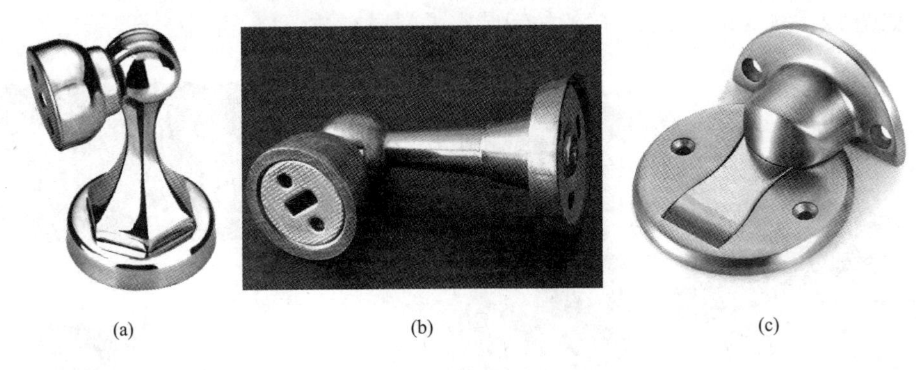

(a)　(b)　(c)

图12－82　门吸示意

安装门吸时首先要和业主确认门吸安装方式，即是安装在地面上，还是安装在墙面上；然后将门打开至需要的最大位置，大致确定门吸固定端、门端安装位置，手工将其固定，开关门扇，测试门吸安装位置是否合理；经测试选定安装位置后，用铅笔分别在地面（或墙面）和门扇上做出位置记号；然后先打孔安装固定端；地面式墙面固定端安装完毕后，将门端放在门扇上，再次手试验证门端安装位置是否合适；门端安装位置如有变化，调整门端安装位置标记；最后打孔安装门端。

图12－82（c）所示的门吸是一种隐形门吸。所谓隐形，是指门扇远离门吸固定端后，门吸固定端上的档门支架会自动复位，门吸固定端大体上可保持与地面齐平，不像图12－82（a）所示的门吸固定端，地面上有一个明显的突出物。隐形门吸仅适用于门扇距地面较近的门。大多数钢质户门的门框都有下框，也就是俗称的门槛，门扇距地面较远，不能安装隐藏门吸。无下框（无门槛）的钢质户门，也不一定安装隐形门吸，特别是外开门，门外的地面经常有坡度，不适合安装隐藏门吸。